高等学校电子信息类专业系列教材

现代传感技术与应用

主　编　桑胜波

副主编　郝润芳　石云波

西安电子科技大学出版社

内容简介

本书主要介绍各类传感器的机理及应用实例。全书共11章，首先简述传感器的基本概念、特性、技术指标及改善途径、发展历程、微纳传感器及其加工技术等内容；然后阐述电阻式、电感式、电容式、磁电式、压电式、光电式、热电式、声波和智能传感器的工作原理、结构、特性、电路设计及应用等内容；最后介绍传感器的发展趋势。

本书可作为高等学校电子科学与技术、测控技术与仪器、自动化、电子信息工程、机械设计制造及其自动化等专业的教材，也可作为其他相近专业高年级本科生和硕士研究生的学习参考书。

图书在版编目(CIP)数据

现代传感技术与应用 / 桑胜波主编. --西安：西安电子科技大学出版社，2023.7
ISBN 978-7-5606-6884-0

Ⅰ.①现… Ⅱ.①桑… Ⅲ.①传感器—高等学校—教材 Ⅳ.①TP212

中国国家版本馆 CIP 数据核字(2023)第 081281 号

策　　划　刘玉芳
责任编辑　刘玉芳
出版发行　西安电子科技大学出版社(西安市太白南路2号)
电　　话　(029)88202421　88201467　　邮　　编　710071
网　　址　www.xduph.com　　电子邮箱　xdupfxb001@163.com
经　　销　新华书店
印刷单位　陕西天意印务有限责任公司
版　　次　2023年7月第1版　2023年7月第1次印刷
开　　本　787毫米×1092毫米　1/16　印张　18
字　　数　426千字
印　　数　1～3000册
定　　价　49.00元
ISBN 978-7-5606-6884-0 / TP

XDUP 7186001-1

前言

传感技术在现代科学技术中具有十分重要的地位，当今世界许多国家的发展战略中都将传感技术作为重点发展的技术之一。当代传感技术在军事国防、宇宙探索和以自动化工业为代表的尖端科技领域广泛应用的同时，正以巨大的潜力向人们日常生活中的衣食住行慢慢渗透。环境保护、安全防范、生物医疗、智能电器等方面传感技术的发展日新月异，从浩瀚星空到茫茫大海，再到我们生活的山川大地，几乎每一个现代化项目都离不开各种各样的传感器。

近年来，微纳技术的迅速发展与进步，极大地促进了传感器的微型化、集成化和智能化发展。本书在传统传感技术的基础上，对微纳传感技术的基本原理和应用进行了扩展介绍。鉴于传感技术属于交叉学科，涉及学科较广，本书着重对各类传感器的机理及应用实例进行了介绍，以利于读者对传感器的原理、应用及发展现状有一个系统的认识。本书结合现代先进技术的发展，加入传感器新技术、新工艺、新应用及发展方向、发展态势等内容，以保证教学内容的基础性与先进性。

全书共11章，除第1章和第11章外，其余各章介绍的传感器具有一定的独立性。本书可作为高等学校电子科学与技术、测控技术与仪器、自动化、电子信息工程、机械设计制造及其自动化等专业的教材，也可作为有关工程技术人员的参考书。

太原理工大学桑胜波担任本书主编，郝润芳、石云波担任副主编。本书编写分工如下：第1～8章分别由太原理工大学桑胜波、王洪涛、禚凯、柴晓杰、郝润芳、孙蕾、王峰、马佳楠编写，第9～11章由太原理工大学白静、山西大学高佳、太原科技大学文新宇和中北大学石云波共同编写。桑胜波对全书进行了整理和统稿。

在本书的编写过程中，编者参考了不少文献与资料，在此向相关作者表示感谢。

传感技术是一门多学科相互交叉、相互渗透的高新技术，涉及的理论知识繁杂，影响因素众多，由于编者学识有限，书中不足之处在所难免，敬请广大读者批评指正。

编　者

2023年3月

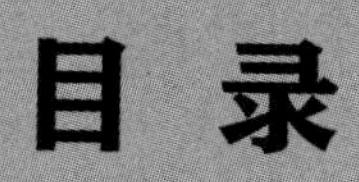

目录

第1章

传感器概述

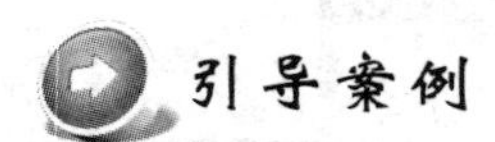

引导案例

大国重器：传感器

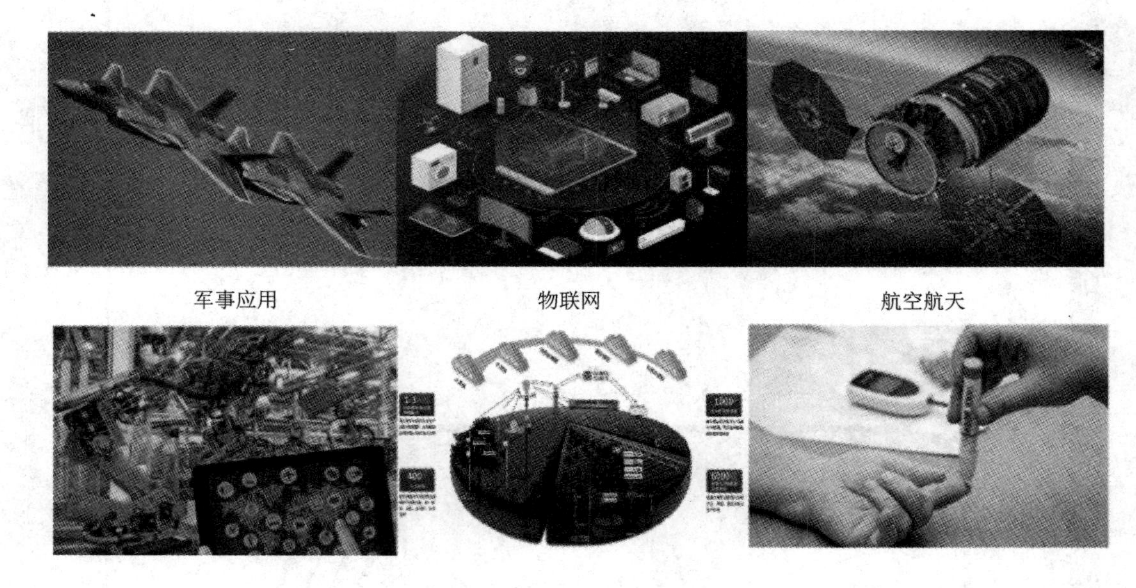

军事应用　　物联网　　航空航天

智能制造　　农业　　医疗诊断

传感技术是当今世界令人瞩目的高新技术之一，也是当代科学技术发展的一个重要标志，它与通信技术、计算机技术构成信息产业的三大支柱。当前新工业革命的浪潮主要由航空航天、物联网、生物医疗、智能制造、农业、新能源、无人汽车驾驶、3D打印等技术引领。欧美主要发达国家及我国纷纷制定政策，实施以互联网为基础、新能源为驱动、智能制造为手段的新工业革命发展战略，如德国的工业4.0战略、美国的再工业化、中国制造2025等，这些都给传感器产业带来了无限广阔的发展空间。

我国传感器经历了从无到有、从有到全的过程，可惜全而不强。同时，我国传感器生产企业起步较晚，厂商规模小，品牌和技术还与世界先进水平存在一定差距，这导致应用于高端制造业的智能传感器市场主要依赖于美国、日本、德国等国际厂商。2020年后，我国多项关键技术遭遇“卡脖子”问题。习近平主席多次强调：真正的核心关键技术是花钱买不来的，靠进口武器装备是靠不住的，走引进仿制的路子是走不远的。事实一再告诉我们，核心关键技术必须立足自主创新、自立自强。近年来，国家相关部门发布了《“十四五”智能制造发展规划》《“十四五”信息化和工业化深度融合发展规划》等一系列战略规划，不断加大对传感器相关产业发展的支持力度。

现在，应该是回到原点、重塑根基的时候了。破而后立，是我国传感器产业发展的必经之路。未来机遇很多，我国传感器市场仍大有可为。归根结底，技术和工艺的自主创新、人才的培养与引进、产业的聚集有序发展才是解决内忧外患的关键所在。相信在未来我国的传感技术一定会走在世界前列。

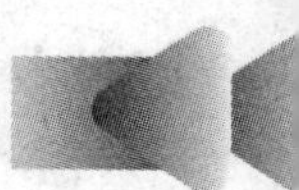

1.1　传感器的基本概念

在人类历史的发展过程中，一直伴随着感知、思考、完善自己以及改造世界的进程。传感器是人类感知世间万物的基本工具之一，它是人类五官的升级版，可以使物体“活起来”。不管是在产品生产还是在产品应用过程中，传感器都能通过“感受”相关的数据来控制系统的正常高效运行。

1.1.1　传感器的定义

2005年7月29日，我国发布了国家标准《传感器通用术语》(GB/T 7665—2005)，将传感器(transducer/sensor)定义为能感受被测量并按照一定的规律转换成可用输出信号的器件或装置，通常由敏感元件和转换元件组成。通俗地讲，传感器是一种检测装置，能感受到被测量的信息，并能将感受到的信息按一定规律转换成电信号或其他所需形式的信号，以满足信息的传输、处理、存储、显示、记录和控制等要求。我们可以从以下几个方面来理解传感器的定义。

(1) 传感器是测量装置，以测量为最终目的。例如，三峡水利枢纽工程中的发电机组是将机械能转换为电能的装置，它为我国经济发展提供电力能源支撑，但其主要目的不是用于测量，所以发电机组仅作为发电设备时，不能称其为传感器。然而，当利用发电量的大小来测定水流量和流速时，发电机组就具备测量功能，可以将其称为发电机水流检测传感器。

(2) 传感器的输入量是某种被测量，这个被测量指的是非电量，可能是物理量(如位移、压力、加速度等)，可能是化学量(如物质的量、酸碱度、浓度等)，也可能是生物量(如生物电、细胞分泌物等)或者其他非电量。

(3) 传感器的输出量是某种可用信号，这种信号要便于传输、转换、处理、显示等，可以是气、光、电、磁等信号。在微电子技术迅猛发展的时代背景下，电信号是最易于处理和便于传输的信号，如电压、电流、电阻、电容、电感、频率等，所以也常将传感技术称为“非电量电测技术”。

(4) 传感器输入与输出量之间的转换必须遵循客观规律，同时两者之间应有确定的对应关系和一定的精确程度。传感器具有能量信息的转换功能是因为其工作机理是基于各种物理、化学和生物效应(如热辐射现象、光电效应、霍尔效应、多普勒效应)，并受相应的定律(如法拉第电磁感应定律等)和法则所支配的。就本书所述的范围，传感器的工作机理所依据的基本定律概括起来主要有以下四种类型。

① 守恒定律：包括能量、动量和电荷量等物理量的守恒定律。

② 统计法则：把微观系统与宏观系统联系起来的物理法则。这些法则常常与传感器的工作状态有关，是分析某些传感器的理论基础。

③ 场的定律：包括动力场的运动定律、电磁场的感应定律等，一般由物理方程式给出，这些方程式可作为许多传感器工作的数学模型，例如利用静电场定律制成的电容式传感

器，利用电磁场的感应定律制成的电感式传感器等。

④ 物质定律：表示各种物质本身内在性质的定律，例如胡克定律、欧姆定律等。这些定律通常以该物质所固有的物理常数加以描述，这些常数的大小决定了传感器的主要性能。例如，利用半导体物质法则（包括压阻、热阻、光阻、湿阻等效应）可分别制成压敏、热敏、光敏、湿敏传感器，利用压电晶体物质法则（压电效应）可制成压电式传感器。

1.1.2 传感器的组成

根据传感器的定义可知，传感器的基本组成包括敏感元件和转换元件两个部分，它们分别完成检测和转换两个基本功能。然而仅由敏感元件和转换元件所组成的传感器通常输出信号较弱，往往还需要转换电路将输出信号放大并转换为容易传输、处理、记录和显示的形式。因此，传感器一般由敏感元件、转换元件和转换电路三个部分组成。

(1) 敏感元件(sensing element)：传感器中能直接感受或响应被测量的部分。敏感元件可以按输入的物理量来命名，如热敏、光敏、压敏、磁敏、气敏、湿敏元件等。图 1-1 所示为某一测力传感器的结构示意图，弹簧一端固定，另一端与电位器的电刷相连，电位器接入电路。这里的弹簧就是敏感元件，当作用在砝码上的被测力 F 发生变化时，弹簧被压缩或者伸长，测力传感器输出相应的位移量。

(2) 转换元件(transducing element)：传感器中能将敏感元件感受或响应的被测量转换成适于传输或测量的电信号的部分。在图 1-1 中，转换元件是电位器，通过电刷的移动，将输入的位移量转换成电阻值的变化。大多数传感器都具有独立的转换元件，比如应变式压力传感器利用弹性膜片（敏感元件）将被测压力转换成膜片的变形，应变片（转换元件）将膜片的变形量转换成电阻值的变化，从而实现非电量的电测量。但也有一些传感器的敏感元件能够直接输出电信号，这种传感器的敏感元件同时兼作转换元件，例如热电偶能将温度变化直接转换为热电势输出。

(3) 转换电路(conversion circuit)：传感器中将电参量转换成便于测量的电量的部分。由于传感器转换元件输出的电信号一般较弱，而且存在各种误差，再加上对诸如电阻、电感、电容等电参量难以直接显示、记录、处理和控制，因此需要将电参量进一步变换成可直接利用的电信号，如电压、电流等信号。转换电路的选择视转换元件的类型而定，经常采用的有电桥电路、放大电路、脉宽调制电路、振荡回路、阻抗变换电路等。另外，很多传感器的转换元件和转换电路需要外接辅助电源才能正常工作，如图 1-2 所示。

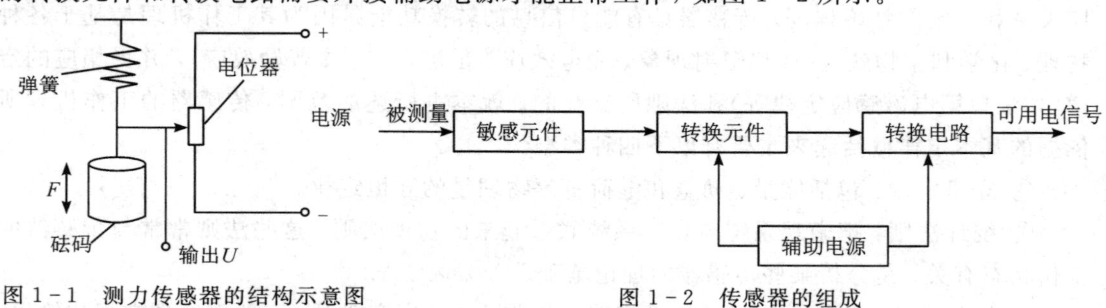

图 1-1 测力传感器的结构示意图　　图 1-2 传感器的组成

随着集成电路制造技术的发展，转换电路和调理电路可以与传感器集成在一起，构成

可直接输出标准信号(0～10 mA，4～20 mA；0～2 V，1～5 V；等等)的一体化传感器。在此基础上，将传感器和微处理器相结合，装在一个检测器中就能形成一种智能传感器。它具有一定的信号调理、信号分析、误差校正、环境适应等能力，甚至具有一定的辨认、识别、判断功能。

1.1.3　传感器的分类

传感器的种类繁多、原理各异，目前全球产品化的传感器种类约有2.6万种，我国约有1.4万多种。一般来讲，对于同一种被测量，可以用多种传感器进行检测，而同一种传感器也可以测量多种不同类型的参量，因此传感器的分类方法很多。按照不同的方法对传感器进行分类，有助于从总体上认识和掌握传感器的原理、性能与应用。

1. 按传感器的工作机理分

按照感知被测量(外界信息)所依据的基本效应的科学属性的不同，传感器可分为物理传感器、化学传感器和生物传感器三大类。

(1) 物理传感器：利用某些元件的物理性质以及某些功能材料的特殊物理性能(如磁致伸缩现象和离子、热电、光电、磁电、压电等效应)，把被测物理量转换成便于处理的能量形式信号的传感器。

物理传感器又可分为结构型传感器和物性型传感器。结构型传感器是以结构(如形状、尺寸等)为基础，利用某些物理规律来感受(敏感)被测量，并将其转换为电信号，从而实现测量的传感器。例如电容式压力传感器，必须有按规定参数设计制成的电容式敏感元件，当被测压力作用在电容式敏感元件的动极板上时，电容间隙的变化会导致电容值的变化，从而实现对压力的测量。物性型传感器是利用某些功能材料本身所具有的内在特性及效应感受(敏感)被测量，并将其转换为可用电信号的传感器。例如利用具有压电特性的石英晶体材料制成的压电式传感器，就是利用石英晶体材料本身具有的正压电效应来实现对压力的测量的。

(2) 化学传感器：以化学物质成分(类别和含量)为检测参数的传感器。它主要是利用敏感材料与被测物中的分子、离子或生物物质相互接触时所引起的电极电势、表面化学势的变化，或者是在表面发生的化学、生物反应，将其直接或间接地转换为电信号进行检测的。因此，化学传感器的工作机理比物理传感器的工作机理更加复杂。

(3) 生物传感器：一种对生物物质敏感并将其浓度转换为电信号进行检测的传感器。它是由固定化的生物敏感材料构成的识别元件(包括酶、抗体、抗原、微生物、细胞、组织、核酸等生物活性物质)、适当的理化换能器(如氧电极、光敏管、场效应管、压电晶体等)及信号放大装置组成的。生物传感器的研究历史较短，但发展非常迅速，随着半导体技术、微电子技术和生物技术的发展，它的性能将进一步完善。

2. 按传感器的用途分

按照被测量的不同，传感器可分为位移传感器、速度传感器、加速度传感器、压力传感器、振动传感器、温度传感器和湿度传感器等。这种分类方法比较明确地指出了传感器的用途，便于用户选用。但是被测量几乎有无限多个，这种分类方法会造成传感器名目繁多，同时把原理互不相同、同一用途的传感器归为一类，很难找出各种传感器在转换原理上的

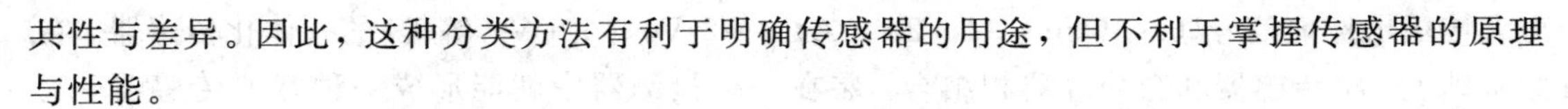

共性与差异。因此，这种分类方法有利于明确传感器的用途，但不利于掌握传感器的原理与性能。

3. 按传感器的输出信号分

按照输出信号的不同，传感器可分为模拟式传感器和数字式传感器两类。

(1) 模拟式传感器：输出信号为模拟量的传感器。它将被测非电量转换成模拟电信号。其输出信号中的信息一般由信号的幅度表示，通过模/数(A/D)转换器将模拟信号数字化后，可利用计算机对其进行分析、处理。

(2) 数字式传感器：输出信号为数字量或数字编码的传感器。它将被测非电量转换成数字信号输出。数字信号不仅重复性好、可靠性高，而且不需要 A/D 转换，比模拟信号更容易传输。但由于敏感机理、研发历史等因素的影响，目前实用的数字式传感器种类很少，市场上更多的是准数字式传感器。准数字式传感器输出为方波信号，其频率或占空比随被测量变化而变化。这类信号可以直接输入到微处理器内，利用微处理器内的计数器即可获得相应的测量值。此外，准数字式传感器与数字电路具有很好的兼容性。

1.1.4 传感器的发展历程

迄今为止，传感器的发展主要经历了三个阶段。

第一阶段(1950—1969 年)：20 世纪 50 年代初，结构型传感器出现，它主要通过结构参量的变化来转化和感受信号。例如电阻应变式传感器，它是一种利用电阻材料的应变效应将工程结构件的内部变形转换为电阻变化的传感器。

第二阶段(1970—1999 年)：20 世纪 70 年代开始，固体型传感器逐渐发展起来，这种传感器由半导体、电介质、磁性材料等固体元件构成，是利用材料的某种特性制成的。例如，利用热电效应、霍尔效应、光敏效应可分别制成热电偶传感器、霍尔式传感器、光敏传感器等。

第三阶段(2000 年至今)：20 世纪末，人们通过将微处理器作为核心，把传感器信号调节电路、微计算机、存储器及接口集成到一块芯片上，使传感器具有了一定的人工智能，智能传感器应运而生。智能传感器对周边的信息有一定的数据处理、自诊断、检测及自适应能力，是检测技术及计算机技术相结合的产物。智能传感器的发展，不仅依赖于新的传感原理与检测技术，而且要与微电子技术、纳米技术协同发展。随着微电子技术遵循摩尔定律的基本规律的发展，纳米尺度的量子、分子器件将成为未来微电子器件发展的方向。

1.2 传感器的特性

传感器的基本特性是指其输出与输入之间的关系。理想情况下，传感器的输出与输入是一一对应的，即传感器能够不失真地再现输入信号，这就是传感器的理想特性。然而，在设计、制造以及使用过程中存在很多影响因素，这使得传感器很难呈现理想特性。传感器的特性与被测量的性质有关。当被测量处于不变或缓变情况时，输出与输入之间的关系称为传感器的静态特性；当被测量随时间变化时，输出与输入之间的关系称为传感器的动态特性。

1.2.1　传感器的静态特性

1. 传感器的静态数学模型

传感器的静态数学模型是指当输入量为静态量时，传感器的输入量与输出量之间的数学模型。在不考虑传感器滞后及蠕变的情况下，传感器输入-输出静态函数关系可表示为

$$y=a_0+a_1x+a_2x^2+\cdots+a_nx^n \tag{1-1}$$

式中：x——输入量；

y——输出量；

a_0——零位输出(输入量 x 为零时的输出量)；

a_1——传感器的线性灵敏度，常用 K 或 S 表示；

a_2，…，a_n——非线性项系数。

式(1-1)是一个不含时间变量的代数方程，也可用以输入量作为横坐标、与其对应的输出量作为纵坐标所画出的特性曲线来描述。

在研究传感器的静态特性时，可先不考虑零位输出，根据传感器内在结构参数的不同，式(1-1)可能有图1-3所示的四种情况。

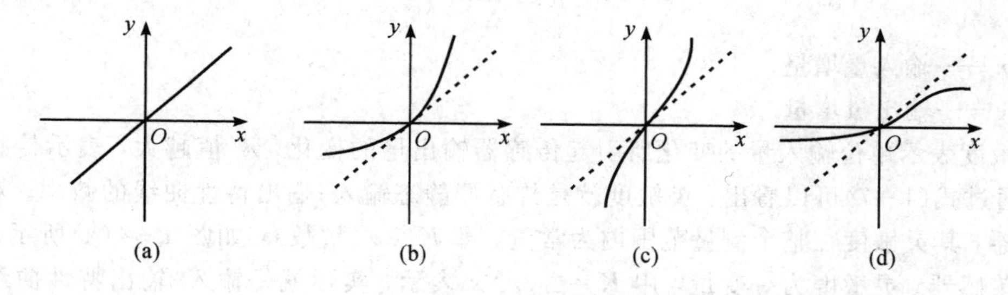

图1-3　传感器的静态特性图

1）理想的线性特性

图1-3(a)所示为理想的线性特性曲线，这通常是希望传感器应具有的特性。在这种情况下，$a_0=a_2=a_3=\cdots=a_n=0$，因此得到

$$y=a_1x \tag{1-2}$$

因为直线上任何点的斜率相等(是一个常数)，所以传感器的灵敏度为

$$K=\frac{y}{x}=a_1 \tag{1-3}$$

2）非线性项仅含偶次项

当式(1-1)中的 a_0 和各非线性奇次项系数 a_3，a_5，…均为零时(如图1-3(b)所示)，仅有偶次非线性项，其输入-输出特性方程为

$$y=a_1x+a_2x^2+a_4x^4+\cdots \tag{1-4}$$

具有这种静态特性的传感器的非线性部分不具有对称性，在零点附近灵敏度很小，所以其线性范围窄。一般传感器设计很少采用这种特性。

3）非线性项仅含奇次项

当式(1-1)中的 a_0 和各非线性偶次项系数 a_2，a_4，a_6，…均为零时(如图1-3(c)所

示)，仅有奇次非线性项，其输入-输出特性方程为

$$y = a_1 x + a_3 x^3 + \cdots \tag{1-5}$$

一般输入量 x 在相当大的范围内时，这类传感器具有较宽的准线性，这是较接近理想线性的非线性特性，它关于坐标原点是对称的，即 $y(x) = -y(-x)$，所以具有相当宽的近似线性范围。

4）普遍情况

图 1-3(d)所示为普遍情况下传感器的静态特性曲线。传感器的数学模型应包括多项式的所有项数，即

$$y = a_0 + a_1 x + a_2 x^2 + a_3 x^3 + a_4 x^4 + \cdots \tag{1-6}$$

此时传感器的静态特性曲线过原点，也不具有对称性。

2. 传感器的静态性能指标

传感器的静态性能指标主要有灵敏度、线性度、迟滞、重复性和漂移等。

1）灵敏度

灵敏度是指传感器输出量增量与被测输入量增量之比，它是传感器静态特性的一个重要指标，通常用 K 表示，即

$$K = \frac{\Delta y}{\Delta x} \tag{1-7}$$

式中：Δx——输入量增量；

Δy——输出量增量。

灵敏度表示单位输入量的变化所引起传感器输出量的变化，K 值越大，表示传感器越灵敏。通过式(1-7)可以看出：灵敏度就是传感器静态输入-输出特性曲线的斜率。对于线性传感器，其灵敏度在整个测量范围内为常量，即 $K = a$（常数），如图 1-4(a)所示。对于非线性传感器，灵敏度为一变量，用 $K = \Delta y / \Delta x$ 表示，实际就是输入-输出特性曲线上某点的斜率，而且灵敏度随输入量的变化而变化，如图 1-4(b)所示。

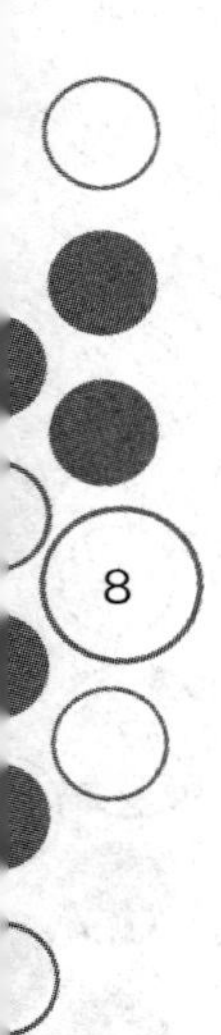

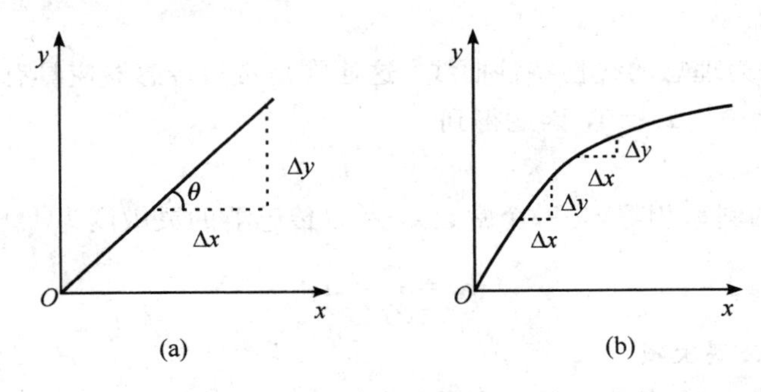

图 1-4 输入-输出特性曲线

2）线性度（非线性误差）

传感器的线性度是指传感器的输出与输入之间数量关系的线性程度，也就是衡量传感器的输出量与输入量之间能否保持理想线性特性的一种度量。线性度也称非线性误差。输出与输入关系可分为线性特性和非线性特性。理想情况下，传感器具有线性关系，即理想输入-输出关系，但实际遇到的传感器大多为非线性的。传感器的线性度可以归纳为在全量程范围内，实际特性曲线和拟合直线之间的最大偏差值与满量程输出值之比，即

$$\xi_L = \frac{\Delta L_{max}}{y_{FS}} \times 100\% \tag{1-8}$$

式中：ΔL_{max}——最大非线性绝对误差(即最大偏差值)；

y_{FS}——传感器满量程输出值。

在实际使用中，为了方便标定和数据处理，希望得到线性关系，因此引入各种非线性补偿环节，如采用非线性补偿电路或计算机软件进行线性化处理，从而使传感器的输出与输入关系为线性或接近线性。如果传感器非线性的方次不高，输入量变化范围较小，则可用一条直线(切线或割线)近似地代表实际曲线的一段，使传感器输入-输出特性线性化，所采用的直线称为拟合直线。非线性误差的大小是以一定的拟合直线为基准直线而得出来的，拟合直线不同，非线性误差也不同。所以，选择拟合直线的主要出发点应是获得最小的非线性误差。另外，还应考虑使用是否方便，计算是否简便。

较为常用的直线拟合方法有以下几种：

(1) 理论拟合。如图 1-5(a)所示，采用理论拟合所得拟合直线为传感器的理论特性，而与实际测试值无关，因而拟合误差一般比较大。

(2) 过零旋转拟合。如图 1-5(b)所示，过零旋转拟合常用于校正曲线过零的传感器，是按 $\Delta L_1 = |\Delta L_2| = \Delta L_{max}$ 进行拟合的。

(3) 端点连线拟合。如图 1-5(c)所示，端点连线拟合比较简单，直接把两个端点连线作为拟合曲线。

(4) 端点连线平移拟合。如图 1-5(d)所示，端点连线平移拟合就是在端点连线拟合的基础上平移 ΔL_{max} 的一半以相对减少拟合误差。

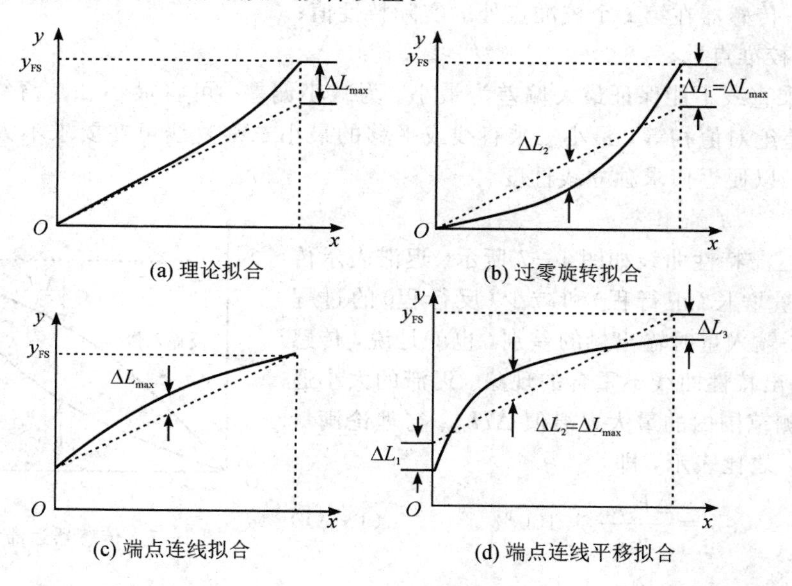

图 1-5　常用直线拟合方法(图中虚线为拟合线，实线为测试曲线)

(5) 最小二乘拟合。如图 1-6 所示，该方法拟合的直线与实际曲线的所有点的偏差的平方和为最小，非线性误差也较小，是最常用的拟合方法。

最小二乘直线方程为

$$y = a + bx \tag{1-9}$$

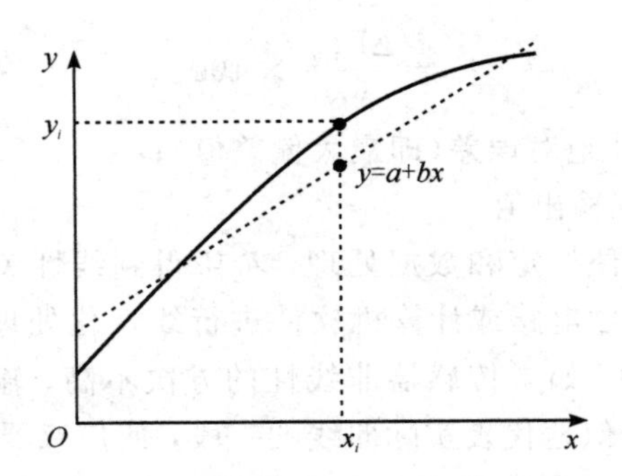

图 1-6　最小二乘拟合

式中：y——传感器的理论输出值；

a，b——最小二乘直线的截距和斜率；

x——传感器的实际输入值。

最小二乘直线的截距和斜率可通过传感器实际特性的直线拟合求出，计算公式如下：

$$\begin{cases} a=\dfrac{n\sum x_iy_i-\sum x_i\sum y_i}{n\sum x_i^2-(\sum x_i)^2} \\ b=\dfrac{\sum x_i^2\sum y_i-\sum x_i\sum x_iy_i}{n\sum x_i^2-(\sum x_i)^2} \end{cases} \tag{1-10}$$

式中：x_i——传感器在第 i 个校准点处的输入值；

y_i——传感器在第 i 个校准点处的实际特性值；

n——校准点数。

最小二乘直线不能保证最大偏差为最小。为减小偏差，可将最小二乘直线平移，使最大正、负偏差绝对值相等。最小二乘直线或平移的最小二乘直线可在要求不太高的场合代替最佳直线，以便近似求独立线性度。

3）迟滞

传感器迟滞特性曲线如图 1-7 所示。迟滞表示传感器在输入量增长（正行程）和减少（反行程）的过程中，输入同一输入量时输出量的差别，也就是说，传感器的输入-输出特性曲线不重合的现象。迟滞的大小通常由整个检测范围内的最大迟滞值 ΔH_{max} 与理论满量程输出值 y_{FS} 之比表示，即

$$\xi_H=\frac{\Delta H_{max}}{y_{FS}}\times 100\% \tag{1-11}$$

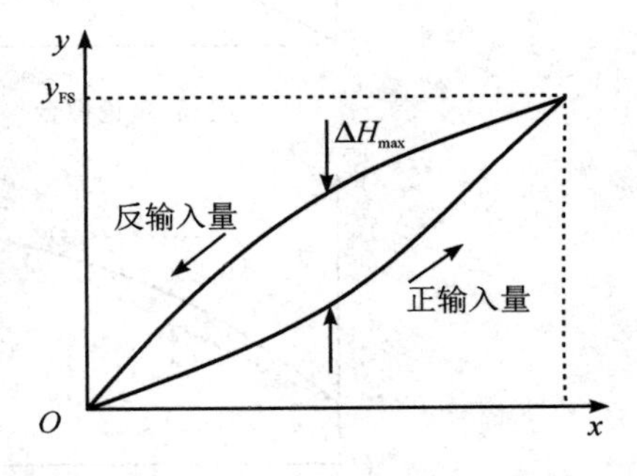

图 1-7　传感器迟滞特性曲线

4）重复性

传感器重复特性曲线如图 1-8 所示。重复性是指传感器在相同工作条件下，输入量按同一方向做全量程连续多次变动时所得到的各特性曲线不一致的程度，其中 ΔR_{max1} 表示正行程最大重复性误差；ΔR_{max2} 表示反行程最大重复性误差。重复性误差通常用输出最大不重复误差 ΔR_{max} 与满量程输出值 y_{FS} 之比表示，即

$$\xi_R = \pm\left(\frac{\Delta R_{\max}}{y_{\mathrm{FS}}}\right)\times 100\% \tag{1-12}$$

其中 $\Delta R_{\max}$ 为 $\Delta R_{\max1}$ 和 $\Delta R_{\max2}$ 这两个误差中的较大者。

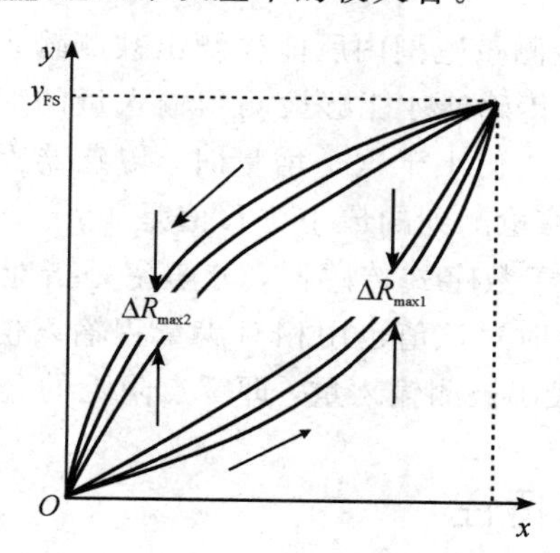

图1-8　传感器重复特性曲线

5) 漂移

漂移是指存在外界干扰的情况下，在一定的时间间隔内，传感器输出量发生与输入量无关的变化程度，包括零点漂移(简称零漂)和温度漂移(简称温漂)。

(1) 零点漂移：在无输入量的情况下，间隔一段时间进行测量，传感器输出量偏离零值的大小。

(2) 温度漂移：当外界温度(环境温度)发生变化时，传感器输出量同时也发生变化的现象。

温度漂移用传感器工作环境温度偏离标准环境温度(一般为20℃)的情况下，温度变化1℃时，输出的变化量与满量程输出值 y_{FS} 的百分比表示，即

$$温度漂移 = \frac{y_t - y_{20}}{y_{\mathrm{FS}}\times\Delta t}\times 100\% \tag{1-13}$$

式中：Δt——工作环境温度 t 与标准环境温度 t_{20} 之差；

y_{20}——传感器在环境温度20℃时的输出值；

y_t——传感器在环境温度 t 时的输出值。

6) 精度

精度反映传感器测量结果与真值的接近程度。它与误差的大小相对应，因此，可以用误差的大小来表示精度的高低，误差小则精度高，误差大则精度低。精度可分为精密度、正确度和准确度(精确度)。

(1) 精密度：多次重复测量中，传感器测得值彼此之间的重复性或分散性的程度。它反映随机误差的大小，随机误差越小，测得值越密集，重复性越好，精密度也就越高。

(2) 正确度：多次重复测量中，传感器测得值的算术平均值与真值接近的程度。它反映系统误差的综合大小，系统误差越小，测得值的算术平均值就越接近真值，正确度也就越高。

(3) 准确度(精确度)：多次重复测量中，传感器测得值与真值一致的程度。它反映随机误差和系统误差的综合大小，只有当随机误差和系统误差都小时，准确度才高。对于具体

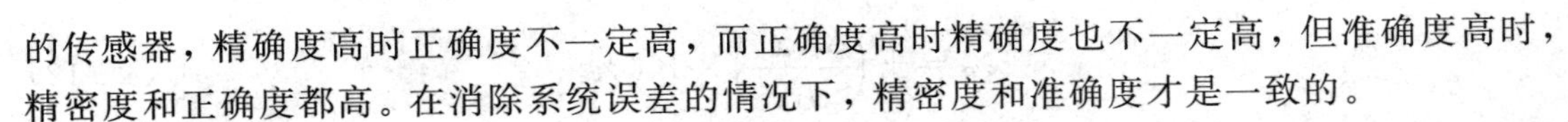

的传感器，精确度高时正确度不一定高，而正确度高时精确度也不一定高，但准确度高时，精密度和正确度都高。在消除系统误差的情况下，精密度和准确度才是一致的。

7）分辨率与阈值

分辨率是指传感器在规定测量范围内所能检测出被测输入量的最小变化值。当输入量缓慢变化且超过某一增量时，传感器才能够检测到输入量的变化，这个输入量的增量就称为传感器的分辨率。当输入量变化小于这个增量时，传感器无任何反应。例如电感式位移传感器的分辨率为 1 μm，能够检测到的最小位移值是 1 μm，当被测位移为 0.1～0.9 μm 时，传感器几乎没有反应。对于数字式传感器，分辨率是指能引起输出数字的末位数发生变化所对应的输入量增量，有时对该值也用相对满量程输入值的百分数表示。而使传感器的输出端产生可测变化量的最小被测输入量，即零点附近的分辨率，称为阈值。

1.2.2 传感器的动态特性

当传感器的输入量随时间而变化时，传感器的输出量随输入量的变化而变化是传感器的另一个重要性能，这就是传感器的动态特性，通常也称为响应特性，它反映传感器的输出量能够真实地再现输入量变化的特性。传感器的输出量随时间变化的曲线与相应输入量随同一时间变化的曲线越相同或相近，传感器的动态特性就越好。一般希望传感器输出随时间变化的规律与输入随时间变化的规律相同，即两者有相同的时间函数形式，而实际上，输出信号不会与输入信号具有完全相同的时间函数，这种差异就是动态误差。

一般视传感器的被测量为规律性信号，而规律性信号中的复杂周期信号可分解为不同谐波的正弦信号叠加。其他非周期信号都比阶跃信号缓和，只要传感器能满足对阶跃信号输入的响应，就可满足对其他非周期信号的响应。另外，有时也考虑线性信号的输入情况。所以动态特性研究中的“标准”输入是正弦周期信号、阶跃信号和线性信号，而经常使用的是前两种。

输入量为正弦信号的传感器响应称为频率响应或稳态响应；输入量为阶跃信号的传感器响应称为阶跃响应或瞬态响应。

1. 传感器的动态数学模型和传递函数

为了研究传感器对于输入信号为正弦周期信号和阶跃信号的动态特性，必须建立传感器的动态数学模型。在工程上通常忽略如非线性和随机变量等一些影响不大的因素，将传感器作为线性定常系统来考虑，所以传感器的动态数学模型可用高阶常系数线性微分方程表示，即

$$a_n \frac{\mathrm{d}^n y}{\mathrm{d}t^n} + a_{n-1} \frac{\mathrm{d}^{n-1} y}{\mathrm{d}t^{n-1}} + \cdots + a_1 \frac{\mathrm{d}y}{\mathrm{d}t} + a_0 y = b_m \frac{\mathrm{d}^m x}{\mathrm{d}t^m} + b_{m-1} \frac{\mathrm{d}^{m-1} x}{\mathrm{d}t^{m-1}} + \cdots + b_1 \frac{\mathrm{d}x}{\mathrm{d}t} + b_0 x \tag{1-14}$$

式中：x——输入动态信号；

y——输出动态信号；

t——时间；

$a_1, a_2, \cdots, a_n$ 和 $b_1, b_2, \cdots, b_n$——系数，均为实数。

在初始条件为零的情况下，式(1-14)的拉普拉斯变换为

$$(a_n s^n + a_{n-1} s^{n-1} + \cdots + a_1 s + a_0) Y(s) = (b_m s^m + b_{m-1} s^{m-1} + \cdots + b_1 s + b_0) X(s) \tag{1-15}$$

则传感器的传递函数为

$$H(s) = \frac{Y(s)}{X(s)} = \frac{b_m s^m + b_{m-1} s^{m-1} + \cdots + b_1 s + b_0}{a_n s^n + a_{n-1} s^{n-1} + \cdots + a_1 s + a_0} \tag{1-16}$$

传递函数是拉普拉斯变换算子 s 的有理分式，与输入量 $x(t)$ 无关，它只与传感器的结构参数有关。分子的阶次 m 不能大于分母的阶次 n，这是由物理条件决定的。分母的阶次代表传感器的特征，当 $n=0$ 时，称为零阶传感器；当 $n=1$ 时，称为一阶传感器；当 $n=2$ 时，称为二阶传感器；当 $n>2$ 时，称为高阶传感器。虽然传感器的种类和形式很多，但它们一般都可以简化为一阶或二阶传感器(高阶可以分解为若干低阶)，因此一阶和二阶传感器是最基本的类型。

2. 传感器的频率响应特性及性能指标

1) 传感器的频率响应特性

传感器的输入量按正弦函数变化时，其输出量也是同频率的正弦函数，且振幅和相位随频率变化而变化，这一性质称为传感器的频率响应特性。

设输入幅值为 X、角频率为 ω 的正弦量 $x = X\sin\omega t$，则获得的输出量为

$$y = Y\sin(\omega t + \varphi) \tag{1-17}$$

式中：Y——输出量的幅值；

φ——初相角。

将 x、y 的各阶导数代入传感器动态数学模型(即式(1-14))可得

$$\frac{Y(j\omega)}{X(j\omega)} = \frac{b_m (j\omega)^m + b_{m-1} (j\omega)^{m-1} + \cdots + b_1 (j\omega) + b_0}{a_n (j\omega)^n + a_{n-1} (j\omega)^{n-1} + \cdots + a_1 (j\omega) + a_0} \tag{1-18}$$

式(1-18)将传感器的动态响应从时域转换到频域，故称之为传感器的频率响应特性，简称频率特性。在形式上它相当于将传递函数式(1-16)中的 s 置换成 $(j\omega)$ 而得，因而又称为频率传递函数，其指数形式为

$$\frac{Y(j\omega)}{X(j\omega)} = \frac{Y e^{j(\omega t + \varphi)}}{X e^{j\omega t}} = \frac{Y}{X} e^{j\varphi} \tag{1-19}$$

由此可得频率特性的模为

$$A(\omega) = \left| \frac{Y(j\omega)}{X(j\omega)} \right| = \frac{Y}{X} \tag{1-20}$$

$A(\omega)$ 又称为传感器的动态灵敏度(或称增益)。$A(\omega)$ 表示输出与输入的幅值比随频率 ω 的变化而变化，故又称为幅频特性。

以 $\mathrm{Re}\left[\frac{Y(j\omega)}{X(j\omega)}\right]$ 和 $\mathrm{Im}\left[\frac{Y(j\omega)}{X(j\omega)}\right]$ 分别表示 $H(j\omega)$ 的实部和虚部，则频率特性的相位角为

$$\varphi(\omega) = \arctan\left\{ \frac{\mathrm{Im}\left[\frac{Y(j\omega)}{X(j\omega)}\right]}{\mathrm{Re}\left[\frac{Y(j\omega)}{X(j\omega)}\right]} \right\} \tag{1-21}$$

$\varphi(\omega)$ 表示输出超前于输入的角度。对传感器而言，φ 通常为负值，即输出滞后于输入。$\varphi(\omega)$ 表示相位 φ 随频率 ω 而变，故称之为相频特性。

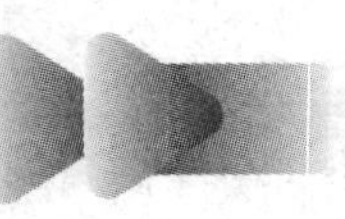

对于可以用二阶系统描述的传感器，通常用其固有频率 ω_n 与阻尼比 ξ 来表示频率响应特性。

2）衡量频率响应的性能指标

评价传感器的频域动态特性时，常用幅频特性与相频特性表示。由于相频特性与幅频特性之间有一定的内在关系，因此主要用幅频特性表示传感器的频率响应特性及频域性能指标。

(1) 截止频率、通频带和工作频带。传感器响应幅值上升到响应幅值最大值的70%时的频率称为下截止频率，传感器响应幅值下降到响应幅值最大值的70%时的频率称为上截止频率，二者之差称为传感器的通频带(或称带宽)。一般规定对数幅频特性曲线上幅值衰减 3 dB 时所对应的频率范围为通频带。对传感器来说，一般将幅值误差为±2%～±5%(或其他值)时所对应的频率范围称为工作频带。

(2) 谐振频率和固有频率。幅频特性曲线在某一频率处有峰值，这个工作频率就是谐振频率 ω_r。ω_r 表征瞬态响应的速度。固有频率 ω_n 是指在无阻尼时，传感器的自由振荡频率，ω_n 的值越大，时间响应速度越快。

(3) 幅值频率误差 $\Delta\delta$ 和相位频率误差 $\Delta\varphi$。当用传感器测量随时间变化的周期信号时，必须求出传感器所能测量周期信号的最高频率 ω_p，以保证 ω_p 在范围内。要求幅值频率误差不超过给定数值 $\Delta\delta$，相位频率误差不超过给定数值 $\Delta\varphi$。

3. 传感器的阶跃响应特性及性能指标

1）传感器的阶跃响应特性

当给起始静止的传感器输入一个阶跃信号

$$y(t)=\begin{cases}0, & t\leqslant 0\\ A, & t>0\end{cases} \tag{1-22}$$

时，其输出信号 $y(t)$ 称为阶跃响应，阶跃响应曲线如图 1-9 所示。

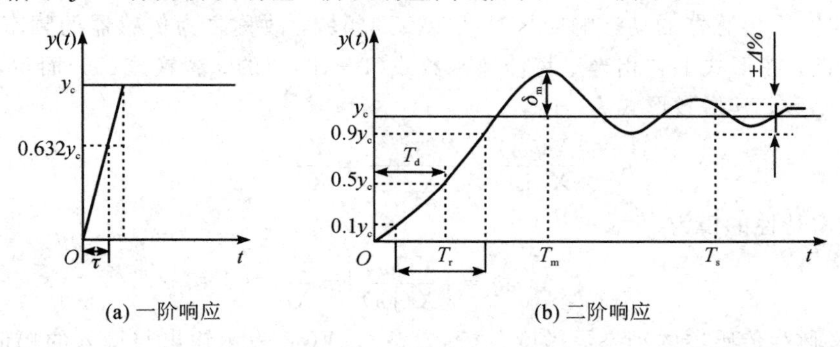

图 1-9　阶跃响应曲线

$y(t)$ 经过若干次振荡(或不经过振荡)缓慢地趋向稳定值 KA，且 $KA=y_c$，这里 K 为仪器的静态灵敏度。这一过程称为过渡过程，$y(t)$ 为过渡函数。

2）衡量阶跃响应的主要指标

(1) 时间常数 τ：传感器输出值上升到稳态值 y_c 的 63.2%时所需的时间。时间常数越小，表示传感器的响应越快，系统达到稳定所需的时间就越短。

(2) 上升时间 T_r：传感器输出值由稳态值 y_c 的 10%上升到 90%时所需的时间，但有时也规定其他百分数。

(3) 响应时间 T_s：传感器输出值上升到其最终规定百分率时所需要的时间，即输出值达到允许误差范围所经历的时间。为注明这种百分率，可将其置于主词前面，例如：98%响应时间。

(4) 超调量 δ_m：响应曲线第一次超过稳态值之峰高，即 $\delta_m = y_{max} - y_c$，或用相对值表示，即 $\delta = (\delta_m / y_c) \times 100\%$。

(5) 动态误差 e_{ss}：无限长时间后传感器的稳态输出值与目标值之间偏差 δ_{ss} 的相对值，即 $e_{ss} = (\delta_{ss} / y_c) \times 100\%$。

(6) 延迟时间 T_d：传感器输出值达到稳态值的50%时所需的时间。

(7) 峰值时间 T_m：二阶传感器输出的响应曲线达到第一个峰值时所需的时间。

(8) 允许误差 $\Delta\%$：传感器输出值在稳态值的给定百分比(规定误差范围)。

1.3 传感器的技术指标及改善途径

1.3.1 传感器的技术指标

由于传感器的应用范围十分广泛，原理、结构与类型繁多，使用要求又千差万别，因此欲列出用来全面衡量传感器质量的统一指标是很困难的。表1-1列出了传感器的技术指标，其中若干基本参数指标和比较重要的环境参数指标经常作为检验、使用和评价传感器的依据。

表1-1 传感器的技术指标

分类	说明
基本参数指标	量程指标：测量范围、过载能力等
	灵敏度指标：灵敏度、分辨率、满量程输出、输入/输出阻抗等
	精度有关指标：测量不确定度、重复性、线性度、滞后、灵敏度误差、阈值、稳定性、漂移等
	动态性能指标：固有频率、阻尼系数、时间常数、频响范围、频率特性、临界频率、临界速度、稳定时间等
环境参数指标	温度指标：工作温度范围、温度误差、温度漂移、温度系数、热滞后等
	抗冲振指标：容许各向抗冲振的频率、振幅、加速度、冲振引入的误差等
	其他环境参数：抗潮湿、抗介质腐蚀能力，抗电磁干扰能力(电磁兼容性 EMC)等
可靠性指标	工作寿命、平均无故障时间、保险期、疲劳性能、绝缘电阻、耐压、抗飞弧性能等
其他指标	使用方面：供电方式(直流、交流，频率及波形等)，电压幅度与稳定性，功耗，各项分布参数等
	结构方面：外形尺寸、重量、壳体材质、结构特点等
	安装连接方面：安装方式、馈线、电缆等

对于一种具体的传感器而言，并不是全部指标都是必需的。因为这不仅在设计和制造上有很多困难，而且实际上也没有必要。因此，不要选用“万能”的传感器去适用不同的使用场合。为了设计和选用符合测量要求的传感器，必须遵循以下三条原则：

(1) 整体需要原则。传感器的技术指标是作为孤立单元产品或部件给出的，不是测量系统整体目标和实际应用需要的指标，因此应遵循整体需要原则，即按测量系统的整体设计要求进行选择，使所选传感器和测量方法适合于具体应用场合。

(2) 高可靠性原则。即在多种可选的传感器满足基本技术指标的情况下，首先考虑可靠性，在满足性能指标的前提下，尽可能采用元器件少的简单构成方案，提高系统的可靠性。

(3) 高性价比原则。即在符合性能要求的同时注重经济性，除传感器造价低外，其使用和维护成本也必须要低。

1.3.2 改善传感器性能的途径

在现代生活中，人们对传感器的精度、可靠性、响应速度等性能要求越来越高。一般可采取下列技术途径改善传感器的性能。

1. 差动技术

差动技术广泛应用于传感器中，可显著降低温度变化、电源波动、外界干扰等对传感器精度的影响，能减小非线性误差及增大灵敏度等。该技术也广泛用于消除或减小由于结构而引起的共模误差(如温度误差)。差动技术的原理如下：

设有一传感器，其输出为

$$y_1 = a_0 + a_1x + a_2x^2 + a_3x^3 + a_4x^4 + \cdots \tag{1-23}$$

若另一相同的传感器的输入量符号相反(例如位移传感器使之反向移动)，则它的输出为

$$y_2 = a_0 - a_1x + a_2x^2 - a_3x^3 + a_4x^4 - \cdots \tag{1-24}$$

二者输出相减，即

$$\Delta y = y_1 - y_2 = 2(a_1x + a_3x^3 + \cdots) \tag{1-25}$$

于是，总输出消除了零位输出和偶次非线性项，得到了关于原点对称的、相当宽的近似线性范围，减小了非线性，而且使灵敏度提高了一倍，抵消了共模误差。在传感器中，外界被测量的满量程往往只引起单个敏感元件的少量变化，为了使传感器测得这种少量变化，去除不变部分，需在敏感部分采用差动技术。

2. 平均技术

平均技术利用了平均效应，可以降低测量时的随机误差。常用的平均技术有误差平均效应和数据平均处理。

1) *误差平均效应*

误差平均效应的原理是将 n 个传感器单元同时感受被测量，其输出则是这些传感器单元输出的总和。假如将每一个传感器单元可能带来的误差 δ_0 均看作随机误差，则根据误差理论，总的误差 Δ 将减小为

$$\Delta = \pm \frac{\delta_0}{\sqrt{n}} \tag{1-26}$$

例如：$n=10$ 时，误差 Δ 减小为 δ_0 的 31.6%；$n=500$ 时，误差减小为 δ_0 的 4.5%。

误差平均效应在光栅、感应同步器、磁栅、容栅等传感器中都取得了明显的效果。在其他一些传感器中，误差平均效应也可以补偿由于某些工艺性缺陷而造成的误差。

2）数据平均处理

如果将相同条件下的测量重复 n 次或采样 n 次，然后进行数据平均处理，那么随机误差会减小$\sqrt{n}$。因此，对所有允许进行多次重复测量（或采样）的被测量，都可以采用数据平均处理减小随机误差，这对带有微电脑芯片的智能传感器来说特别方便。

在设计和应用传感器时，上述误差平均效应与数据平均处理的原理都可以采纳，应用时，应将整个测量系统视作一个对象。常用的多点测量方案与多次采样平均的方法，可减小随机误差，提高灵敏度，改善测量精度。

3. 零示法、微差法与闭环技术

在设计或应用传感器时，零示法、微差法与闭环技术可用以消除或减小系统误差。

1）零示法

零示法可消除因指示仪表不精确而造成的误差。采用这种方法时，被测量对指示仪表的作用与已知的标准量对它的作用相互平衡，使指示仪表示零，这时被测量就等于已知的标准量。机械天平是零示法的典型应用实例。平衡电桥是零示法在传感技术中应用的实例。

2）微差法

微差法是在零示法的基础上发展起来的。由于零示法要求被测量与标准量完全相等，因此要求标准量连续可变，这往往不容易实现。但是，如果标准量与被测量的差值降低到一定程度，那么由于它们的抵消作用，就可以大大降低指示仪表的误差影响，这就是微差法的原理。

几何量测量中广泛采用的测微仪，如电感式测微仪、光学式比较仪等，就是微差法的应用实例。用该方法测量时，标准量可采用量块或标准工件，测量精度得到很大提高。

3）闭环技术

当传感器必须满足宽频率响应、大动态范围、高灵敏度和分辨率、高精度以及高稳定性、重复性和可靠性等要求时，由敏感元件、转换元件、测量电路等环节组成的开环传感器很难达到要求，而利用反馈技术使传感器构成闭环平衡式传感器，组成闭环反馈测量系统，则可满足上述各种要求。闭环式传感器被广泛应用于过程参数检测技术中。

跟踪技术也属于闭环技术。除了对平衡点的跟踪，还能跟踪某些特定值点（往往是极值点）以及综合指标参数，产生反馈作用的量有一维或多维。跟踪技术有着广泛的应用，如恒星跟踪、雷达多目标跟踪、导航惯性平台的跟踪等。

4. 屏蔽、隔离与干扰抑制

各种外界因素都会影响传感器的精度与有关性能。为了减小测量误差，应设法削弱或消除外界因素对传感器的影响。这主要从两个方面来实现：一是减小传感器对影响因素的灵敏度；二是降低外界因素对传感器的实际影响程度。

对于电磁干扰，可以采用屏蔽（电场屏蔽、电磁屏蔽和磁屏蔽）、隔离措施，也可用滤波等方法抑制。对于如温度、湿度、机械振动、气压、声压、辐射甚至气流等影响因素，可采用相应的隔离措施，如隔热、密封、隔振等，或者在将干扰信号变换成电量后对其进行分离

或抑制，减小其影响。在电路中还可采用滤波、添加去耦电容和正确接地等措施。

5. 分段与细分技术

对于大尺寸、高精度的几何量测量问题，可以采取分段测量方案。将测量范围分成若干分段区间，在分段区间内再进行局部细分。这项技术要求在工艺经济的条件下，尽量密地将标尺分成若干段。测量过程从零位开始，记录下所经历段数，然后在段内用模拟方法细分。常用两只传感器完成段计数、模拟细分和分辨运动方向的功能，两只传感器之间的距离减去分段整倍数后相差 1/4 分段，即运动测量时两只传感器分别发出正弦和余弦信号。

分段与细分技术应用于激光干涉仪、感应同步器、光栅、磁栅、容栅等传感器技术，用 CCD 光敏阵列测量光点位置也采用了这项技术。在这项技术中，通常使用多只敏感元件，覆盖多个分段，并使用空间平均方法提高测量精度。

6. 补偿与修正技术

补偿与修正技术在传感器中被广泛应用。这种技术主要针对两种情况：一种是针对传感器本身的特性，另一种是针对传感器的工作条件或外界环境。

对于传感器本身的特性，可以找出误差的变化规律，或者测出其大小和方向，采用适当的方法加以补偿或修正。

对传感器工作条件或外界环境进行误差补偿，也是提高传感器精度的有力技术措施。很多传感器对温度比较敏感，由于温度变化引起的误差特别明显。为了解决这个问题，必要时可以控制温度，但成本太高，有些使用现场条件不允许。而在传感器内引入温度误差补偿是可行的，在这种情况下，应找出温度对测量值影响的规律，然后引入温度补偿措施。

补偿与修正可以利用电子线路(硬件)来解决，也可以用计算机通过软件来实现。

7. 稳定性处理

作为长期测量或反复使用的器件，传感器的稳定性尤为重要，其重要性甚至超过精度指标。造成传感器性能不稳定的原因主要是随着时间的推移和环境条件的变化，传感器的各种材料和部件的组成性能会发生变化。

为了提高传感器的稳定性，应该对材料、元器件或传感器整体进行必要的稳定性处理。如对结构材料进行时效处理、冰冷处理，对永磁材料进行时间老化、温度老化、机械老化及交流稳磁处理，对电气元件进行老化筛选等。在传感器的使用中，如果测量要求较高，必要时还应对后续电路的附加调整元件、关键器件进行老化处理。

1.4 微纳传感器及其加工技术

微纳加工技术是一种将微电子技术与机械工程融合到一起的工业技术，通常它的操作尺度在微米、纳米级别。应用微纳加工技术能够开发出微小型、低成本、高效能和多用途的传感器。

1.4.1　微纳传感器

MEMS(Micro Electric Mechanical System)即微电子机械系统，从广义上讲，MEMS是指集微型传感器、微型执行器以及信号处理和控制电路，甚至接口电路、通信/接口单元和电源于一体的微型机电系统，由传感器、信息处理单元、执行器和通信/接口单元等组成。其输入是物理信号，通过传感器转换为电信号，经过信号处理(模拟的和(或)数字的)后，由执行器作用于外界。一个MEMS可以采用数字或模拟信号(电、光、磁等物理量)与其他MEMS进行通信。MEMS在航空航天、汽车、工业、生物医学、信息通信、环境监控和军事等领域有着广阔的应用前景。

利用MEMS技术制作的传感器称为MEMS传感器，也称为微纳传感器。与传统意义上的传感器相比，MEMS传感器的体积很小，敏感元件的尺寸一般在0.1～100 μm之间。然而，MEMS传感器并不仅仅是传统传感器按比例缩小的产物，它在理论基础、结构工艺、设计方法等方面，都有许多自身的特殊现象和规律。

微纳传感器可以是单一的敏感元件，这类传感器的一个显著特点就是尺寸小(敏感元件的尺寸从毫米级到微米级，有的甚至达到纳米级)。在微纳传感器的加工中，主要采用精密加工、微电子技术以及MEMS技术，这使得传感器的尺寸大大减小。微纳传感器也可以是一个集成的传感器，这类传感器是通过将微小的敏感元件、信号处理器、数据处理装置封装在一块芯片上形成集成传感器的。微纳传感器还可以是微型测控系统，在这种系统中，不但包括传感器，还包括微执行器，可以独立工作。此外，还可以由多个微纳传感器组成传感器网络或者通过其他网络实现异地联网。

20世纪90年代，美国率先开始了微纳传感器的研究，先是将其应用于军事领域，然后广泛地推广至各个领域，如反恐、电力、交通、环保乃至家居生活等。

1990—2000年，ADI公司(亚德诺半导体)发布第一颗High-g MEMS，随后ADI又将MEMS加速度传感器应用于汽车电子领域的安全气囊、制动压力、胎压监测等产品，并取得了巨大的成功。

2000—2010年，智能手机的发展推动了MEMS传感器的崛起，距离传感器、麦克风、加速度计、陀螺仪、温湿度MEMS传感器广泛应用于智能手机。

2010—2020年，随着联网节点呈现爆发式增长趋势，MEMS传感器开始应用于物联网中的重要应用场景，包括智能家居、工业互联网、车联网、环境监测、智慧城市等。

微纳传感器具有一系列的优点，主要包括：

(1) 体积小，重量轻。利用MEMS技术，微纳传感器的敏感元件尺寸大多在微米/纳米级，这使得微纳传感器的整个尺寸也大大缩小，封装后的微纳传感器尺寸大多为毫米量级，有的甚至更小。例如，压力微纳传感器已经小到可以放在注射针头内，送进血管测量血液流动情况；或装载到飞机或发动机叶片表面，用来测量气体的流速和压力。

(2) 能耗低。随着集成电路技术的发展，便携式测量仪器得到越来越多的应用。在很多场合，传感器及配套的测量系统都是利用电池供电的。因此传感器能耗的大小，在某种程

度上决定了整个仪器系统可供连续使用的时间，低能耗的特性为应用在某些需要采用电池供电且需要长时间工作的场合提供了可能。

(3) 性能好。微纳传感器在几何尺寸上的微型化，使其在保持原有敏感特性的同时，提高了温度稳定性，不易受到外界温度干扰。因此敏感元件的自谐振频率提高，工作频带加宽，敏感区间变小，空间解析度提高。

(4) 易于批量生产，成本低。微纳传感器的敏感元件一般是利用硅微加工工艺制造的，这种工艺的一个显著特点就是适合批量生产。大批量生产使得微纳传感器单件的生产成本大大降低。

(5) 便于集成化和多功能化。集成化是指将微纳传感器与后级的放大电路、运算电路、温度补偿电路等集成在一起，实现一体化；或将同一类的微纳传感器集成于同一芯片上，构成阵列式微纳传感器；或将几个微纳传感器集成在一起，构成一种新的微纳传感器。多功能化是指传感器能感知与转换两种以上不同的物理或化学参量。

(6) 智能化水平高。智能传感器是测量技术、半导体技术、计算技术、信息处理技术、微电子学和材料科学互相结合的综合密集技术。与一般传感器相比，智能传感器具有自补偿能力、自校准功能、自诊断功能、寻址处理能力、双向通信功能、信息存储、记忆和数字量输出功能。

1.4.2 微纳加工技术

利用微纳加工技术加工形成的部件或结构本身的尺寸在微米或纳米量级。微纳加工技术主要有以下几种。

1. 表面微加工技术

表面微加工技术一般是采用光刻等手段，使硅片等表面沉积或生长而成的多层薄膜分别具有一定的图形，然后去除某些不需要的薄膜层，从而形成三维结构。由于其主要是对表面的一些薄膜进行加工，而且形状控制主要采用平面二维方法，因此被称为表面微加工技术。表面微加工技术与IC技术类似，两者能较好地兼容。因为最终被去掉的薄膜部分称为牺牲层，所以表面微加工技术也称为表面牺牲层技术。该技术最初用于集成电路，可以顺序沉积和选择性地去除由低压化学-蒸气沉积多晶硅、氮化硅和二氧化硅等材料组成的薄膜，以构建“器件”三维结构。下面对表面微加工涉及的技术进行简单介绍。

1) *光学光刻技术*

光学光刻技术是指在光照作用下，借助光致抗蚀剂(又名光刻胶)将掩模板上的图形转移到基片上的技术。其主要过程为：首先紫外光通过掩模板照射到附有一层光刻胶薄膜的基片表面，使曝光区域的光刻胶发生化学反应；然后通过显影技术溶解去除曝光区域或未曝光区域的光刻胶(前者称为正性光刻胶，后者称为负性光刻胶)，使掩模板上的图形被复制到光刻胶薄膜上；最后利用刻蚀技术将图形转移到基片上。负性光刻胶光刻过程示意图如图1-10所示。

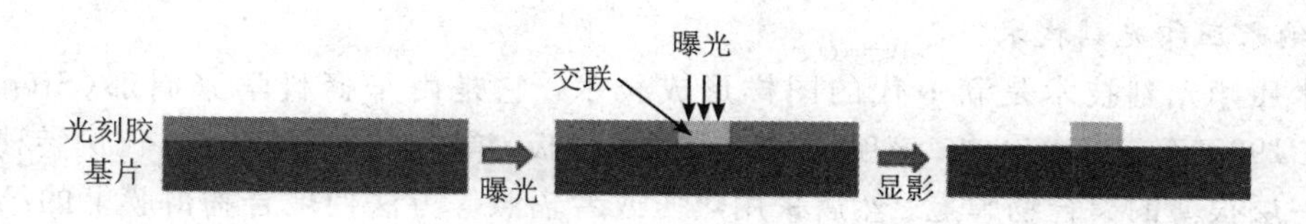

图1-10 负性光刻胶光刻过程示意图

常用的曝光方式分为接触式曝光和非接触式曝光，其区别在于曝光时掩模与基片间相对关系是贴紧还是分开。接触式曝光具有分辨率高、复印面积大、复印精度好、曝光设备简单、操作方便和生产效率高等特点；但容易损伤与沾污掩模板和晶片上的感光胶涂层，影响成品率和掩模板寿命，并且对准精度的提高也会受到较多限制。一般认为，接触式曝光只适用于分立元件和中、小规模集成电路的生产。非接触式曝光主要指投影曝光。在投影曝光系统中，掩模图形经光学系统成像在感光层上，掩模与晶片上的感光胶涂层不接触，不会引起损伤和沾污，成品率较高，准精度也高，能满足高集成度器件和电路的生产要求。但投影曝光设备复杂，技术难度高，因而不适用于低档产品的生产。目前应用较广的是1∶1倍的全反射扫描曝光系统和x∶1倍的在硅片上直接分步重复曝光系统。

现在常用的曝光光源是248 nm的KrF、193 nm的ArF和157 nm的F2准分子激光，通过提高光刻的数值孔径、空间滤波、相移掩模和表面成像技术，可以极大地提高光学曝光的分辨率。虽然目前实现这种技术的成本在可以接受的范围内，但是从摩尔定律的长远发展来看，急需开发新的光刻技术。

2）电子束光刻技术

电子束光刻技术是指利用聚焦后的电子束在衬底某些确定的位置进行扫描，从而对射线敏感的光刻胶材料曝光，形成图案的技术。进一步来说，其本质是一定能量的电子束与光刻胶相互作用，形成曝光的光刻胶发生化学变化(交联或裂解)，曝光和未曝光的光刻胶在显影液中的溶解度不同，从而得到图案。相对于光学光刻，电子束光刻具有更高的分辨率、不需要掩模板、能够自动实现高精度套刻等优势。然而，仍有一些因素制约电子束光刻的广泛应用，如光刻胶前向散射和衬底背散射造成的临近效应，直写导致的曝光效率低，曝光系统价格昂贵等。尽管如此，由于其不可替代的高分辨率和曝光图形灵活性，电子束光刻作为原型研发仍然在基础科学研究和工业生产领域有着重要的应用。

电子束的扫描方式主要分为两种：矢量扫描和光栅扫描。只在有图形的位置进行的扫描称为矢量扫描，如图1-11(a)所示。光栅扫描是一种全场扫描方式，束闸在不存在图形的光场位置关闭(不曝光)，在有图形的位置打开(曝光)，如图1-11(b)所示。这种方式扫描的范围大，且不需要精密的数据处理和计算能力，故在进行大范围精密图形曝光时更节约时间。目前大部分商业化的曝光机都采用光栅扫描。

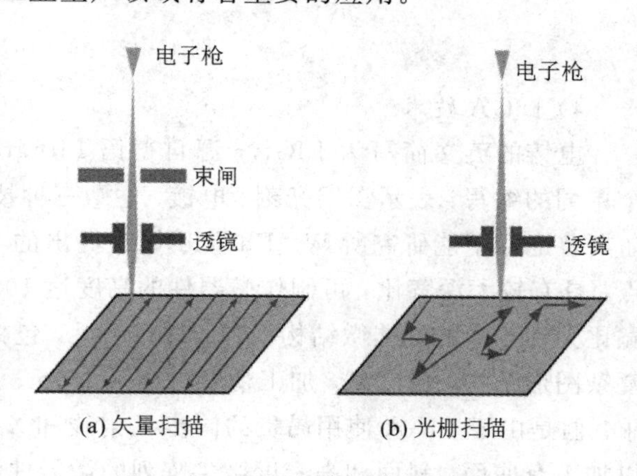

图1-11 电子束的扫描方式示意图

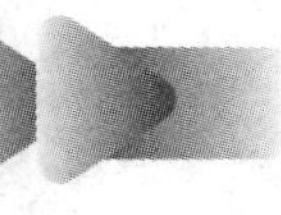

3）纳米压印光刻技术

纳米压印光刻技术是新一代的图样形成技术，它是由华裔科学家周郁(Stephen Yu Chou)在1995年首次提出的。该项技术利用压印模板，首先将图形按1∶1比例转移到基片表面的一层很薄的聚合物膜上，然后采用热压或者辐照等方法使聚合物薄膜上的结构硬化从而保留下转移的图形，最后通过刻蚀、金属淀积等工艺将有机聚合物的图形转移到衬底上。整个过程包括压印和图形转移两个过程。它突破了传统光刻在特征尺寸减小过程中的难题，具有高分辨率、低成本、高产率的特点。目前，纳米压印光刻技术在国际半导体蓝图(ITRS)中被列为下一代32 nm、22 nm和16 nm节点光刻技术的代表之一。国内外半导体设备制造商、材料商以及工艺商纷纷开始涉足这一领域并取得了较大进展。目前，纳米压印光刻技术主要有热压印(Hot Embossing Lithography，HEL)、紫外固化压印(UV-based Nanoimprint Lithography，UV-NIL)等，类似于反向纳米压印(Reversal Nanoimprint Lithography)。

这里以热压印为例，简单介绍其工艺过程。首先在衬底上涂上一层薄层热塑形高分子材料(如PMMA)，升温并达到此材料的玻璃化温度T_g(Glass Transition Temperature)之上；热塑性材料(纳米压印胶)在高弹态下，黏度降低，流动性增强；随后将具有纳米尺度的模板压在上面，并施加适当的压力，压印胶会填充模板中的空腔。在此过程中，压印胶的厚度应比模板的空隙高度大，以避免模板与衬底直接接触而造成模板损伤。模板压印过程结束后，降低温度使压印胶固化，因而能具有与模板重合的图形。随后移去模板，并进行刻蚀以去除残留的聚合物。接下来进行图形转移。图形转移可以采用刻蚀或者金属沉积剥离的方法。刻蚀技术：以压印胶为掩模，对其下面的衬底进行各向异性刻蚀，从而得到相应的图形。剥离工艺：先在表面镀一层金属，然后用有机溶剂溶解掉聚合物，随之将纳米压印胶上的金属剥离，从而在衬底上以金属作为掩模，再进行刻蚀得到图形。热压印流程示意图见图1-12。

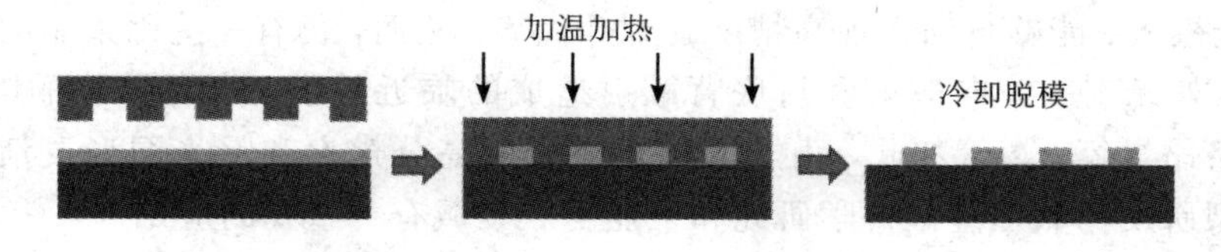

图1-12　热压印流程示意图

4）LIGA技术

电铸的英文简写为LIGA，源自德语Lithgraphie、Galvanoformung和Abformung三个单词的缩写，表示深层光刻、电镀、注塑三种技术的有机结合，是20世纪80年代德国卡尔斯鲁厄原子能研究所W. Ehrfeld等人提出的一种微型零件加工方法。其主要有以下优点：具有较大深宽比，可制作微器件的高度达1000 μm，可以加工横向尺寸为0.5 μm、深宽比大于200的立体微结构；加工材料广泛，包括金属、陶瓷、聚合物、玻璃等；可以制作复杂图形结构，精度高，加工精度可达0.1 μm；可重复复制，符合工业上大批量生产的要求。但是由于LIGA使用昂贵的同步X射线和X射线掩模，因此成本很高。此外，LIGA难以加工有曲面、斜面和高密度微尖阵列的微器件，不能加工口小肚大的腔体结构等。

如图1-13所示，LIGA工艺流程一般为X射线曝光→显影→电铸制模→脱模→注塑复制。

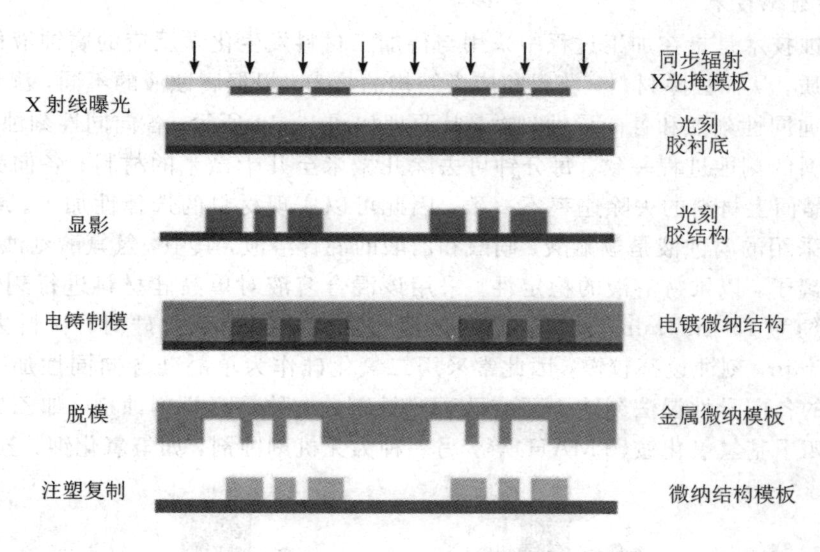

图1-13 LIGA工艺流程示意图

5）聚焦离子束加工技术

聚焦离子束(FIB)加工技术是一种更为直接的加工工艺，它本质上与电子束光刻技术类似，都是带电粒子经过电磁场形成聚焦离子束，不同的是离子的质量比电子高很多，因此离子束经电场加速后具有很高的能量，可直接将材料表面的原子进行溅射剥离。聚焦离子束加工工艺主要包括离子溅射、辅助沉积、离子注入和聚焦离子束曝光。离子溅射是它最主要的功能，即高能离子束进入固体材料表面，将能量转移给表面的原子使其获得足够的能量逃逸出原子表面，通过这种方式可直接进行材料表面图形的加工。溅射出来的中性原子或者离子处于热力学不稳定的状态，它们通过与周围固体材料的碰撞重新沉积于固体材料的表面，这就是辅助沉积的主要原理。离子辅助沉积借助一些前驱体材料可方便地沉积金属、半导体、介质等多种材料、多种结构的图形，特别是在三维图形的制备上有着重要的应用。在半导体工业中，由于对材料掺杂的需要，会使用离子注入的方法。聚焦离子束注入的优点是可控制离子的种类和注入区域。聚焦离子束曝光也是FIB常被应用的一个技术。在固体材料中聚焦离子束能量转移的效率远高于电子，因此其灵敏性高；此外，由于离子束的质量高，在光刻胶中的散射范围小，几乎没有背散射效应，因此曝光的邻近效应小。聚焦离子束的加工速度比较慢，目前主要应用于实验室。在工业上大面积批量制备图案时，FIB加工技术存在能力不足的缺点。

2. 体微加工技术

体微加工技术是指利用刻蚀技术对块状硅进行准三维结构的微加工技术。所谓刻蚀，就是利用物理或者化学的方法将未受到掩蔽层保护部分的材料从表面逐层清除。掩蔽层在整个加工过程中的作用是作为抗蚀剂的掩模。考察刻蚀技术的性能时有两个基本参数：① 掩模的抗刻蚀比——在刻蚀衬底材料的过程中掩模材料的消耗程度；② 刻蚀的方向性或者各向异性度——在衬底不同方向刻蚀速率的比，有三种情况：各向同性、各向异性、部分各向异性。刻蚀技术主要包括湿法刻蚀技术和干法刻蚀技术。应根据抗刻蚀比、各向异性度、刻蚀速率来选择刻蚀技术。

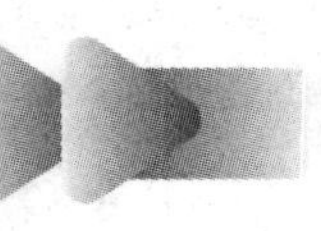

1）湿法刻蚀技术

湿法刻蚀技术是指在加工过程中采用与待加工材料发生化学反应的腐蚀液使得材料生成可溶性物质，从而去除材料，获得相应微结构的技术。根据腐蚀液的不同，湿法刻蚀技术主要分为各向同性刻蚀和各向异性刻蚀，其原理如图 1-14 所示。各向同性刻蚀过程中，不同晶面上材料的刻蚀进程一致，每分钟可去除几微米至几十微米的材料；各向异性刻蚀过程中，不同晶面上材料的去除速率不一致，因此可以实现材料的选择性加工。单晶硅的各向同性刻蚀采用的腐蚀液是氢氟酸、硝酸和乙酸的混合溶液，其中，氢氟酸刻蚀氧化物，乙酸电离出氢离子，以维持溶液的稳定性。采用该混合溶液对单晶硅材料进行刻蚀时，材料去除速率大约为 15 μm/min。此外，采用该混合溶液刻蚀二氧化硅时，材料去除速率在 30～70 μm/min，刻蚀速率较慢，因此常采用二氧化硅作为单晶硅各向同性加工中的掩模板。单晶硅的各向异性湿法刻蚀主要有两种刻蚀剂，一种是有机刻蚀剂，如乙二胺邻苯二酚(EDP)、四甲基氢氧化铵(TMAH)等，另一种为无机刻蚀剂，如氢氧化钾、氢氧化钠等。

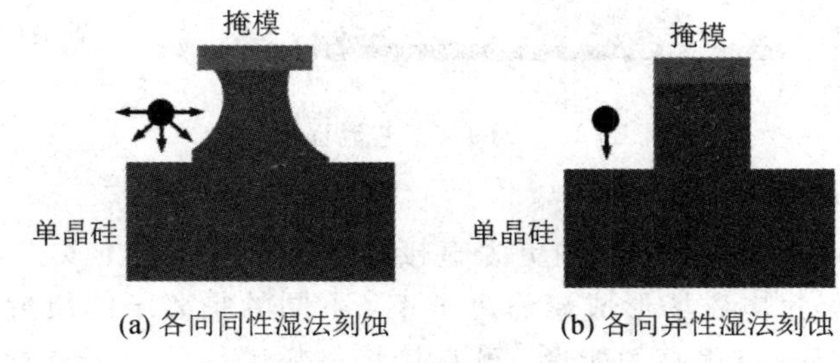

图 1-14　湿法刻蚀原理示意图

2）干法刻蚀

干法刻蚀技术可以精确地把掩模图形复制到基片表面，是半导体生产中最重要的刻蚀技术。相比于湿法刻蚀技术，干法刻蚀技术有一些非常重要的优点，如刻蚀剖面各向异性、刻蚀速率可控性好、掩模图形复制精确，以及片内、片间、批次间的刻蚀均匀性好。干法刻蚀利用等离子体来除去被刻蚀材料表面未被掩模保护区域内的物质。

干法刻蚀按作用机理可以分为两种类型：物理刻蚀和化学刻蚀。物理刻蚀是借助带电粒子加速得到的动能对刻蚀材料进行轰击，使得材料原子间的化学键断裂，进而起到清除物质的作用；而化学刻蚀则是利用等离子体中电离产生的某种气体组分与材料物质之间发生化学反应产生沉积物，这些沉积物在等离子气体的作用下会被带离材料表面，从而起到刻蚀的作用。一般来说，具体的刻蚀工艺中往往要同时用到两种机理。干法刻蚀原理示意图如图 1-15 所示。

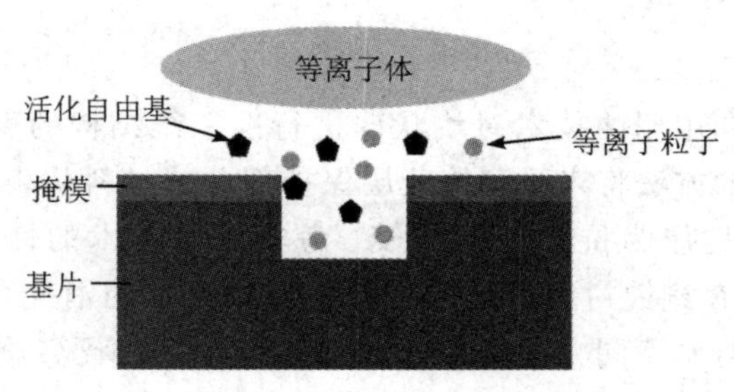

图 1-15　干法刻蚀原理示意图

3. 薄膜沉积技术

薄膜沉积技术包括物理气相沉积(PVD)和化学气相沉积(CVD)。物理气相沉积是指在真空条件下，采用物理方法，将材料源(固体或液体)表面气化成气态原子、分子，或部分电离成离子，并通过低压气体(或等离子体)在基体表面沉积具有某种特殊功能的薄膜的技术。其主要方法包括真空蒸镀、溅射镀膜、脉冲激光沉积等。PVD不仅可沉积金属膜、合金膜，还可沉积化合物、陶瓷、半导体、聚合物膜等，所涉及材料包括所有固体(C、Ta、W困难)、卤化物和热稳定化合物。化学气相沉积是利用含有薄膜元素的一种或几种气相化合物或单质、在衬底表面上进行化学反应生成薄膜的方法。其可制作薄膜材料包括碱及碱土类以外的金属(Ag、Au困难)、碳化物、氮化物、硼化物、氧化物、硫化物、硒化物、碲化物、金属化合物、合金等。化学气相沉积中包含了化学反应过程，常用的方法包括原子层沉积、等离子体增强化学气相沉积和溶胶凝胶法等。下面介绍两种在微纳加工技术中常用的方法。

1) 溅射技术

溅射是与气体辉光放电现象密切相关的一种薄膜淀积技术。其原理示意图如图1-16所示，在高真空室中充入少量的惰性气体(例如氩气、氦气等)，利用气体分子在强电场作用下电离而产生辉光放电，从而产生带正电的离子，受电场加速而形成的高能离子流撞击在阴极靶材料表面上，使阴极靶材料表面的原子飞溅出来，淀积到基片上形成薄膜。

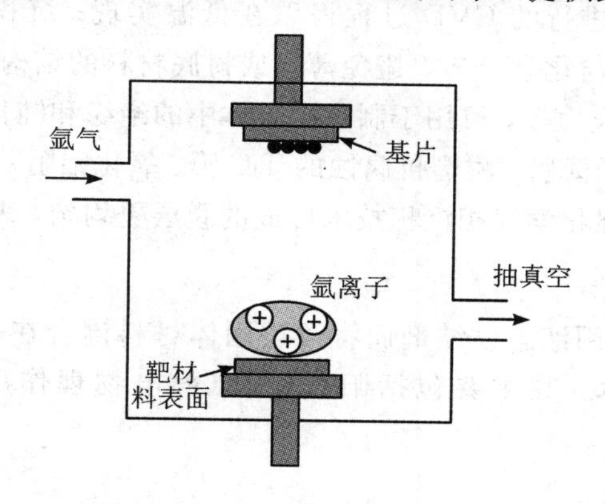

图1-16 溅射技术原理示意图

溅射的薄膜具有以下优点：膜厚可控、重复性好；薄膜与基片的附着力强；基片在成膜过程中始终在等离子区中被清洗和激活，清除了附着力不强的溅射原子，净化且激活基片表面；可溅射几乎所有的固体(包括粒状、粉状的物质)，不受熔点的限制；膜层纯度高，没有蒸发法制膜装置中的坩埚构件，溅射膜层不会混入坩埚加热器材料的成分等。但是溅射存在成膜速度比蒸发镀膜低、基片温升高、易受杂质气体影响、装置结构复杂等缺点。

2) 等离子体增强化学气相沉积技术

等离子体增强化学气相沉积技术是借助于辉光放电等离子体(Plasma)使含有薄膜的气态物质发生化学反应，从而实现薄膜材料生长的一种新的制备技术。其原理示意图如图1-17所示。由于该技术是应用气体放电来制备薄膜的，有效地利用了非平衡等离子体的反应特征，因此从根本上改变了反应体系的能量供给方式。一般说来，采用该技术制备薄膜材料时，薄膜的生长主要包含以下三个基本过程：首先，在非平衡等离子体中，电子与反应气体发生初级反应，使得反应气体发生分解，形成离子和活性基团的混合物；其次，各种活性基团向薄膜生长表面和管壁扩散输运，同时发生各反应物之间的次级反应；最后，到达生长表面的各种初级反应和次级反应产物被吸附并与表面发生反应，同时有气相分子物放出。

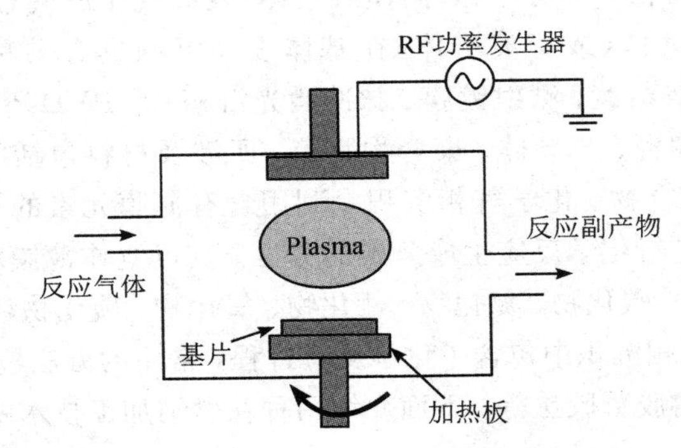

图 1-17　等离子体增强化学气相沉积原理示意图

等离子体增强化学气相沉积的等离子体中含有大量高能量的电子，它们可以提供化学气相沉积过程所需要的激活能；电子与气相分子的碰撞可以促进气体分子的分解、化合、激发和电离过程，生成活性很高的各种化学基团，可显著降低 CVD 薄膜沉积的温度范围，使原来需要在高温下才能进行的 CVD 过程得以在低温实现；沉积薄膜时能够避免薄膜与衬底间发生不必要的扩散与化学反应，避免薄膜或衬底材料的结构变化与性能恶化，避免薄膜与衬底中出现较大的热应力等，可用于制造半导体中的绝缘和钝化膜(如等离子氮化硅膜)、非晶硅太阳能电池、高分子薄膜、耐磨抗腐蚀的 TiC 膜、氧化铝阻隔膜等。与其他化学气相沉积相比，采用等离子体增强化学气相沉积技术形成的膜层更均匀，表面质量更好。

4. 固相键合技术

固相键合技术就是不用液态黏结剂而将两块固体材料键合在一起，且键合过程中材料始终处于固相状态的技术。其主要包括阳极键合(静电物理作用)技术和直接键合技术两种。

1) 阳极键合技术

阳极键合又称静电键合或者场助键合，一般是将玻璃和硅片、合金和半导体在一定的温度和电场作用下进行键合，中间不添加任何黏结剂，键合界面可获得良好的气密性和长期稳定性。目前这种键合采用的玻璃通常是 Pyrex 7740 硼硅玻璃，这种玻璃内部含有大量的钠离子。在常温下钠离子不可以移动，然而当温度超过 200℃时，在直流电场的作用下钠离子能摆脱玻璃内部网格的束缚而向阴极移动，在阴极还原成金属析出，在阳极则留下钠离子的耗尽层，耗尽层中主要是非桥氧离子。

阳极键合技术的基本原理是：经过抛光和清洗的硅片表面与经过抛光和清洗的玻璃片表面紧密接触(如图 1-18 所示)，放在温度可以控制的加热板上(温度一般为 300～450℃)，加上直流电压(200～1000 V)，将正极接硅片，阴极接玻璃。采用点阴极形式可以通过玻璃观察键合波的生长过程，而采用线阴极可以加快键合速度。在一定温度下，玻璃中含有可移动的正离子(Na^+)和不可移动的负离子(O^{2-})。随着温度的升高，硅片的电阻率将因本征激发而降至 0.1 Ω/cm 左右。在直流电场的作用下，玻璃中的 Na^+ 向阴极移动，在移动过程中不断地被复合而消失。在硅片与玻璃的界面附近，玻璃一侧由于空出了正离子(Na^+)，而留下了不可移动的负离子(O^{2-})，因此形成几微米的耗尽层。这样玻璃表面的耗尽层带负电荷，硅片带正电荷，所以硅片和玻璃之间存在的较大静电引力使二者表面的微小起伏发生弹性或塑性变形而紧密接触。静电引力的大小主要与外加电压、玻璃与硅片之间的间隙大小、玻璃中离子的浓度分布等因素有关。玻璃中的非桥氧离子与硅片发生化学反应生成 SiO_2，从而将硅和玻璃键合起来。

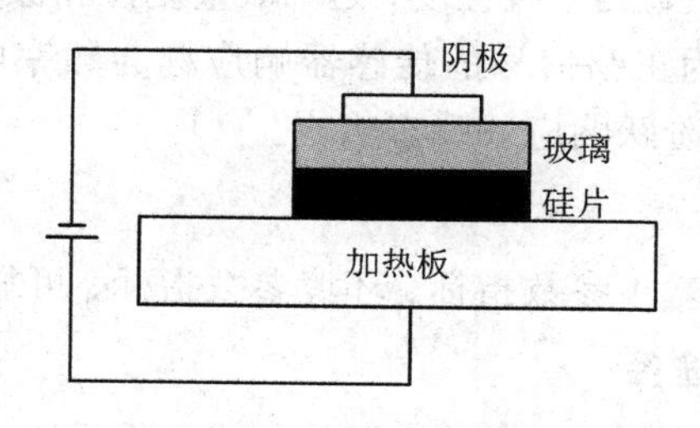

图 1-18　阳极键合装置示意图

2）直接键合技术

直接键合技术(依靠化学键)主要用于硅—硅键合，其最大特点是可以实现硅一体化微机械结构，不存在边界失配的问题。硅—硅键合是指将两片抛光的硅片通过化学处理后直接紧贴在一起，然后通过高温退火处理完成键合。J. B. Lasky 首次提出硅—硅键合的原理，经过一些试验证实后，该原理逐渐被人们接受。

硅—硅键合的基本原理是：衬底硅片先经过常规清洗，再经过亲水处理，使得要键合的硅片表面吸附了一种高浓度的—OH 基团。在室温下将已吸附高浓度—OH 基团的两块硅片表面互相接触，则上、下表面上的—OH 基团会迅速形成氢键作用，这种作用使上、下两块硅片无需加压就能结合在一起。当温度升高时，—OH 基团之间发生脱水聚合反应，硅醇键转化成硅氧键，反应式如下：

$$Si—OH + Si—OH = Si—O—Si + H_2O \tag{1-27}$$

随着温度不断升高，加热所产生的水蒸气压力会在晶片的一些区域形成未键合区(以下简称气孔)。当键合温度高于水蒸气的分解温度时，水蒸气中的氧转化为 SiO_2，氯则通过硅的晶格被扩散掉，水蒸气引起的气孔消失，从而完成键合。

本章小结

1. 传感器的定义和组成

传感器是能感受被测量并按照一定的规律转换成可用输出信号的器件或装置，通常由敏感元件和转换元件组成。

2. 传感器的分类

传感器可按工作机理、被测量对象(传感器的用途)及输出信号的性质进行分类。

3. 传感器的发展历程

传感器的发展主要经历了三个阶段。第一阶段的传感器是结构型传感器，它可以通过结构参量的变化来感受和转化信号。第二阶段的传感器是固体型传感器。这种传感器包含磁性材料、电介质及半导体等固体元件，可以利用材料的特性实现信号转化。第三阶段的传感器是智能传感器，它对周边的信息有一定的数据处理、自诊断、检测及自适应能力，是检测技术及计算机技术相结合的产物。

4. 传感器的特性

(1) 静态特性：主要有灵敏度、线性度、迟滞、重复性和漂移等静态性能指标。

(2) 动态特性：输入量为正弦信号的传感器响应称为频率响应或稳态响应，输入量为阶跃信号的传感器响应称为阶跃响应或瞬态响应。

5. 传感器的技术指标

传感器的技术指标包括基本参数指标、环境参数指标、可靠性指标以及其他指标。

6. 传感器性能的改善途径

传感器性能的改善途径包括差动技术，平均技术，零示法、微差法与闭环技术，屏蔽、隔离与干扰抑制，分段与细分技术，补偿与修正技术，稳定性处理。

7. 微纳传感器及其加工技术

微纳传感器及其加工技术包括光学光刻技术、电子束光刻技术、纳米压印光刻技术、LIGA 技术、刻蚀技术、溅射技术、固相键合技术。

思考题和习题

1-1　什么是传感器？它由哪几部分组成？各部分的作用是什么？

1-2　传感器有几种常用的分类方式？

1-3　什么是结构型传感器和物性型传感器？它们有什么区别？

1-4　传感器的静态特性是什么？它有哪些性能指标？

1-5　传感器的动态特性是什么？它有哪些性能指标？

1-6　微纳传感器有哪些加工技术？

第 2 章

电阻式传感器

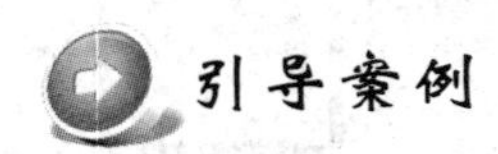

电阻式传感器应力检测技术

桥梁是我国现代化交通网络建设过程中的重要环节。桥梁一般由桥跨结构、支座系统、桥台和桥墩组成，这些组成部分的应力状态决定了桥梁的安全性。因此对桥梁进行应力检测，充分了解桥梁的应力状态，既可以为经济可靠地利用旧有桥梁提供依据，又可以避免灾难性事故的发生。电阻式传感器因其结构简单、性价比高、易微纳集成、抗干扰能力强等优点，十分适合应用于桥梁应力检测。可以通过电阻式传感器对桥梁应力进行动态荷载以及静载测试，对传感器测出的应变量数据进行分析，从而判断桥梁的健康情况。随着新型材料的开发和集成化技术的发展，电阻式应力传感器的灵敏度不断提升，这对降低意外事故的发生和保障桥梁长期安全使用具有重要意义。

逢山开路，遇水搭桥，依靠不断增强的综合国力和自主创新能力，我国桥梁设计建设水平不断提升，创造了多项世界第一，为经济社会发展发挥了重要作用。2018 年 10 月 23 日，世界上最长的跨海大桥——全长 55 公里的港珠澳大桥正式开通。据悉，港珠澳大桥是我国交通建设史上技术最复杂、施工难度最大、工程规模最庞大的桥梁，设计使用年限首次采用 120 年标准。电阻式传感器在桥体的后期健康监测中起到了重要作用。超级工程的背后是我国装备产业的强劲发展，电阻式传感器技术的不断发展为我国桥梁建设安全检测水平的提高提供了有力保障。

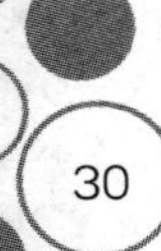

2.1 概　　述

电阻式传感器是一种能把非电物理量(如位移、力、压力、加速度、扭矩等)转换成与之有确定对应关系的电阻量，再经过转换元件将电阻量转换成便于传送和记录的电压(电流)信号的一种装置。电阻式传感器在检测中应用十分广泛。

电阻式传感器具有结构简单、输出精度较高、线性和稳定性好等一系列优点；但它也有受环境条件(如温度)影响较大、分辨率低等缺点。电阻式传感器种类较多，常用的有金属应变式、半导体固态压阻式两种类型。

2.2　金属应变式传感器

金属应变式传感器具有分辨率高、误差小、重量轻、测量范围大、稳定性好以及价格低廉等优点，在众多领域广泛应用。

2.2.1　金属应变式传感器的工作原理

导体和半导体的电阻随着它所受外力的大小而发生相应变化的现象称为电阻应变效应。金属应变式传感器就是利用金属的电阻应变效应将被测量转换为电量输出的一种传感器。

由电阻定律可知，金属的电阻在温度不变时，电阻值 R 与长度 l、电阻率 ρ 成正比，与横截面积 S 成反比，即

$$R=\rho\frac{l}{S} \tag{2-1}$$

如图 2-1 所示，当金属受到外力拉伸或者收缩时，其横截面、长度、电阻率均会发生变化，进而引起电阻值的变化，对式(2-1)等号两边全微分可得电阻变化量 ΔR 和相对变化量 $\frac{\Delta R}{R}$ 为

$$\mathrm{d}R=\frac{\rho}{S}\mathrm{d}l-\frac{\rho l}{S^2}\mathrm{d}S+\frac{l}{S}\mathrm{d}\rho \tag{2-2}$$

$$\frac{\mathrm{d}R}{R}=\frac{\mathrm{d}l}{l}-\frac{\mathrm{d}S}{S}+\frac{\mathrm{d}\rho}{\rho} \tag{2-3}$$

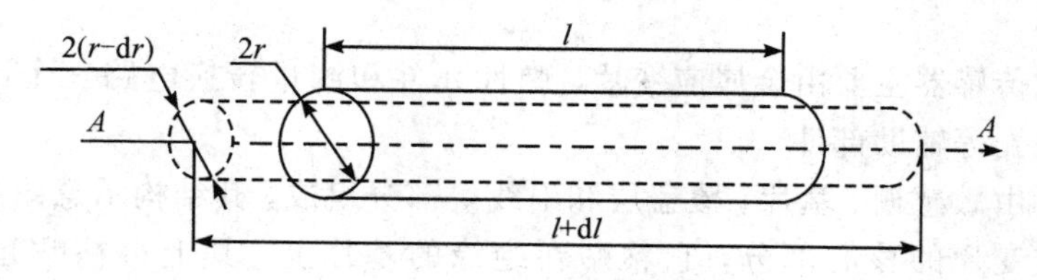

图 2-1　金属丝的圆截面

金属在轴向受外力拉伸或压缩时，其纵向应变与横向应变的关系为

$$\frac{\frac{\mathrm{d}r}{r}}{\frac{\mathrm{d}l}{l}}=-\mu \tag{2-4}$$

式中：r——材料的横截面半径(m)；

μ——材料的泊松系数；

$\frac{\mathrm{d}l}{l}$——材料的应变，记作 ε(Pa)。

横截面积 S 与横截面半径 r 的关系为

$$S=\pi r^{2} \tag{2-5}$$

对式(2-5)两边进行微分运算可得

$$\frac{\mathrm{d}S}{S}=2\frac{\mathrm{d}r}{r} \tag{2-6}$$

将式(2-4)和式(2-6)代入式(2-3)中可得

$$\frac{\mathrm{d}R}{R}=\left(1+2\mu+\frac{\frac{\mathrm{d}\rho}{\rho}}{\varepsilon}\right)\varepsilon \tag{2-7}$$

令 $K=1+2\mu+\frac{\frac{\mathrm{d}\rho}{\rho}}{\varepsilon}$，$K$ 为灵敏系数，其代表材料发生单位形变时，电阻的相对变化量，可得

$$\frac{\mathrm{d}R}{R}=K\varepsilon \tag{2-8}$$

由式(2-7)和式(2-8)可知，灵敏系数 K 主要受两个因素影响，第一项$(1+2\mu)$是由于金属丝受拉伸后，材料的几何尺寸发生变化而引起的；第二项是由于材料发生变形时，其自由电子的活动能力和数量均发生了变化，导致材料的电阻率 ρ 发生变化。对于金属材料而言，$(1+2\mu)$远远大于电阻率 ρ，即 $K\approx1+2\mu$。实验表明，在金属电阻丝拉伸比例极限内，电阻相对变化与轴向应变成正比，因而 K 为一常数，通常金属丝的灵敏系数 $K\approx2$。式(2-8)可以表示为

$$\frac{\Delta R}{R}=K\varepsilon \tag{2-9}$$

2.2.2 金属应变片的结构与特性

金属应变式传感器主要由金属应变片、弹性元件和测量转换电路三个部分构成，此外还有紧固件和外壳等辅助部件。

金属应变片由敏感栅、基片、覆盖层和引线等部分组成，其结构示意图如图2-2所示，敏感栅是金属应变片的核心部分，它粘贴在绝缘的基片上，其上再粘贴起保护作用的覆盖层。

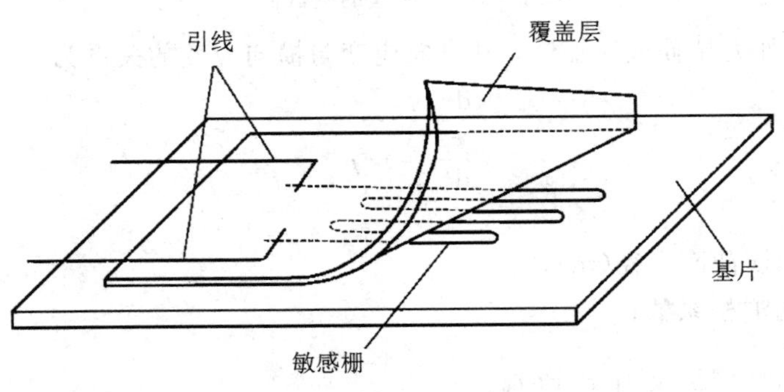

图2-2 金属应变片的结构示意图

金属应变片的材料特点如下：

(1) 灵敏系数大，且在相当大的应变范围内保持常数。

(2) 电阻率大，即在同样长度、同样截面积的电阻丝中具有较大的电阻。

(3) 电阻温度系数小，即因环境温度变化引起的阻值变化小。

(4) 与铜线的焊接性能好，与其他金属的接触电势低。

(5) 机械强度高，具有优良的机械加工性能。

根据敏感栅的不同，金属应变片可以分为丝式和箔式两种类型。

金属丝式应变片是由金属丝绕制而成的，根据绕制的形状，可分为圆角线栅式和直角线栅式两种。研究表明，敏感栅的纵向栅越窄、越长，而横向栅越宽、越短，横向效应的影响就越小。采用直角线栅式(又称短接式)，可克服横向效应。它是将电阻丝平行放置，在两端用直径比栅丝直径粗 5～10 倍的镀银紫铜丝焊接形成回路。但由于这种应变片由于焊接点多，在动应力的作用下易在焊点处出现疲劳损坏，因此，这种应变片不适宜在长期动应力测量的场合下使用。此外，因为直角线栅式的制造工艺要求高，所以使用较少。金属丝式应变片最常用的形式为圆角线栅式，它的制造设备和技术都较简便，但横向灵敏系数较箔式应变片大(横向灵敏系数会给测量带来一定的误差)。

常用的制作敏感栅的材料有：铜镍合金(俗称康铜)、镍铬合金及镍铬改良性合金、铁铬铝合金、镍锡铁合金、铂及铂合金。

金属箔式应变片是以金属箔作为敏感栅的电阻应变片。它的制作过程是：先将合金轧制成厚度为 0.002～0.01 mm 的箔材，经热处理后在一面涂抹一层树脂胶，聚合固化形成基底；再将另一面经照相制版、光刻、腐蚀等工艺制成敏感栅，焊上外引线，涂上树脂胶作为覆盖片。箔材一般为康铜或改性镍铬(如卡玛合金、镍铬锰硅合金等)，箔材最薄可达 0.35 μm。基底材料一般使用环氧树脂、缩醛、酚醛树脂、酚醛环氧等材料。较好的基底是玻璃纤维增强基底，并且必须是绝缘的。金属丝式应变片和金属箔式应变片结构示意图如图 2-3 所示。

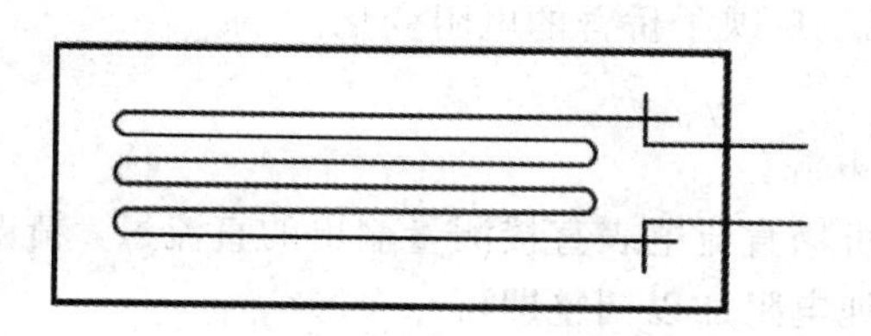

(a) 金属丝式应变片结构示意图

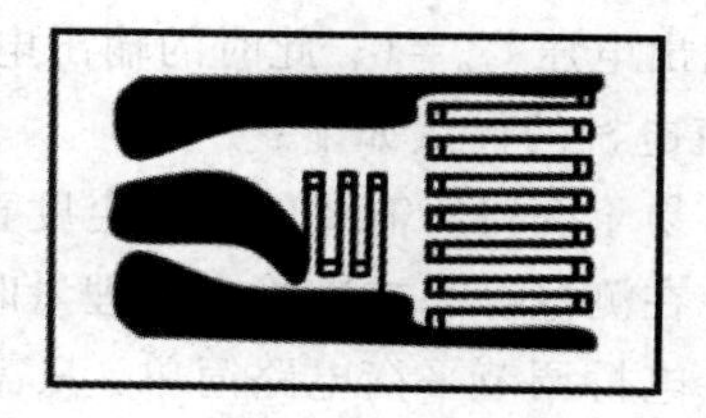

(b) 金属箔式应变片结构示意图

图 2-3　金属应变片结构

2.2.3　金属应变片的电路设计

金属应变片将应变的变化转换成电阻的变化后，由于应变量及其应变电阻变化一般都很微小，既难以直接精确测量，又不便直接处理，因此，必须采用转换电路，把应变片的电阻变化转换成电压或电流变化。通常采用电桥电路实现这种转换。根据电源的不同，电桥分直流电桥和交流电桥。

1. 直流电桥

直流电桥的电路基本形式如图 2-4 所示，它是由连接成环形的 4 个桥臂组成的，每个桥臂上是一个电阻，在电阻的两个相对连接点 A 与 C 上接入激励的直流电源，而在另两个连接点 B 与 D 上接外引线作为电桥的输出端，在它的后面可以接后续的直流放大器等。两个对角线将相对的两个顶点连接起来，就好像在它们之间架起了一座“桥”。设桥臂的电阻分别为 R_1、R_2、R_3 和 R_4，它们可以全部或部分是金属应变片。若其中一个桥臂的应变电阻受外界物理量变化的影响而发生微小变化 ΔR，则将引起直流电桥的输出电压 U_o 发生变化，由此测量被测的物理量。假设激励电压 U 是个恒压源，则电桥的输出电压 U_o 为

$$U_o=\left(\frac{R_1}{R_1+R_2}\right)U-\left(\frac{R_4}{R_3+R_4}\right)U=\frac{R_1R_3-R_2R_4}{(R_1+R_2)(R_3+R_4)}U \tag{2-10}$$

式(2-10)为直流电桥的特性公式。

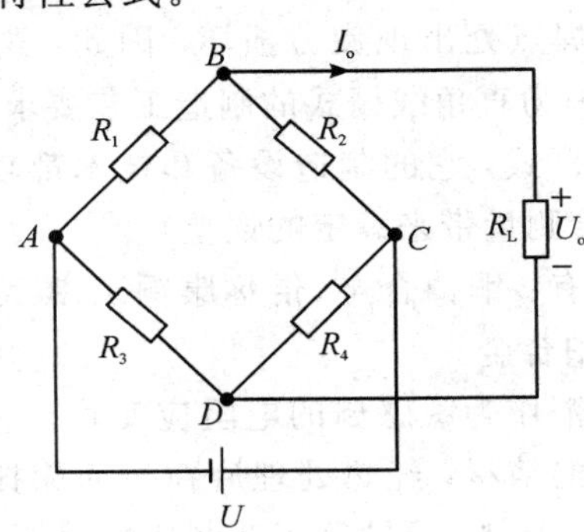

图 2-4　直流电桥电路基本形式示意图

由式(2-10)可见，若 $R_1R_3=R_2R_4$，即相邻的两臂阻值之比相等，$R_1/R_2=R_4/R_3=n$（n 称为桥臂电阻比），则输出电压 $U_o=0$，此时电桥处于平衡状态。$R_1R_3=R_2R_4$ 称为直流电桥的平衡条件。4 个桥臂中只要任意一个的电阻发生变化，都会使得电桥的平衡条件不成立，输出电压 $U_o\neq0$。此时的输出电压 U_o 反映了桥臂的电阻变化。

直流电桥的优点如下：

(1) 易于获得所需要的高稳定度直流电源。

(2) 在测量静态或准静态物理量时，可用直流电表直接测量输出的直流量，精度较高。

(3) 电桥调节平衡电路简单，只需对纯电阻加以调整即可。

(4) 对传感器及测量电路的连接导线要求低，分布参数影响小。

直流电桥的缺点是：容易引入工频干扰；后续电路需要采用直流放大器，容易产生零点漂移，线路也较复杂；不适用于动态测量。

2. 交流电桥

交流电桥的等效电路示意图如图 2-5 所示，$\dot{U}$ 为交流电压源，$\dot{U}_o$ 为开路输出电压。设桥臂电阻为 Z_1、Z_2、Z_3、Z_4，其供电电源为正弦交流电，而且 4 个桥臂不是纯电阻，即 Z_1、Z_2、Z_3、Z_4 为复阻抗。若

$$Z_i=R_i+\mathrm{j}X_i=z_i\mathrm{e}^{\mathrm{j}\varphi} \tag{2-11}$$

式中，R_i 和 X_i 分别为各桥臂电阻和电抗，z_i 和 φ 分别为各桥臂复阻抗的模和幅角，则输

出电压为

$$\dot{U}_o=\left(\frac{Z_1}{Z_1+Z_2}\right)\dot{U}-\left(\frac{Z_4}{Z_3+Z_4}\right)\dot{U}$$

$$=\frac{Z_1Z_3-Z_2Z_4}{(Z_1+Z_2)(Z_3+Z_4)}\dot{U} \tag{2-12}$$

根据交流电路分析(和直流电路类似)结果可得平衡条件为

$$Z_1Z_3=Z_2Z_4 \tag{2-13}$$

因此，将式(2-13)代入式(2-11)可得平衡条件必须同时满足

$$\begin{cases}z_1z_3=z_2z_4\\ \varphi_1+\varphi_3=\varphi_2+\varphi_4\end{cases} \tag{2-14}$$

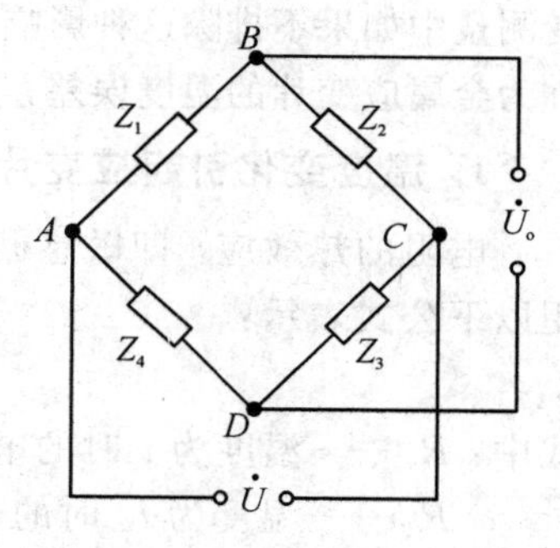

图 2-5　交流电桥等效电路示意图

由此得到交流电桥的平衡条件为相对桥臂阻抗模之积相等，相对桥臂阻抗幅角之和相等。根据式(2-11)，当金属应变片电阻 R_1 改变 ΔR_1 时，会引起复阻抗 Z_1 变化 ΔZ_1，可得出

$$\dot{U}_o=\frac{\dfrac{Z_3}{Z_4}\dfrac{\Delta R_1}{R_1}}{\left(1+\dfrac{Z_2}{Z_1}+\dfrac{\Delta Z_1}{Z_1}\right)\left(1+\dfrac{Z_3}{Z_4}\right)}\dot{U} \tag{2-15}$$

设初始时 $Z_1=Z_2$，$Z_3=Z_4$，因 $\Delta Z_1/Z_1\ll 1$，故可略去分母中的 $\Delta Z_1/Z_1$，则

$$\dot{U}_o=\frac{\dot{U}}{4}\frac{\Delta Z_1}{Z_1} \tag{2-16}$$

常用的交流电桥平衡调节电路示意图如图 2-6 所示。图 2-6(a)所示为串联电阻调平法，R_5 为串联电阻；图 2-6(b)所示为并联电阻调平法，R_5 和 R_6 通常取相同阻值；图 2-6(c)所示为差动电容调平法，C_3、C_4 为差动电容；图 2-6(d)所示为阻容调平法，R_5 和 C 组成“T”形电路，可通过对电阻、电容交替调节，使电桥达到平衡。

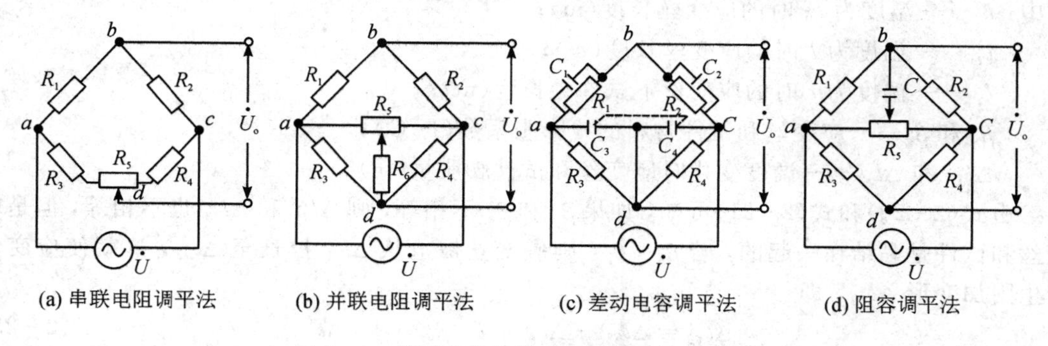

图 2-6　常用交流电桥平衡调节电路示意图

2.2.4　金属应变片的温度误差及补偿

用金属应变片测量时，希望其电阻只随应变而变，不受其他因素的影响。但实际上环境温度变化时，对应变片电阻会有很大的影响。把金属应变片安装在一个弹性试件上，使试件不受任何外力的作用；环境温度发生变化时，金属应变片的电阻也随之发生变化。在应

变测量中如果不排除这种影响，则会给测量带来很大的误差。这种由于环境温度带来的误差称为金属应变片的温度误差，又称为热输出。金属应变片的温度误差主要由两个原因引起。

1. 温度变化引起应变片敏感栅电阻变化而产生附加应变

电阻的热效应，即敏感栅金属丝电阻自身随温度产生的变化。电阻与温度的关系可以用以下公式表示：

$$R_t = R_0(1+\alpha\Delta t) = R_0 + \Delta R_{t\alpha} \tag{2-17}$$

式中：R_t——温度为 t 时的电阻值(Ω)；

R_0——温度为 t_0 时的电阻值(Ω)；

Δt——温度的变化值(℃)；

$\Delta R_{t\alpha}$——温度变化 Δt 时的电阻变化(Ω)；

α——敏感栅材料的电阻温度系数(1/℃)。

温度变化 Δt 时，将电阻变化折合成应变 $\varepsilon_{t\alpha}$，即

$$\varepsilon_{t\alpha} = \frac{\frac{\Delta R_{t\alpha}}{R_0}}{K} = \frac{\alpha\Delta t}{K} \tag{2-18}$$

式中：K——金属应变片的灵敏系数。

2. 试件材料与敏感栅材料的线膨胀系数不同，使应变片产生附加应变

当温度变化为 t 时，如果粘贴在试件上一段长度为 l_0 的应变丝(金属应变片的电阻丝)受热膨胀至 l_{t1}，而在应变丝 l_0 下的试件受热膨胀至 l_{t2}，则

$$l_{t1} = l_0(1+\beta_s\Delta t) \tag{2-19}$$

$$\Delta l_{t1} = l_{t1} - l_0 = l_0\beta_s\Delta t \tag{2-20}$$

$$l_{t2} = l_0(1+\beta_g\Delta t) \tag{2-21}$$

$$\Delta l_{t2} = l_{t2} - l_0 = l_0\beta_g\Delta t \tag{2-22}$$

式中：l_0——温度为 t_0 时的应变丝长度(m)；

l_{t1}——温度为 t 时的应变丝长度(m)；

l_{t2}——温度为 t 时的应变丝下试件的长度(m)；

β_s 和 β_g——应变丝和试件材料的线膨胀系数(1/℃)；

Δl_{t1} 和 Δl_{t2}——温度变化时应变丝和试件膨胀量(m)。

由式(2-20)和式(2-21)可知，如果 β_s 和 β_g 不相等，则 Δl_{t1} 和 Δl_{t2} 也不相等，但是应变丝和试件是黏结在一起的，若 $\beta_s<\beta_g$，则应变丝被迫从 Δl_{t1} 拉长至 Δl_{t2}，这就使应变丝产生附加变形 $\Delta l_{t\beta}$，即

$$\Delta l_{t\beta} = \Delta l_{t2} - \Delta l_{t1} = l_0(\beta_g - \beta_s)\Delta t \tag{2-23}$$

由此使金属应变片产生的附加电阻 $\Delta R_{t\beta}$ 为

$$\Delta R_{t\beta} = R_0 K(\beta_g - \beta_s)\Delta t \tag{2-24}$$

应变为

$$\varepsilon_{t\beta} = \frac{\Delta l_{t\beta}}{l_0} = (\beta_g - \beta_s)\Delta t \tag{2-25}$$

设工作温度变化为 Δt，则由此引起粘贴在试件上的金属应变片总电阻的变化为

$$\Delta R_t = \Delta R_{t\alpha} + R_{t\beta} = R_0\alpha\Delta t + R_0 K(\beta_g - \beta_s)\Delta t \tag{2-26}$$

响应的应变为

$$\varepsilon_t = \frac{\frac{\Delta R_t}{R_0}}{K} = \left(\beta_g - \beta_s + \frac{\alpha}{K}\right)\Delta t \tag{2-27}$$

由于温度变化引起的附加电阻变化带来了附加应变变化，从而给测量带来误差。这个误差除与环境温度变化有关外，还与金属应变片本身的性能参数(K、α、β_s)以及试件的线膨胀系数 β_g 有关。

通常采用自补偿法和线路补偿法进行温度补偿。

1. 自补偿法

1）单丝自补偿法

由式(2-27)可知，为使响应应变量 $\varepsilon_t=0$，必须满足以下条件：

$$\alpha = -K(\beta_g - \beta_s) \tag{2-28}$$

对于给定的试件(β_g 是定值)，可以适当选择敏感栅材料，使其电阻温度系数 α 及线膨胀系数β_s 与试件材料的线膨胀系数 β_g 相匹配，就可在一定温度范围内进行补偿。为使这种自补偿应变片能适用于不同材料的试件(β_g 不同)，实际上常选用康铜或镍铬铝等合金作为敏感栅金属材料，并通过改变合金成分，或以不同的热处理工艺来调整敏感栅材料的电阻温度系数 α 以满足补偿的条件。

这种补偿方法最大的优点是制作成本低、结构简单、易操作，缺点是只适用于特定的试件材料，温度补偿范围较小。

2）双丝自补偿法

金属应变片的敏感栅由两种不同温度系数的金属丝串接组成。如图 2-7 所示，应变片电阻 R 由两部分电阻 R_a 和 R_b 组成，即 $R=R_a+R_b$。当工作温度变化时，若 R_a 栅产生正的热输出 ε_{at} 与 R_b 栅产生负的热输出 ε_{bt} 大小相等或相近，就可达到自补偿的目的，双丝自补偿应变片根据结构不同又可分为丝绕式双丝自补偿式应变片和短接式双丝自补偿式应变片两种类型。

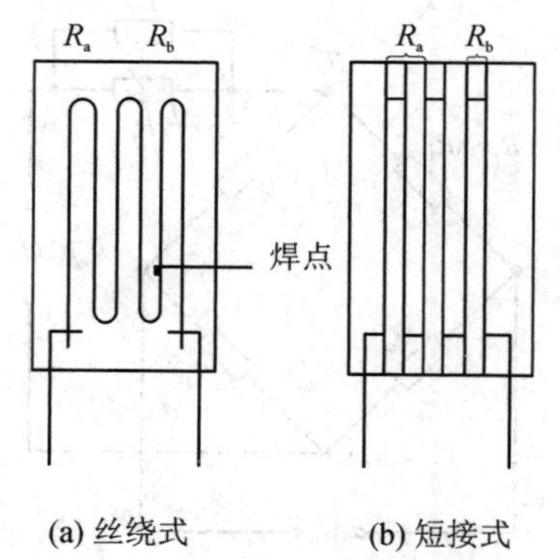

图 2-7　双丝自补偿式应变片结构示意图

2. 线路补偿法

1）电桥补偿法

电桥补偿法也称补偿片法，是应用较广的补偿方法，如图 2-8 所示。金属应变片 R_1

安装在被测试件上，而另选一片特性与 R_1 相同的补偿应变片 R_2 粘贴在与被测试件材料完全相同的补偿块上，并置于试件附近，与试件有相同的温度变化，但不承受应变(见图 2-8(a))。R_1 与 R_2 接入电桥的相邻桥臂，而另两个桥臂 R_3 与 R_4 的电阻相等。根据电桥原理可知，R_2 可补偿应变片 R_1 的温度误差，电桥的输出电压与温度变化无关。在实际使用中，可以将两个应变片 R_1 和 R_2 分别粘贴于应变梁的上下两面对称的位置(见图 2-8(b))，R_1 和 R_2 特性相同，图 2-8(c)所示为半桥差动接法电路示意图，这样既可使输出电压增加一倍，又可达到温度补偿的作用。

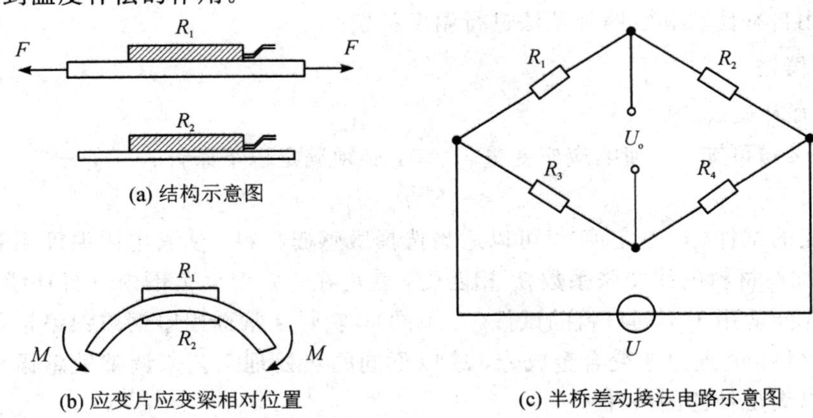

图 2-8　电桥补偿法

2) 热敏电阻补偿法

热敏电阻补偿法电路示意图如图 2-9 所示。热敏电阻 R_t 与金属应变片 R_1 处于相同的温度条件下，当金属应变片的灵敏系数随温度的升高而下降时，热敏电阻的阻值 R_t 也随之下降，从而使电桥的输入电压随温度的升高而增加，因此提高了电桥的输出电压，补偿了因应变片温度变化引起的输出电压下降。适当地选择分流电阻 R_5 的阻值，可以得到良好的补偿。

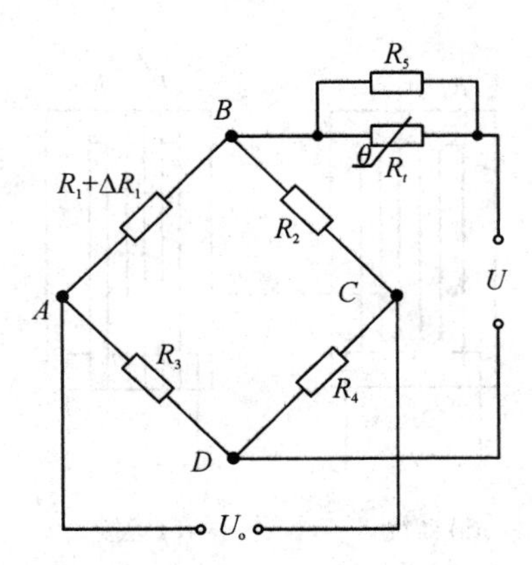

图 2-9　热敏电阻补偿法电路示意图

3) 串联二极管补偿法

串联二极管补偿法电路示意图如图 2-10 所示，在电桥供电回路中串接二极管，可以实现对金属应变片的温度补偿。因为二极管的温度特性呈负特性，所以温度每升高 1℃，正向压降减小 1.9～2.4 mV。将适当数量的二极管串联在电桥的供电回路中，供电电源采用恒压源，随着温度的升高，金属应变片的灵敏度下降，使电桥的输出电压降低，但二极管的正向压降却随着温度的升高而减小，于是供给电桥的电压 U_{AC} 升高，使电桥输出电压也升高，补偿了因金属应变片温度变化引起的输出电压下降；当温度降低时，金属应变片的灵敏度提高，电桥的输出电压也升高，但二极管的正向压降却随着温度的降低而增大，于是供给电桥的电压 U_{AC} 降低，使电桥输出电压也降低，补偿了金属应变片的温度误差。

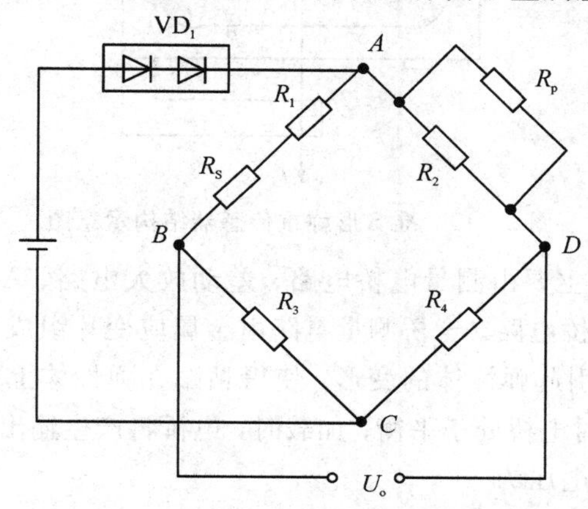

图 2-10　串联二极管补偿法电路示意图

2.2.5　金属应变式传感器的应用

金属应变式传感器具有如下特点：

(1) 测量范围广、精度高，可测 10^{-2}～10^{7} N 的力，精度达到 0.05% FS(FS 表示满量程)以上；可测 10^{-1}～10^{7} Pa 的压力，精度可达 0.1% FS。

(2) 性能稳定可靠，使用寿命长。对于称重而言，机械杠杆称由于杠杆、刀口等部分相互摩擦容易产生损耗和变形，因此长期保持其精度是相当困难的。若采用由电阻应变式称重传感器制成的电子秤、汽车衡、轨道衡等，只要传感器设计合理，应变片选择恰当，做防潮处理，密封得当，就能长期保持性能稳定可靠。

(3) 能在恶劣的环境条件下工作。只要进行适当的结构设计及选用合适的材料，应变式传感器可在高/低温、高速、高压、强烈振动、强磁场、核辐射和化学腐蚀等恶劣的环境条件下工作。

(4) 易于实现小型化、整体化。随着大规模集成电路工艺的发展，已可将电路甚至A/D转换器与传感器组成一个整体，传感器可直接接入计算机进行数据处理。

基于以上特点，金属应变式传感器得到了广泛应用，下面通过实例来了解它们的具体应用。

1. 手提电子秤

手提式电子秤成本低，称重精度高，携带方便，适宜于购物时使用。手提式电子秤采用准 S 形双孔弹性体，准 S 形称重传感器结构示意图如图 2-11 所示，重力 P 作用在中心线上。弹性体双孔位置粘贴 4 片金属箔式应变片。双孔弹性体可简化为受一力偶 M 作用于一线，M 的大小与 P 及双孔弹性体长度有关。

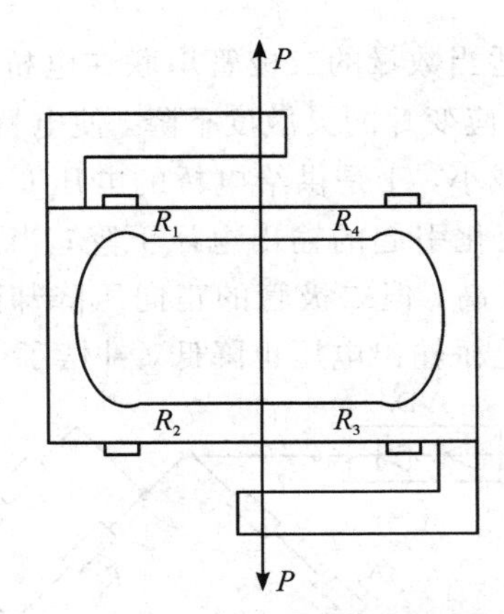

图 2-11 准S形称重传感器结构示意图

称重传感器测量电路主要由测量电桥电路、差动放大电路、A/D转换及显示电路等组成。这里主要介绍测量电桥电路。全桥测量电路由金属应变片组成。当传感器的弹性元件受到被称重物的重力作用时引起弹性体的变形，使得粘贴在弹性体上的金属应变片 $R_1 \sim R_4$ 的阻值发生变化。不加载荷时电桥处于平衡；加载时，电桥将产生输出电压。选择 $R_1 \sim R_4$ 为特性相同的应变片，其输出电压为

$$U_o = \frac{U}{4}\left(\frac{\Delta R_1}{R_1} - \frac{\Delta R_2}{R_2} + \frac{\Delta R_3}{R_3} - \frac{\Delta R_4}{R_4}\right) \tag{2-29}$$

由于 R_1、R_3 受力被拉伸，R_2、R_4 受力被压缩，故 R_1R_3 为正值，R_2R_4 为负值，又由于4片金属应变片的特性相同，故电桥的输出电压为

$$U_o = 4\,\frac{U}{4}\,\frac{\Delta R}{R} = UK \tag{2-30}$$

输出的电压 U_o 经过差动放大电路、A/D转换及显示电路后转化为重量数值，该测量结果最终显示在手提式电子秤上。

2. 筒形结构的称重传感器

筒形结构称重传感器接桥如图 2-12 所示，其弹性元件设计成如图 2-12(a)所示的筒形结构(布片)，4片金属应变片采用差动布片和全桥连线，接桥如图 2-12(b)所示。这种布片和接桥的最大优点是可排除载荷偏心或侧向力引起的干扰。

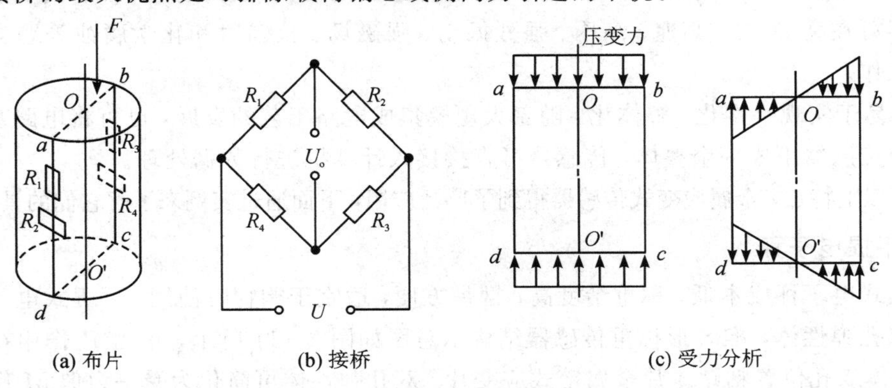

(a) 布片　　(b) 接桥　　(c) 受力分析

图 2-12 筒形结构称重传感器

假设筒形结构的弹性元件受偏心力 F 的作用，这时产生的应力可分为压应力和弯应力，受力分析如图 2-12(c)所示。各应变片感受的应变 ε_i 为相应的压应变 ε_{Fi} 与弯应变 ε_{Mi} 的代数和，即

$$\varepsilon_i = \varepsilon_{Fi} + \varepsilon_{Mi} \tag{2-31}$$

则传感器的输出为

$$\begin{aligned} U_o &= \frac{U}{4}K(\varepsilon_1 - \varepsilon_2 + \varepsilon_3 - \varepsilon_4) \\ &= \frac{U}{4}K[(\varepsilon_{F1} - \varepsilon_{M1}) + \mu(\varepsilon_{F2} - \varepsilon_{M2}) + (\varepsilon_{F3} + \varepsilon_{M3}) + \mu(\varepsilon_{F4} + \varepsilon_{M4})] \end{aligned} \tag{2-32}$$

因为

$$\begin{cases} \varepsilon_{F1} = \varepsilon_{F2} = \varepsilon_{F3} = \varepsilon_{F4} = \varepsilon_F \\ \varepsilon_{M1} = \varepsilon_{M2} = \varepsilon_{M3} = \varepsilon_{M4} = \varepsilon_M \end{cases} \tag{2-33}$$

可得

$$\Delta U_o = \frac{U}{4}K[2(1+\mu)\varepsilon_F] \tag{2-34}$$

可见，偏心力的干扰被消除了。

2.3　半导体固态压阻式传感器

金属丝式和箔式应变片的性能稳定、精度较高，至今仍在不断地改进和发展中，并在一些高精度应变式传感器中得到了广泛的应用。这类传感器的主要缺点是应变丝的灵敏系数小。为了克服这一缺点，在 20 世纪 50 年代末出现了半导体应变片。应用半导体应变片制成的传感器称为半导体固态压阻式传感器。

2.3.1　半导体固态压阻式传感器的工作原理

半导体材料受到作用力后，电阻率会发生明显变化，这种效应称为半导体的压阻效应，半导体固态压阻式传感器就是基于此效应而制造的。半导体固态压阻式传感器具有灵敏度高、识别性强高、频率响应高等特点，主要用于测量压力、加速度和载荷等物理参数。

在电阻式应变传感器章节已经系统介绍了应变原理。对于金属而言，材料的几何尺寸发生变化而引起 K(灵敏系数)的变化远大于材料电阻率 ρ 发生变化而引起的 K 的变化。对于半导体而言，电阻率 ρ 是决定性因素，有

$$\frac{\Delta R}{R} \approx \frac{\Delta\rho}{\rho} = \pi\sigma = \pi E\varepsilon \tag{2-35}$$

式中：π——半导体的压阻系数(m^2/N 或者 1/Pa)；

σ——应力(Pa)；

ε——应变；

E——弹性模量(Pa)。

由于半导体的压阻系数 $\pi=(40\sim80)\times10^{-11}$ m^2/N，$E=1.67\times10^{11}$ N/m^2，因此半导体应变片的灵敏系数 $K=E=50\sim100$，它比金属应变片的灵敏系数要大得多。

用于制作半导体应变片的材料主要有硅、锗、锑化铟、砷化镓等，其中以硅和锗最常用。如在硅和锗中掺进硼、铝、镓等杂质元素，可形成 P 型半导体；如掺入磷、锑、砷等杂质元素，则形成 N 型半导体。掺入杂质的浓度越大，半导体材料的电阻率就越低。

利用半导体材料制成的压阻式传感器有两种类型：一种是利用半导体材料的体电阻制成粘贴式半导体应变片；另一种是在半导体材料的基片上用集成电路工艺制成扩散电阻，称为扩散型压阻传感器。

2.3.2 半导体固态压阻式传感器的结构与特性

1. 半导体应变片的结构

半导体固态压阻式传感器的应变片结构可以分为体型半导体应变片结构和扩散型半导体应变片结构。

1）体型半导体应变片

体型半导体应变片的制作过程示意图如图 2-13 所示。首先将单晶锭(见图 2-13(a))按一定晶轴方向切成薄片(见图 2-13(b))，进行研磨加工(见图 2-13(c))，再切成细条经过光刻腐蚀工序(见图 2-13(d))，然后安装内引线(见图 2-13(e))并粘贴于贴有接头的基底上，最后安装外线(见图 2-13(f))。

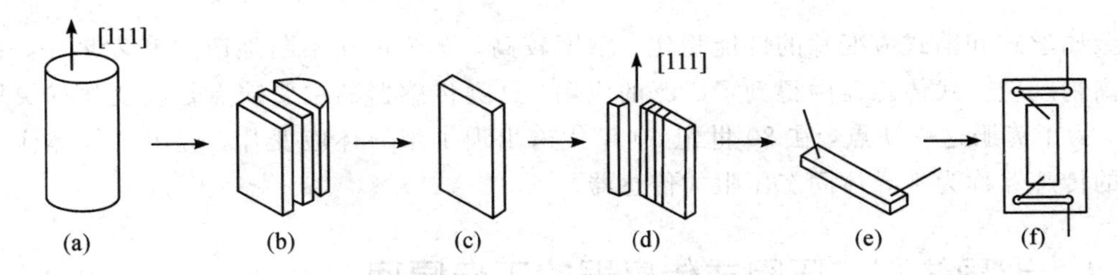

图 2-13 体型半导体应变片的制作过程示意图

基底的作用是使应变片容易安装并增大粘贴面积，使栅体与试件绝缘。当要求用小面积应变片(如用于传感器的场合)时，可用无基底的应变片。

敏感栅的形状可做成条形，如图 2-13(e)所示；U 形和 W 形敏感栅形状分别如图 2-14(a)和(b)所示。敏感栅的长度一般为 1～9 mm。

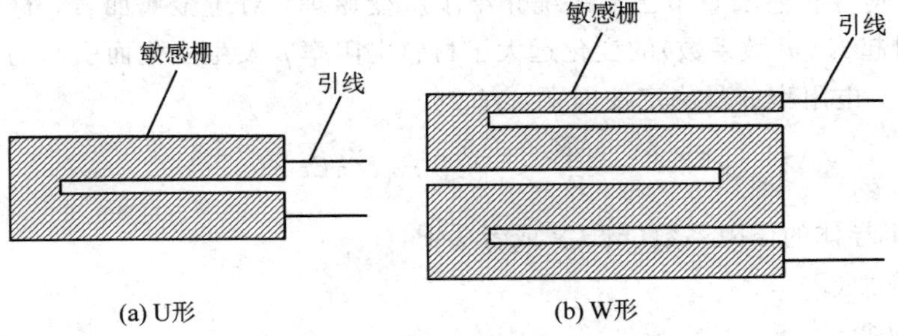

图 2-14 体型半导体应变片敏感栅形状示意图

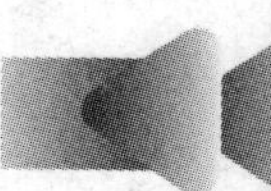

2）扩散型半导体应变片

扩散型半导体应变片是在半导体材料表面沿一定晶向用扩散或离子注入的方法形成压敏电阻，并构成检测电桥。常用的半导体材料是单晶硅膜片，硅膜片作为弹性元件，压敏电阻(或称压阻元件)与弹性元件为一整体，不同于金属应变片需要粘贴，扩散型半导体应变片没有机械滞后和蠕变，大大提高了传感器的性能。图 2－15 所示为压力传感器的实物图和等效电路图。该传感器常用于无腐蚀性气体和液体介质压力的检测，如血压的检测等。

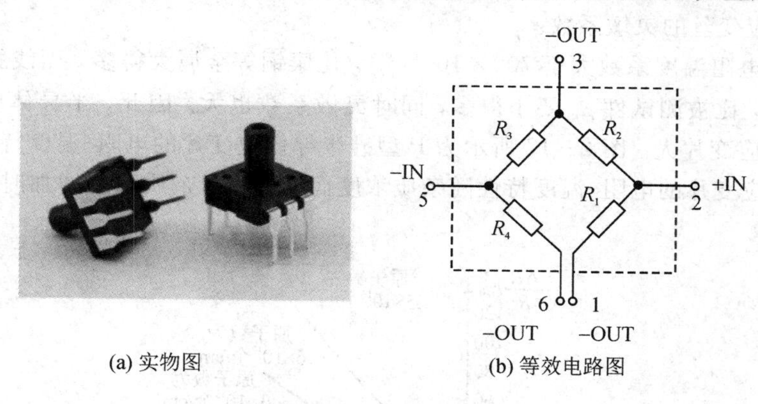

(a) 实物图　　(b) 等效电路图

图 2－15　压力传感器

2. 半导体应变片的主要特性

1）应变电阻特性

半导体应变片的应变电阻特性在数百微米应变范围内呈线性，在较大的应变范围内则出现非线性，图 2－16 所示为 $\rho=0.3\times10^{-2}\ \Omega\cdot\mathrm{m}$、晶向[111]的 N 型和 P 型硅半导体应变片的应变-电阻特性曲线。

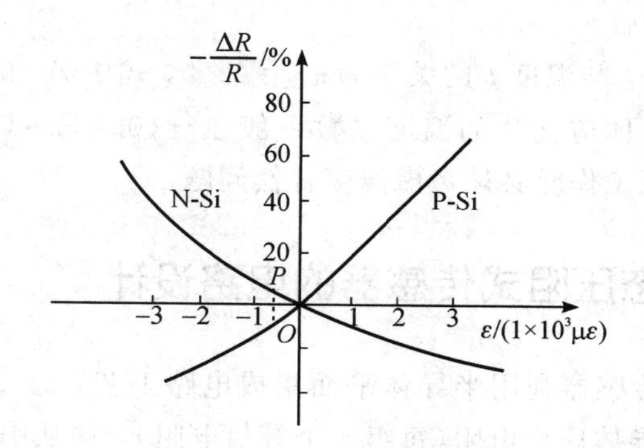

图 2－16　硅半导体应变片的应变-电阻特性曲线

由图 2－16 可见，当 N 型硅应变片压缩时，测得的半导体应变片的应变-电阻特性的线性比拉伸时要好。用于传感器时，为了提高半导体应变片的应变-电阻特性的线性度，通常对粘贴应变片的膜片预先施加压缩应变，如图 2－16 所示的原点向横轴的负方向移到 P 点，N 型硅半导体应变片的线性度就可以得到改善。

2）电阻-温度特性

粘贴在试件上的体型半导体应变片也和金属丝式应变片一样，由温度引起的电阻变化为

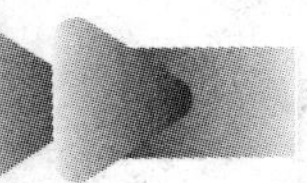

$$\frac{\Delta R_t}{R_0}=[\alpha_0+K(\beta_g-\beta_s)]\Delta t \tag{2-36}$$

式中：α_0——金属丝的电阻温度系数(1/℃)；

β_g——试件线膨胀系数(1/℃)；

β_s——应变丝线膨胀系数(1/℃)；

Δt——温度变化值(℃)；

K——应变丝的灵敏系数。

硅和锗的电阻温度系数大于 700×10^{-6}/℃，比康铜等金属大得多，而线膨胀系数 $\beta_s\approx 3.2\times10^{-6}$/℃，比被测试件 β_g 要小得多，同时灵敏系数也大。因此，半导体应变片的热输出也远比金属应变片大。图 2-17 所示为 P 型硅半导体应变片的电阻-温度特性曲线。由图可知，半导体应变片的电阻-温度特性随杂质浓度而变化，当杂质浓度增加时，$\Delta R/R$ 随温度变化减小。

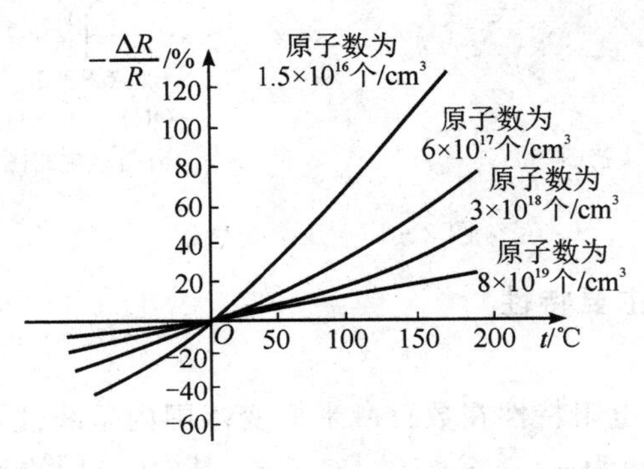

图 2-17　P 型硅半导体应变片的电阻-温度特性曲线

3) 灵敏系数-温度特性

半导体的压阻系数 π_L 与温度 t 的关系为 $\pi_L=At^{-\alpha}$，式中 A 和 α 是由半导体材料与杂质浓度决定的常数。半导体应变片的温度系数一般在 $-(0.1\%\sim0.3\%)$/℃ 的范围内。因此，在温度变化的环境下工作时必须考虑温度补偿问题。

2.3.3　半导体固态压阻式传感器的电路设计

半导体固态压阻式传感器利用半导体平面集成电路工艺，通过光刻、扩散等技术，在硅膜片上制作了 n 组半导体应变电阻(每组 4 个等值电阻)，并从中筛选出一组构成惠斯登平衡电桥。半导体固态压阻式传感器测量电路一般都采用四臂差动等臂等应变全桥测量电路，供电方式可以分为恒压源和恒流源两种形式，如图 2-18 所示。假设 4 个扩散电阻的初始值都为 R，当受到应力作用时，有两个电阻受力被拉伸，电阻值增加 ΔR，而另两个电阻受力被压缩，电阻值减小 ΔR；ΔR_T 为温度变化引起的阻值变化。

当用恒流源供电时，假设电桥两个支路的电阻相等，即，$R_{ABC}=R_{ADC}=2(R+\Delta R_T)$，则流过两支路的电流相等，$I_{ABC}=I_{ADC}=1/2$。电桥的输出电压为

$$U_o=U_{BD}=\frac{I}{2}(R+\Delta R+\Delta R_T)-\frac{I}{2}(R-\Delta R+\Delta R_T)=I\Delta R \tag{2-37}$$

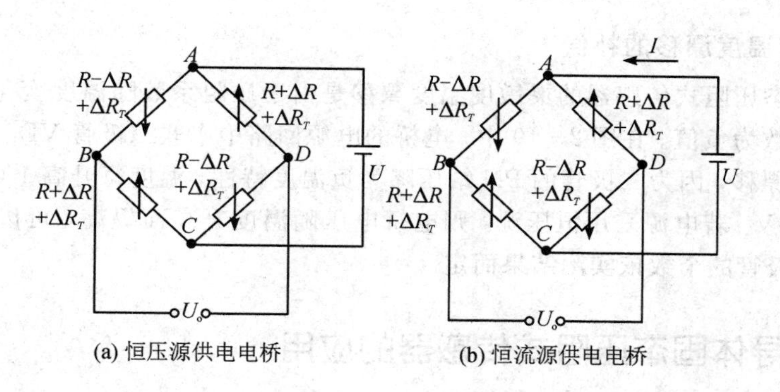

图 2－18　半导体固态压阻式传感器测量电路示意图

由式(2－37)可知，电桥的输出电压与电阻的变化量成正比，即与被测量成正比；也与供电电源的电流成正比，即输出电压与恒流源供给的电流大小、精度有关。但是，电桥的输出电压与温度的变化无关，这是恒流源供电的优点。用恒流源供电时，一个传感器最好独立配备电源。

2.3.4　半导体固态压阻式传感器的温度误差及补偿

半导体固态压阻式传感器和金属应变式传感器一样，温度变化也会引起电阻值和灵敏系数变化，进而引起零点漂移和灵敏度漂移。

1. 零点漂移温度补偿

半导体固态压阻式传感器一般有 4 个扩散电阻，并接入电桥。若 4 个扩散电阻阻值相等或相差不大，温度系数也一样，则电桥零点漂移和灵敏度漂移会很小，但工艺上很难实现。零点漂移是由于 4 个扩散电阻阻值及它们的温度系数不一致造成的，一般可用串、并联电阻的方法进行补偿。温度误差补偿电路示意图如图 2－19 所示，串联电阻 R_s 起调零作用，并联电阻 R 则主要起温度补偿作用，R 是负温度系数电阻，也可在 R_4 上并联正温度系数电阻。选择合适的 R_s、R 阻值和温度系数，要根据四臂电桥在低温和高温下的实测电阻值来计算，才能取得较好的补偿效果。

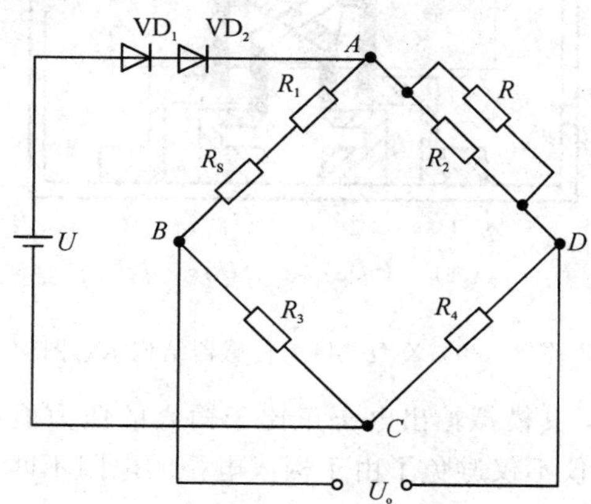

图 2－19　温度误差补偿电路示意图

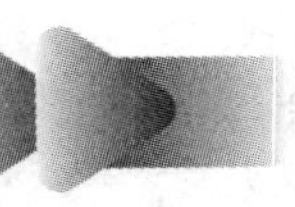

2. 灵敏度温度漂移的补偿

半导体固态压阻式传感器的灵敏度温度漂移是由于压阻系数随温度变化引起的，压阻系数的温度系数为负值。在图 2-19 中，电桥的电源回路中串联二极管 VD_1 和 VD_2 可以补偿灵敏度温度漂移，因为二极管的 PN 结压降为负温度特性，温度每升高 1℃，正向压降减小 1.9～2.4 mV。若电源采用恒压源，则电桥电压随温度升高而提高，可以补偿灵敏度的下降。串联二极管的个数依实测结果而定。

2.3.5 半导体固态压阻式传感器的应用

1. X 型硅压力传感器

在硅片上采用扩散或离子注入方法制成的硅压阻式压力传感器，由于 4 个桥臂不匹配会产生测量误差，且零点漂移较大，不易调整。而 X 型硅压力传感器是利用离子注入工艺，将单个 X 型压敏电阻元件制作在硅膜上，并采用了激光修正技术与温度补偿技术，使 X 型硅压力传感器的精度达到较高水平，具有极好的线性度，且灵敏度高，长期重复性好。X 型硅压力传感器广泛应用于各种工业自控环境，涉及水利水电、铁路交通、智能建筑、生产自控、航空航天、军工、石化、油井、电力、船舶、机床、管道等众多领域。

X 型硅压力传感器的结构如图 2-20 所示，其敏感元件是边缘固定的方形硅膜片，压力均匀垂直作用于硅膜片上。一只 X 型压敏电阻器被置于硅膜片边缘，感受由压力产生的剪切力。其中，1 脚接地，3 脚加电源电压，激励电流流过 3 脚和 1 脚。加在硅膜上的压力与电流方向垂直，该压力在压敏电阻器上建立了一个横向电场，该电场穿过电阻器中点，所产生的电压差由 2 脚和 4 脚引出。

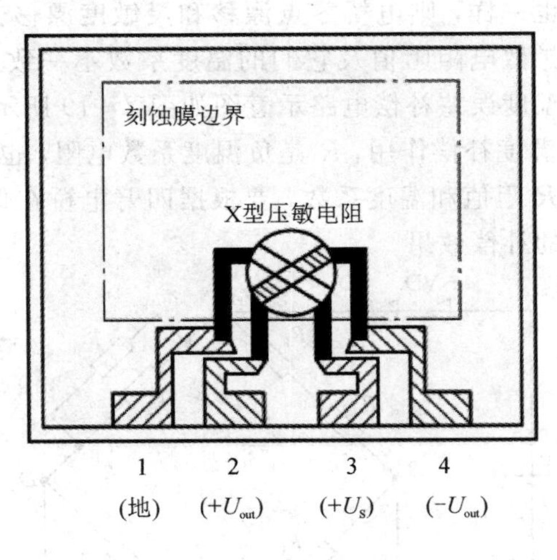

图 2-20　X 型硅压力传感器结构示意图

这种传感器结构简单，其模拟输出电压正比于输入的压力值和电源偏置电压，使用单个的 X 型电阻器作为应变仪不仅避免了由于构成电桥的电阻不匹配产生的误差，而且简化了进行校准和温度补偿所需的外接电路。

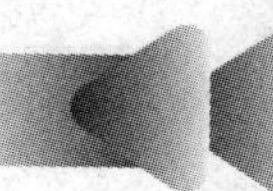

2. 压阻式加速度传感器

如图 2-21 所示为压阻式加速度传感器的结构示意图。它采用 N 型单晶硅作为悬臂梁，在其根部沿[110]和[$\overline{110}$]晶向各扩散两个 P 型电阻，并接成电桥。当悬臂梁自由端的质量块受加速度作用时，悬臂梁受弯矩作用产生应力，其方向为梁的长度方向，从而使 4 个电阻中两个电阻的应力方向与电流一致，另两个电阻的应力方向与电流垂直。压阻式加速度传感器用来测量振动加速度时，其固有频率为

$$f_0=\frac{1}{2\pi}\sqrt{\frac{Ebh^3}{4ml^3}} \tag{2-38}$$

式中：E——材料的弹性模量(Pa)；

　　π——圆周率。

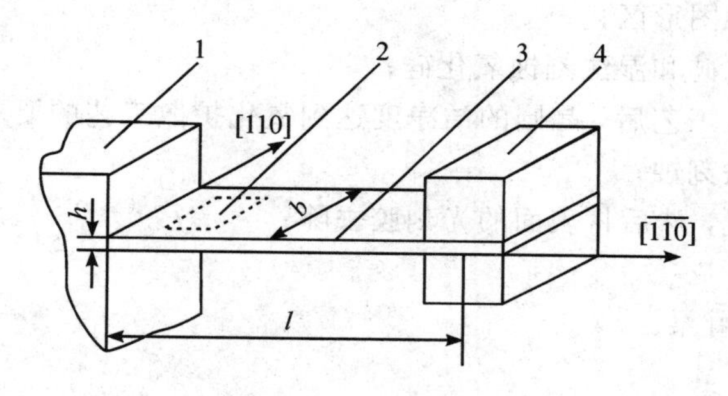

1—基座；2—扩散电阻；3—硅梁；4—质量块。

图 2-21　压阻式加速度传感器结构示意图

只要正确选择尺寸和阻尼，就可以用压阻式加速度传感器测量低频加速度。例如，图 2-21 所示的量程为 100 m/s^2 的加速度传感器，其参数为：l=1 cm，b=0.3 cm，h=0.015 cm，质量块 m=0.76 g，固有频率 f_0=100 Hz。当使用 6 V 的恒压源供电时，满量程输出为 60 mV；其体积约为 5 mm×5 mm×12 mm，质量只有 1.5 g。

压阻式加速度传感器大多用于机器设备的振动测量，它能够通过振动发现设备、机器是否正常运行，以检测其故障，确保安全运行。

2.4　微纳电阻式传感器

2.4.1　微纳电阻式传感器的基本结构与工艺

微纳传感器作为获取信息的关键器件，对各种传感装置的微型化起着巨大的推动作用。随着电子技术的发展，微纳传感器的应用领域越来越广泛，由最早的工业、军用航空领域走向普通的民用和消费市场。作为数字时代的感知层，微纳传感器已成为支撑万物互联、万事智联的重要基础产业，其产业链分为：前端 fabless 设计、ODM 代工晶圆厂生产、封装测试和最终应用四大环节。随着我国设计、制造、封测等多个环节的技术和工艺的逐步成

熟，微纳传感器在消费电子、汽车电子、工业控制、军工、智能家居、智慧城市等领域得到了更为广泛的应用。

目前微半导体固态压阻式传感器工艺趋于成熟，基于纳米膜的纳米级压阻式传感器还在不断地研究发展当中。根据应用场景不同，微纳电阻式传感器可以分为微纳压力传感器、微纳加速度传感器以及微纳位移传感器等。微纳电阻式传感器的结构随传感器种类的不同而不同。微纳电阻式传感器的基本制作工艺包括：常规清洗、镀膜工艺、光刻显影工艺、刻蚀工艺以及欧姆接触工艺等，具体如下所示：

（1）选取合适类型的绝缘衬底上的硅(SOI)晶圆；

（2）将 SOI 晶圆进行标准清洗工艺；

（3）以氧化硅作为浓硼离子扩散时的阻挡层，制备氧化硅阻挡层；

（4）光刻欧姆接触图形区；

（5）干法刻蚀氧化硅和湿法刻蚀氧化硅；

（6）经过标准清洗工艺后，晶圆的洁净度达到氧化扩散工艺的要求；

（7）再次进行湿法刻蚀；

（8）形成金属引线，然后将表面的光刻胶去除；

（9）真空退火；

（10）光刻刻蚀悬臂梁。

2.4.2 微纳电阻式传感器的应用

1. 可穿戴压阻式应变传感器

随着智能化和自动化浪潮的兴起，微纳可穿戴压阻式应变传感器在个性化健康监测、人体运动检测、人机界面、软机器人等领域得到广泛应用。太原理工大学桑胜波教授课题组开发了一种基于银纳米颗粒包覆碳纳米线复合材料(Ag@CNT)的高灵敏、可拉伸压阻式应变传感器，可应用于脉搏、心跳、手臂弯曲等人体健康参数检测。压阻式应变传感器的结构设计与制作流程示意图如图 2-22 所示。

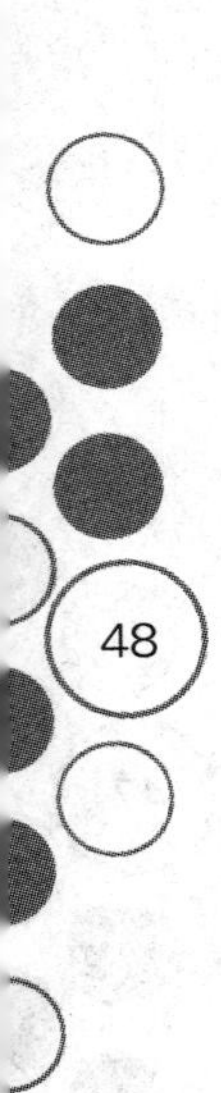

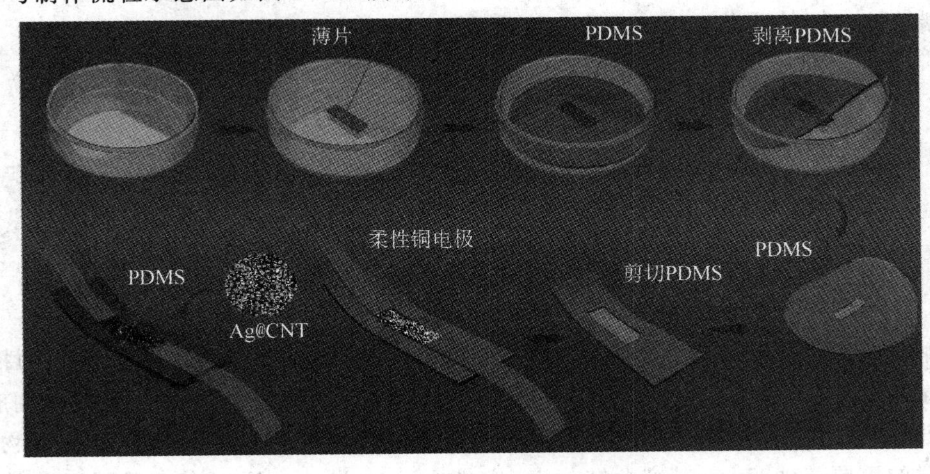

图 2-22　压阻式应变传感器结构与制作流程示意图

该传感器的敏感机理可以理解为聚二甲基硅氧烷(PDMS)中形成大量 Ag@CNT(Ag 纳米颗粒与碳纳米管混合物)导电网络，此时传感器的电阻包括复合材料自身电阻以及 CNT 之间的隧道电阻，当传感器受到外力时，CNT 之间的距离发生变化，电阻也随之改变。压阻式应变传感器敏感机理模型如图 2-23 所示。

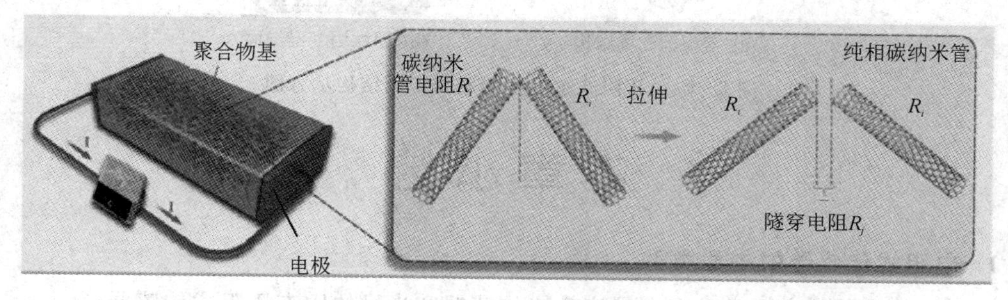

(a) 纯相碳纳米管隧穿电阻示意图

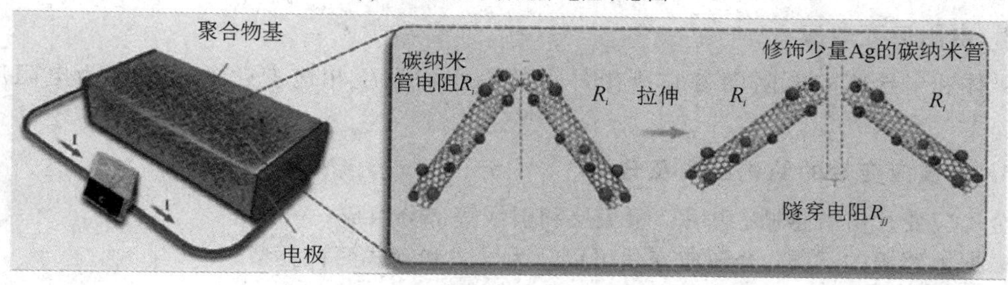

(b) 修饰少量Ag的碳纳米管隧穿电阻示意图

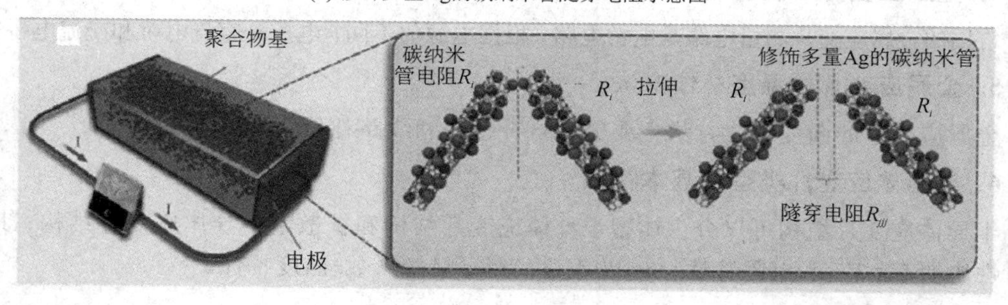

(c) 修饰多量Ag的碳纳米管隧穿电阻示意图

图 2-23　压阻式应变传感器敏感机理模型

2. 微纳压阻式加速度传感器

随着微机电系统(微纳)技术的不断发展，微纳加速度传感器的性能早已超过传统机械传感器的性能，并以其体积小、成本低、适用于批量化生产、易于集成化等优点，被广泛应用于汽车电子、消费电子、医疗、国防军工以及航空航天等许多领域。在微纳加速度传感器的各种敏感机理中，压阻传感已成为一种流行的选择。常见的压阻式加速度传感器通常采用如图 2-24 所示的“悬臂梁-质量块”结构，其结构原型最初是由 Roylance 和 Angell 于 1979 年提出的，具有灵敏度高、制作工艺简单以及体积小等特点，经过多年的发展，这种敏感结构在设计思路和制作工艺等方面都已经很成熟了。

(a) 双端固支梁结构

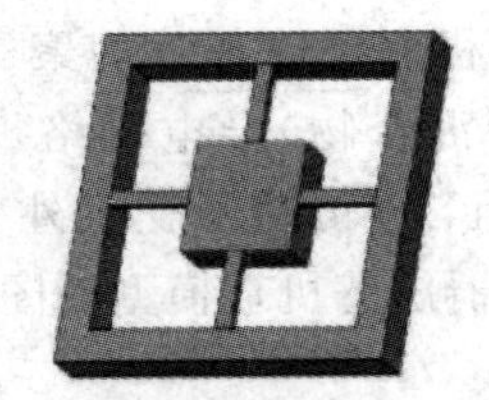
(b) 四端固支梁结构

图 2-24　压阻式加速度传感器常用结构示意图

本章小结

1. 电阻式传感器的主要类型

电阻式传感器的主要类型有金属应变式传感器和半导体固态压阻式传感器。

2. 电阻应变效应

导体和半导体的电阻随着它所受外力的大小而发生相应变化的现象称为电阻应变效应。

3. 金属应变片的结构组成及分类

金属应变片由敏感栅、基片、覆盖层和引线等部分组成；

根据敏感栅的不同，金属应变片可以分为丝式和箔式两种类型。

4. 金属应变片的测量电路

常用的金属应变片测量电路是电桥电路，根据电源的不同，电桥分直流电桥和交流电桥。

5. 金属应变片的温度补偿方法

金属应变片的温度补偿方法主要分为自补偿法和线路补偿法。

6. 半导体应变片类型和基本特性

半导体应变片结构可以分为体型半导体应变片结构和扩散型半导体应变片结构；其基本特性主要有：应变-电阻特性、电阻-温度特性、灵敏系数-温度特性。

思考题和习题

2-1　什么是金属的电阻应变效应？

2-2　金属应变片与半导体应变片的工作原理有何区别？

2-3　常用的应变片温度补偿方法有哪几种？比较每种方法的优缺点。

2-4　压阻效应的含义是什么？它与金属的电阻应变效应有什么本质区别？

2-5　应变片的阻值为 120 Ω，额定功率为 40 mW，将其接入等臂直流电桥中，试确定激励电压的值。

2-6　电阻应变片的基本测量电路有哪些？试比较它们各自的特点。

2-7　简述半导体固态压阻式传感器的工作原理。

第3章

电感式传感器

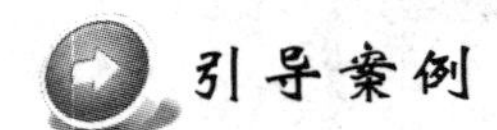

引导案例

电感式传感器在工业自动化生产中的应用

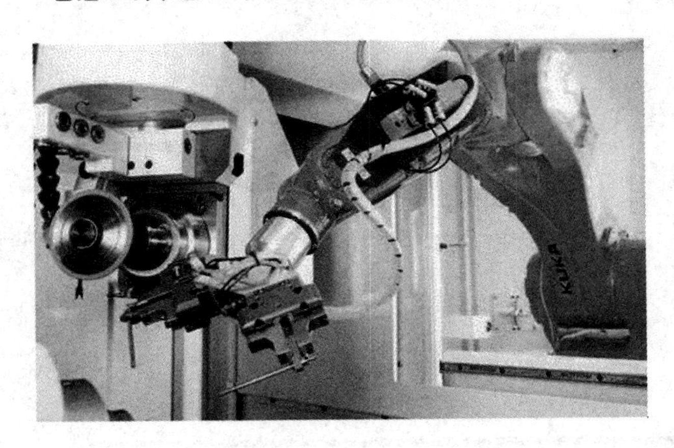

机械臂式机器人适用于各种工业自动化的生产、装配、操作，能够完成高风险环境下的信息探测、物资收集等工作。在实际应用中，由于存在物距较小的情况，而机器人的视觉传感器存在盲区，因此需要能测量微小距离的传感器。电感式接近传感器主要用于感知较小物距下的距离信息，在弥补视觉、触觉感知系统不足的同时，使得机器人可在视觉捕捉物体、接近物体、抓取物体的全过程中，连续地检测物体以及环境信息。电感式接近传感器一般安装在工业机器人手部的夹持器上，通过感应磁场的大小变化来判断手爪距离物品的远近，从而调节工业机器人手部夹持器开度的大小，避免损坏物件。

近年来，随着新兴产业的蓬勃发展，我国工业自动化控制技术、产业和应用有了很大发展，促进了我国工业自动化市场规模不断扩大。但是我国工业自动化行业起步较晚，早期产品的可靠性与国外产品存在较大的差距。近年来，随着国际贸易摩擦的不断加剧，国家对相关领域内核心部件的“自主、安全、可控”提出了迫切需求，加快核心部件国产化进程已成为我国各产业链的共识。深入研究电感式传感器的检测机理，开发高精度电感式位移、压力等传感器，对于我国工业自动化的发展具有重要意义。

3.1 概　　述

电感式传感器利用电磁感应原理把被测物理量转换成线圈的自感系数 L 或互感系数 M 的变化，再由测量电路转换为电压或电流的变化量输出，从而实现非电量到电量的转换。

电感式传感器的优点是结构简单、工作可靠、寿命长；灵敏度高、分辨率高；测量精度高，线性好；性能稳定，重复性好；输出阻抗小，输出功率大，即使不用放大器，一般也有0.1～5 V/mm 的输出；抗干扰能力强，适合在恶劣环境中工作。电感式传感器的主要缺点是灵敏度、线性度和测量范围相互制约；传感器自身频率响应低，不适用于快速动态信号的测量；对传感器线圈供电电源的频率、相振幅稳定度要求较高。电感式传感器主要有自感式、差动变压器式、电涡流式传感器三类。

3.2　自感式传感器

自感式传感器具有灵敏度高、输出信号大、易加工等特点，常用于测量力、压力、转矩等物理量。

3.2.1　自感式传感器的工作原理

自感式传感器是利用电磁感应原理将被测量的变化转换成线圈自感变化的。如图 3－1 所示是自感式传感器结构示意图，它由线圈、铁芯和衔铁组成。在图 3－1 中，因为在铁芯与衔铁之间的气隙很小，所以磁路是封闭的。根据自感的定义，线圈自感可由以下公式确定：

$$L=\frac{\mathrm{d}\phi_N}{\mathrm{d}I}=\frac{\mathrm{d}(N\phi)}{\mathrm{d}I}=\frac{\mathrm{d}\left(\frac{N^2 I}{R_\mathrm{m}}\right)}{\mathrm{d}I}=\frac{N^2}{R_\mathrm{m}} \tag{3-1}$$

式中：ϕ_N——回路内磁链数；

ϕ——每匝线圈的磁通量(Wb)；

I——线圈中的电流(A)；

N——线圈的匝数；

R_m——磁路的总磁阻(A/Wb)。

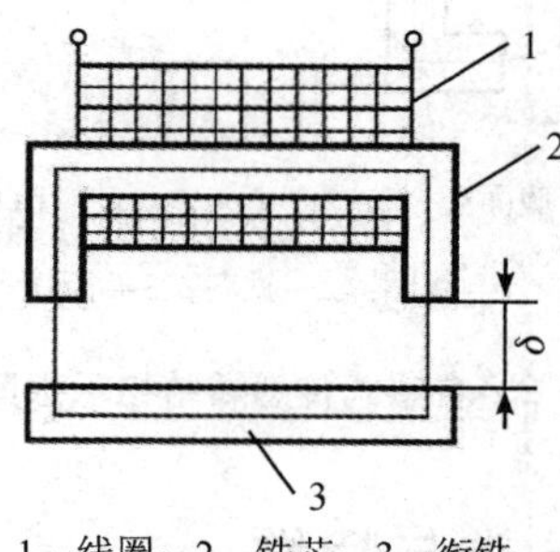

1—线圈；2—铁芯；3—衔铁。

图 3－1　自感式传感器结构示意图 1

如图 3－1 所示，因为气隙厚度较小，可以认为气隙磁场是均匀的，若忽略磁路铁损，则总磁阻为

$$R_\mathrm{m}=\frac{l_1}{\mu_1 S_1}+\frac{l_2}{\mu_2 S_2}+\frac{2\delta}{\mu_0 S} \tag{3-2}$$

式中：l_1——磁通通过铁芯的长度(m)；

l_2——磁通通过衔铁的长度(m)；

μ_0——空气的磁导率，$\mu_0=4\pi\times10^{-7}$ H/m；

μ_1——铁芯材料的磁导率(H/m)；

μ_2——衔铁材料的磁导率(H/m)；

S_1——铁芯的截面积(m^2)；

S_2——衔铁的截面积(m^2)；

S——气隙的截面积(m^2)；

δ——气隙的厚度(m)。

将式(3-2)代入式(3-1)得

$$L=\frac{N^2}{\frac{l_1}{\mu_1 S_1}+\frac{l_2}{\mu_2 S_2}+\frac{2\delta}{\mu_0 S}} \tag{3-3}$$

当铁芯的结构和材料确定后，式(3-3)中分母的第一项和第二项为常数，此时自感L是气隙厚度δ和气隙截面积S的函数，即$L=f(\delta, S)$。如果S保持不变，则L为δ的单值函数，可构成变气隙型自感式传感器，其结构如图3-1所示；如果保持δ不变，使S随位移变化，则构成变截面型自感式传感器，其结构如图3-2(a)所示；若线圈中放入圆柱形衔铁，当衔铁上下移动时，则自感量会相应变化，这就构成了螺线管型自感式传感器，其结构如图3-2(b)所示。

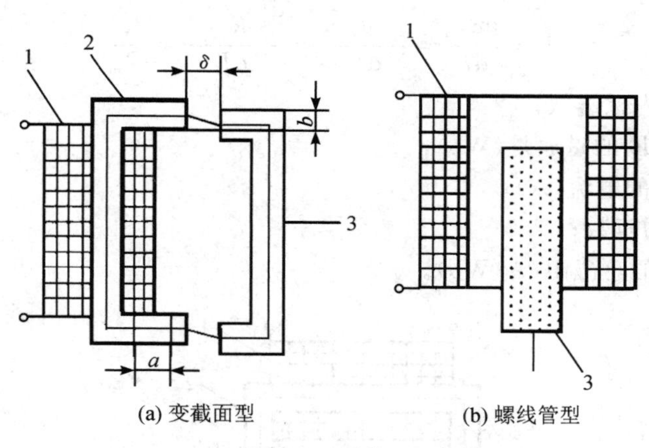

(a) 变截面型　(b) 螺线管型

1—线圈；2—铁芯；3—衔铁。

图3-2　自感式传感器结构示意图2

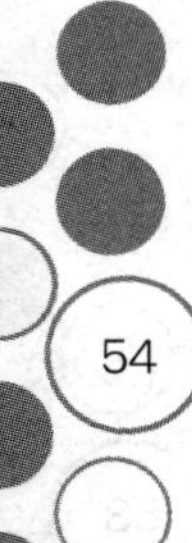

3.2.2　自感式传感器的分类与特性

1. 变气隙型自感式传感器

变气隙型自感式传感器的结构如图3-1所示，将S_0代入S，式(3-2)可改写为

$$R_m=\frac{l_1}{\mu_1 S_1}+\frac{l_2}{\mu_2 S_2}+\frac{2\delta}{\mu_0 S_0} \tag{3-4}$$

式中：S_0——气隙的截面积。

通常气隙的磁阻远大于铁芯和衔铁的磁阻，即

$$\frac{2\delta}{\mu_0 S_0}\gg\frac{l_1}{\mu_1 S_1},\quad \frac{2\delta}{\mu_0 S_0}\gg\frac{l_2}{\mu_2 S_2}$$

则式(3-4)可写为

$$R_m \approx \frac{2\delta}{\mu_0 S_0} \tag{3-5}$$

将式(3-5)代入式(3-1)得

$$L = \frac{N^2}{R_m} = \frac{N^2 \mu_0 S_0}{2\delta} \tag{3-6}$$

由式(3-6)可知，L 与 δ 之间是非线性关系，变气隙型自感式传感器特性曲线如图3-3所示。

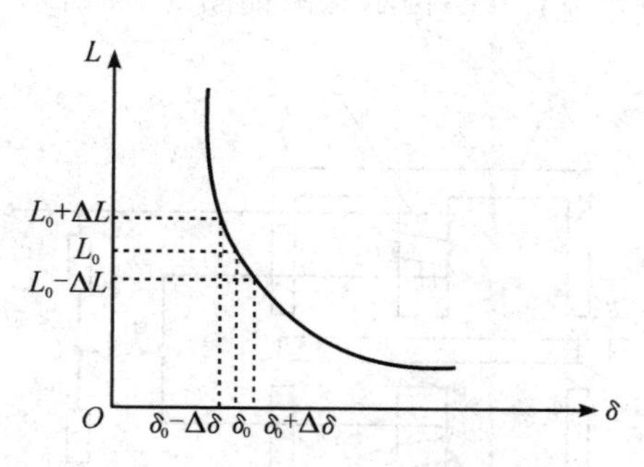

图3-3　变气隙型自感式传感器特性曲线

设自感式传感器初始气隙为 δ_0，初始电感量为 L_0，衔铁位移引起气隙变化量为$\Delta\delta$，当衔铁处于初始位置时，初始电感量为

$$L_0 = \frac{N^2 \mu_0 S_0}{2\delta_0} \tag{3-7}$$

当衔铁上移 $\Delta\delta$ 时，传感器气隙减小 $\Delta\delta$，即 $\delta = \delta_0 - \Delta\delta$，则此时输出电感量为 $L = L_0 + \Delta L$，整理可得

$$L = L_0 + \Delta L = \frac{N^2 \mu_0 S_0}{2(\delta_0 - \Delta\delta)} = \frac{L_0}{1 - \frac{\Delta\delta}{\delta_0}} \tag{3-8}$$

当$\frac{\Delta\delta}{\delta_0} \ll 1$时，可将式(3-8)按照泰勒级数展开成如下级数形式：

$$L = L_0 + \Delta L = L_0 \left[1 + \frac{\Delta\delta}{\delta_0} + \left(\frac{\Delta\delta}{\delta_0}\right)^2 + \left(\frac{\Delta\delta}{\delta_0}\right)^3 + \cdots\right] \tag{3-9}$$

$$\Delta L = L_0 \frac{\Delta\delta}{\delta_0}\left[1 + \frac{\Delta\delta}{\delta_0} + \left(\frac{\Delta\delta}{\delta_0}\right)^2 + \cdots\right] \tag{3-10}$$

$$\frac{\Delta L}{L_0} = \frac{\Delta\delta}{\delta_0}\left[1 + \frac{\Delta\delta}{\delta_0} + \left(\frac{\Delta\delta}{\delta_0}\right)^2 + \cdots\right] \tag{3-11}$$

同理当衔铁随被测体的初始位置向下移动 $\Delta\delta$ 时，有

$$\Delta L = L_0 \frac{\Delta\delta}{\delta_0}\left[1 - \frac{\Delta\delta}{\delta_0} + \left(\frac{\Delta\delta}{\delta_0}\right)^2 - \left(\frac{\Delta\delta}{\delta_0}\right)^3 + \cdots\right] \tag{3-12}$$

$$\frac{\Delta L}{L_0} = \frac{\Delta\delta}{\delta_0}\left[1 - \frac{\Delta\delta}{\delta_0} + \left(\frac{\Delta\delta}{\delta_0}\right)^2 - \left(\frac{\Delta\delta}{\delta_0}\right)^3 + \cdots\right] \tag{3-13}$$

对式(3-11)和式(3-13)进行线性化处理，即忽略高次项，得

$$\frac{\Delta L}{L_0} = \frac{\Delta\delta}{\delta_0} \tag{3-14}$$

灵敏度 K_0 为

$$K_0=\frac{\frac{\Delta L}{L_0}}{\Delta\delta}=\frac{1}{\delta_0} \tag{3-15}$$

由此可见，变气隙型自感式传感器的测量范围与灵敏度及线性度是相互矛盾的，因此变气隙型自感式传感器适用于测量微小位移场合。为了减小非线性误差，实际测量中广泛采用差动变气隙型自感式传感器，其结构示意图如图 3-4 所示。

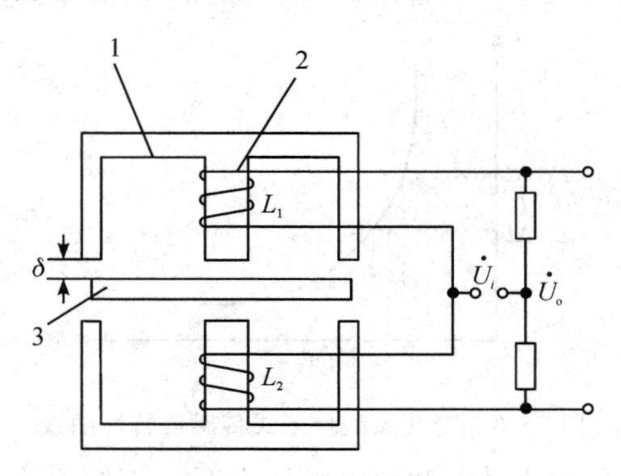

1—铁芯；2—线圈；3—衔铁。

图 3-4 差动变气隙型自感式传感器结构示意图

由图 3-4 可知，差动变气隙型自感式传感器由两个完全相同的电感线圈和一个衔铁组成。测量时，衔铁与被测件相连，当被测体上下移动时，带动衔铁也以相同的位移上下移动，使两个磁回路中的磁阻发生大小相等、方向相反的变化，导致一个线圈的电感量减小，另一个线圈的电感量增大，形成差动形式。使用时，两个电感线圈接在交流电桥的相邻桥臂，另两个桥臂接电阻。

当衔铁向上移动时，两个线圈的电感变化量分别由式(3-11)和式(3-13)表示，差动变气隙型自感式传感器电感的总变化量 $\Delta L=\Delta L_1+\Delta L_2$，即

$$\Delta L=\Delta L_1+\Delta L_2=2L_0\frac{\Delta\delta}{\delta_0}\left[1+\left(\frac{\Delta\delta}{\delta_0}\right)^2+\left(\frac{\Delta\delta}{\delta_0}\right)^4+\cdots\right] \tag{3-16}$$

对式(3-16)线性化，即忽略高次项，得

$$\frac{\Delta L}{L_0}=2\frac{\Delta\delta}{\delta_0} \tag{3-17}$$

灵敏度 K_0 为

$$K_0=\frac{\frac{\Delta L}{L_0}}{\Delta\delta}=\frac{2}{\delta_0} \tag{3-18}$$

比较式(3-10)和式(3-16)，可以得到以下结论：

(1) 差动变气隙型自感式传感器的灵敏度是单线圈型自感式传感器的 2 倍。

(2) 在线性化时，差动变气隙型自感式传感器忽略$(\Delta\delta/\delta_0)^3$ 及以上的奇次高次项，单线圈变气隙型自感式传感器忽略$(\Delta\delta/\delta_0)^2$ 以上的所有高次项，因此差动变气隙型自感式传

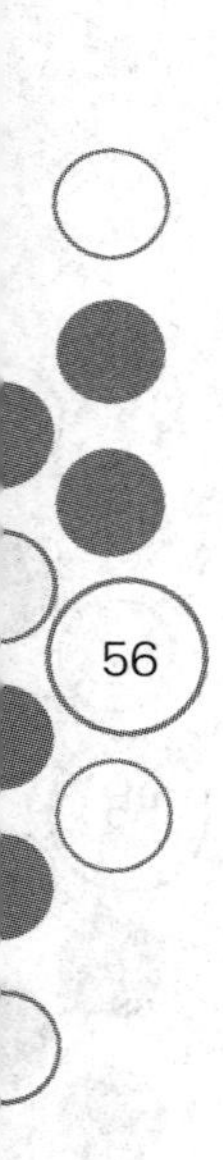

感器线性度得到明显改善。

2. 变截面型自感式传感器

如图3-2(a)所示的传感器气隙长度保持不变，令磁通截面积随被测量而变，设铁芯材料和衔铁材料的磁导率相同，则此变截面型自感式传感器自感 L 为

$$L=\frac{N^2}{\frac{\delta_0}{\mu_0 S}+\frac{\delta}{\mu_0\mu_r S}}=\frac{N^2\mu_0}{\delta_0+\frac{\delta}{\mu_r}}S=K'S \tag{3-19}$$

式中：δ_0——气隙总长度(m)；

δ——铁芯和衔铁中的磁路总长度(m)；

μ_r——铁芯和衔铁材料相对磁导率(H/m)；

S——气隙磁通截面积(m^2)；

K'——$K'=N^2\mu_0/(\delta_0+\delta/\mu_r)$为常数。

对式(3-19)微分得灵敏度 K_0 为

$$K_0=\frac{dL}{dS}=K' \tag{3-20}$$

由式(3-20)可知，变截面型自感式传感器在忽略气隙磁通边缘效应的条件下，输入与输出呈线性关系。但与变气隙式自感式传感器相比，其灵敏度下降。

3. 螺线管型自感式传感器

螺线管型自感式传感器有单线圈和差动式两种结构形式。图3-2(b)所示是单线圈螺线管型自感式传感器。测量时，活动铁芯随被测体移动，线圈电感量发生变化，线圈电感量与铁芯插入深度有关。

如图3-5所示是差动螺线管型自感式传感器结构示意图，它由两个完全相同的螺线管相连，铁芯初始状态处于对称位置上，两边螺线管的初始电感量相等。当铁芯移动时，一个螺线管的电感量增大，另一个的电感量减小，且增大与减小的数值相等，形成了差动。

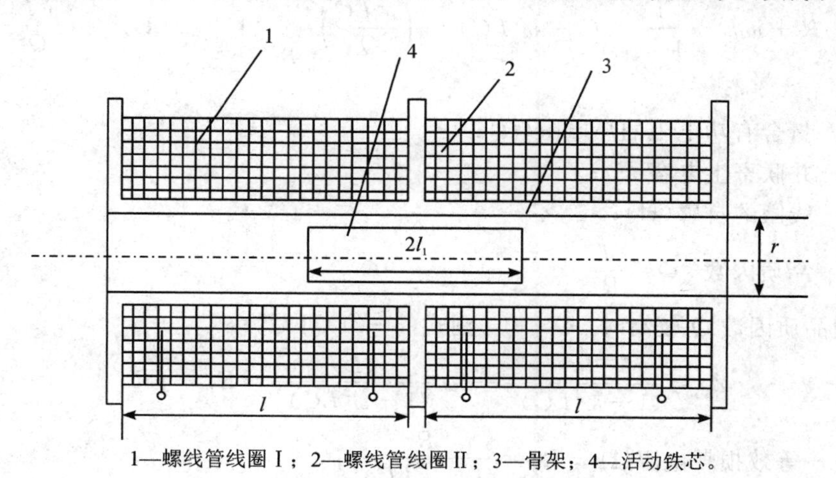

1—螺线管线圈Ⅰ；2—螺线管线圈Ⅱ；3—骨架；4—活动铁芯。

图3-5　差动螺线管型自感式传感器结构示意图

3.2.3 自感式传感器的电路设计

自感式传感器将被测非电量的变化转换为电感量的变化，若接入不同的测量电路，则可将电感量变化转换为电压(或电流)的幅值、频率或相位的变化。实际应用中，经常使用的有交流电桥电路、变压器式电桥电路、紧耦合电桥电路、谐振电路和相敏检波电路，调频和调相电路应用较少。

1. 等效电路

从电路角度看，自感式传感器的线圈并非纯电感，而是由有功分量和无功分量两部分组成的。有功分量包括：线圈中存在的铜耗电阻；由于传感器中的铁磁材料在交变磁场中，一方面被磁化，另一方面还以各种方式消耗能量并产生涡流损耗电阻和磁滞损耗电阻，这些都可折合成为有功电阻，其总电阻可用 R 来表示。无功分量包括：线圈的自感 L；绕线间分布电容和引线电缆的分布电容，为简便起见，可将其视为集中参数，用 C 来表示。因此，自感式传感器的等效电路示意图如图 3－6 所示。

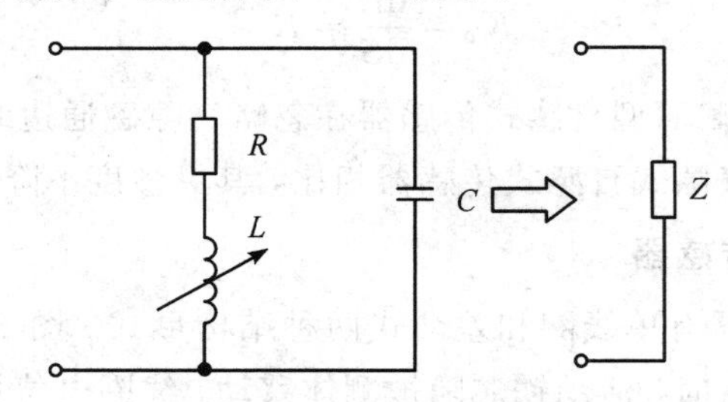

图 3－6　自感式传感器的等效电路示意图

对于有并联电容 C 的线圈，其阻抗的表达式为

$$Z_p=\frac{(R+j\omega L)\frac{1}{j\omega C}}{R+j\omega L+\frac{1}{j\omega C}}=\frac{R}{(1-\omega^2LC)^2+\left(\frac{\omega^2LC}{Q}\right)^2}+\frac{j\omega L\left(1-\omega^2LC-\frac{\omega^2LC}{Q^2}\right)}{(1-\omega^2LC)^2+\left(\frac{\omega^2LC}{Q^2}\right)^2} \tag{3-21}$$

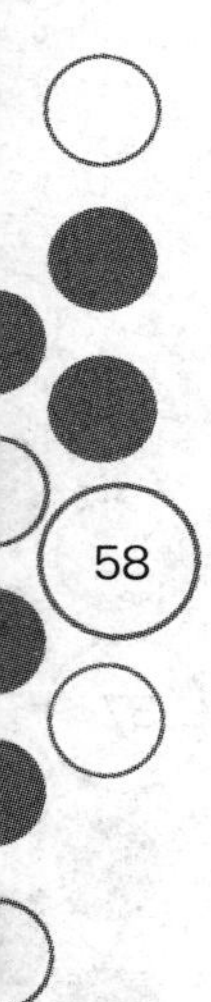

式中：R——折合有功电阻的总电阻(Ω)；

C——并联寄生电容(F)；

L——线圈的自感(H)；

Q——品质因数，$Q=\frac{\omega L}{R}$。

当线圈品质因数 Q 较高时，$Q^2\gg1$，则式(3－21)可写为

$$Z_p=\frac{R}{(1-\omega^2LC)^2}+j\omega\frac{L}{(1-\omega^2LC)^2}=R_p+j\omega L_p \tag{3-22}$$

式中：R_p——等效损耗电阻(Ω)，$R_p=\frac{R}{(1-\omega^2LC)^2}$；

L_p——等效电感(H)，$L_p=\frac{L}{(1-\omega^2LC)^2}$。

从以上分析可以看出，由于并联电容 C 的影响，使得自感式传感器的等效电感和等效灵敏度都增加。因此，在使用自感式传感器时，不能随便改变引线电缆的长度，否则会带来测量误差。如果在特殊情况下需要改变引线电缆长度，则在改变后必须重新校正传感器的灵敏度。

2. 交流电桥电路

交流电桥电路是自感式传感器的主要测量电路。为了提高灵敏度，改善线性度，一般将电感线圈接成差动式，交流电桥等效电路示意图如图3-7所示，把传感器的两个线圈作为电桥的两个桥臂 Z_1 和 Z_2，另外两个相邻的桥壁用纯电阻 R 代替。设 $Z_1=Z+\Delta Z_1$，$Z_2=Z-\Delta Z_2$，Z 是衔铁在中间位置时单个线圈的复阻抗，ΔZ_1、ΔZ_2 分别为衔铁偏离中心位置时两线圈阻抗的变化量。对于高 Q 值的差动变气隙型自感式传感器，有 $\Delta Z_1+\Delta Z_2\approx \mathrm{j}\omega(\Delta L_1+\Delta L_2)$，则电桥输出电压为

$$\dot{U}_{o}=\frac{\Delta Z_1+\Delta Z_2}{2(Z_1+Z_2)}\dot{U}\propto(\Delta L_1+\Delta L_2) \tag{3-23}$$

对于差动变气隙型自感式传感器，将式(3-17)代入式(3-23)，得

$$\dot{U}_{o}\propto 2L_0\frac{\Delta\delta}{\delta_0}$$

电桥输出电压与 $\Delta\delta$ 成正比关系。

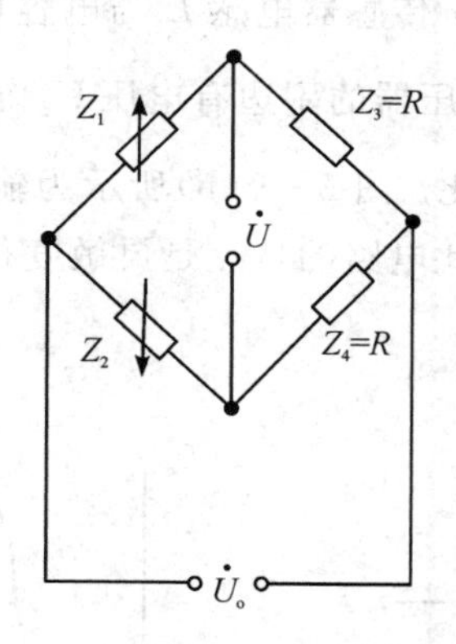

图3-7 交流电桥等效电路示意图

3. 变压器式交流电桥

变压器式交流电桥电路示意图如图3-8所示，图中 Z_1、Z_2 为差动变气隙型自感式传感器的两线圈阻抗，另两臂为交流变压器次级线圈的1/2阻抗。当负载阻抗为无穷大时，电桥电路输出电压为

$$\dot{U}_{o}=\frac{Z_2}{Z_1+Z_2}\dot{U}-\frac{1}{2}\dot{U}=\frac{Z_2-Z_1}{Z_1+Z_2}\frac{\dot{U}}{2} \tag{3-24}$$

初始时，自感式传感器的衔铁处于中间位置，电桥处于平衡，即 $Z_1=Z_2=Z$，此时有 $\dot{U}_{o}=0$。双臂工作时，传感器衔铁偏离中间零点，向一边偏移，当 $Z_1=Z+\Delta Z$，$Z_2=Z-\Delta Z$ 时，有

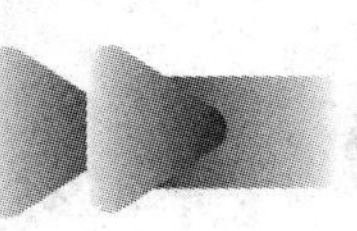

$$\dot{U}_{o}=-\frac{\Delta Z}{Z}\frac{\dot{U}}{2}=-\frac{\Delta L}{L}\frac{\dot{U}}{2} \tag{3-25}$$

同理，如果衔铁向反方向移动，$Z_1=Z-\Delta Z$，$Z_2=Z+\Delta Z$，则由式(3－24)和式(3－25)可知，当衔铁向不同的方向移动相同的距离时，电桥电路输出电压的大小相等，但方向相反(相差 180°)，说明变压器电桥电路输出电压不仅能反映衔铁位移大小，而且能反映衔铁移动方向。

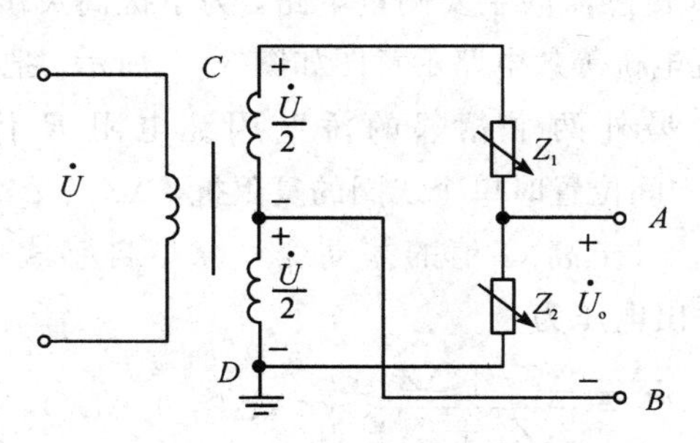

图 3－8　变压器式交流电桥电路示意图

4. 谐振式测量电路

谐振式测量电路有谐振式调幅电路和谐振式调频电路。谐振式调幅电路结构示意图如图 3－9(a)所示，在此调幅电路中，传感器电感 L 与电容 C、变压器 T 原边串联在一起，接入交流电源 $\dot{U}$，组成振荡回路，变压器的副边有电压 $\dot{U}_{o}$ 输出，输出电压的频率与电源频率相同，而幅值随着电感量 L 而变化。图 3－9(b)所示为输出电压 $\dot{U}_{o}$ 与电感量 L 的关系曲线，其中 L_0 为谐振点的电感量。此电路的特点是灵敏度很高，但线性差，适用于线性度要求不高的场合。

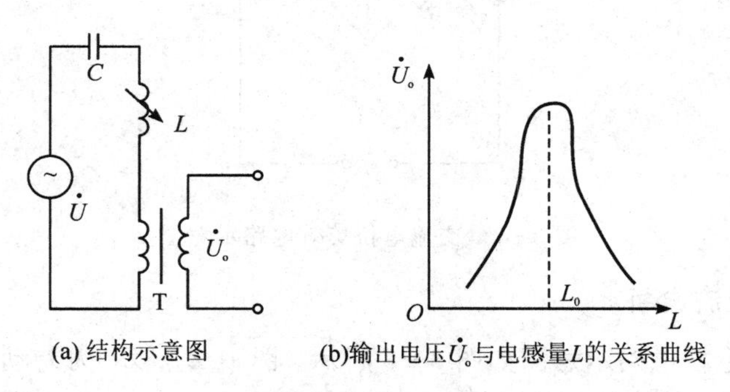

图 3－9　谐振式调幅电路

谐振式调频电路结构示意图如图 3－10(a)所示，通常把传感器电感 L 和电容 C 接入一个振荡回路中，其振荡频率 $f=\frac{1}{2\pi\sqrt{LC}}$($\pi$ 为圆周率)，当电感量 L 变化时，振荡频率随之变化，根据 f 的大小即可测出被测量的值。图 3－10(b)所示为 f 与 L 的关系曲线，可以看出，二者具有明显的非线性关系。

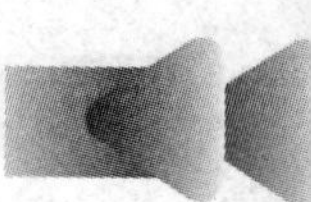

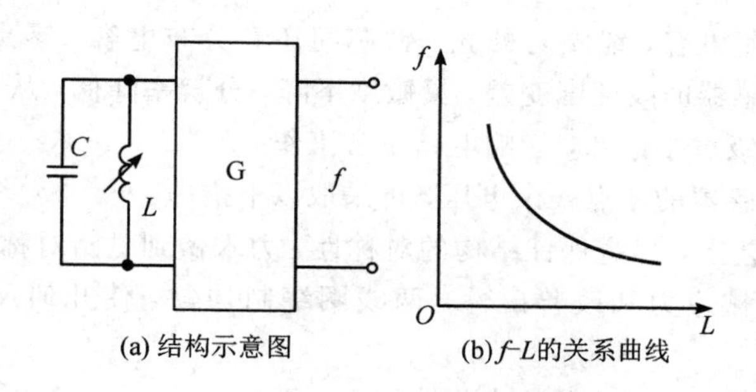

图 3-10　谐振式调频电路

3.2.4　自感式传感器的误差因素

影响自感式传感器精度的因素很多，主要有以下几点：

1. 非线性特性的影响

变气隙型自感式传感器的线圈电感 L 与气隙厚度 δ 之间为非线性关系，是产生非线性误差的主要原因。为了改善自感式传感器输出特性的非线性，除了采用差动式结构，还必须限制衔铁的最大位移量。

2. 输出电压与电源电压之间相位差的影响

输出电压与电源电压之间存在一定的相位差，也就是存在与电源电压相差 90°的正交分量，从而使波形失真。消除或抑制正交分量的方法是采用相敏检波电路，以及使用具有高 Q 值的传感器。一般 Q 值不应小于 3～4。

3. 零点残余电压的影响

差动型自感式传感器的衔铁或铁芯处于中间位置时，测量电桥存在微小输出电压（理想条件下其输出电压应为零），即零位误差，又称零点残余电压。图 3-11 所示为桥路输出电压与活动衔铁位移的关系曲线。图中虚线为理论特性曲线，实线为实际特性曲线，ΔU_o 为零点残余电压。

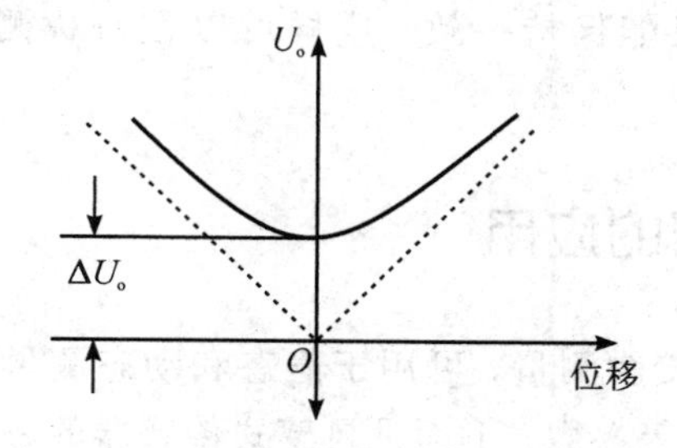

图 3-11　桥路输出电压与活动衔铁位移的关系曲线

产生零点残余电压的原因如下：

(1) 差动型自感式传感器两个电感线圈的电气参数及导磁体的几何尺寸不完全对称。

(2) 激励电源电压中含有高次谐波。

(3) 自感式传感器具有铁芯损耗及铁芯磁化曲线的非线性。

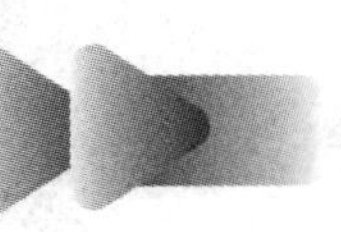

(4) 线圈具有寄生电容，线圈与外壳、铁芯间还有分布电容。零点残余电压的危害很大，它会使自感式传感器的线性度变差，灵敏度下降，分辨率降低，从而影响测量精度；还会使后接的放大器末级过于饱和，影响电路正常工作。

为减小自感式传感器的零点残余电压，可采取以下措施：

(1) 从设计和工艺上，尽量保证结构的对称性，力求做到磁路对称，铁芯材料均匀，并经过热处理以除去机械应力和改善磁性，两线圈绕制均匀，使几何尺寸与电气特性保持一致。

(2) 减少电源电压中的高次谐波成分。

(3) 减小线圈激励电流，使其工作在磁化曲线的线性段。

(4) 采用合适的测量电路，采用差动整流电桥电路，接入调零电阻。当电桥有起始不平衡电压输出时，可以反复调节电位器，使电桥达到平衡条件，消除零位误差。采用相敏检波电路，不仅可以鉴别衔铁位移方向，而且可以消除衔铁在中间位置时因高次谐波引起的零点残余电压。

4. 激励电源电压和频率的影响

一般允许电源电压的波动为 5%～10%。激励电源电压的波动会直接影响自感式传感器的输出电压；同时还会引起传感器铁芯磁感应强度 B 和磁导率 μ 的波动，从而使铁芯磁阻发生变化。因此铁芯磁感应强度的工作点一定要选在磁化曲线的线性段，以免在电源电压波动时，B 值进入饱和区使磁导率发生很大波动。

电源频率的波动会使线圈感抗发生变化，但电源频率的波动一般较小，而且对于差动型自感式传感器，严格对称的交流电桥能够减少频率波动的影响。因此，电源频率的波动对自感式传感器的精度影响很小。

环境温度的变化会引起传感器零部件尺寸的变化，变气隙型自感式传感器对于几何尺寸微小的变化也很敏感，随着气隙的变化，传感器的灵敏度和线性度将发生变化。同时温度变化还会引起线圈电阻和铁芯磁导率的变化，从而使线圈磁场发生变化。

为了补偿温度误差，在结构设计时要合理选择零件材料，注意各种材料之间热膨胀系数的配合；在制造和装配工艺上应使差动型自感式传感器的两只线圈的电气参数(电感、电阻、匝数等)和几何尺寸尽可能保持一致。这样可以在对称测量电路中有效地补偿温度误差。

3.2.5 自感式传感器的应用

自感式传感器一般用于接触测量，可用于静态和动态测量，也可以用来测量位移、振动、压力、荷重、流量、移位等参数。下面是自感式传感器的一些应用实例。

1. 位移测量

图 3－12 所示是一个测量微小位移距离的变气隙型自感式压力传感器结构示意图，轮廓长宽尺寸为 ϕ15 mm×94 mm。可换的玛瑙测端 10 通过螺纹拧在测杆 8 上，测杆 8 可在滚珠导轨 7 上做轴向移动。这里滚珠有 4 排，每排 8 粒，尺寸和形状误差都小于 0.6 μm。测杆 8 的上端固定着衔铁 3。当测杆 8 移动时，带动衔铁 3 在电感线圈 4 中移动。线圈 4

置于铁芯套筒2中，铁芯材料是铁氧体，型号为MX1000。线圈匝数为2×800，线径为ϕ0.13 mm，每个电感约为4 mH。测力由弹簧5产生，一般为0.2～0.4 N。防转销6用来限制测杆的转动，以提高示值的重复性。密封套9用来防止尘土进入传感器内。1为传感器的引线。外壳有标准直径ϕ8 mm和ϕ15 mm两个夹持部分，便于安装在比较仪座上或有关仪器上。

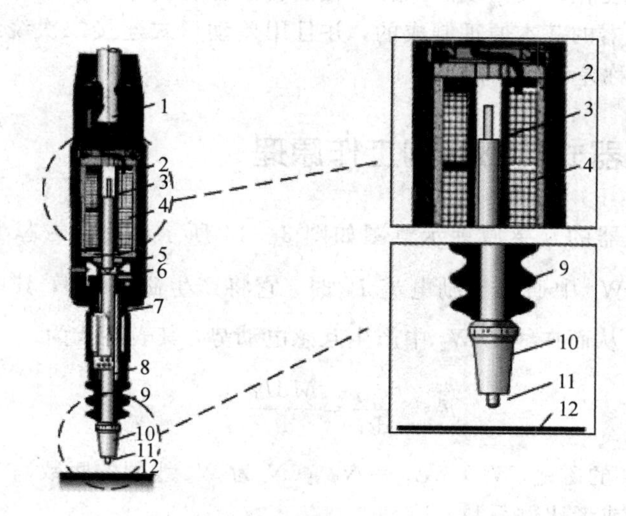

1—引线；2—铁芯套筒；3—衔铁；4—线圈；5—弹簧；6—防转销；
7—滚珠导轨；8—测杆；9—密封套；10—测端；11—被测工件；12—基准面。

图3-12　变气隙型自感式压力传感器结构示意图

2. 压力测量

如图3-13所示为变气隙型自感式压力传感器结构示意图，它由膜盒、衔铁、铁芯及线圈组成，膜盒顶端与衔铁固接在一起。当膜盒内压力发生变化时，膜盒顶端在压力作用下发生膨胀，衔铁也随之产生位移，从而使传感器的气隙发生变化，线圈的电感也发生相应的变化，传感器的输出反映了被测压力的大小。变气隙型自感式压力传感器可广泛应用于医疗诊断，如血压测量、称重系统等。

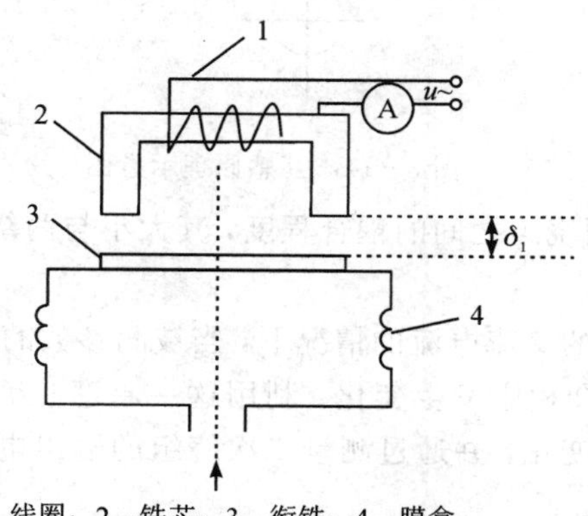

1—线圈；2—铁芯；3—衔铁；4—膜盒。

图3-13　变气隙型自感式压力传感器结构示意图

3.3 差动变压器式传感器

将被测量的非电量变化转换为线圈互感变化的传感器称为互感式电感传感器。互感式电感传感器是根据变压器的基本原理制成的，并且用差动形式连接二次绕组，故称之为差动变压器式传感器，简称差动变压器。

3.3.1 差动变压器式传感器的工作原理

差动变压器式传感器的互感原理示意图如图 3-14 所示，设在磁芯上绕有两个线圈 W_1、W_2，当一次线圈 W_1 中通过激励电流 $\dot{I}_1$ 时，它将产生磁通 $\dot{\phi}_{11}$，其中有一部分磁通 $\dot{\phi}_{12}$ 穿过二次线圈 W_2，从而在线圈 W_2 中产生互感电动势，其表达式为

$$\dot{E}=\frac{\mathrm{d}\dot{\psi}_{12}}{\mathrm{d}t}=\frac{M\mathrm{d}\dot{I}_1}{\mathrm{d}t} \tag{3-26}$$

式中：$\dot{\psi}_{12}$——穿过 W_2 的磁链(Wb)，$\dot{\psi}_{12}=N\dot{\phi}_{12}$($N$ 为 W_2 线圈的匝数)；

M——互感系数或者比例系数。

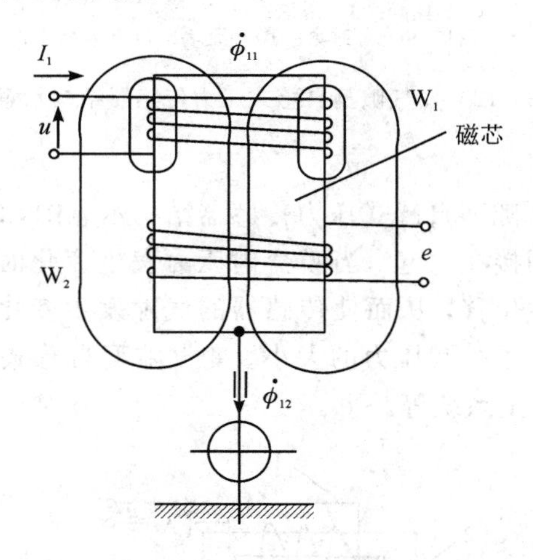

图 3-14 互感原理示意图

互感系数 M 表明了两绕组之间的耦合程度，其大小与两绕组相对位置及周围介质的导磁能力等因素有关。

在一次绕组输入稳定的交流电流的情况下，当被测参数的改变使比例系数 M 发生变化时，二次绕组输出电压也会相应发生变化。利用这一原理，互感式电感传感器可以将被测量变化转换为绕组互感的变化，并通过测量二次绕组的输出电压的大小来确定被测参数变化的大小。

差动变压器式传感器结构形式较多(如图 3-15 所示)，有改变磁路中气隙间距的变气隙型(如图 3-15(a)所示)，有改变磁路中两个铁芯相对截面积的变截面型(如图 3-15(b)

所示)，有将线圈绕成螺旋管状的螺线管型差动变压器(如图 3-15(c)所示)。但三种差动变压器的工作原理基本一样。

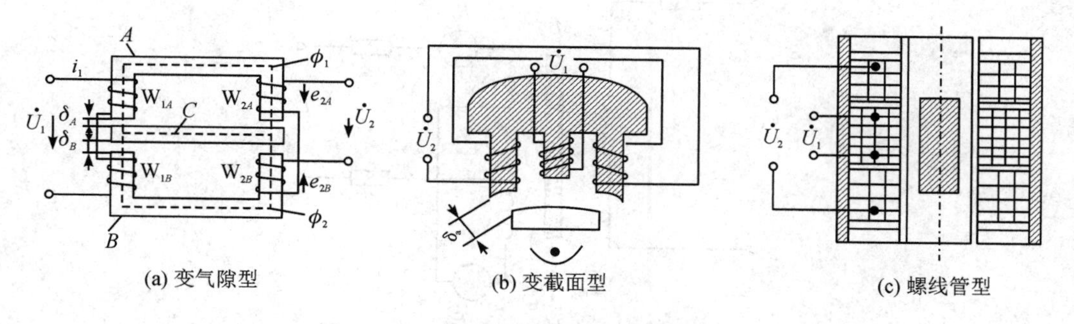

图 3-15　差动变压器式传感器结构类型

在实际测量中，应用最多的是螺线管型差动变压器，它可以测量 1～100 mm 范围内的机械位移，并具有测量准确度高、灵敏度高、结构简单、性能可靠等优点。

螺线管型差动变压器结构如图 3-16 所示，它由活动铁芯、磁筒、骨架、一次绕组和两个二次绕组等组成。

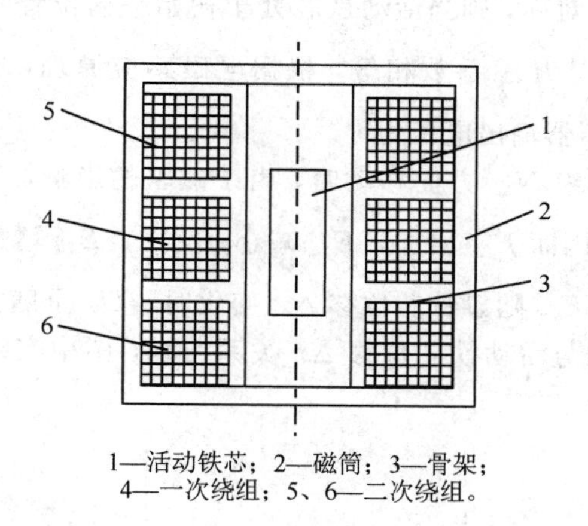

1—活动铁芯；2—磁筒；3—骨架；
4—一次绕组；5、6—二次绕组。

图 3-16　螺线管型差动变压器结构示意图

螺线管型差动变压器中的两个二次绕组反向串联，在理想情况下，忽略铁损、导磁体磁阻和绕组的分布电容，差动变压器的等效电路示意图如图 3-17 所示。当给一次绕组加以适当频率的激励电压时，根据变压器的工作原理，在两个二次绕组 N_{2a} 和 N_{2b} 中就会产生感应电动势 $\dot{E}_{2a}$ 和 $\dot{E}_{2b}$：

$$\dot{E}_{2a}=-\omega \mathrm{j} M_a \dot{I}_1 \tag{3-27}$$

$$\dot{E}_{2b}=-\omega \mathrm{j} M_b \dot{I}_1 \tag{3-28}$$

式中：M_a、M_b——一次绕组与两个二次绕组 N_{2a} 和 N_{2b} 的互感；

$\dot{I}_1$——一次绕组中的电流，当次级开路时，有 $\dot{I}_1=\dfrac{\dot{U}_1}{r_1+\mathrm{j}\omega L_1}$，其中 $\dot{U}_1$ 为一次绕组激励电压。

由于变压器两个二次绕组反向串联，且考虑到二次侧开路，因此

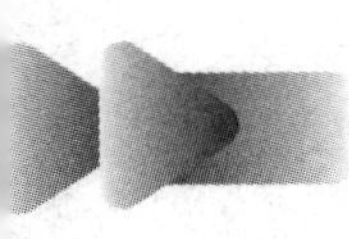

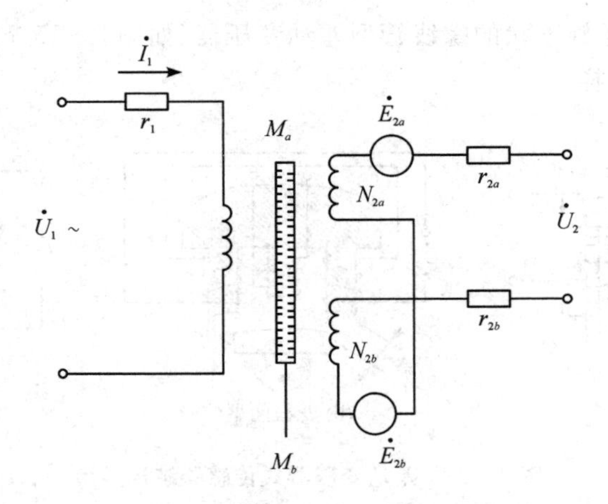

图 3-17　差动变压器的等效电路示意图

$$\dot{U}_2=\dot{E}_{2a}-\dot{E}_{2b}=-\frac{j\omega(M_a-M_b)\dot{U}_1}{r_1+j\omega L_1} \tag{3-29}$$

如果变压器结构完全对称，则当活动铁芯处于初始平衡位置时，使两个二次绕组磁回路的磁阻相等、磁通相同、互感系数相等，根据电磁感应原理，有 $\dot{E}_{2a}=\dot{E}_{2b}$，因而 $\dot{U}_2=\dot{E}_{2a}-\dot{E}_{2b}=0$，即差动变压器输出电压为零。

当活动铁芯向二次绕组 N_{2a} 方向移动时，由于磁阻的影响，N_{2a} 中的磁通将大于 N_{2b} 中的磁通，使 $M_a>M_b$，因而 $\dot{E}_{2a}$ 增加，$\dot{E}_{2b}$ 减小；反之，$\dot{E}_{2b}$ 增加，$\dot{E}_{2a}$ 减小。因为 $\dot{U}_2=\dot{E}_{2a}-\dot{E}_{2b}$，所以当 $\dot{E}_{2a}$ 和 $\dot{E}_{2b}$ 随着铁芯位移 Δx 变化时，$\dot{U}_2$ 也随 Δx 而变化。图 3-18 所示是差动变压器输出电压与活动铁芯位移 Δx 关系曲线。图中实线为理论特性曲线，虚线为实际特性曲线。

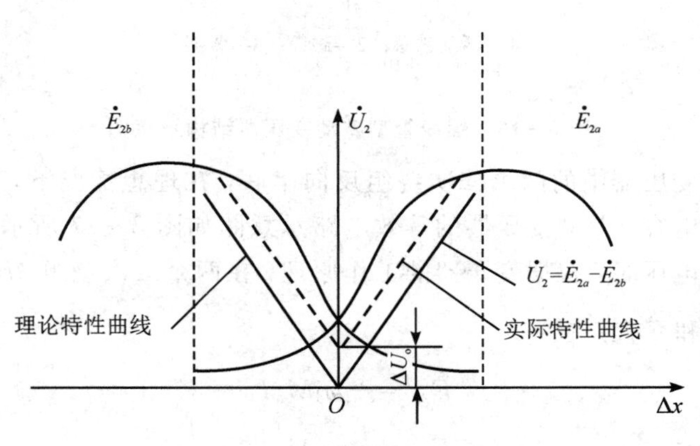

图 3-18　差动变压器输出电压与活动铁芯位移关系曲线

3.3.2　差动变压器式传感器的电路设计

差动变压器式传感器的转换电路一般采用反串电路和电桥电路。

反串电路是直接把两个二次绕组反向串接，如图3－19所示。在这种情况下，空载输出电压等于两个二次绕组感应电动势之差，即

$$\dot{U}_2=\dot{E}_{2a}-\dot{E}_{2b} \tag{3-30}$$

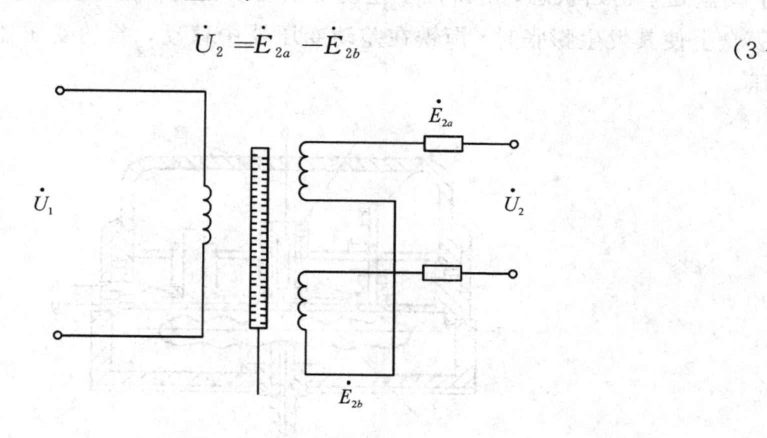

图3－19　反串电路示意图

电桥电路示意图如图3－20所示。图中R_1、R_2是桥臂电阻，R_p是调零电位器。暂时不考虑电位器，并设$R_1=R_2$，则输出电压为

$$\dot{U}_2=\frac{[\dot{E}_{2a}-(-\dot{E}_{2b})]R_2}{R_1+R_2}-\dot{E}_{2b}=\frac{\dot{E}_{2a}-\dot{E}_{2b}}{2} \tag{3-31}$$

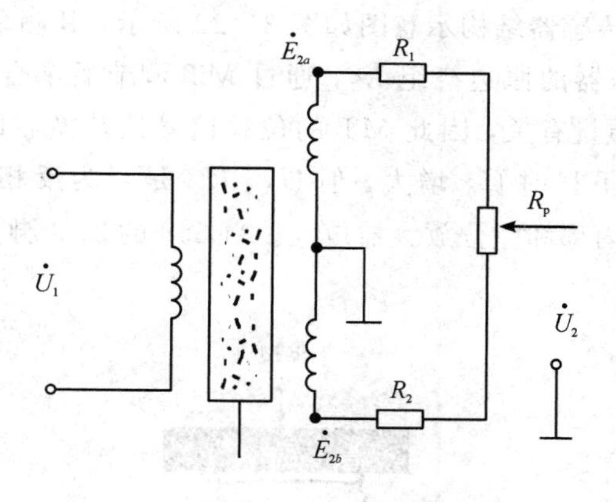

图3－20　电桥电路示意图

可见，电桥电路的灵敏度是反串电路的1/2，其优点是利用R_p可进行电学调零，不需要另外配置调零电路。

3.3.3　差动变压器式传感器的应用

差动变压器可以直接测量位移，也可以测量与位移有关的任何机械量，如力矩、压力、振动、加速度、液位等。下面介绍几种应用实例。

1. 测量压力

差动变压器与弹性敏感元件(如膜片、膜盒和弹簧管等)相结合，可以组成压力传感器。

图 3-21 所示为差动变压器式压力传感器结构示意图，衔铁固定在膜盒中心。在无压力作用时，膜盒处于初始状态，衔铁位于差动变压器线圈的中部，输出电压为零。当被测压力作用在膜盒上使其发生膨胀时，衔铁在差动变压器中移动，差动变压器输出正比于被测压力的电压。

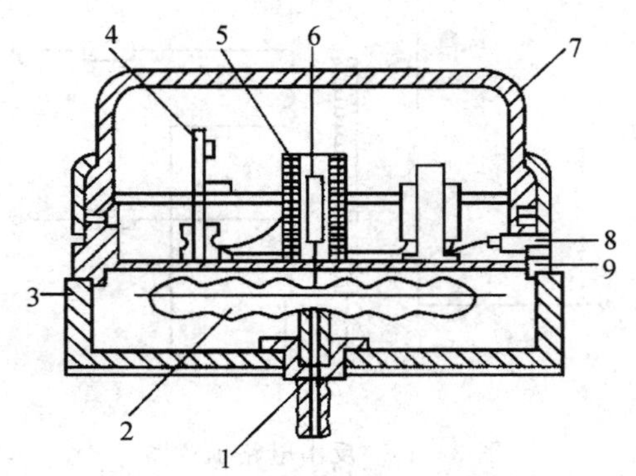

1—接头；2—膜盒；3—底座；4—线路板；5—线圈；
6—衔铁；7—罩壳；8—插头；9—通孔。

图 3-21　差动变压器式压力传感器结构示意图

2. 称重电路

AD598 电子秤称重传感器结构示意图如图 3-22 所示，其测量电路示意图如图 3-23 所示。信号加到差动变压器的原边绕组 L_3，通过 MT 调节后耦合到副边绕组 L_1、L_2 上；MT 的位移量跟重物的质量有关，因此 MT 的位移信号经转换后即为被称重物体的质量。MT 上移时，U_B 增大，下移时 U_A 增大，但 U_A、U_B 是互为反相的信号，它们一起通过 AD598 的 10、11 脚，经内部和差分放大器放大。AD598 的 2、3 脚为振荡信号输出，输出电压范围为 −10～+10 V。

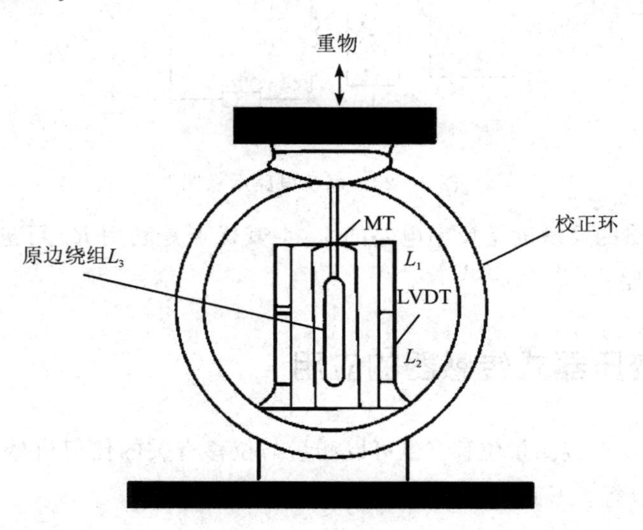

图 3-22　AD598 电子秤称重传感器结构示意图

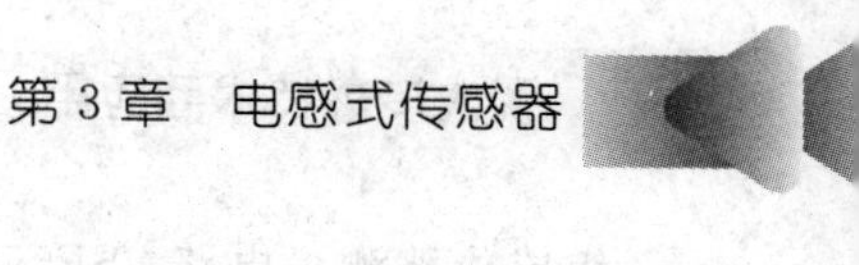

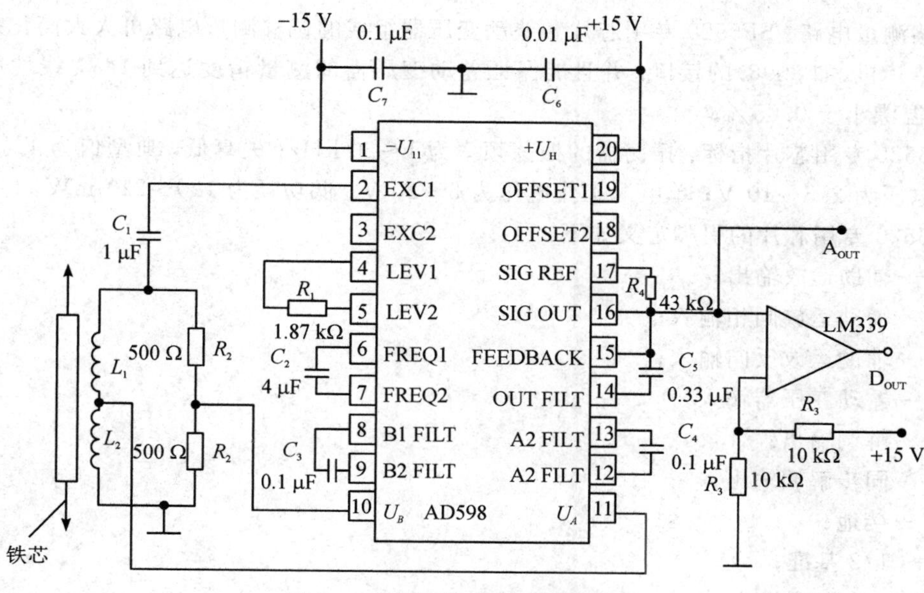

图 3－23　AD598 测量电路示意图

3. 测量轴承间隙

磁浮轴承是利用电磁力将转轴悬浮在轴套中的。由于转轴与轴套无接触，因此转轴在高速转动时不存在任何磨损和振动，无需润滑、冷却和密封，具有很高的定心精度(微米级)和稳定性。为测量转轴和轴套之间的间隙，可以选用差动变压器，原因是差动变压器测量精度高、输出量大，位移与差动变压器输出幅值的关系简单并且线性度好，输出电压的相位能反映转轴的偏移方向。

轴承间隙测量电路示意图如图 3－24 所示，使用 SF5520 专用芯片来配合差动变压器

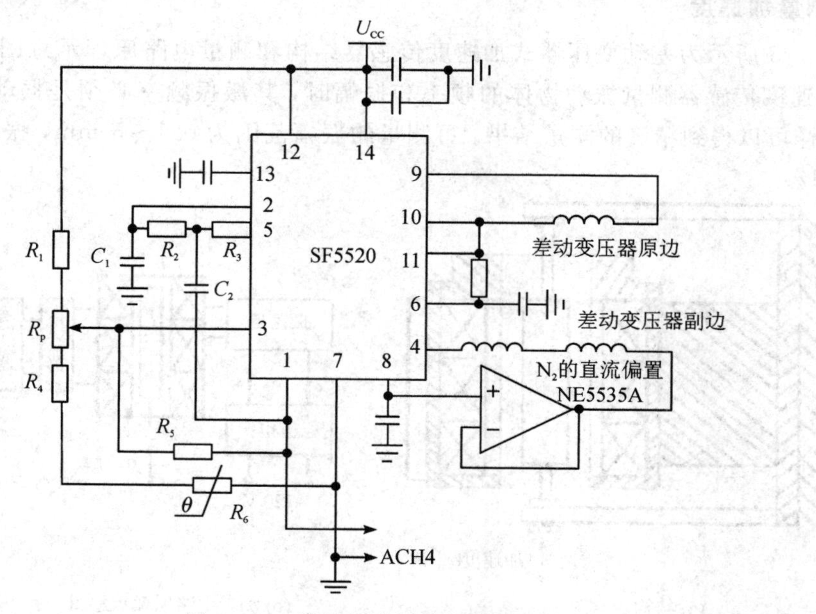

图 3－24　轴承间隙测量电路示意图

组成位移测量电路。SF5520专用芯片和差动变压器组成的位移测量电路可大大简化差动变压器与单片机(如8098)的接口，并且能保证差动变压器的测量精度达到1%，线性度优于0.2%，温漂小于0.05%。

SF5520专用芯片指标：振荡器的振荡频率为1～20 kHz；失真低，典型值为4%；双电源工作电压为2.5～10 V；单电源工作电压为5～20 V；低功耗为120～220 mW。

SF5520专用芯片的引脚定义如下：

1——辅助运放输出；

2——辅助运放同相输入；

3——辅助运放反向输入；

4——差动变压器输入；

5——解调输出；

6——同步解调输出；

7——接地；

8——1/2基准；

9，10——励磁输出端；

11——反馈；

12——基准；

13——时间电容连接端；

14——正电源。

测量电路中，R_1～R_5 及 C_1、C_2 组成低通滤波电路，R_6 为正温度系数的热敏电阻，起温度补偿作用。高功率运放NE5535A的输出作为 N_2 的直流偏置，1脚输出的位移信号通过8098单片机的高速输入端口ACH4进行程序转换。

4. 测量加速度

图3-25所示为差动变压器式加速度传感器结构和测量电路原理示意图。当用差动变压器式加速度传感器测量振动物体的频率和振幅时，其激振频率必须是振动频率的10倍以上，这样可以得到精确的测量结果。可测量的振幅范围为0.1～5 mm，振动频率一般为0～150 Hz。

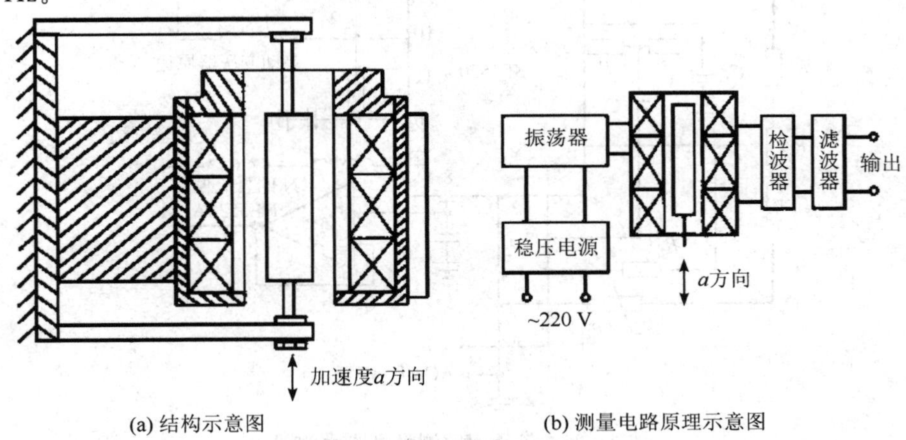

(a) 结构示意图　　(b) 测量电路原理示意图

图3-25　差动变压器式加速度传感器

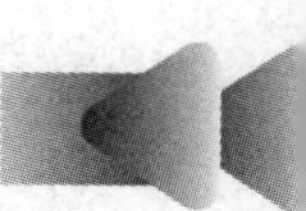

3.4 电涡流式传感器

根据法拉第电磁感应定律，块状金属导体置于变化的磁场中或在磁场中做切割磁力线运动时，导体内将产生呈涡流状的感应电流，此电流称为电涡流，以上现象称为电涡流效应。根据电涡流效应制成的传感器称为电涡流式传感器。电涡流式传感器结构简单、频率响应宽、灵敏度高、抗干扰能力强、测量线性范围大，而且具有非接触测量的优点，因此广泛应用于工业生产和科学研究的各个领域。电涡流式传感器可以测量位移、振动、厚度、转速、温度等参数，还可以进行无损探伤和制作接近开关。

3.4.1 电涡流式传感器的工作原理

电涡流式传感器原理示意图如图 3-26 所示，传感器激励线圈和被测金属导体组成线圈-金属导体系统。

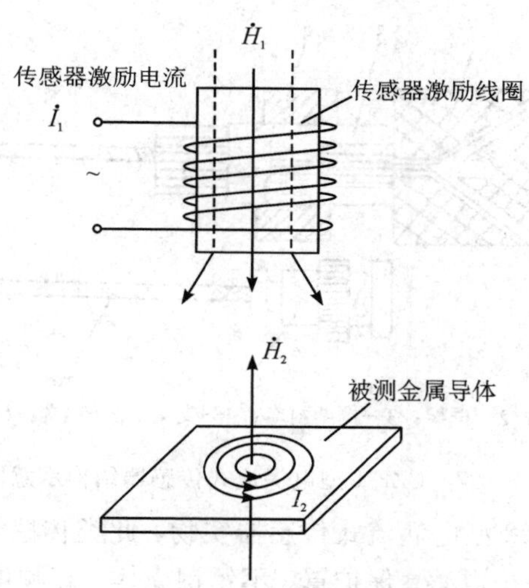

图 3-26　电涡流式传感器原理示意图

根据法拉第定律，当传感器线圈通以正弦交变电流 $\dot{I}_1$ 时，在线圈周围必然产生交变磁场 $\dot{H}_1$，使置于此磁场中的金属导体中感应电涡流 $\dot{I}_2$，又产生新的交变磁场 $\dot{H}_2$。根据楞次定律，磁场 $\dot{H}_2$ 的作用将阻碍原磁场 $\dot{H}_1$ 的变化，由于磁场 $\dot{H}_2$ 的作用，涡流要消耗一部分能量，导致传感器线圈的等效电阻或等效电感又或品质因数发生变化。由上可知，传感器线圈阻抗的变化完全取决于被测金属导体的电涡流效应。电涡流效应既与被测导体的电阻率 ρ、磁导率 μ 以及几何形状有关，也与线圈的几何参数、线圈中激磁电流频率 f 有关，同时还与线圈和金属导体间的距离 x 有关。因此，传感器线圈受电涡流影响时的等效阻抗 Z 的函数关系式为

$$Z=f(\rho, \mu, r, f, x) \tag{3-32}$$

式中：r——线圈与被测导体的尺寸因子。

如果只改变式(3－32)中一个参数，而保持其余参数不变，那么传感器线圈阻抗 Z 就仅仅是这个参数的单值函数。通过与传感器配用的测量电路测出阻抗 Z 的变化量，即可实现对该参数的测量。

3.4.2 电涡流式传感器的结构与特性

1. 电涡流式传感器的结构

电涡流式传感器主要由框架和安置在框架上的线圈组成，目前比较普遍使用的是矩形截面的扁平线圈。线圈的导线应选用电阻率小的材料，一般选用高强度漆包线。要求线圈材料的损耗小、电性能好、热膨胀系数小，一般可选用聚四氟乙烯、高频陶瓷、环氧玻璃纤维等。在选择线圈与框架端面胶接材料时，一般可以选用粘贴应变片用的胶水。国产CZF-1型电涡流式传感器的结构如图3－27所示，它是将导线绕在用聚四氟乙烯做成的线圈骨架上构成的。此外，电涡流式传感器的线圈外径和线性范围越大，灵敏度就越低。理论推导和实践都证明，细而长的线圈灵敏度较高，线性范围小；扁平线圈则相反。

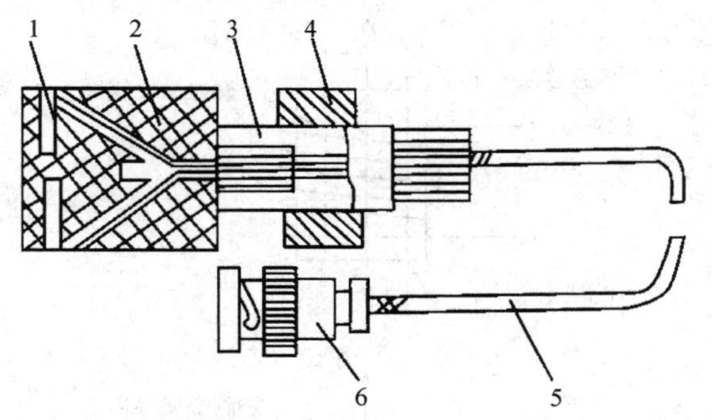

1—线圈；2—框架；3—框架衬套；4—支架；5—电缆；6—插头。

图3－27 CZF-1型电涡流式传感器结构示意图

图3－28所示为WY402型电涡流式传感器实物，此类传感器主要由探头、延伸电缆、前置器三个部分组成。探头由电感、保护罩、不锈钢壳体、高频电缆、高频接头等组成，根据不同的测量范围，可以选用不同直径规格(如 ϕ8 mm、ϕ11 mm、ϕ25 mm)的探头。

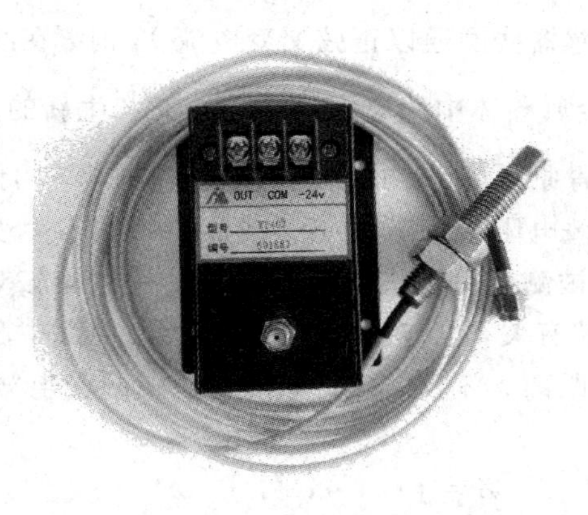

图3－28 WY402型电涡流式传感器实物

2. 电涡流的形成范围

为了得到线圈-金属导体系统的输出特性，必须知道金属导体上电涡流的分布情况，但金属导体上电涡流的分布是不均匀的，电涡流密度不仅是线圈与导体间距离 x 的函数，又是沿线圈半径方向 r 的函数，而且电涡流只能在金属导体的表面薄层内形成。下面分别讨论线圈-金属导体系统中各参数与电涡流形成范围的关系。

1）电涡流与距离的关系

根据线圈-金属导体系统的电磁作用(如不考虑电涡流分布的不均匀性)，则可以得到金属导体中的电涡流 I_2 与线圈到金属导体的距离 x 的关系为

$$I_2 = I_1\left[1-\frac{x}{\sqrt{x^2-r_{os}^2}}\right] \tag{3-33}$$

式中：I_1——线圈的激励电流(A)；

r_{os}——线圈外半径(m)。

根据式(3-33)可得电涡流强度与 x/r_{os} 的关系曲线如图 3-29 所示。图中曲线表明，电涡流强度与距离 x 呈非线性关系，并且随着 x/r_{os} 的增加而迅速减小。在金属导体与线圈间的距离大于线圈的外半径处，所产生的电涡流已很微弱，为了能产生相当强的电涡流效应，应使 $x/r_{os}\leqslant 1$，一般取 x/r_{os} 为 0.05～0.15。

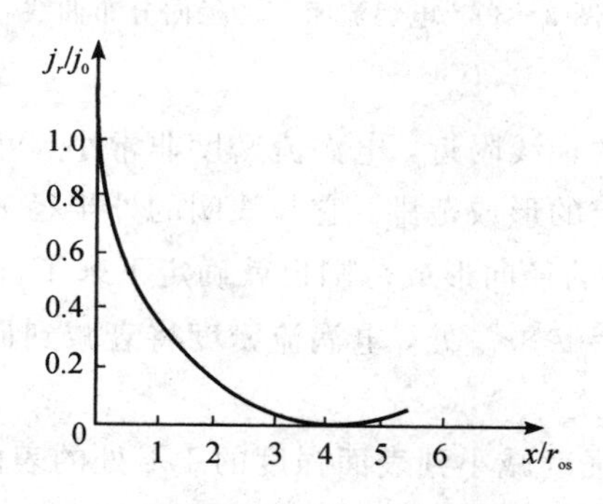

图 3-29　电涡流强度与 x/r_{os} 的关系曲线

2）电涡流的形成范围

由于传感器线圈的磁场在电涡流的半径 r 方向上不可能波及无限大的范围，因此电涡流有一定的径向形成范围。电涡流密度是 x 和 r 的函数，当线圈与导体的距离 x 一定时，电涡流密度仅是 r 的函数，即

$$j=\frac{\partial F(x,r)}{\partial r}=f(r)\quad(x\ 为常数) \tag{3-34}$$

计算此函数关系是非常复杂的。传统的方法是对麦克斯韦(Maxwell)方程积分，而求解这些方程需要假设某些理想化条件，可能会导致计算误差比较大，有时甚至失去实际意义。罗斯(H. R. Loose)提出一种“分割法”的分析方法，将金属导体平板分成若干同心的短路环进行计算，短路环的数目将决定计算的精度。但分割法难以形象地表示线圈-金属导体系统的基本性能，需寻求更简单的模型。彻底的简化是只有一个电涡流短路环，但环中的电涡流密度 j_r 是半径的函数，而不是一个恒定的电涡流密度。电涡流密度的分布用精细划

分的模型计算，当 $r=0$ 时，电涡流密度 $j_r=0$；随着半径的增大，电涡流密度也增大，在 $r=r_{os}$ 附近，j_r 达到一个最大值；而随着半径 r 的继续增大，电涡流密度逐渐减小为 0。环电涡流密度 j_r 随电涡流环半径 r 变化的规律为

$$j_r=-\begin{cases} j_0\upsilon^4 e^{-4(1-\upsilon)}, & 0\leqslant r\leqslant r_{os} \\ j_0\upsilon^{14} e^{14(1-\upsilon)}, & r>r_{os} \end{cases} \tag{3-35}$$

其中：$\upsilon=r/r_{os}$，r_{os} 为传感器线圈外半径；r 为电涡流环半径；j_0 为 $\upsilon=1$ 处的最大电涡流密度。

在 $r=r_{os}$ 处，电涡流密度达最大值；$\lim\limits_{r\to 0} j_r=0$，$\lim\limits_{r\to\infty} j_r=0$。

由式(3-35)可以作出 $j_r/j_0-r/r_{os}$ 曲线，如图 3-30 所示。

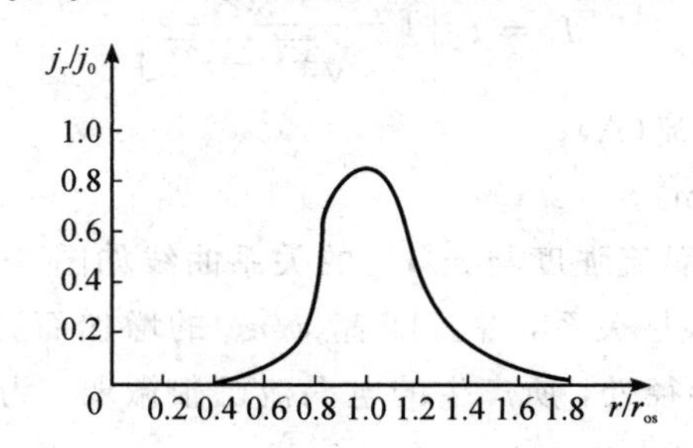

图 3-30　电涡流密度的径向分布曲线

通过以上分析可知：

(1) 在这个简化模型环的轴线附近，电涡流密度非常小，可将其设想为一个孔；

(2) 电涡流在径向有一定的形成范围，它与线圈的外半径 r_{os} 有固定的比例关系，即线圈外半径 r_{os} 固定后，电涡流的径向形成范围也就确定下来了。在径向距离 $r=r_{os}$ 处，电涡流密度 j_r 最大(j_0)；而在 $r=1.8r_{os}$ 处，电涡流密度将衰减到最大值的 5%。

3) 电涡流的轴向贯穿深度

贯穿深度是指把电涡流强度减小到表面强度的 1/e 处的表面厚度。

由于金属导体的趋肤效应(当导体中有交流电或者交变电磁场时，导体内部的电流分布不均匀，电流集中在导体的“皮肤”部分，也就是说电流集中在导体外表的薄层，越靠近导体表面，电流密度越大，而导体内部电流较小，结果使导体的电阻增加，使它的损耗功率也增加)，电磁场不能透过金属导体的无限厚度。当磁场进入金属导体后，磁场强度随着离表面的距离增大而按指数衰减，所以电涡流密度在金属导体中轴向分布也是按指数规律衰减的，即

$$j_x=j_0 e^{-\frac{x}{\delta}} \tag{3-36}$$

式中：j_x——金属导体内离表面距离为 x 处的电涡流密度；

j_0——金属导体表面电涡流密度，即电涡流密度的最大值；

x——金属导体内某一点与表面的距离(m)；

δ——电涡流轴向的贯穿深度(m)。

贯穿深度 δ 的数值与线圈的激励频率 f、金属导体材料的导电性质(电导率 σ 和磁导率 μ)有关，即

$$\delta=\sqrt{\frac{1}{\mu_r\mu_0\pi\sigma f}}=\sqrt{\frac{\rho}{\pi\mu f}} \tag{3-37}$$

式中：σ——电导率(S/m)；

μ——磁导率(H/m)；

μ_r——金属导体的相对磁导率(H/m)，即 $\mu_r=\frac{\mu}{\mu_0}$；

μ_0——真空磁导率(H/m)；

π——圆周率。

由式(3-37)可以看出，在激励频率 f 一定时，电导率 σ 和磁导率 μ 越小，贯穿深度越大。例如：在激励频率 $f=1$ MHz 的情况下，当金属导体为铁时，贯穿深度 $\delta=1.78\ \mu$m；当金属导体为铜时，$\delta=65.6\ \mu$m。另外，在电导率 σ 和磁导率 μ 一定的情况下，激励频率越低，贯穿深度越大，如图 3-31 所示。正因为如此，所以电涡流式传感器可分为高频反射式和低频透射式两类。

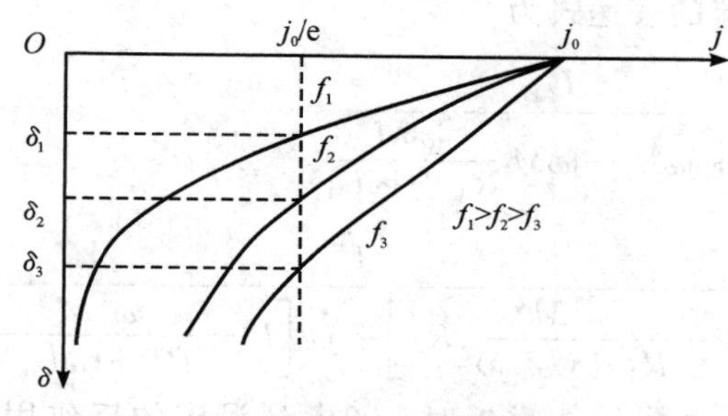

图 3-31　贯穿深度与激励频率的关系

通过以上分析可知：

(1) 电涡流强度的大小与金属导体离线圈的距离有关，随着距离的增大，电涡流强度将显著减小。

(2) 电流密度的大小在径向与离开轴心的距离有关。

综合考虑以上两点，电涡流密度与 x、r 的关系曲线如图 3-32 所示。

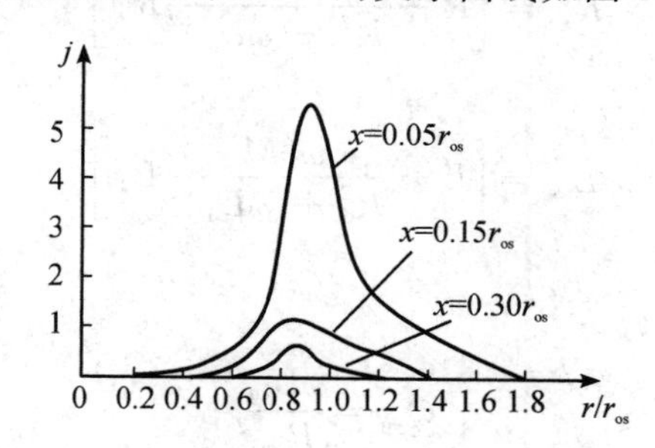

图 3-32　电涡流密度与 x、r 的关系曲线

3. 电涡流式传感器的基本特性

综上所述，可以把被测金属导体上形成的电涡流等效成一个短路环，这样传感器线圈与被测导体便可等效为两个相互耦合的线圈，它们之间的等效电路如图 3-33 所示。图中 R、L 为传感器线圈的电阻和电感；可以认为短路环是一个短路线圈，其电阻为 R_1、电感为 L_1；线

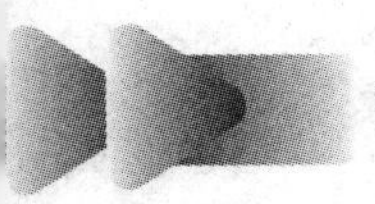

圈与金属导体间存在一个互感 M，它随线圈与金属导体间的距离 x 的减小而增大。

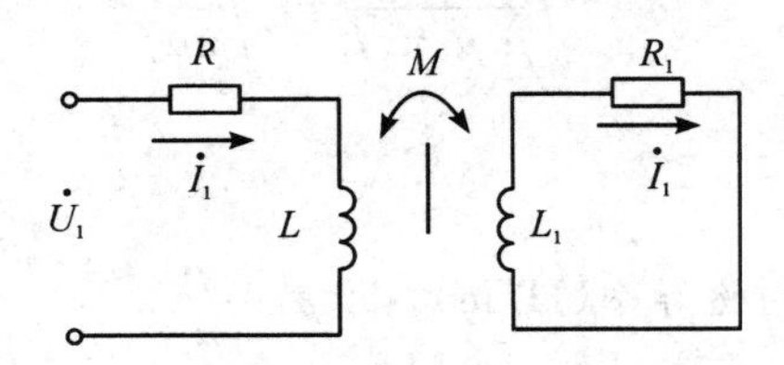

图 3-33　电涡流式传感器等效电路示意图

根据基尔霍夫第二定律，有

$$\begin{cases} R\dot{I}+\mathrm{j}\omega L\dot{I}-\mathrm{j}\omega M\dot{I}_1=\dot{U}_1 \\ -\mathrm{j}\omega M\dot{I}+R\dot{I}_1+\mathrm{j}\omega L_1\dot{I}_1=0 \end{cases} \tag{3-38}$$

式中：ω——线圈激磁电流角频率(rad/s)。

由式(3-38)可得电流的表达式为

$$\begin{aligned} \dot{I} &= \frac{\dot{U}_1}{R+\mathrm{j}\omega L-\mathrm{j}\omega M\dfrac{\mathrm{j}\omega M}{R_1+\mathrm{j}\omega L_1}} \\ &= \frac{\dot{U}_1}{\left[R+\dfrac{\omega^2M^2}{R_1^2+(\omega L_1)^2}R_1\right]+\mathrm{j}\omega\left[L-\dfrac{\omega^2M^2}{R_1^2+(\omega L_1)^2}L_1\right]} \end{aligned} \tag{3-39}$$

当传感器线圈与被测金属导体靠近时，考虑到涡流的反作用，传感器线圈的等效阻抗为

$$Z_{\mathrm{eq}}=\frac{\dot{U}_1}{\dot{I}}=\left[R+\frac{\omega^2M^2}{R_1^2+(\omega L_1)^2}R_1\right]+\mathrm{j}\omega\left[L-\frac{\omega^2M^2}{R_1^2+(\omega L_1)^2}L_1\right] \tag{3-40}$$

传感器线圈的等效电阻和电感为

$$R_{\mathrm{eq}}=\left[R+\frac{\omega^2M^2}{R_1^2+(\omega L_1)^2}R_1\right] \tag{3-41a}$$

$$L_{\mathrm{eq}}=\left[L-\frac{\omega^2M^2}{R_1^2+(\omega L_1)^2}L_1\right] \tag{3-41b}$$

传感器线圈的等效品质因数为

$$Q_{\mathrm{eq}}=\frac{\omega L_{\mathrm{eq}}}{R_{\mathrm{eq}}} \tag{3-42}$$

综上所述，根据电涡流式传感器的等效电路，运用电路分析的基本方法得到的等效阻抗 Z_{eq} 和等效品质因数 Q_{eq} 的表达式为电涡流式传感器基本特性表达式。

3.4.3　电涡流式传感器的电路设计

电涡流式传感器的测量电路主要有交流电桥、调频式、调幅式三种。

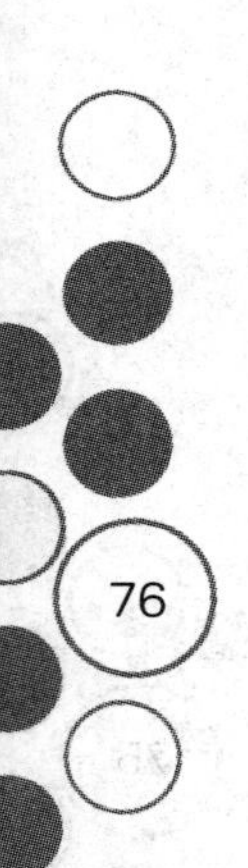

1. 交流电桥电路

交流电桥电路主要用于两个电涡流线圈组成的差动式电感传感器。

交流电桥测量电路示意图如图3-34所示。图中L_1、L_2是两个差动式电感传感器线圈，它们与电容C_1、C_2的并联阻抗Z_1、Z_2作为电桥的两个桥臂；另两个桥臂由纯电阻R_1、R_2组成。

初始状态时，电桥平衡，输出电压为零。当被测导体与线圈耦合时，传感器线圈的阻抗Z_1、Z_2发生变化导致电桥失去平衡，将电桥不平衡产生的输出信号进行放大并检波，就可得到与被测量成正比的输出电压。

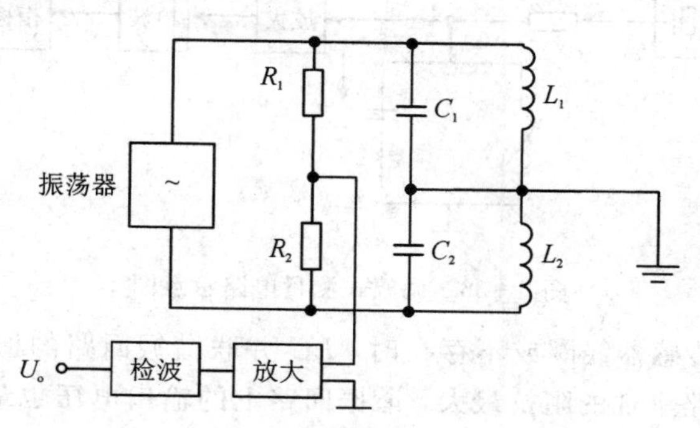

图3-34　交流电桥测量电路示意图

2. 调频式电路

调频式测量电路框图如图3-35(a)所示，传感器线圈接入LC振荡回路，当传感器与被测金属导体的距离x发生变化时，在涡流影响下，传感器的电感发生变化，从而导致振荡频率的变化，该变化的频率是距离x的函数，即$f=L(x)$。该频率可由数字频率计直接测量，或者通过$f-V$变换，用数字电压表测量对应的电压。振荡器电路如图3-30(b)所示，它由克拉波电容三点式振荡器(C_2、C_3、L、C和V_1)以及发射极输出电路两部分组成。振荡器的频率为

$$f=\frac{1}{2\sqrt{L(x)C}} \tag{3-43}$$

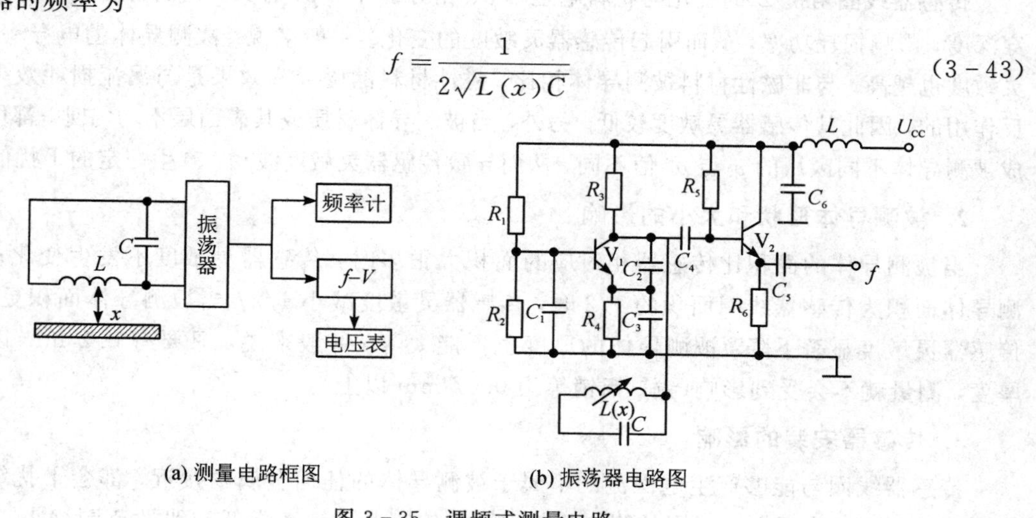

(a) 测量电路框图　　(b) 振荡器电路图

图3-35　调频式测量电路

为了减小输出电缆分布电容的影响，通常将L、C装在传感器内。此时电缆分布电容

并联在大电容 C_2、C_3 上，因而对振荡频率 f 的影响大大减小。

3. 调幅式电路

调幅式测量电路示意图如图 3-36 所示，此电路主要由传感器线圈 L、电容器 C 和石英晶体组成的石英晶体振荡电路组成。石英晶体振荡器起恒流源的作用，给谐振回路提供一个频率为 f_0 的稳定激励电流 i_0，LC 回路输出电压为

$$U_o = i_0 f(Z) \tag{3-44}$$

式中：Z——LC 回路的阻抗。

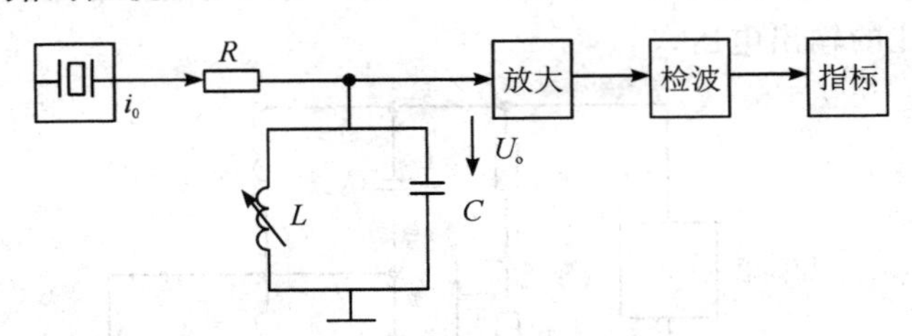

图 3-36　调幅式测量电路示意图

当金属导体远离传感器线圈或不存在时，LC 并联谐振回路的谐振频率即为石英晶体振荡频率 f_0，此时回路呈现的阻抗最大，谐振回路上的输出电压也最大；当金属导体靠近传感器线圈时，线圈的等效电感 L 发生变化，导致回路失谐，从而使输出电压降低，L 的数值随距离 x 的变化而变化。因此，输出电压也随 x 变化，输出电压经放大、检波后，通过指示仪表可直接显示出 x 的值。

3.4.4　电涡流式传感器的误差因素

1. 被测导体材料的影响

传感器线圈阻抗 Z 的变化与材料电阻率 ρ、相对磁导率 μ_r 有关，它们将影响电涡流的贯穿深度，影响损耗功率，从而引起传感器灵敏度的变化。一般来说，被测导体的电导率越高，灵敏度也越高。与非磁性材料被测导体相比，磁性材料的磁导率效果是与涡流损耗效果呈相反作用的，因此其传感器灵敏度较低。另外，当被测导体材质或其表面层不均匀时，都可能造成被测导体不同区域的 ρ 与 μ_r 值不同，从而导致传感器灵敏度波动，产生一定的干扰信号。

2. 被测导体形状和大小的影响

当被测导体的面积比传感器相对应的面积大很多时，传感器灵敏度不发生变化；当被测导体面积为传感器线圈面积的 1/2 时，传感器灵敏度减小 1/2；当被测导体面积更小时，传感器灵敏度显著下降。被测导体的厚度也不能太薄。一般来说，只要有 0.2 mm 以上的厚度，测量就不会受到影响(铜、铝销等为 0.07 mm 以上)。

3. 传感器安装的影响

传感器线圈与能够产生电涡流的不属于被测导体的任何金属物接近，都会干扰线圈导体之间的磁场，从而产生线圈的附加损耗，导致传感器灵敏度降低和线性范围缩小。因此，在运用电涡流式传感器进行测量时，不属于被测导体的金属物与线圈之间，至少要有一个

线圈直径的间隔。

3.4.5　电涡流式传感器的应用

电涡流式传感器具有结构简单、线性好、输出功率大、抗干扰能力强、寿命长、维护方便、适于恶劣的工作环境等优点，广泛应用于冶金、矿山、印刷、造纸、运输等行业。

1. 压磁式测力传感器

图 3－37 所示为一种典型的压磁式测力传感器结构，它由压磁元件、弹性梁及承载钢球组成。弹性梁的作用是对压磁元件施加预压力和减小横向力及弯矩的干扰，钢球则用来保证力 F 沿垂直方向作用。当力通过钢球作用在压磁元件上时，压磁元件上的测量线圈中产生与作用力成正比的感应电动势。

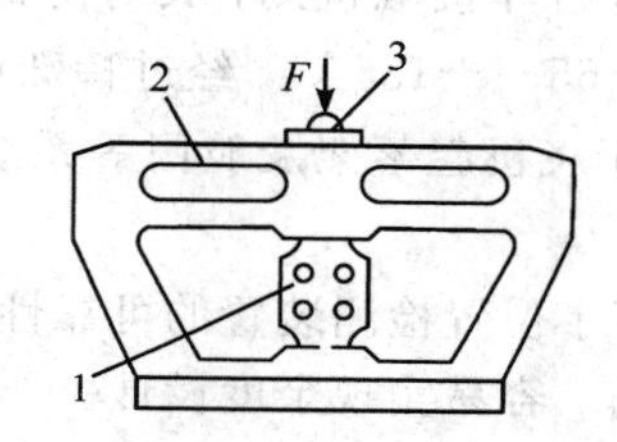

1—压磁元件；　2—弹性梁；　3—承载钢球。

图 3－37　压磁式测力传感器结构示意图

2. 非晶带加速度传感器

如图 3－38 所示为非晶带加速度传感器的结构示意图，非晶带黏接在支撑臂上，振动块将非晶带端部夹紧使其构成一个闭合回路。通过调整支撑臂的距离给非晶带合适的预紧力。非晶带上有一个励磁线圈和一个测量线圈，励磁线圈上的交流激励电流产生磁场作用在测量线圈上使其产生感应电动势。当非晶带未受力时，测量线圈产生的感应电动势的大小只与回路中的磁感应强度的变化率成正比。当非晶带受到力的作用时，其磁导率发生变化，使感应电动势的大小也随之发生变化。非晶带所受到的力与振动块的加速度成正比，故测量线圈产生的感应电动势幅值就正比于振动块的加速度。

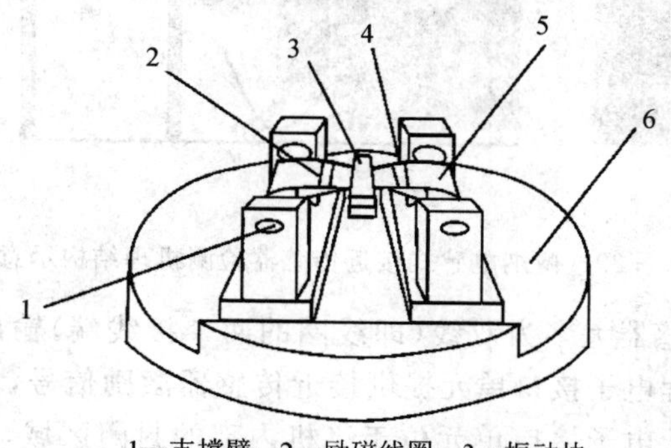

1—支撑臂；2—励磁线圈；3—振动块；
4—测量线圈；5—非晶带；6—基座。

图 3－38　非晶带加速度传感器的结构示意图

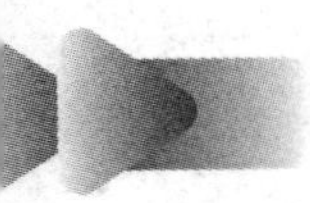

3.5 微纳电感式传感器

电感式传感器是目前测量中广泛应用的传感器之一，它可将机械位移的变化转换成电信号的变化。电感式传感器的微纳化、智能化、集成化是未来的发展趋势，下面结合具体典型应用实例介绍微纳电感式传感器的结构与目前发展现状。

1. 飞机电感式接近传感器

传统的微动开关为机械按压式，存在触点老化、机械寿命低以及环境适应能力差等缺点。自1965年开始，电感式接近传感器用于飞机的起落架控制和指示。电感式接近传感器采用全金属封装，可对金属物体进行非接触检测，具有寿命长、可靠性高以及环境适应能力强等优点。其工作温度可达到－65～＋135℃，经过特殊设计后可达到－200～＋400℃。微纳电感式接近传感器的应用对于飞机起落架及舱门等系统的位置检测具有重要意义，其优点如下：

(1) 非接触式检测，大大提高了位置检测装置的可靠性和寿命。

(2) 可实时检测工况健康状态，容易实现余度设计。

(3) 更换后无需调整，减少维修工作量。

微纳电感式接近传感器的激励信号为直流信号，传感器由线圈和磁芯组成，利用可变磁阻技术对金属目标物进行检测，检测对象为软磁材料的金属靶标，微纳电感式接近传感器检测机理结构示意图如图3－39所示。

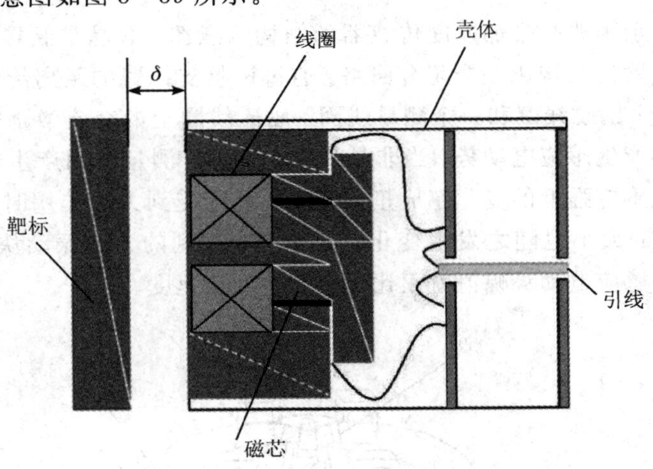

图3－39 微纳电感式接近传感器检测机理结构示意图

微纳电感式接近传感器大多为双线(即线圈的两个接线端)输出，部分采用三线输出，带有温度补偿元件。远程电子接口单元提供接近传感器激励信号，并将接近和远离状态处理为离散电平信号。由于电子接口单元位于飞机内部的封闭区域，运行环境较好、可靠性高，故国外军民用飞机大多采用该类型的接近传感器。

微纳电感式接近传感器内部信号电路原理示意图如图3－40所示。传感器线圈 L 和电

容器 C 并联组成谐振回路。当金属导体远离传感器线圈或不存在时，L、C 并联谐振回路谐振频率即为石英振荡频率，回路呈现的阻抗最大，谐振回路上的输出电压也最大；当金属导体靠近传感器线圈时，线圈的等效电感发生变化，导致回路失谐，从而使输出电压降低。

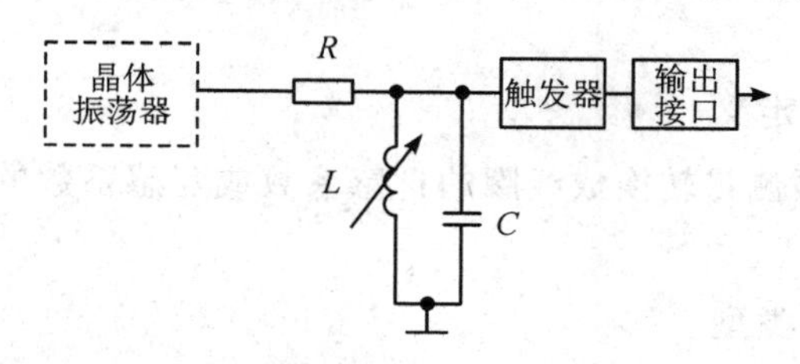

图 3 - 40　微纳电感式接近传感器内部信号电路原理示意图

目前，国内绝大多数型号的飞机起落架、舱门等系统普遍采用微动开关。微纳电感式接近传感器的应用还处于初步阶段，主要是我国对接近传感器在飞机上的应用研究过少，缺乏应用经验，也没有相应的设计规范作为依据。近些年，我国的一些飞机设计单位也逐渐开始对接近传感器在飞机上的应用进行了研究和尝试，如我国拥有自主知识产权的新支线客机 ARJ21-700 在起落架、舱门、反推及飞控系统中采用了接近传感器。

2. 微纳电感式油液检测技术

随着现代工业科技的发展，液压系统和润滑系统广泛应用于机械自动化等领域。然而机械设备在高效运转的工作状态下，部件会由于表面的相互摩擦或污染物入侵而产生磨损。为了提高效率和效益，现代机械通常是昼夜不停地工作，所以在长时间的运行生产中部件的磨损会逐渐积累。如果不能及时掌握设备的磨损情况，可能会发生严重的生产事故，造成极大的损失。

国际上对油液检测技术进行了广泛研究，颗粒计数法是对流体内固体颗粒检测中一种常用方法，测量颗粒通过检测装置时会产生某些信号脉冲，根据脉冲幅值和数量来确定流体中固体颗粒物的尺寸分布，从而能够实现油液颗粒污染度的精确测量。电感式油液金属磨粒检测传感器的芯片主体示意图如图 3 - 41 所示。

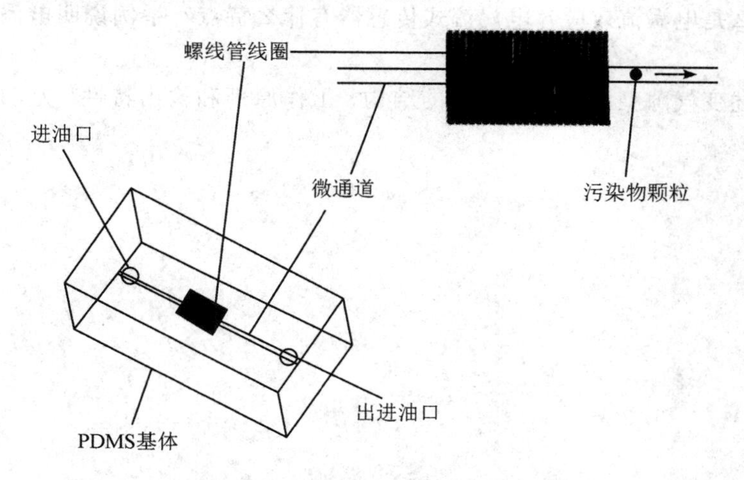

图 3 - 41　电感式油液金属磨粒检测传感器的芯片主体示意图

本章小结

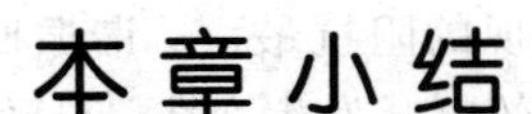

1. 电感式传感器的定义

电感式传感器是把被测量转换成线圈的自感系数或互感系数的变化，来实现非电量测量的装置。

2. 电感式传感器的类型

(1) 自感式传感器可分为变气隙型自感式传感器、变截面型自感式传感器、螺线管型自感式传感器。

(2) 差动变压器式传感器：由两个或多个带铁芯的电感线圈组成，一、二次绕组之间的耦合可随铁芯或两个绕组之间的相对移动而改变，即能把被测量位移转换为传感器的互感变化，从而将被测量位移转换为电压输出。

(3) 电涡流式传感器：能对位移、厚度、表面温度、速度、应力、材料损伤等进行非接触式连续测量，具有体积小、灵敏度高、频率响应宽等特点，应用极其广泛。

3. 电感式传感器的用途

电感式传感器可以测量位移、压力、振动、加速度和液位等物理量。

思考题和习题

3-1 什么是电感式传感器？它的主要分类有哪些？

3-2 提高自感式传感器灵敏度的措施有哪些？

3-3 产生零点残余电压的原因是什么？可以采取哪些措施减小零点残余电压？

3-4 什么是电涡流效应？电涡流式传感器有什么特点？举例说明电涡流式传感器在实践中的应用。

3-5 试述变气隙型电感式传感器的结构、工作原理和输出特性。差动变气隙型传感器有哪些优点？

第 4 章

电容式传感器

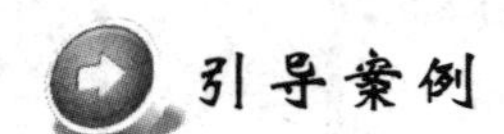

引导案例

电容式触摸感应技术

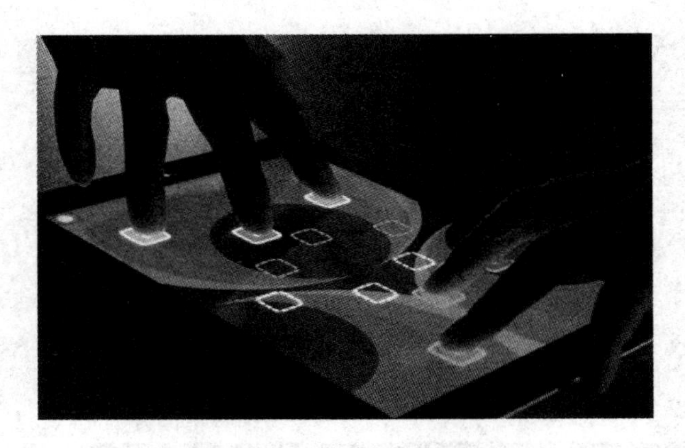

电容式传感器无处不在，它可被安装在汽车座位里用于控制气囊配置和安全带预警装置，在洗碗机和干燥机中用来校正旋转桶的状态，甚至冰箱也使用其来控制自动去冰过程。但是目前它潜在的应用领域是触摸感应技术，尤其是近年来随着人机交互技术的快速发展，智能人机界面(Human Machine Interface，HMI)已成为人与电子设备之间交换信息的重要媒介，而触摸传感器则是重要的HMI设备之一。电容式触摸感应按键其实质是一个不断地充电和放电的弛张振荡器。如果不触摸开关，则弛张振荡器有一个固定的充电放电周期，频率是可以被测量的。如果我们用手指或者触摸笔接触开关，就会增加电容器的介电常数，从而使充电放电周期变长，频率减小。通过测量周期的变化，就可以侦测触摸动作。

多点触摸感应是电容感应的延伸，它使得触控技术变得更加直观，可以同时检测到多个手指并能识别手势，改变了我们与设备的交互方式。我们不用再使用简单的按钮或开关，而是可以通过在触摸屏上触摸，从而滑动或者缩放数据本身，与其进行交互。电容式多点触摸传感技术的核心是一对相邻电极组成的电容感应。当一个导体如手指接近这些电极时，两个电极之间的电容就会增加并可以通过微控制器检测。另外，电容感应还可用于接近觉感应，传感器和用户身体并不需要直接接触。过去数年间，电容式多点触摸传感技术已成为移动通信、消费电子等领域电子产品的主要人机交互输入方式。

目前，电容式触摸传感器已经成为电子产品的重要工业设计元素，同时也是至关重要的系统控制器件。随着人工智能技术的不断进步，人机交互应用场景快速增加，触控行业在产业链中的地位将进一步凸显。同时，国务院及有关政府部门相继出台了多项产业支持政策，为推动触摸传感器行业的快速发展提供了政策土壤和良好环境。

4.1 概　　述

电容式传感器是将被测非电量的变化转换为电容量变化的一种传感器。它结构简单、体积小、分辨率高，可实现非接触式测量，并能在高温、高辐射和强烈振动等恶劣条件下工作，广泛应用于压力、差压、液位、振动、位移、加速度、成分含量等多方面的测量。随着材料、工艺、电子技术，特别是集成技术的发展，电容式传感器的优点得到发扬，而缺点不断地被克服，成为一种很有发展前途的传感器。

电容式传感器的基本原理可以用平板电容器来说明。如图 4 - 1 所示，用两块金属平板作为电极，以空气为介质，可构成最简单的电容器。如果不考虑电容器的边缘效应，则其电容量 C 为

$$C=\frac{\varepsilon S}{d}=\frac{\varepsilon_r\varepsilon_0 S}{d} \tag{4-1}$$

式中：C——电容量(F)；

S——极板间相互覆盖面积(m^2)；

d——极板间距离(m)；

ε——电容极板间介质的介电常数(F/m)；

ε_r——相对介电常数；

ε_0——真空介电常数，$\varepsilon_0=8.85\times10^{-12}$ F/m。

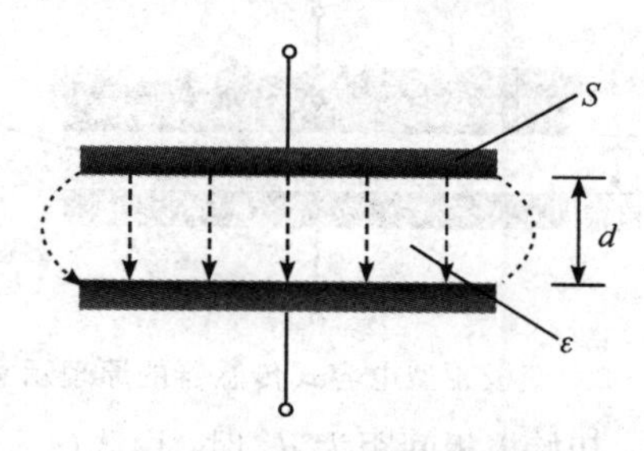

图 4 - 1　平板电容器的结构示意图

由式(4 - 1)可知，当被测参数发生变化时，即 d、S 或 ε 中的任意一个参数发生变化时，电容量 C 也随之改变。如果仅改变其中一个参数，其余两个参数保持不变，则可通过相应的测量电路将电容量的变化转换为电信号输出，从而反映被测参数的变化。

在实际应用时，电容式传感器根据 d、S 或 ε 的变化可分为三种基本类型：变极距型(改变两极板之间的距离 d)、变面积型(改变两极板之间的覆盖面积 S)和变介质型(改变两极板之间介质的介电常数 ε)。

4.2　变极距型电容式传感器

4.2.1　变极距型电容式传感器的结构与原理

变极距型电容式传感器可按位移的形式分为线位移和角位移两种，其常见结构形式如表 4 - 1 所示，一般为平板型。每一种类型的传感器又分为单组式和差动式两种。差动式传感器一般优于单组(单边)式传感器，其具有灵敏度高、线性范围宽、稳定性高等优点，并且能补偿温度误差。

表 4-1　变极距型电容式传感器的常见结构形式

基本类型		单组式	差动式
d	线位移	d 平板型	d_1 d_2
	角位移	定极板 轴 θ	定极板 轴 θ

如图 4-2 所示为变极距型电容式传感器的原理示意图。图中上极板为定极板(静止极板)，动极板与被测物体相互连接。

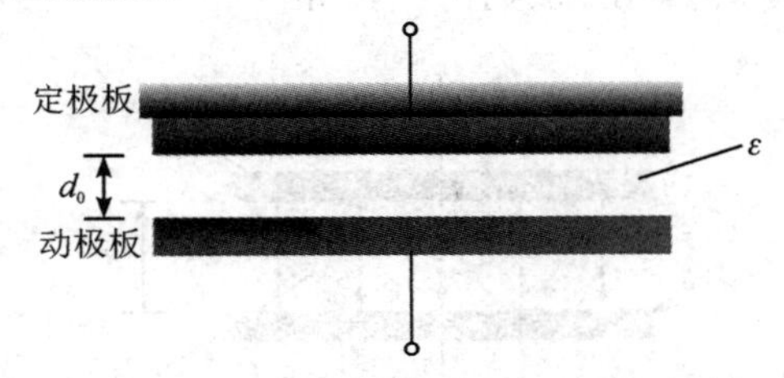

图 4-2　变极距型电容式传感器的原理示意图

当传感器的 ε 和 S 为常数，初始极板间距为 d_0 时，由式(4-1)可知其初始电容量 C_0 为

$$C_0=\frac{\varepsilon S}{d_0} \tag{4-2}$$

当动极板上下移动使 d_0 产生相对位移 Δd 时，电容的变化量为 ΔC，可表示为

$$\Delta C=\frac{\varepsilon S}{d_0-\Delta d}-\frac{\varepsilon S}{d_0}=C_0\frac{\Delta d}{d_0-\Delta d} \tag{4-3}$$

从式(4-3)可以看出，电容式传感器的输出特性不是线性关系，而是如图 4-3 所示的曲线关系，故这种传感器在工作时，动极板的移动范围不能太大，只能在一个较小的范围内移动，即当 $\Delta d \ll d_0$(即量程远小于初始极板间距)时，可认为 ΔC 与 Δd 之间是线性关系。

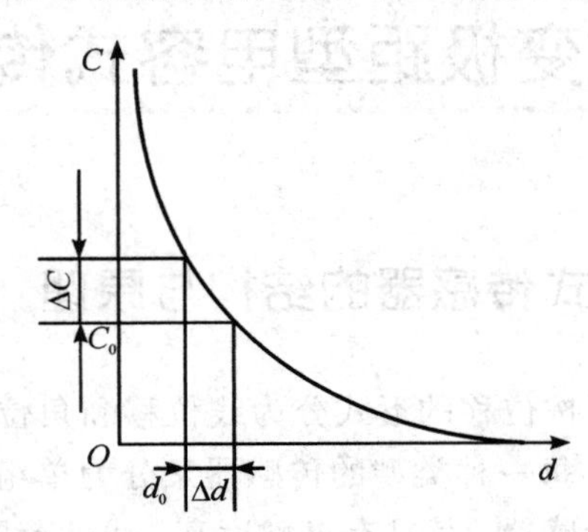

图 4-3　电容 C 与极距 d 的特性曲线

由式(4－3)可得出电容的相对变化量为

$$\frac{\Delta C}{C_0}=\frac{\Delta d}{d_0-\Delta d}=\frac{\dfrac{\Delta d}{d_0}}{1-\dfrac{\Delta d}{d_0}} \tag{4-4}$$

当 $\Delta d \ll d_0$ 时，式(4－4)可用泰勒级数展开，即

$$\frac{\Delta C}{C_0}=\frac{\Delta d}{d_0}\left[1+\frac{\Delta d}{d_0}+\left(\frac{\Delta d}{d_0}\right)^2+\left(\frac{\Delta d}{d_0}\right)^3+\cdots\right] \tag{4-5}$$

因为 $\dfrac{\Delta d}{d_0} \ll 1$，故可忽略高次项，得到 Δd 与 ΔC 之间近似线性的关系：

$$\frac{\Delta C}{C_0}=\frac{\Delta d}{d_0} \tag{4-6}$$

从而可得

$$K=\frac{\dfrac{\Delta C}{C_0}}{\Delta d}=\frac{1}{d_0} \tag{4-7}$$

式中：K——电容式传感器的灵敏度，即单位位移引起电容量相对变化的大小。

从式(4－7)可以看出灵敏度与初始极板间距 d_0 成反比，故要提高灵敏度，应减小极板之间的间隙。但是间隙过小，容易引起电容器击穿或者短路。一般可通过在极板间放置高介电常数的材料加以改善，例如云母的相对介电常数 $\varepsilon_r=7$，是空气介电常数的 7 倍，传感器的击穿电压大于等于 1000 kV/mm。因此当介质为云母时，极板间初始间距可大大减小，电容式传感器输出特性的线性度得到大幅提高。

如果只考虑式(4－5)中的线性项及二次项，则

$$\frac{\Delta C}{C_0}=\frac{\Delta d}{d_0}\left(1+\frac{\Delta d}{d_0}\right) \tag{4-8}$$

由此可得相对非线性误差 e_f 为

$$e_f=\frac{\left|\left(\dfrac{\Delta d}{d_0}\right)^2\right|}{\left|\dfrac{\Delta d}{d_0}\right|}\times 100\%=\left|\frac{\Delta d}{d_0}\right|\times 100\% \tag{4-9}$$

由式(4－9)可以看出非线性误差随着相对位移的增加而增加，若减小 d_0，则会增大非线性误差。

综上所述，考虑到传感器的灵敏度 K，d_0 取值不能太大，同时为保证线性度，变极距型电容式传感器常工作在一个较小的范围内(0.01 μm 至零点几毫米)，而且最大 Δd 应小于极板(初始)间距 d_0 的 1/10 ～ 1/5。

在实际应用中，为了提高传感器的灵敏度和减小非线性误差，变极距型电容式传感器一般采用差动式结构(如图 4－4 所示)，初始位置时，动极板位于两定极板中间，$d_1=d_2=d_0$，两边初始电容相等。当动极板有位移 Δd 时，两边极距为 $d_1=d_0-\Delta d$，$d_2=d_0+\Delta d$；相应地，一个电容增加，另一个电容减少相同的电容量。

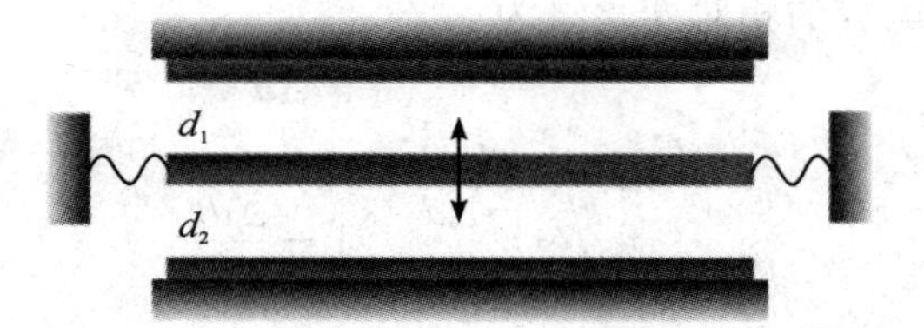

图 4-4 变极距型电容式传感器的差动式结构示意图

当 $\Delta d/d_0 \ll 1$ 时，按照泰勒级数展开可得到电容式传感器的总电容相对变化量为

$$\frac{\Delta C}{C_0}=2\frac{\Delta d}{d_0}\left[1+\left(\frac{\Delta d}{d_0}\right)^2+\left(\frac{\Delta d}{d_0}\right)^4+\cdots\right] \tag{4-10}$$

略去高次项，电容相对变化量近似为

$$\frac{\Delta C}{C_0}\approx 2\frac{\Delta d}{d_0} \tag{4-11}$$

从而得到变极距型差动电容式传感器的灵敏度为

$$K'=\frac{\frac{\Delta C}{C_0}}{\Delta d}=\frac{2}{d_0} \tag{4-12}$$

如果只考虑式(4-10)中的线性项和三次项，则变极距型差动电容式传感器的相对非线性误差为

$$e_f'=\frac{\left|2\left(\frac{\Delta d}{d_0}\right)^3\right|}{\left|2\frac{\Delta d}{d_0}\right|}\times 100\%=\left(\frac{\Delta d}{d_0}\right)^2\times 100\% \tag{4-13}$$

比较式(4-7)与式(4-12)可知，变极距型差动电容式传感器的灵敏度比单组变极距型电容式传感器提高了一倍。比较式(4-9)与式(4-13)，可知变极距型差动电容式传感器的非线性误差大大降低了。而且由于结构上的对称性，它还能有效地克服诸如电源电压和环境温度变化之类的外部条件影响。

4.2.2 变极距型电容式传感器的应用

变极距型电容式传感器结构简单，被广泛应用于工业现场，测量距离或与距离相关的物理量。例如：可测量各种导电材料的间隙、长度、尺寸或位置以及纳米级要求的金属箔、绝缘材料薄膜的厚度，还可测量压力、加速度等物理量。

1. 变极距型差动电容式压力传感器

图 4-5 所示为一种小型变极距型差动电容式压力传感器结构示意图。金属弹性膜片为动极板，镀金凹型玻璃圆片为定极板。当被测压力通过左右两个进气孔进入空腔且弹性膜片的两侧压力 P_1、P_2 相等时，弹性膜片处于中间的位置，与定极板距离相等，两个电容量相等，这时没有信号输出；如果弹性膜片两侧存在压力差，即 $P_1 \neq P_2$，则弹性膜片受到压力差而向一侧产生位移，该位移使两个电容量一增一减。电容量的变化经测量电路转换成与压力或压力差相对应的电流或电压的变化输出。

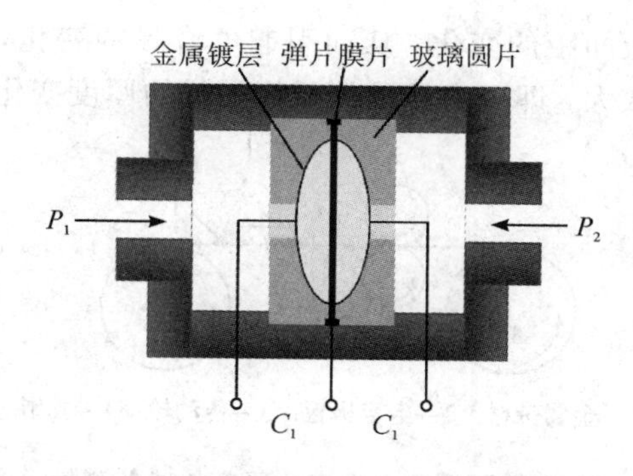

图 4-5　小型变极距型差动电容式压力传感器结构示意图

这种传感器的灵敏度取决于初始极板间距 d_0，d_0 越小，灵敏度越高，$K=1/d_0$ 或 $K'=2/d_0$。试验证明，该传感器可测量 0～0.75 Pa 的微小压差，其动态响应主要取决于弹性膜片的固有频率。

2. 变极距型差动电容式加速度传感器

变极距型差动电容式加速度传感器用途很多，例如汽车使用加速度计来激活安全气囊系统，相机使用加速度计来主动稳定图片。如图 4-6 所示为一种变极距型差动电容式加速度传感器结构示意图，其中有两个固定电极板，极板中间有一用弹簧支撑的质量块，此质量块的两个端面经过磨平抛光后作为可动极板。当传感器用于测量垂直方向上的微小振动时，由于惯性作用，质量块在绝对空间中相对静止而两个固定电极板相对质量块产生位移，此位移大小正比于被测加速度并使 C_1、C_2 一个增大，一个减小，形成差动电容。利用测量电路测出差动电容的变化量，便可测定被测加速度。

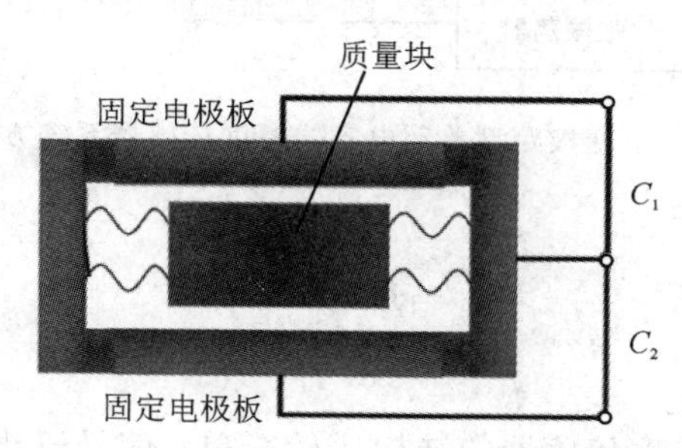

图 4-6　变极距型差动电容式加速度传感器结构示意图

变极距型差动电容式加速度传感器的频率响应快、量程范围大，仅受弹性系统设计限制，在结构上大多采用空气或其他气体作为阻尼介质。此外，该传感器还可做得很小，与测量电路一起封装在一个厚膜集成电路的壳体中。

3. 变极距型差动电容式厚度传感器

变极距型差动电容式厚度传感器主要用来测量金属带材在轧制过程中的厚度，如图 4-7 所示。在被测金属带材的上、下两侧各安装一块面积相等、与带材距离相等的极板，这样极板与金属带材就形成了两个电容器(金属带材也作为一个极板)。把这两块极板用导线连接起来作为电容式厚度传感器的一个电极板，而金属带材就是电容式传感器的另一个极板。其总电容量 C 应是两极板间电容量之和，即 $C=C_1+C_2$。带材的厚度发生变化时，将引起它与上、下两个极板间距的变化，从而引起电容量的变化，用交流电桥将这一变化电容量检测出来，再经过放大，即可由显示仪器把带材的厚度变化显示出来。

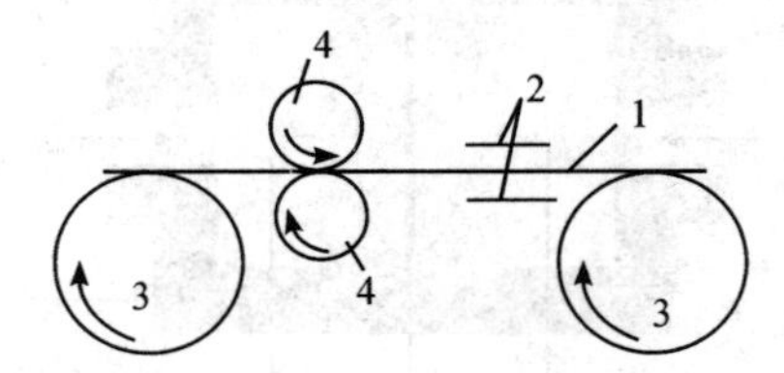

1—金属带材；2—电容极板；3—传动轮；4—轧辊。

图 4－7　变极距型差动电容式厚度传感器测量示意图

变极距型差动电容式厚度传感器系统方框图如图 4－8 所示。图中的多谐振荡器输出电压 E_1、E_2 通过 R_1、R_2($R_1=R_2$)交替对电容 C_1、C_2 充放电，从而使弛张振荡器的输出交替触发双稳态电路。当 $C_1=C_2$ 时，$U_o=0$；当 $C_1 \neq C_2$ 时，双稳态电路 Q 端输出脉冲信号，此脉冲信号经对称脉冲检测电路处理后变成电压输出，通过数字电压表显示。

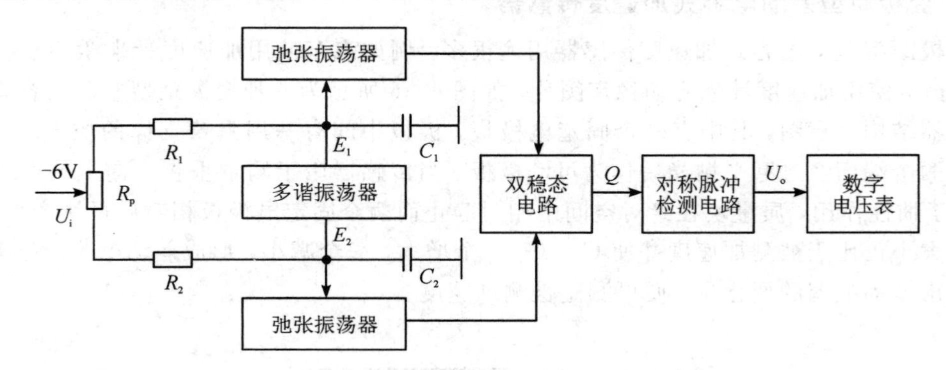

图 4－8　变极距型差动电容式厚度传感器系统方框图

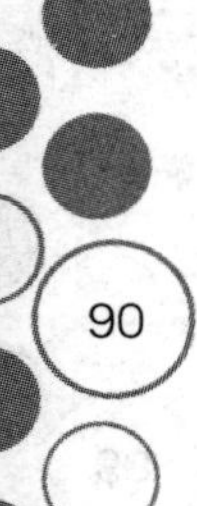

输出电压的大小为

$$U_o = E_c \frac{C_1 - C_2}{C_1 + C_2} \tag{4-14}$$

式中：E_c——电源电压。

变极距型差动电容式厚度传感器的结构比较简单，信号输出的线性度好，分辨率也比较高，因此在自动化厚度检测中得到较为广泛的应用。

4.3　变面积型电容式传感器

4.3.1　变面积型电容式传感器的结构与原理

变面积型电容式传感器同样可按位移的形式分为线位移和角位移两种，其常见结构形式如表 4－2 所示。每一种类型的传感器又依据极板形状的不同分成平板型(或圆板型)和圆筒(圆柱)型。由于平板型结构对极距变化非常敏感，因此一般情况下，变面积型电容式传感器常采用圆筒型结构。

表 4－2　变面积型电容式传感器的常见结构形式

基本类型		单组式	差动式
S	线位移	平板型 l	l_1 l_2
		圆筒型 l	l_1 l_2
	角位移	θ	θ_1 θ_1
		α R r	α r R

如图 4－9 所示是变面积型电容式传感器原理示意图。被测量通过动极板相对位移引起两极板间有效覆盖面积 S 改变，从而得到电容量的变化。

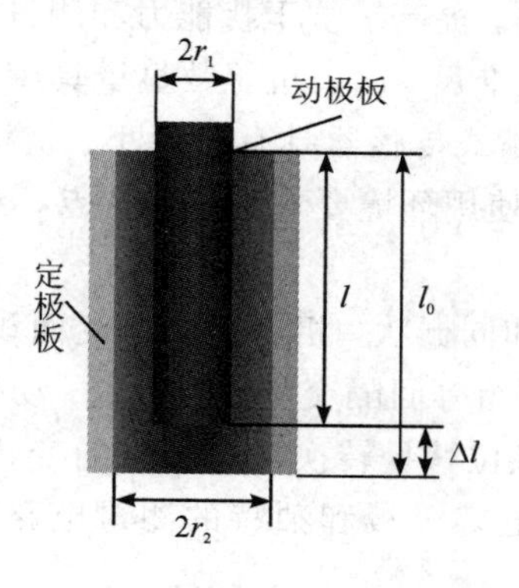

图 4－9　变面积型电容式传感器原理示意图

这里以圆筒型结构为例，在忽略边缘效应的条件下，初始电容量 C 为

$$C=\frac{2\pi\varepsilon l_0}{\ln(r_2/r_1)} \tag{4-15}$$

式中：l_0——外圆筒与内圆筒完全重合时的高度(m)；

r_1——内圆筒外半径(m)；

r_2——外圆筒内半径(m)。

当两圆筒相对移动 Δl 时，忽略边缘效应，电容变化量 ΔC 为

$$\Delta C=\frac{2\pi\varepsilon l_0}{\ln\left(\frac{r_2}{r_1}\right)}-\frac{2\pi\varepsilon l}{\ln\left(\frac{r_2}{r_1}\right)}=\frac{2\pi\varepsilon\Delta l}{\ln\left(\frac{r_2}{r_1}\right)}=C_0\,\frac{\Delta l}{l_0} \tag{4-16}$$

式中：C_0——传感器初始电容量。

电容的相对变化量为

$$\frac{\Delta C}{C_0}=\frac{\Delta l}{l_0} \tag{4-17}$$

灵敏度为

$$K=\frac{\Delta C}{\Delta l}=\frac{2\pi\varepsilon}{\ln\left(\frac{r_2}{r_1}\right)} \tag{4-18}$$

可见，变面积型电容式传感器具有良好的线性度。

与变极距型电容式传感器相比，变面积型电容式传感器灵敏度较低。在实际使用中常采用差动式结构，以提高灵敏度。对于平板型结构，极板宽度不宜过窄；对于圆筒型结构，圆筒高度不宜过低，否则会因为边缘效应影响其线性特征。

4.3.2 变面积型电容式传感器的应用

变面积型电容式传感器一般用来测量角位移或较大的线位移，下面介绍一种典型应用。

容栅式传感器是在变面积型电容式传感器的基础上发展起来的一种新型传感器。它不仅具有电容式传感器的优点，还具有多极电容带来的平均效应，而且采用闭环反馈式等测量电路，减小了寄生电容的影响，提高了抗干扰能力和测量准确度(可达 5 μm)，扩展了量程(可达 1 m)，现已应用于数显卡尺、测长机等数显量具中。与其他数字式位移传感器(如光栅、感应同步器等)相比，容栅式传感器具有体积小、结构简单、分辨率和准确度高、测量速度快、功耗小、成本低、对使用环境要求不高等特点，因此在电子测量技术中占有十分重要的地位。

容栅式传感器电极的排列如同栅状，相当于多个变面积型电容式传感器的并联。其结构如图 4-10 所示，定极板为两组等间隔交叉的电极栅，动极板的极距相同且栅宽相同。动极板相对于定极板移动时，机械位移量转换为电容量的变化，通过电路转换得到电信号的相应变化量。正是特定的栅状电容极板和独特的测量电路使其超越了传统的电容式传感器，适宜进行大位移测量。

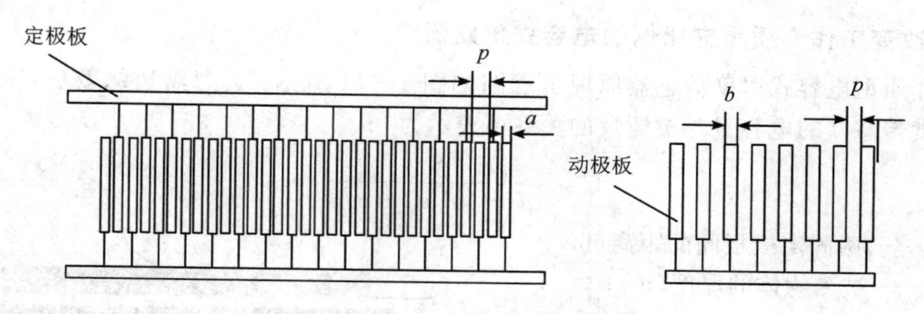

图 4-10　容栅式传感器结构示意图

物理实验中使用的一种电子数显尺，就采用了多级片型容栅作为传感器，动尺的多组栅片并联是为了提高测量精度及降低对传感器制造精度的要求。动极板在移动的过程中，始终与不同的小电极组成差动电容器。动尺相对于定尺移动时，电容周期变化，产生的脉冲信号通过电路转换放大及芯片计算得到位移量的变化，并显示出来。

4.4　变介质型电容式传感器

4.4.1　变介质型电容式传感器的结构与原理

变介质型电容式传感器的常见结构与变极距型电容式传感器、变面积型电容式传感器类似，如表 4-3 所示。

表 4-3　变介质型电容式传感器的常见结构形式

基本类型			单组式	差动式
ε	线位移	平板型	电介质　l	电介质　l
		圆筒型	l	l
	介质型		d　介电常数变化	—

变介质型电容式传感器种类很多，有改变工作介质填充比例的电容式传感器(即介质本身的介电常数未发生变化，但是极板包含两种或者两种以上的介质，不同介质的比例发生变化)，还有改变工作介质本身介电常数的电容式传感器(即极板间介质的介电常数随温度、湿度的改变而发生变化)。

1. 改变工作介质填充比例的电容式传感器

变介质型电容式厚度传感器原理示意图如图 4-11 所示。若忽略边缘效应，图 4-11 所示厚度传感器的电容量与被测量的关系可表示为

$$C=\frac{S}{(d-\delta)/\varepsilon_0+\delta/\varepsilon} \tag{4-19}$$

式中：d——两固定极板间的距离(m)；

δ——被测物体的厚度(m)；

ε——被测物体的介电常数(F/m)；

S——固定极板的面积(m^2)；

ε_0——空气的介电常数(F/m)。

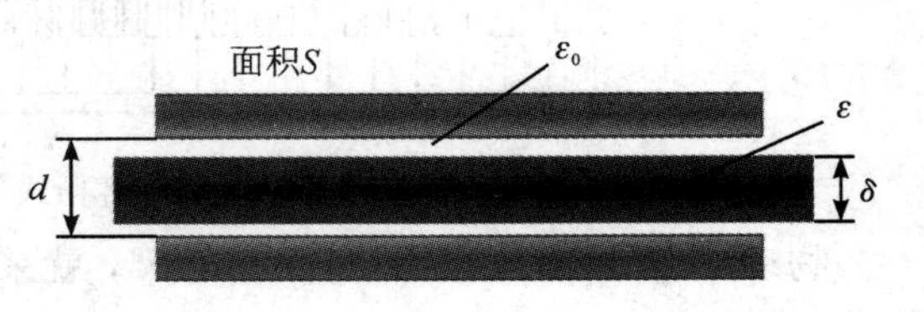

图 4-11 变介质型电容式厚度传感器原理示意图

以图 4-11 所示的模型为例，假设被测介质初始填充厚度 δ 为 0，厚度传感器的初始电容量为

$$C_0=\frac{\varepsilon_0 S}{d} \tag{4-20}$$

当被测介质初始填充厚度为 δ 时，引起电容相对变化量为

$$\frac{\Delta C}{C_0}=\frac{\delta(\varepsilon-\varepsilon_0)}{d\varepsilon} \tag{4-21}$$

可见，电容量的变化与电介质的厚度 δ 呈线性关系。

在以上对所有电容式传感器的分析中，均未考虑电场的边缘效应，故实际电容量将与计算值有所不同。这不仅使电容式传感器的灵敏度降低而且增大了非线性误差。为了减少边缘效应的影响，可以适当减小极板间距，但这易引起击穿，限制了测量范围。目前常采用等位环来弱化边缘效应的影响。如图 4-12 所示，使等位环 3 与被保护的极板 2 在同一平面上并将极板 2 包围，等位环 3 与极板 2 电绝缘但等电位，这就能使极板 2 的边缘电力线平直，极板 1 和 2 之间的电场基本保持均匀，而发散的边缘电场将发生在等位环 3 外周，不影响传感器两极板间的电场。

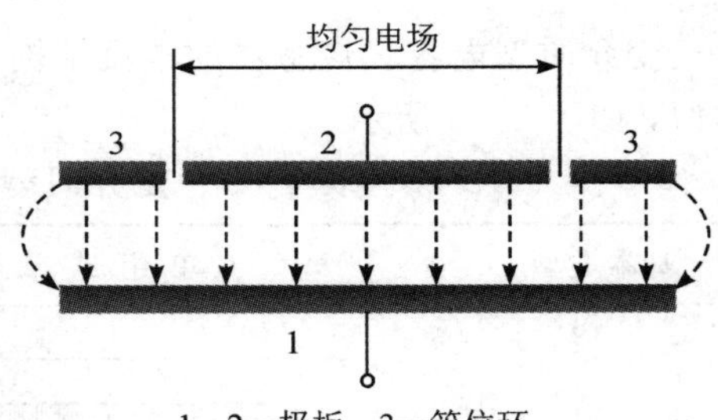

1、2—极板；3—等位环。

图 4-12 带有等位环的平板电容传感器结构示意图

2. 改变工作介质本身介电常数的电容式传感器

极板间介质的介电常数发生变化时，电容式传感器原理示意图如图 4-13 所示。

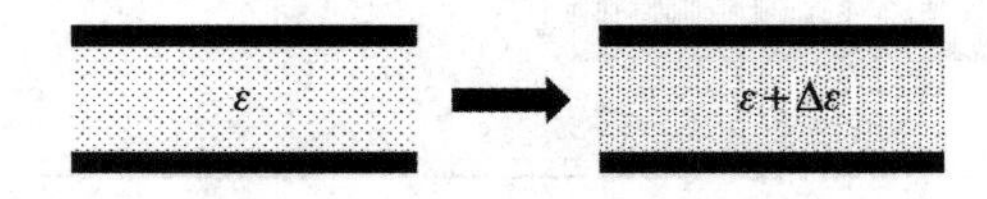

图 4-13 介电常数发生变化时电容式传感器原理示意图

若极板间只存在一种介质，ε 为介质的初始介电常数，则初始电容量为

$$C_0=\frac{S\varepsilon}{d} \tag{4-22}$$

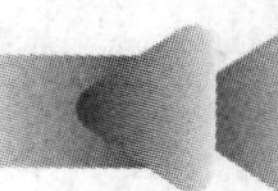

如果介质本身的介电常数变化为$\varepsilon+\Delta\varepsilon$，则改变后的电容量为

$$C=\frac{S(\varepsilon+\Delta\varepsilon)}{d} \tag{4-23}$$

电容相对变化量为

$$\frac{\Delta C}{C_0}=\frac{\Delta\varepsilon}{\varepsilon} \tag{4-24}$$

灵敏度为

$$K=\frac{\Delta C}{\Delta\varepsilon}=\frac{S}{d} \tag{4-25}$$

可见只有一种介质的电容式传感器的输出特性是线性的，并且灵敏度为一常数。

4.4.2　变介质型电容式传感器的应用

变介质型电容式传感器可以用来测量电介质的厚度、位移、液位、温度、湿度等。

1. 电容式液位传感器

电容式液位传感器结构示意图如图4-14所示。该传感器是通过测量电容量的变化来测量液面高低的。将一根金属棒插入盛液容器内，金属棒作为电容的一个极，容器壁作为电容的另一极。两电极间的介质为液体及其上面的气体。由于液体的介电常数ε_1和液面上气体的介电常数ε_2不同，比如$\varepsilon_1>\varepsilon_2$，因此当液位升高时，电容式液位传感器两电极间总的介电常数值随之加大，从而电容量增大。反之，当液位下降时，ε值减小，电容量也减小。所以，电容式液位传感器可通过两电极间电容量的变化来测量液位的高低。电容式液位传感器的灵敏度主要取决于两种介电常数的差值，而且只有ε_1和ε_2恒定才能保证液位测量准确。因被测介质具有导电性，所以金属棒电极都有绝缘层覆盖。电容式液位传感器体积小，容易实现远传和调节，适用于具有腐蚀性和高压的介质的液位测量。

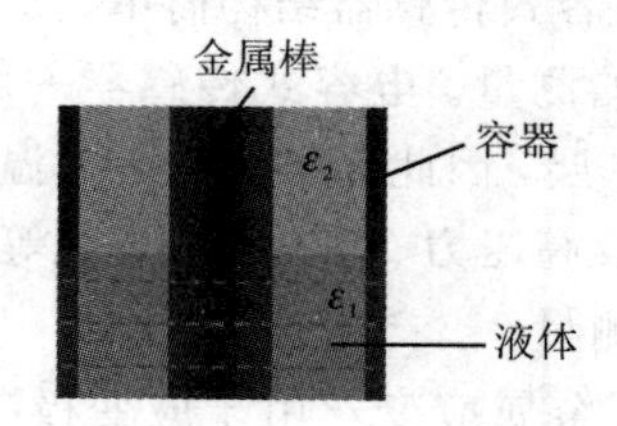

图4-14　电容式液位传感器结构示意图

2. 湿度传感器

湿度传感器主要用来测量环境的相对湿度。传感器的感湿组件是高分子薄膜式湿敏电容，其结构如图4-15(a)、(b)所示。它的两个上电极是梳状金属电极，下电极是一网状多孔金属电极，上、下电极间是亲水性高分子介质膜。两个梳状上电极、高分子介质膜和网状下电极构成两个串联的电容器，等效电路如图4-15(c)所示。当环境相对湿度改变时，高分子介质膜通过网状下电极吸收或放出水分，使高分子介质膜的介电常数发生变化，从而导致电容量的改变。

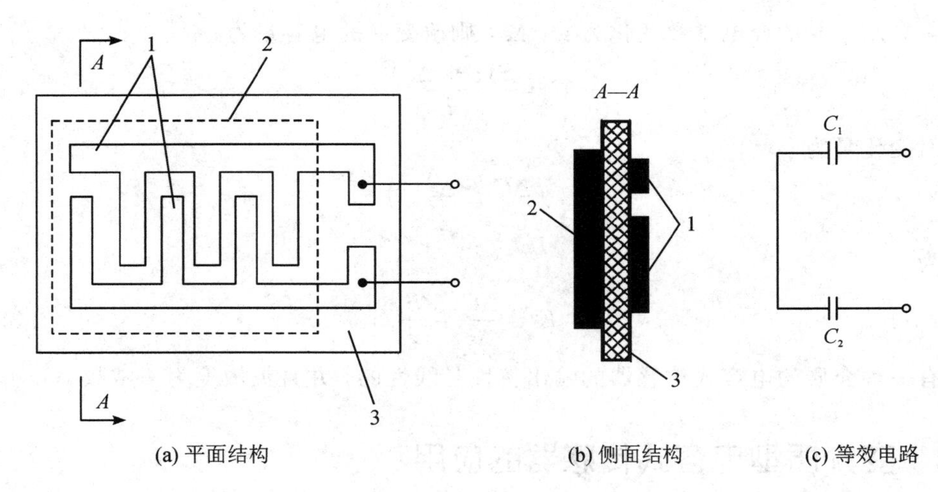

1—上电极；2—下电极；3—介质膜。

图 4-15　湿度传感器原理示意图

4.5　电容式传感器的特性及电路设计

4.5.1　电容式传感器的特性

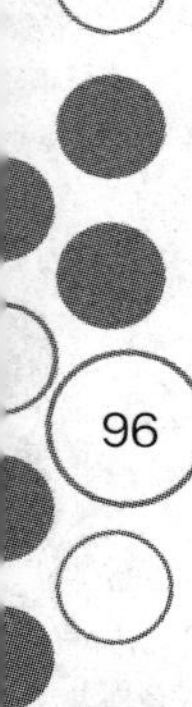

1. 电容式传感器的优点

电容式传感器具有以下优点：

(1) 结构简单、适应性强。电容式传感器结构简单，易于制造并可保证高的精度；可以做得非常小巧，以实现某些特殊的测量。电容式传感器一般用金属作为电极，以无机材料(如玻璃、石英、陶瓷等)作为绝缘层，因此能工作在高低温、强辐射及强磁场等恶劣的环境中，可以承受很大的温度变化以及高压力、高冲击、过载等。电容式传感器不仅能测超高压和低压差，也能对带磁工件进行测量。

(2) 测量范围大、灵敏度高。金属应变丝由于应变极限的限制，$\Delta R/R$ 一般低于 1%，而半导体应变片可达 20%，电容式传感器电容的相对变化量可大于 100%。利用电容式传感器可解决输入能量低的测量问题，例如测量极低的压力、力和很小的加速度、位移等，其分辨率非常高，能测量纳米级甚至更小的位移。

(3) 动态响应好。由于电容式传感器极板间的静电引力很小(约几个 10^{-5} N)，需要的作用能量极小，故它的动极板可以做得很小很薄，即质量很轻，因此其固有频率很高，动态响应时间短，能在几兆赫兹的频率下工作，特别适合动态测量。又由于其介质损耗小，可以用较高频率供电，因此系统工作频率高。电容式传感器可用于测量高速变化的参数，如测量振动、瞬时压力等，且具有很高的灵敏度。

(4) 温度稳定性好。电容式传感器的电容量一般与电极材料无关，这有利于选择温度系数低的材料，又因电容器本身功耗非常小，所以发热极少，因此电容式传感器具有良好

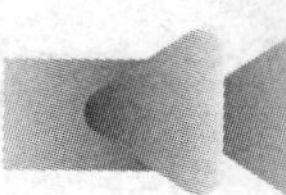

的零点稳定性，可以认为由自身发热而引起的零漂是不存在的。

(5) 可以实现非接触测量，具有平均效应。对于回转轴的振动或偏心、小型滚珠轴承的径向间隙等，当采用非接触测量时，电容式传感器具有平均效应，可以减小工件表面粗糙度等对测量的影响。

2. 电容式传感器的缺点

电容式传感器的缺点如下：

(1) 输出阻抗高、负载能力差。电容式传感器的电容量受其电极几何尺寸等限制，一般为几十到几百皮法，这使传感器的输出阻抗很高，尤其当采用音频范围内的交流电源时，输出阻抗高达 $10^6 \sim 10^8\ \Omega$。因此电容式传感器带负载能力差，易受外界干扰而产生不稳定现象，严重时甚至无法工作，必须采取屏蔽措施，从而给设计和使用带来不便。此外，电容式传感器本身的容抗高达几兆欧姆甚至几百兆欧姆，是一个高阻抗、小功率的传感元件，这就要求传感器绝缘部分的电阻值极高(几十兆欧姆以上)，否则绝缘部分将作为旁路电阻而影响传感器的性能(如灵敏度降低)。另外，还要特别注意周围环境如温湿度、清洁度等对绝缘性能的影响。高频供电虽然可降低传感器输出阻抗，但信号的放大、传输远比低频时复杂，且寄生电容影响加大，难以保证工作稳定。

(2) 寄生电容影响大。电容式传感器的初始电容量很小，而传感器的引线电缆电容(1～2 m 导线可达数十甚至上百皮法)、测量电路的杂散电容以及传感器极板与其周围导体构成的电容等“寄生电容”却较大。这一方面降低了传感器的灵敏度；另一方面这些电容(如电缆电容)常常是随机变化的，会使传感器工作不稳定，影响测量精度，有时其变化量甚至超过被测量引起的电容变化量，致使传感器无法工作，因此对电缆的选择、安装、接法都有要求。

上述不足直接导致电容式传感器测量电路复杂。但随着材料、工艺、电子技术，特别是集成电路的高速发展，已经可以把复杂的测量电路与电容式传感器做成一体，形成集成电容式传感器，它使电容式传感器的优点得到发扬而缺点被克服。

4.5.2 电容式传感器的电路设计

电容式传感器把被测物理量转换为电容量的变化后，转换电路又将电容量的变化转换成电量输出。

1. 电容式传感器的等效电路

由于电容器存在损耗和电感效应，因此电容式传感器并不是一个纯电容，其完整的等效电路如图 4-16(a)所示。其中：电感 L 由电容式传感器本身的电感与外接引线电缆电感组成，它与电容器的结构和引线长度有关；R_s 为串联损耗电阻，包含引线电阻、极板电阻和电容金属支架电阻；C_0 为传感器本身的电容；C_p 为引线电缆、所接测量电路及极板与外界所形成的总寄生电容；R_p 代表并联损耗电阻，包含极板间等效漏电阻和介质损耗。在不同的供电频率下，上述物理量的大小也不同。

低频时，电容式传感器电容的阻抗非常大，同时 L 和 R_s 是极小的，可以忽略其在电路中的影响，故传感器的等效电路可简化为图 4-16(b)所示的形式，其中等效电容 $C_e = C_0 + C_p$，等效电阻 $R_e \approx R_p$。

高频时，随着供电频率的增高，容抗逐渐减小，当频率达到几兆赫兹时，R_p 可以忽略不计。由于高频下电流的趋肤效应，L 和 R_s 的影响不可忽略，而漏电的影响可忽略，故传感器的等效电路可简化为图 4-16(c)所示的形式，其中 $C_e = C_0 + C_p$，而 $R_e \approx R_s$。引线电缆的电感很小，只有工作频率在 10 MHz 以上时，才考虑其影响，而且实际使用时，只要保证与标定时的接线等条件相同，即可消除 L 的影响。

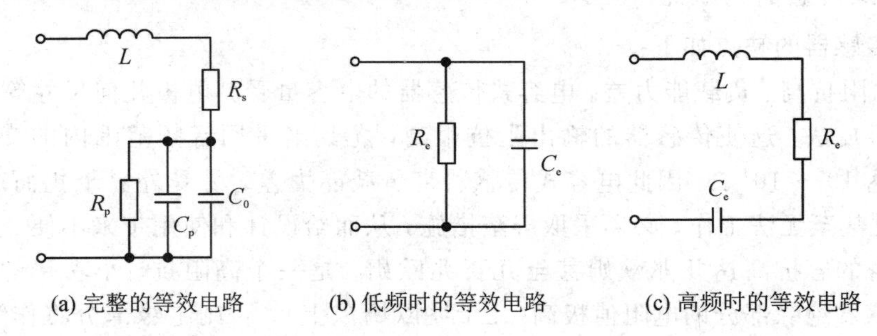

图 4-16　带有等位环的平板电容式传感器等效电路图

电容式传感器的等效电路存在一谐振频率，通常为几十兆赫兹。当工作频率等于或者接近谐振频率时，电容器无法正常工作。因此，通常选择供电电源频率低于谐振频率。一般情况下，供电电源频率为谐振频率的 1/3 ～ 1/2 时，传感器才能正常工作。

2. 电容式传感器的测量电路

1）调频测量电路

调频测量电路中电容式传感器作为振荡器谐振回路的一部分，当输入量导致电容量发生变化时，振荡器的振荡频率发生变化。若将频率作为测量系统的输出量，用以判断被测非电量的大小，则此时系统是非线性的，不易校正，因此必须加入鉴频器，将频率的变化转换为电压振幅的变化，经放大后显示或输出。调频测量电路原理框图如图 4-17 所示。

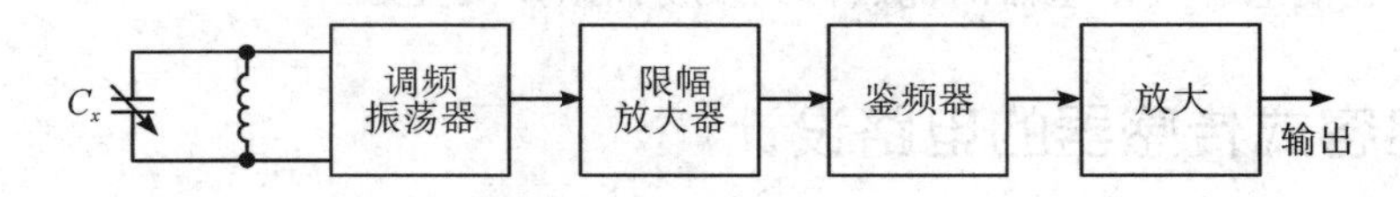

图 4-17　调频测量电路原理框图

调频振荡器的振荡频率为

$$f = \frac{1}{2\pi\sqrt{LC}} \tag{4-26}$$

式中：L——振荡回路的电感；

　　C——振荡回路的总电容；

$$C = C_1 + C_0 \pm \Delta C + C_2 \tag{4-27}$$

其中，C_1 为振荡回路固有电容，C_2 为传感器引线分布电容，$C_0 \pm \Delta C$ 为传感器的电容。

当被测信号为零时，$\Delta C = 0$，$C = C_1 + C_0 + C_2$，所以振荡器有一个固有频率 f_0，即

$$f_0 = \frac{1}{2\pi\sqrt{LC}} = \frac{1}{2\pi\sqrt{L(C_1 + C_2 + C_0)}} \tag{4-28}$$

当被测信号不为零时，$\Delta C \neq 0$，振荡器频率随 ΔC 而改变，此时频率为

$$f=\frac{1}{2\pi\sqrt{L(C_1+C_2+C_0\pm\Delta C)}}=f_0+\Delta f \tag{4-29}$$

电容式传感器调频测量电路具有较高的灵敏度，可以测量0.01 μm级位移变化量，易于用数字仪器测量信号的输出频率，可与计算机通信，抗干扰能力强，具有发送、接收信号的功能，可以达到遥测遥控的目的。该电路的缺点是振荡频率容易受到电缆电容的影响，并且受温度影响较大。

2）变压器电桥测量电路

变压器电桥测量电路一般用稳频、稳幅和固定波形的低阻信号源激励，最后经过电流放大及相敏检波处理得到直流输出信号。

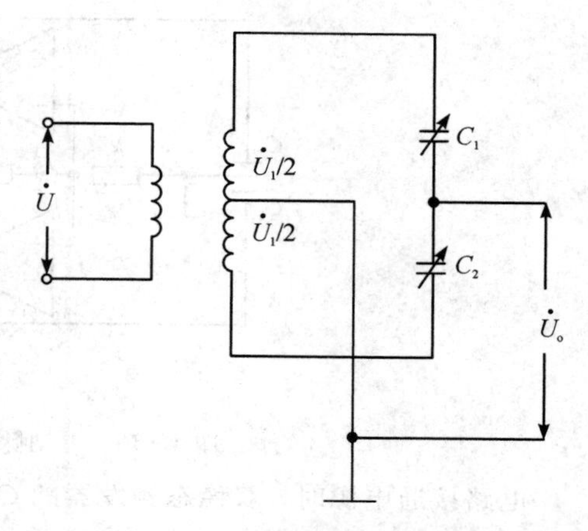

图4-18　变压器电桥等效电路

变压器电桥等效电路如图4-18所示，为了提高灵敏度，减小误差，C_1、C_2一般为两个差动电容，也可使其中之一为固定电容，另一个为电容式传感器。当传感器极板在中心位置时，电容$C_1=C_2=C_0$，电桥平衡，输出$\dot{U}_o=0$；当传感器极板位移Δd引起其电容变化ΔC时，变压器电桥有不平衡输出。当电桥输出端开路（负载阻抗为无穷大）时，电桥的空载输出电压为

$$\dot{U}_o=\frac{\dot{U}Z_2}{Z_1+Z_2}-\frac{\dot{U}}{2}=\frac{\dot{U}}{2}\left(\frac{Z_2-Z_1}{Z_1+Z_2}\right) \tag{4-30}$$

式中：Z_1、Z_2——传感器两个差动电容的复阻抗。

将$Z_1=1/(j\omega C_1)$和$Z_2=1/(j\omega C_2)$代入式(4-30)，得

$$\dot{U}_o=\frac{\dot{U}}{2}\frac{C_1-C_2}{C_1+C_2}=\frac{\dot{U}}{2}\frac{\Delta C}{C_0} \tag{4-31}$$

对于变极距型差动电容式传感器，有

$$\begin{cases} C_1=\dfrac{\varepsilon S}{d_0-\Delta d} \\ C_2=\dfrac{\varepsilon S}{d_0+\Delta d} \end{cases} \tag{4-32}$$

将其代入式(4-31)，可得

$$\dot{U}_o=\frac{\dot{U}}{2}\frac{\Delta d}{d_0} \tag{4-33}$$

由式(4-33)可以明显地看出变压器电桥的输出电压与输入位移呈线性关系。因此，变压器电桥对传感器无线性要求，即无论是线性电容式传感器，还是非线性电容式传感器，采用变压器电桥后，在负载阻抗极大时，其输出特性均呈线性。此类电桥使用元件最少，桥路电阻最小，因此目前采用较多。

3）差动脉冲宽度调制电路

差动脉冲宽度调制电路是根据不同容量的电容器（在充电电流相同的情况下）充放电时

间不同(大电容充放电时间长，小电容充放电时间短)的原理进行工作的，从而使电路输出脉冲的宽度随传感器电容量变化而变化，通常用于差动电容式传感器的测量。

图 4－19 所示为差动脉冲宽度调制电路原理示意图。其中：A_1、A_2 是两个参数相同的电压比较器；U_r 为其参考电压；C_1、C_2 为差动式传感器的两个电容，若用单组式，则其中一个为固定电容，其电容量与传感器初始电容量相等。

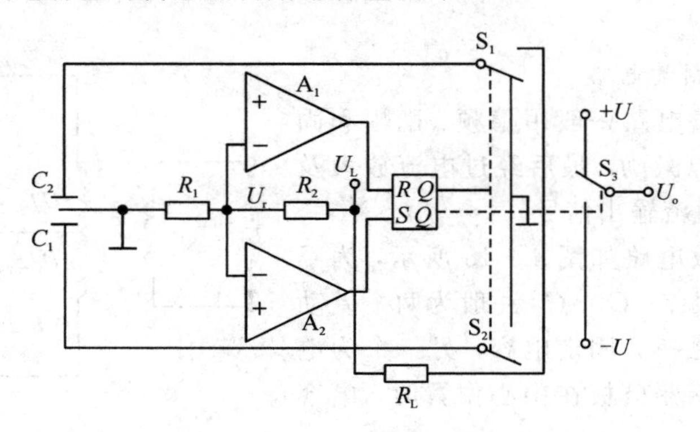

图 4－19　差动脉冲宽度调制电路原理示意图

电路接通电源时，双稳态触发器的 Q 端为高电位，$\bar{Q}$ 端为低电位，并分别控制开关 S_1 和 S_2 使电容 C_1 充电、C_2 放电。同时利用 $\bar{Q}$ 控制开关 S_3，使输出电压 U_o 为 $+U$。直至 C_1 的电位 U_{C_1} 等于参考电压 U_r 时，比较器 A_2 输出脉冲，使双稳态触发器翻转，Q 端变为低电位，$\bar{Q}$ 端变为高电位，并控制开关 S_1、S_2、S_3 动作，使电容 C_1 放电、C_2 充电，输出电压 U_o 为 $-U_o$。如此周而复始，则输出电压 U_o 为宽度受 C_1、C_2 调制的矩形脉冲。当 $C_1=C_2$ 时，U_o 波形如图 4－20(a)所示，其平均值为零。当 $C_1 \neq C_2$ 时，C_1、C_2 充电时间常数发生改变，若 $C_1>C_2$，则 U_o 波形如图 4－20(b)所示，其平均值不为零。

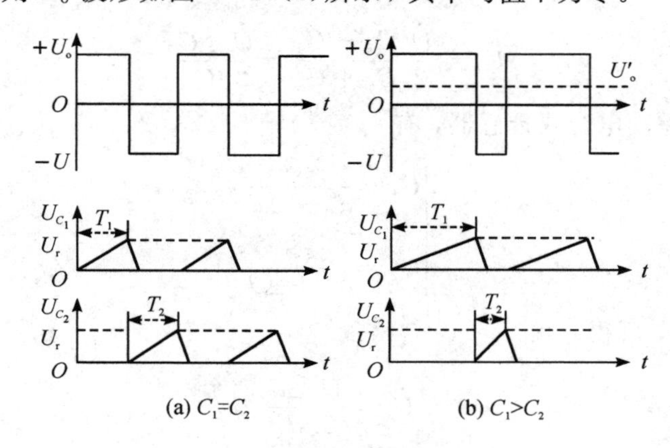

图 4－20　差动脉冲宽度调制电路各点电压波形

U_o 经低通滤波后，可得到一直流电压 U'_o：

$$U'_o = \frac{T_1}{T_1+T_2}U - \frac{T_2}{T_1+T_2}U = \frac{T_1-T_2}{T_1+T_2}U \tag{4-34}$$

式中：T_1、T_2——C_1、C_2 的充电时间。

U——输出电压 U_o 正反向幅值。

C_1、C_2 的充电时间 T_1、T_2 分别为

$$T_1 = R_L C_1 \ln \frac{U_L}{U_L - U_r} \tag{4-35}$$

$$T_2 = R_L C_2 \ln \frac{U_L}{U_L - U_r} \tag{4-36}$$

则得

$$U_o' = \frac{C_1 - C_2}{C_1 + C_2} U \tag{4-37}$$

因此，输出的直流电压与传感器两电容差值成正比。

设电容 C_1 和 C_2 的极间距离和面积分别为 d_1、d_2 和 S_1、S_2，则对变极距型和变面积型差动电容式传感器有

$$U_o' = \begin{cases} \dfrac{d_2 - d_1}{d_2 + d_1} U & \text{（变极距型）} \\ \dfrac{S_1 - S_2}{S_2 + S_1} U & \text{（变面积型）} \end{cases} \tag{4-38}$$

综上所述，差动脉冲宽度调制电路具有如下优点：

(1) 线性度好。不论是变极距型还是变面积型电容式传感器，电容的变化量与输出电压都呈线性关系。

(2) 效率高。信号只要经过低通滤波器就有较大的直流输出，不像调频测量电路和运算放大器式电路那样需要高输入阻抗放大器。

(3) 稳定性好。差动脉冲宽度调制电路采用直流电源，其电压稳定度高，没有稳频、波形纯度的要求，也不需要相敏检波与解调等。

在此需指出：具有这个特性的电容测量电路还有差动变压器式电容电桥和由二极管T形电路经改进得到的二极管环形检波电路等。

4) 二极管双T形交流电桥电路

二极管双T形交流电桥电路原理示意图如图4-21所示，它是利用电容器充放电原理组成的电路。其中，$\dot{U}$ 是高频电源，提供幅值为 U 的对称方波(正弦波也适用)；VD_1、VD_2 为特性完全相同的两个二极管；C_1、C_2 为传感器的两个差动电容；R_1、R_2 为固定电阻，且 $R_1 = R_2 = R$。

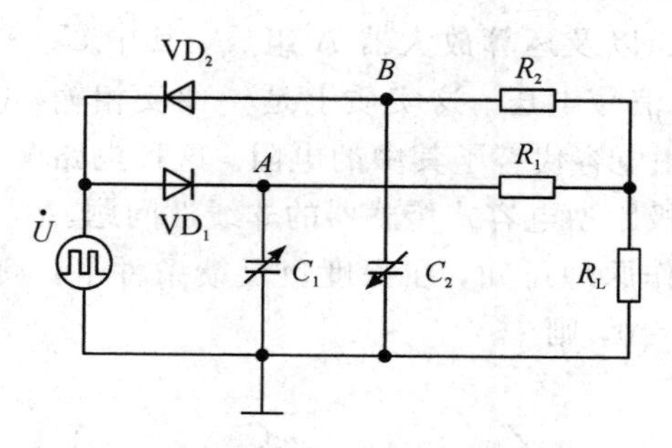

图4-21　二极管双T形交流电桥电路原理示意图

若传感器没有位移输入，则当 $\dot{U}$ 为正半周时，二极管 VD_1 导通，VD_2 截止，于是电容

C_1 充电；随后负半周出现时，电容 C_1 上的电荷通过电阻 R_1、负载电阻 R_L 放电，流过 R_L 的电流为 $I_1(t)$。在负半周内，VD_2 导通，VD_1 截止，于是电容 C_2 充电；随后正半周出现时，C_2 通过电阻 R_2、负载电阻 R_L 放电，流过 R_L 的电流为 $I_2(t)$。根据上面所给的条件可知，电流 $I_1(t)=I_2(t)$，且方向相反，R_L 在一个周期内流过的平均电流为零，无电压输出。

若传感器输入不为零，则 C_1 和 C_2 变化时，R_L 上产生的平均电流将不再为零，因而有信号输出。其输出电压的平均值为

$$\overline{U}_o = I_L R_L = \frac{1}{T}\left\{\int_0^T [I_1(t) - I_2(t)]\,dt\right\} \tag{4-39}$$

由式(4-39)可得

$$\overline{U}_o \approx \frac{R(R+2R_L)}{(R+R_L)^2} R_L U f(C_1 - C_2) \tag{4-40}$$

式中：f——电源频率。

当 R_L 已知时，令

$$K = \frac{R(R+2R_L)}{(R+R_L)^2} R_L \tag{4-41}$$

则

$$\overline{U}_o = KUf(C_1 - C_2) \tag{4-42}$$

综上可知，二极管双T形交流电桥电路的特点如下：

(1) 电流的灵敏度与电源幅值和频率有关，故要求输入电源稳定，可采取稳压稳频措施。

(2) 输出电压较高。例如，当电源频率为1.3 MHz，电源电压 $U=46$ V时，电容在 $-7\sim+7$ pF之间变化，可以在1 MΩ负载上得到 $-5\sim+5$ V的直流输出电压。

(3) 二极管 VD_1、VD_2 工作于高电平下，使得二极管工作在特性曲线的线性区域时，测量的非线性误差小。

(4) 将 VD_1、VD_2、R_1、R_2 安装在 C_1、C_2 附近能消除电缆寄生电容影响，线路简单。

(5) 负载电阻 R_L 将影响电容放电速度，从而决定输出信号的上升时间。对于1 kΩ的负载电阻，上升时间为20 μs左右，故可以测量高速的机械运动。

5) 运算放大器式电路

如图4-22所示为运算放大器式电路原理示意图，它由传感器电容 C_x 和固定电容 C 以及运算放大器A组成。其中 U_i 是信号源电压，U_o 为输出信号电压。这实质上是一种反相输入比例放大电路，只不过用电容代替了其中的电阻。这种电路的最大特点是能够克服变极距型电容式传感器的非线性问题。

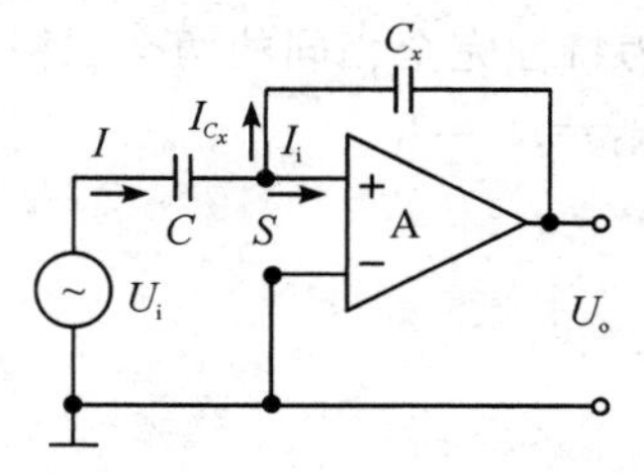

图4-22 运算放大器式电路原理示意图

由理想运算放大器工作原理可知，在深度负反馈条件下，运算放大器的输入电流 $I_i=0$，则

$$\dot{U}_o = -\frac{Z_f}{Z_1}\dot{U}_i = -\frac{-j\dfrac{1}{\omega C_x}}{-j\dfrac{1}{\omega C_0}}\dot{U}_i = -\frac{C}{C_x}\dot{U}_i \tag{4-43}$$

将 $C_x = \varepsilon S/\delta$ 代入式(4-43)，得

$$\dot{U}_o = -\frac{\dot{U}_i C}{\varepsilon S}\delta \tag{4-44}$$

式中的负号表明输出电压与电源电压反相。显然，输出电压与电容极板间距呈线性关系，这就从原理上解决了变极距型电容式传感器的非线性问题。而式(4-44)是在假定放大器开环放大倍数 $A\to\infty$、输入阻抗 $Z_i\to\infty$ 的条件下导出的，对实际运算放大器来说，由于不能完全满足理想运放条件，非线性误差仍将存在，但是在增益和输入阻抗足够大时，这种误差是相当小的。这种电路结构不宜采用差动测量。

此外，由式(4-44)可知，输出信号的电压 U_o 还与信号源电压 U_i、固定电容 C 及电容式传感器其他参数 ε、S 等有关，这些参数的波动都将使输出产生误差。因此，该电路要求固定电容 C 必须稳定，对信号源电压 U_i 必须采取稳压措施，这将使整个测量电路变得较为复杂。

4.6　微纳电容式传感器

4.6.1　微纳电容式传感器的结构与工艺

随着电子工业的蓬勃发展，各种电子产品向着轻、薄、短、小、便于携带、利于使用的方向发展。传感器的发展也是如此，实现集成度高、性能完善的微纳传感器已经成为传感器研究的主要方向。下面介绍两类比较典型的微纳电容式传感器。

1. 微结构电容式传感器

近年来，研究较多的方法就是改变传感器的内部结构，这种特殊结构通常称为微结构。微结构电容式传感器的类型多种多样，常见的包括微图案(金字塔形、半球形、圆柱形等)阵列结构、多层微孔结构(1～1000 μm 的微孔)和混合式微结构，如图 4-23 所示。

微金字塔阵列结构　微球堆叠阵列结构　多层微孔结构　混合式微结构

图 4-23　电容式传感器常见的微结构示意图

对于电容式压力传感器来说，电介质层中微结构的存在，可以增强聚合物材料的黏弹性，从而缩短形变恢复时间，提高传感器的响应速度；微结构之间空气间隙的存在降低了电介质层的整体弹性模量，使其在外压作用下有更大的变形，提高了传感器的灵敏度。电介质层有空气与聚合物两种电介质，而两种电介质有不同的介电常数。随着外压的增大，传感器压缩过程中空气被挤压出去，电介质层的整体介电常数增大，电容改变也会增大，这有利于传感器灵敏度的提高。通过扫描电镜可得电容式传感器常见的微结构图像如图

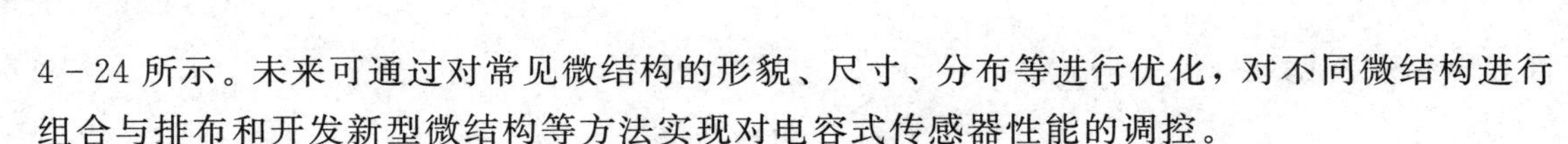

4－24 所示。未来可通过对常见微结构的形貌、尺寸、分布等进行优化，对不同微结构进行组合与排布和开发新型微结构等方法实现对电容式传感器性能的调控。

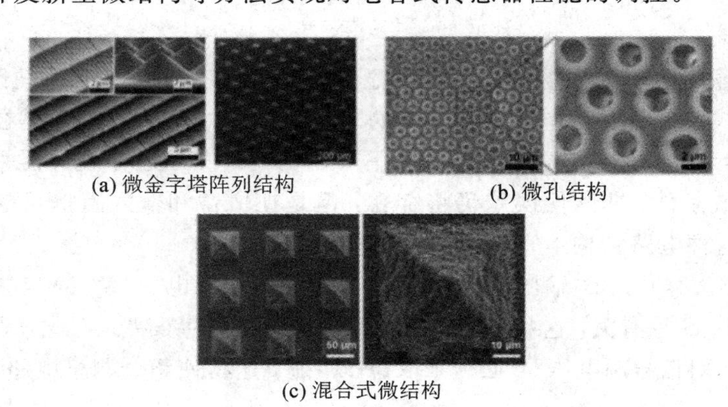

(a) 微金字塔阵列结构　　(b) 微孔结构

(c) 混合式微结构

图 4－24　电容式传感器常见的微结构的扫描电镜图像

综上所述，电容式传感器的介电常数和弹性模量是决定传感器灵敏度的核心因素，微结构大幅度提升了电容式传感器的灵敏度、响应时间以及稳定性。但是，从目前的研究来看，灵敏度高的传感器往往量程并不大，同时实现高灵敏度和大量程的传感器还是比较困难的，所以在提高传感器灵敏度的同时兼顾传感器的量程以及扩宽传感器的应用领域将是亟待解决的问题。

微图案阵列结构一般先采用光刻、化学腐蚀和等离子处理等一系列工艺形成排列规整、形状基本一致的模具，再把介电层液体倒入并将其倒模出来，最后成功制备出微结构的介电层薄膜。通过人为地调整微结构的尺度及排列方式等可提高传感器的性能。

1）微金字塔阵列结构

微金字塔阵列结构常使用硅片作为模具。首先在硅片上生长一层氧化物，旋涂一层正光刻胶后，经曝光、显影形成排列规则的纳米图案；然后刻蚀掉曝光后图案内的氧化层，剩余的氧化层可作为硅化学腐蚀过程中的掩模层。例如，可利用氢氧化钾对硅片的刻蚀速率不均匀特性进行改善，腐蚀后形成侧壁角度为 54.7°的金字塔形微结构。刻蚀完成后，可以用选择性化学液去除氧化层，并使用氟硅烷对模具进行处理，以便于介电层材料脱模，最后形成排列规则的金字塔阵列结构。此外，一些天然的生物材料，比如荷叶，因其具有自清洁性及疏水性，无需表面活性剂处理即可作为天然的模具。虽然生物材料简化了微纳制造过程，但是每个模具表面结构具有不均匀性，微结构尺寸不可调节，故在大规模批量化制造时仍需采用微纳加工工艺制作模具。

微金字塔阵列结构电容式传感器制造流程示意图如图 4－25 所示。① 将电介质材料旋涂到微结构硅片上；② 将 ITO/PET(氧化铟锡/聚对苯二甲酸乙二醇酯)层压在未固化的电介质上，随后固化；③ 剥离微观结构；④ 将电介质材料旋涂在洁净的 ITO/PET 电极上；⑤ 对电介质材料进行固化；⑥ 当电介质材料部分固化时，使其附着到已经固化的金字塔微结构层上；⑦ 完成传感器的制备。使用该模型制备的传感器可以完成动脉脉搏的测量，与商业微机电系统(MEMS)传感器相比，其对脉冲的响应没有产生延迟。由于锥体的微观结构形状和动脉脉冲波产生的低压，传感器信号不会产生蠕变。

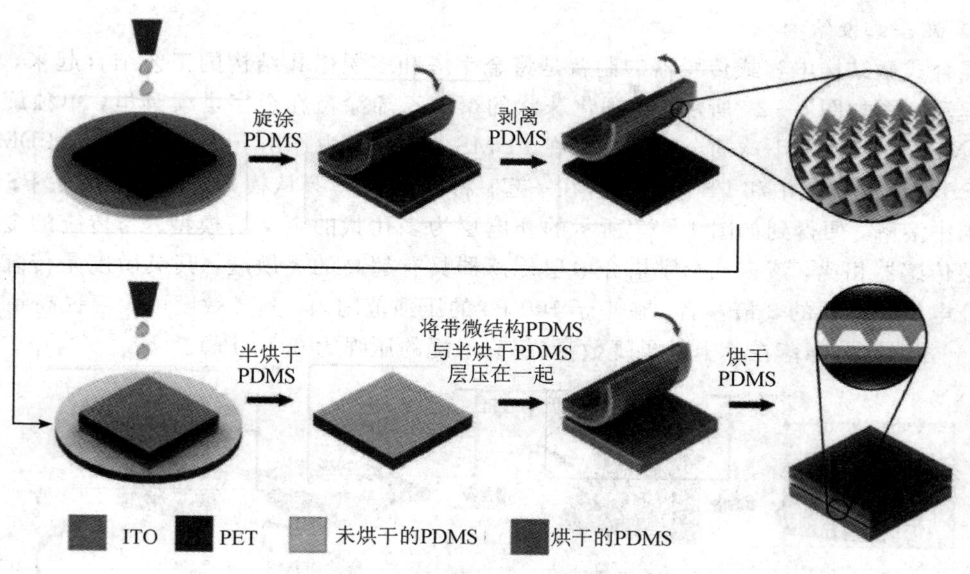

图 4-25　微金字塔阵列结构电容式传感器制造流程示意图

2）多层微孔结构

多层微孔结构已经成为一种越来越流行的电介质微结构构筑方法，在其中引入直径为 1～1000 μm 的空隙，制备出与我们所见的类似海绵的结构。这种多层的孔状结构使得传感器对外界的刺激更敏感，增加了介电层的可压缩性，可引起更高的电容变化，从而提高传感器的灵敏度。

多层微孔结构电容式传感器制造流程示意图如图 4-26 所示。① 使用微流控辅助乳化液自组装(DMESA)技术在硅衬底上堆叠具有三维紧密均匀排布的聚苯乙烯(PS)微球，小球的直径为 5 μm；② 将弹性电介质材料聚二甲硅氧烷(PDMS)渗透在微球内部空隙中；③ 加热至固化以后，将样品放在有机溶液中除去聚苯乙烯微球；④ 将具有微孔结构的电介质材料从硅衬底上剥离，并转移到 ITO/PET 电极层上；⑤ 完成微孔结构传感器的制备。该传感器的灵敏度可达 0.63 kPa^{-1}，响应时间极快，10 000 个循环周期后性能良好，经试验可成功检测蚂蚁在传感器上面行走。

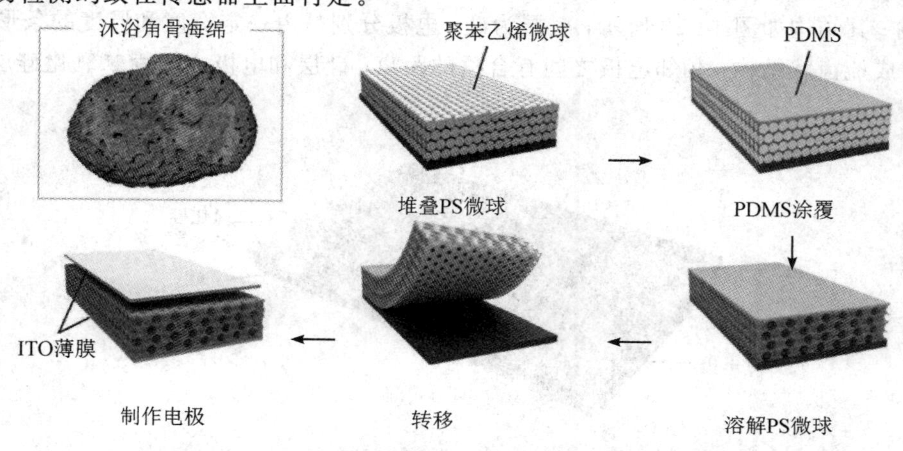

图 4-26　多层微孔结构电容式传感器制造流程示意图

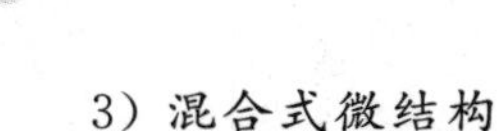

3) 混合式微结构

混合式微结构电容式传感器的制备是将金字塔和多层微孔结构的工艺结合起来，其制造流程示意图如图 4-27 所示。将固化珠状的聚苯乙烯涂覆在金字塔模具里，单独旋涂一层 PDMS，并将涂覆小球的金字塔模盖在 PDMS 上；在压力作用下，将预固化的 PDMS 渗透到 PS 之间的空隙中和 PS 微球黏合在一起；将 PDMS 薄膜从模具上剥离，最后 PS 微球在甲苯中溶解，便得到如图 4-27 所示的介电层为多孔状的金字塔模型。与传统的金字塔介电层传感器相比，该多孔金字塔介电层传感器具有超高的灵敏度，其灵敏度是传统的金字塔介电层传感器的 2 倍左右，在小于 100 Pa 的压强范围内，其灵敏度可大幅提高到 44.5 kPa^{-1}，并能区分降落在其上的果蝇数量(每只果蝇的压强为 0.14 Pa)。

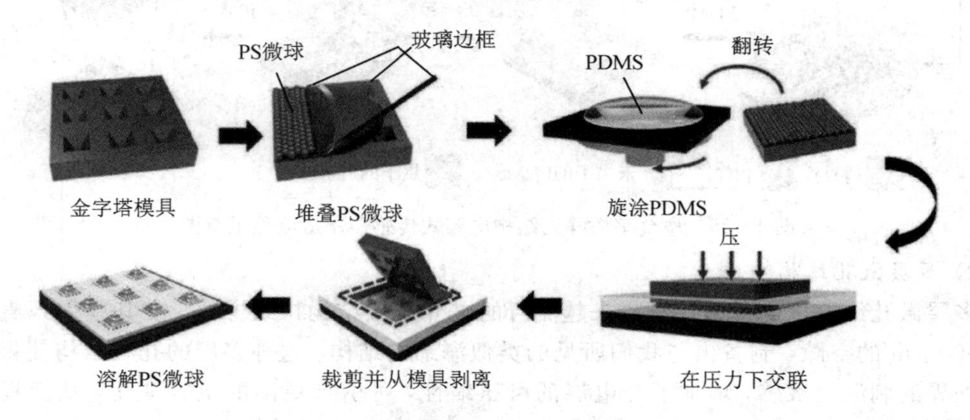

图 4-27　混合式微结构电容式传感器制造流程示意图

2. 梳状微纳电容式传感器

在集成微纳传感器的研究中，人们利用梳状电极结构作为微纳电容式传感器的感测电极，将其与读出电路、信号处理电路等集成在同一芯片，后端利用较为简便的加工工艺完成后期加工，以实现多种物理量、化学量、生物量等的检测。

梳状微纳电容式传感器的工作原理是利用敏感电容的反应层对特定元素敏感的特性，当外界环境发生改变时，反应层的介电常数会发生变化，从而引起电容量的改变，达到检测的目的。其结构如图 4-28 所示，底层为硅，电极分别是由一定宽度和厚度的条形电极组成，并形成梳齿状结构，相邻电极之间有合适的距离；硅层和电极之间为二氧化硅层，顶层为敏感膜。

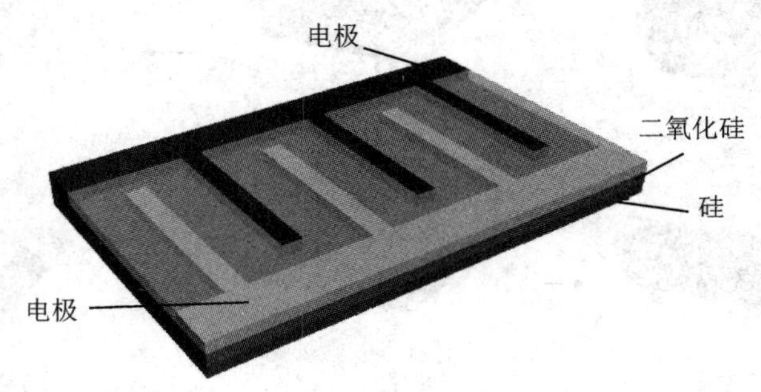

图 4-28　梳状微纳电容式传感器结构示意图

该结构的优点如下：

(1) 采用梳状电极结构，可以加宽电极的长度和厚度，以增加敏感电容量，提高传感器的灵敏度，改善传感器的性能。

(2) 与 CMOS 工艺兼容，便于使用标准的 CMOS 工艺加工生产，且后期加工工艺简单，只需在后期加工工艺中形成电容的敏感层即可测量外界物理量，有利于降低传感器的生产成本。

(3) 采用梳状电极结构，可以将底层的硅衬底接地，以消除外界的干扰，减小电容的影响。

4.6.2　微纳电容式传感器电路

微纳电容式传感器的电容变化量往往很小，这使得电缆杂散电容的影响非常明显。杂散电容会随温度、结构、位置、内外电场分布及选取的器件等诸多因素的影响而变化，同时电容变化范围大。因此微小电容测量电路必须满足动态范围大、测量灵敏度高、噪声低、抗杂散性好等要求。

微纳电容式传感器检测电路的核心框图如图 4－29 所示，它主要由正弦激励信号发生电路、电容-电压转换电路、交流信号放大电路、相控整流电路、低通滤波电路等功能电路构成。

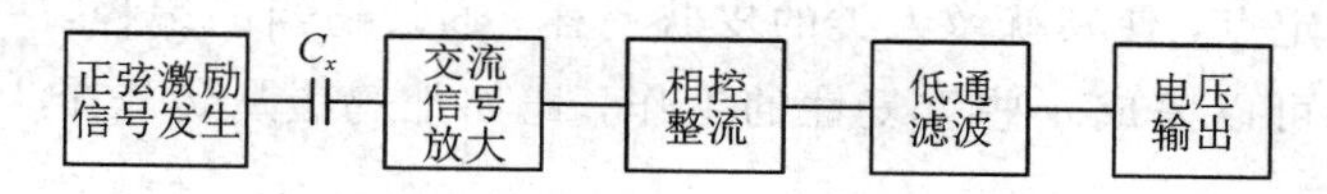

图 4－29　微纳电容式传感器检测电路的核心框图

交流信号放大电路在将信号放大的同时也引入了噪声。其引入的噪声大小由放大器本身决定，信号经过一级处理电路后，将加入固定幅度的噪声。因此，在输出信号幅度一定时，信号的信噪比与信号的平均值成正比。

相控整流电路会对输入噪声信号的频谱产生搬移作用，低频噪声成分被搬移到高频段，高频噪声成分被搬移到低频段。相控整流输出的信号将被送入低通滤波电路中进行处理，输出噪声中的高频成分被滤掉。这样，相控整流电路输入信号中的低频噪声不会对最终测量结果产生影响。因此，为使测量电路有较高的分辨率，应使输入相控整流电路的信号有适当的幅度，并有较高的信噪比。

4.6.3　微纳电容式传感器的应用

1. 人工电子皮肤

众所周知，电子皮肤不仅可以应用于机器人领域，赋予机器人接近人类的触觉感知和温度感知，也可以广泛应用于其他领域，例如：可穿戴设备，实现对人体健康的监测；假肢制造，实现假肢同真正肢体一样对周围环境感知；皮肤移植，解决现阶段皮肤移植过程中产生的触觉能力下降等问题。因此，电子皮肤的发展不仅会促进机器人技术的发展，也会为人类的生活带来巨大的革新。

微纳结构传感器使机器手套能够感知皮肤压力和剪切力，提供类似于人手的触觉和感知能力。模拟人手感知能力的电子皮肤如图 4－30 所示，斯坦福大学化学工程系教授鲍哲南及其团队在触觉手套上搭载的传感器能够使机器人手臂去触碰易碎的树莓，也可以拿起乒乓球，但机器人并不会将树莓和乒乓球挤爆。这种模拟人体皮肤层的工作方式为触觉手套带来了超凡的灵活度。

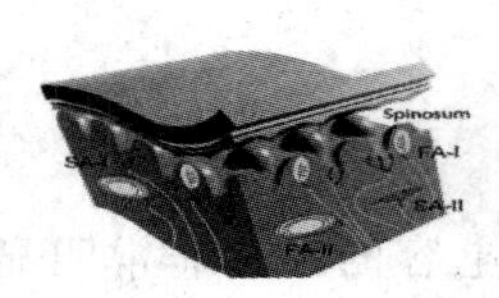

(a) 人体皮肤

(b) 人工电子皮肤微观结构

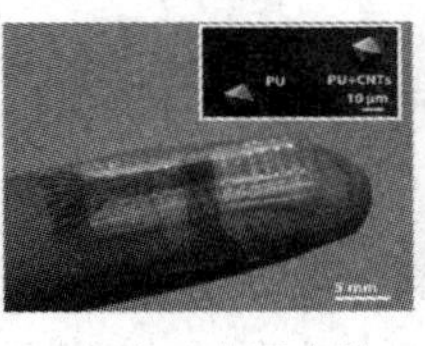

(c) 人工电子皮肤

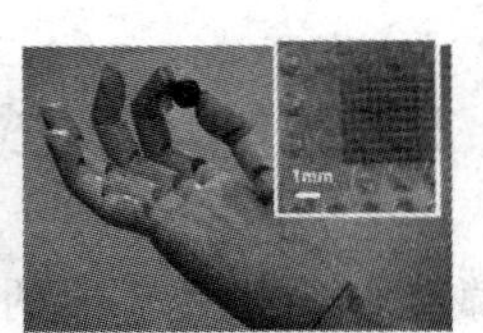

(d) 机器手捏树莓

图 4－30　模拟人手感知能力的电子皮肤

触觉手套采用三层布局，由绝缘橡胶层分隔电活性顶层和底层。底层有金字塔结构的小突起，类似于皮肤；两层各铺设一排电线，然后使这些线相互垂直，形成密集的小传感像素阵列，它们共同形成具有密集感测点阵列的二维网格。底层可将压力的强度和方向映射到垂直网格上的特定点，使其就像人类的皮肤一样。通过适当的编程，一只戴着这种触觉感应手套的机械手可以完成一些重复性的工作，比如把鸡蛋从传送带上拿下来并放进纸盒里。

2. 生物检测

微纳生物传感器已成为微纳制造、信息科学和生物医学领域的研究重点，并向着功能多样化、集成化、微型化、智能化、高稳定性、长寿命和低成本等方向发展。表面应力微纳无标识生物传感器利用分子间化学键的结合能从分子量级对分析物进行探测分析，精度可达分子量级，可为高性能生化测试提供支持。该传感器由以下两部分组成：

(1) 选择层：即分子识别元件，主要用来修饰抗原、抗体和酶等，通过识别或分解目标分析物，产生表面应力。

(2) 传感层：即物理化学转换器件，将选择层上的表面应力转化成可以测量的物理信号。

太原理工大学桑胜波教授课题组设计了一种基于 PDMS 薄膜的表面应力微纳无标识生物传感器，如图 4－31 所示。他们采用新型微纳加工工艺，制备了特征尺寸小于 100 nm 的 PDMS 基纳米结构，并利用表面牺牲层图形化技术构建了超薄 PDMS 悬浮结构(悬浮结构直径≥500 μm，膜厚≤1 μm)的选择性释放；然后通过沉积金层作为电极，用巯基十一烷酸(MUA)进行修饰，实现了细菌的检测。在检测过程中，金黄色葡萄球菌与 MUA 通过范德华力相互作用，并产生表面应力，导致 PDMS 薄膜产生凸形变，使电极之间的距离增加，电容变大。在 $5\times10^2\sim8\times10^3$ CFU/μL 的浓度范围内，传感器的电容的倒数与细菌浓度具

有线性关系，如图 4－31(d)所示，灵敏度可达 $4.275\times10^{-2}\ \mathrm{pF^{-1}\cdot CFU\cdot mL^{-1}}$。

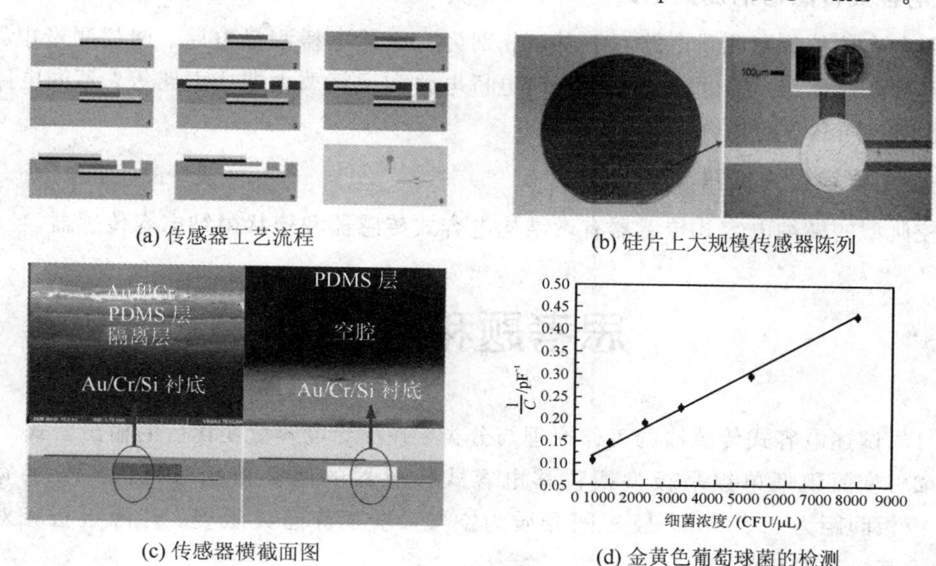

(a) 传感器工艺流程　(b) 硅片上大规模传感器陈列

(c) 传感器横截面图　(d) 金黄色葡萄球菌的检测

图 4－31　PDMS 薄膜表面应力微纳生物传感器

本章小结

1. 电容式传感器的工作原理

电容式传感器是一种将被测非电量的变化转换为电容量变化的传感器，它的主要结构由上、下两个电极，绝缘体，衬底构成。

2. 电容式传感器的基本类型

一般情况下，电容式传感器可分为变极距型电容式传感器、变面积型电容式传感器、变介质型电容式传感器。

(1) 变极距型电容式传感器的特点：电容量与极板间距成反比，主要用于测量位移量。

(2) 变面积型电容式传感器的特点：电容量与面积改变量成正比，主要用于测量线位移和角位移。

(3) 变介质型电容式传感器的特点：通过改变介质的介电常数实现对被测量的测量，并通过电容式传感器的电容量的变化反映出来，主要用于介质的介电常数发生改变的场合。

3. 电容式传感器的优缺点

优点：① 结构简单、适应性强；② 测量范围大、灵敏度高；③ 动态响应好；④ 温度稳定性好；⑤ 可以实现非接触测量，具有平均效应。

缺点：① 输出阻抗高、负载能力差；② 寄生电容影响大。

4. 电容式传感器的测量电路

常用电容式传感器测量电路有五种，分别为变压器电桥测量电路、调频测量电路、差动脉冲宽度调制电路、二极管双T形交流电桥电路和运算放大器式电路等，不同电路各有特点，适用不同参数的场合。

5. 微纳电容式传感器

比较典型的微纳电容式传感器有微结构电容式传感器和梳状微纳电容传感器。

思考题和习题

4-1 试述电容式传感器的工作原理与分类，并推导电容量变化后的输出公式。

4-2 变面积型单组平板型线位移电容式传感器的两极板相对覆盖部分的宽度为 4 mm，极板间距为 0.5 mm，极板间介质为空气，求其静态灵敏度。若两极板相对移动 2 mm，求其电容变化量。

4-3 如何改善变极距型单组电容式传感器的非线性？

4-4 当变极距型差动电容式传感器的动极板相对于定极板移动了 $\Delta d=0.8$ mm，若初始电容量 $C=C_2=80$ pF，初始极板间距 $d=4$ mm，试计算其非线性误差。若将差动电容改为单只平板电容，初始值不变，求其非线性误差。

4-5 影响电容式传感器测量精度的因素有哪些？如何消除？

4-6 电容式传感器的测量电路有哪几种？它们的工作原理与主要特点是什么？

4-7 已知圆盘形电容极板的直径 $D=50$ mm，极板间距 $d_0=0.2$ mm，在电极间放置一块厚度 $d_g=0.1$ mm 的云母片，其相对介电常数 $\varepsilon_{r1}=7$，空气的相对介电常数 $\varepsilon_{r2}=1$。

(1) 求无云母片及有云母片两种情况下的电容量 C_1、C_2。

(2) 当极板间距变化 $\Delta d=0.025$ mm 时，电容相对变化量 $\Delta C_1/C_1$ 与 $\Delta C_2/C_2$ 各为多少？

4-8 能否用电容式传感器测量金属工件表面的非金属涂层厚度？试设计一种可能的测量方案。

4-9 电容式传感器在实际应用中主要存在哪些对其理想特性产生较大影响的问题？分别采用什么方法加以解决？

第5章

磁电式传感器

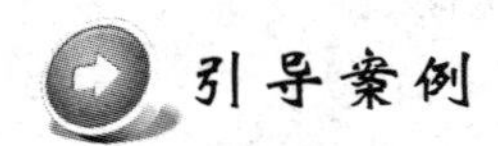

引导案例

磁电式传感器的军事应用

随着自旋电子学、新型纳米材料、微纳加工等理论与技术的异军突起，传感器技术，尤其是磁电式传感器技术得到了飞速发展，并逐渐成为航空、航天、卫星通信及军事工业最为依赖的技术之一。例如：巨磁阻传感器，可用来探测地球表面的物体和地下的矿藏分布；电子罗盘在武器/导弹导航(航位推测)、航海和航空的高性能导航设备中不可或缺；美军的"陶"式重型反坦克导弹上就装有智能化磁引信，可通过磁场检测坦克轮廓，精确控制弹头攻击防御最为薄弱的坦克顶部，极大地提高了对坦克的杀伤力；如果在水雷或地雷上安装磁传感器，由于坦克或者军舰外壳都是用钢铁制造的，因此在它们接近(无需接触目标)时，传感器就可以探测到磁场的变化从而使水雷或地雷爆炸，提高了杀伤力。

中国科学院研制的新型磁力仪可在数公里外探测到最微弱的磁场。这种仪器的核心是超导量子干涉仪(Superconducting Quantum Interference Device，SQUID)，它利用了量子力学原理。SQUID能记录外部磁场影响下电子干涉情况的改变，这种改变具有非连续的阶梯式特性。

现代战争中，能先"看见"敌人的一方，将占据巨大的战略优势。在战场上，一方面，利用外部传感器快速发现与精确测定敌方目标，并通过计算机控制火控系统，快速精确地打击敌方目标；另一方面，利用各种内部传感器测定火控系统、发动机系统等各部位的各类参数，并通过计算机控制来保证武器装备处于最佳状态，发挥最大效能。在全球范围内，很多国家已将传感器技术上升为国家经济和国防战略的高度，我国也已将传感器技术上升为国家战略。

5.1 概　　述

磁电式传感器是能够将各种磁场及其变动的量转变成电信号输出的设备。在当今的信息社会中，磁电式传感器已成为信息技术和信息工业中不可或缺的基础元件。现在，人们已研制出基于各种物理、化学和生物效应的磁电式传感器，并广泛应用于科研、生产和社

会生活的各个方面。下面主要介绍磁电感应式传感器、霍尔式传感器、磁敏基本元件和微纳磁阻传感器的工作原理、特性及其应用等。

5.2 磁电感应式传感器

磁电感应式传感器指利用导体在磁场中的相对运动，从而在导体两端产生感应电势的一类传感器。该传感器工作时无需外接电源即可把待测对象的机械信号转换成易于测量的电信号，属于一种有源传感器。其具有一定的工作带宽(10～1000 Hz)，并且输出功率大、性能稳定，适用于测量振动、转速、扭矩等物理量。

5.2.1 磁电感应式传感器的工作原理

图 5-1 所示为法拉第电磁感应定律原理示意图。

根据法拉第电磁感应定律，当 N 匝线圈在均恒磁场中做切割磁力线运动时产生的感应电动势 E 与穿过线圈的磁通量 φ 对时间 t 的变化率成正比，表达式如下：

$$E=-N\frac{\mathrm{d}\varphi}{\mathrm{d}t} \tag{5-1}$$

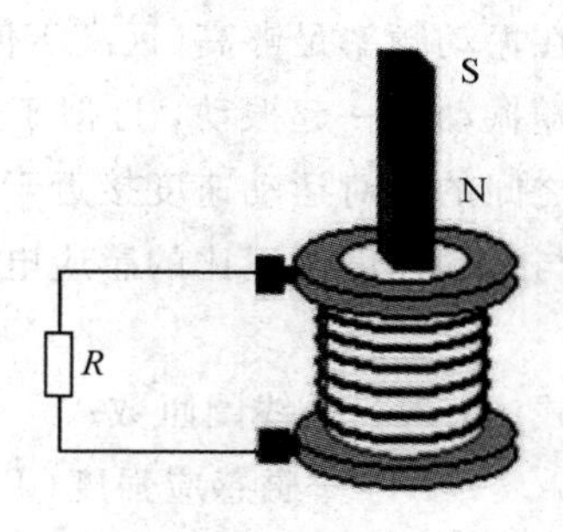

图 5-1　法拉第电磁感应定律原理示意图

由于磁通量 φ 可定义为闭合线圈所围成的面积 S 与线圈处的磁感应强度 B 的乘积，故式(5-1)可变换为

$$E=-N\frac{\mathrm{d}(BS)}{\mathrm{d}t}=-N\left(S\frac{\mathrm{dB}}{\mathrm{d}t}+B\frac{\mathrm{d}S}{\mathrm{d}t}\right) \tag{5-2}$$

根据式(5-2)可将磁电感应式传感器分为两种类型：一种类型是由于闭合线圈围成的面积 S 发生变化，引起通过线圈的磁通量变化，从而使线圈产生感应电动势；另一种类型是由于线圈处的磁感应强度发生变化，引起通过线圈的磁通量变化，从而使线圈产生感应电动势。

5.2.2 磁电感应式传感器的类型

根据式(5-2)，可设计两种结构的磁电感应式传感器：一种是恒磁通磁电感应式传感器，即线圈与磁场存在相对运动，闭合线圈围成的面积 S 发生变化导致通过线圈的磁通量发生变化；另一种是变磁通磁电感应式传感器，即线圈与磁场固定不动，线圈处的磁感应强度 B 发生变化引起通过线圈的磁通量发生变化。

1. 恒磁通磁电感应式传感器

如图 5-2 所示，恒磁通磁电感应式传感器由永久磁铁、线圈、弹簧、金属骨架和壳体等组成。当线圈与磁铁之间存在相对运动时，其运动部件可以是线圈也可以是磁铁，因此有动圈式和动铁式两类结构。

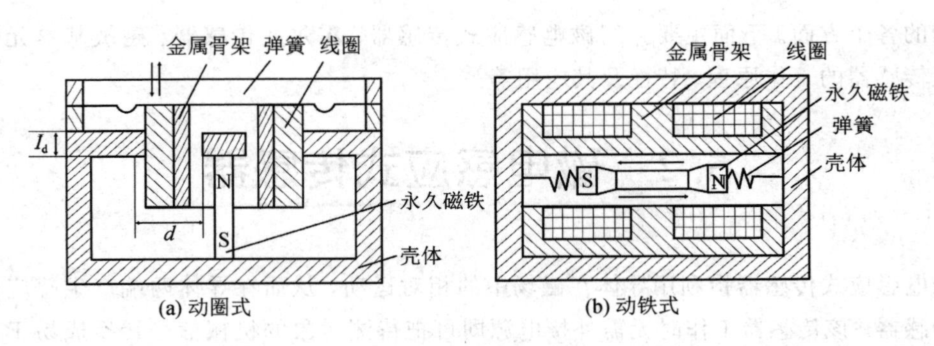

图 5-2　恒磁通磁电感应式传感器结构示意图

动圈式和动铁式磁电感应式传感器均基于法拉第电磁感应定律，主要用来测量振动速度。当传感器壳体随被测振动体一起振动时，由于弹簧较软，运动部件质量相对较大，因此在振动频率足够高(远高于传感器的固有频率)的情况下，运动部件的惯性很大，来不及跟随振动体一起振动，近似于静止不动。这时振动能量几乎全被弹簧吸收，永久磁铁与线圈之间的相对运动速度接近于振动体振动速度，永久磁铁与线圈的相对运动切割磁力线产生与运动速度成正比的感应电动势 E，即

$$E=-NBlv \tag{5-3}$$

式中：N——线圈匝数；

B——磁感应强度(T)；

l——每匝线圈的平均长度(m)；

v——线圈与磁场的相对运动速度(m/s)。

根据式(5-3)，磁电感应式传感器可用来测量速度。考虑到速度与位移、加速度间是积分与微分的关系，在后续电路里增加积分电路和微分电路，磁电感应式传感器即可用于测量位移与加速度。

2. 变磁通磁电感应式传感器

变磁通磁电感应式传感器的线圈和磁铁部分是静止的，运动部件安装在被测物体上，是用导磁材料制成的。

变磁通磁电感应式传感器结构可分为开磁路和闭磁路两种，如图 5-3 所示。

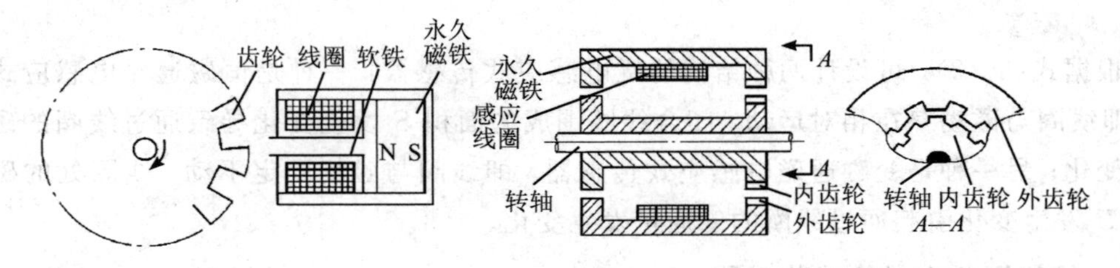

(a) 开磁路磁电感应式传感器结构示意图　(b) 闭磁路磁电感应式传感器结构示意图

图 5-3　变磁通磁电感应式传感器结构示意图

开磁路磁电感应式传感器结构示意图如图 5-3(a)所示。传感器由永久磁铁、软铁、

线圈和齿轮组成。线圈、永久磁铁以及软铁都静止不动，齿轮安装在被测旋转体上随之一起转动。当齿轮每旋转一个齿时，齿的凸凹引起磁路磁阻的变化，导致通过线圈的磁通量发生变化，线圈中产生感应电动势，其变化频率等于被测转速 ω 与齿轮齿数 Z 的乘积，即

$$f = Z\omega \tag{5-4}$$

此类结构的传感器结构简单，当已知齿轮的齿数时，只需测得感应电动势的频率，就可求得被测旋转体的转速。但是，此类结构传感器的输出信号较小，并且在高速轴上加装齿轮较危险，因此不适宜高转速的测量。

闭磁路磁电感应式传感器结构示意图如图 5-3(b)所示。传感器由装在转轴上的内齿轮、外齿轮、永久磁铁和感应线圈组成，内、外齿轮齿数相同。当传感器转轴连接到被测转轴上时，外齿轮不动，内齿轮随被测转轴转动，内、外齿轮的相对转动使气隙磁阻发生周期性变化，从而引起磁路中磁通量的变化，使线圈内产生周期性变化的感应电动势。与开磁路磁电感应式传感器类似，感应电动势的频率与被测转速成正比。

因此，变磁通磁电感应式传感器一般用来测量旋转体的转速，线圈中感应电动势的频率作为传感器的输出，它取决于磁通变化的频率。

5.2.3　磁电感应式传感器的特性

磁电感应式传感器测量电路示意图如图 5-4 所示。

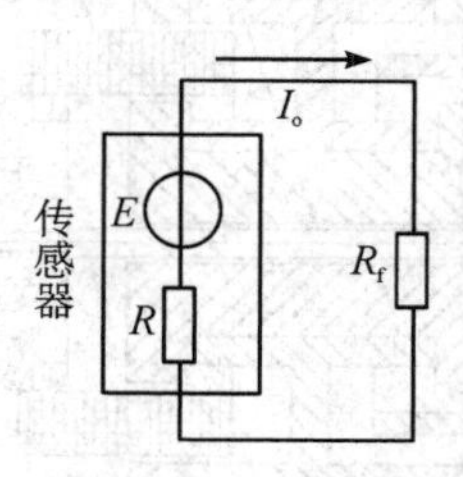

图 5-4　磁电感应式传感器测量电路示意图

如图 5-4 所示，将测量电路接入磁电感应式传感器后，传感器的输出电流 I_o 和电流灵敏度 K_I 分别为

$$I_o = \frac{E}{R+R_f} = \frac{NBlv}{R+R_f} \tag{5-5}$$

$$K_I = \frac{I}{v} = \frac{NBl}{R+R_f} \tag{5-6}$$

式中：R——线圈等效电阻；

R_f——测量电路的输入电阻。

而传感器的输出电压 U_o 和电压灵敏度 K_U 分别为

$$U_o = I_o R_f = \frac{NBlvR_f}{R+R_f} \tag{5-7}$$

$$K_U=\frac{U_o}{v}=\frac{NBlR_f}{R+R_f} \tag{5-8}$$

当磁电感应式传感器工作温度发生变化或受到机械振动、冲击、外界磁场干扰时，传感器灵敏度将发生变化，产生测量误差，其相对误差 γ 为

$$\gamma=\frac{dS_I}{S_I}=\frac{dB}{B}+\frac{dl}{l}-\frac{dR}{R} \tag{5-9}$$

因为磁电感应式传感器直接输出感应电势，且传感器具有较高的灵敏度，所以一般不需要高增益放大器。但该传感器是速度传感器，由于速度与位移、加速度间是积分与微分的关系，要想测量位移或加速度，需要接入积分或微分电路。

5.2.4 磁电感应式传感器的应用

1. 振动速度传感器

磁电感应式振动速度传感器可以用于测量旋转设备和机器的振动，如泵、压缩机、蒸汽轮机和连接线。其结构如图 5－5 所示，圆形壳内通过铝支架将圆柱形永久磁铁与外壳固定成一体，形成磁路系统，壳体起屏蔽作用。磁铁中留有一小孔，穿过小孔的芯轴两端架起线圈和圆环形阻尼器，芯轴两端采用圆形弹簧片支撑并与外壳连接。

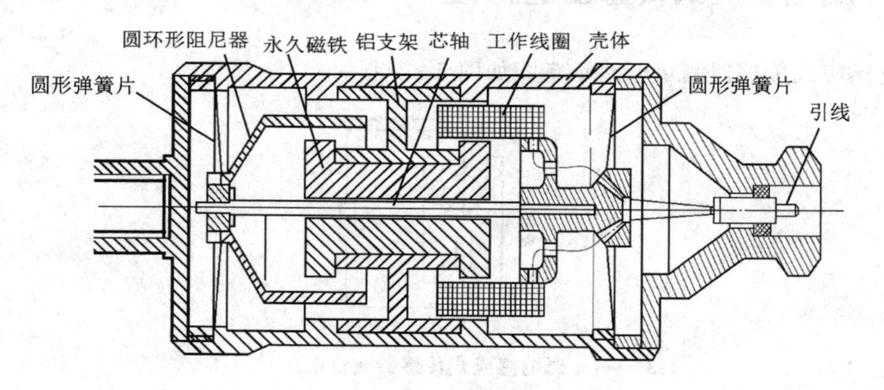

图 5－5　磁电感应式振动速度传感器结构示意图

使用时，将传感器固定在被测振动物体上。传感器与被测物体刚性连接。当被测物体振动时，传感器外壳、永久磁铁和铝支架一起随之振动，而架空的芯轴、线圈和圆环形阻尼器因惯性不随之振动。当振动频率远大于传感器固有频率时，线圈在磁路系统的环形气隙中相对永久磁铁运动，以振动物体的振动速度切割磁力线，产生正比于振动速度的感应电动势，线圈的输出通过引线输出到测量电路。该传感器用于测量振动速度参数，接入微分或积分电路后可以测量振动加速度和位移。

2. 转速传感器

磁电感应式转速传感器的结构如图 5－6 所示。转子安装在转轴上，它和定子、永久磁铁组成磁路系统。使用时，转轴与被测物体转轴相连接，当转子随转轴转动时，转子上的齿

相对于定子运动，齿的凸凹引起磁路气隙的变化，使磁路系统的磁通呈周期性的变化，在线圈中产生近似于正弦波的感应电动势，其频率与转速成正比。因此，该传感器用于测量转速参数。

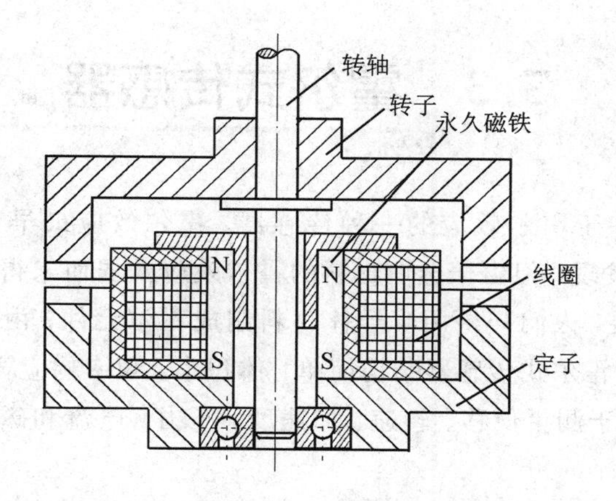

图 5-6　磁电感应式转速传感器结构示意图

3. 扭矩仪

磁电感应式扭矩仪采用的是磁电感应式传感器。磁电感应式扭矩仪结构示意图如图5-7所示，它由定子、转子、线圈和传感器轴组成。转子和定子上有一一对应的齿和槽。定子固定在传感器外壳上，转子和线圈一起固定在传感器轴上。当测量扭矩时，需要两个传感器，将它们的传感器轴分别固定在被测轴的两端，但它们的外壳固定不动。安装时，一个传感器的定子齿与其转子齿相对，另一个传感器的定子槽与其转子齿相对。工作时，当被测轴无外加扭矩时，扭转角为零，若传感器轴以一定角速度旋转，则两个传感器输出相位差为0°或180°的两个近似正弦波的感应电动势；当被测轴有外加扭矩时，轴的两端产生扭转角 φ，因此两个传感器输出的两个感应电动势将因扭矩而产生附加相位差 φ_0。扭转角 φ 与感应电动势相位差 φ_0 的关系为

$$\varphi_0 = Z\varphi \qquad (5-10)$$

式中：Z——传感器定子、转子的齿数。

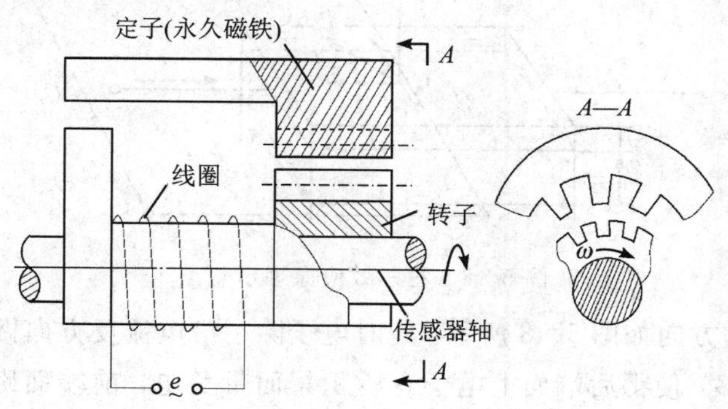

图 5-7　磁电感应式扭矩仪结构示意图

通过测量电路，将相位差转换成时间差，就可获得扭矩。

除上述应用外，磁电感应式传感器还可构成电磁流量计，用来测量具有一定电导率的液体流量。其优点是反应快，易于实现自动化和智能化，缺点是结构较复杂。

5.3 霍尔式传感器

霍尔式传感器是基于霍尔效应的一种传感器。霍尔效应最早由霍尔（E. H. Hall）于1879年在金属材料中发现，但由于金属材料的霍尔效应太弱而未得到应用。随着半导体材料和微电子技术的发展，人们开始用半导体材料制成霍尔元件，由于其霍尔效应显著，因此得到了应用和发展。霍尔式传感器结构简单、体积小、频率响应宽、动态范围大、可靠性高、使用寿命长，可用于测量位移、转速、加速度、压力、电流和磁场等参数，因此得到广泛的应用。

5.3.1 霍尔式传感器的工作原理

1. 霍尔效应

当电流垂直于外磁场方向通过导体或半导体薄片时，在薄片垂直于电流和磁场方向的两侧表面之间产生电位差的现象，称为霍尔效应。如图5-8所示，在垂直于磁场B的方向上放置一导电板，电流I通过导电板，方向如图5-8所示。导电板中的电流使金属中的自由电子在电场作用下做定向运动，此时，每个电子受洛伦兹力f_m的作用，洛伦兹力f_m的大小为

$$f_m = eBv \tag{5-11}$$

式中：e——电子电荷量，$e=1.602\times10^{-19}$C；

v——电子平均速度。

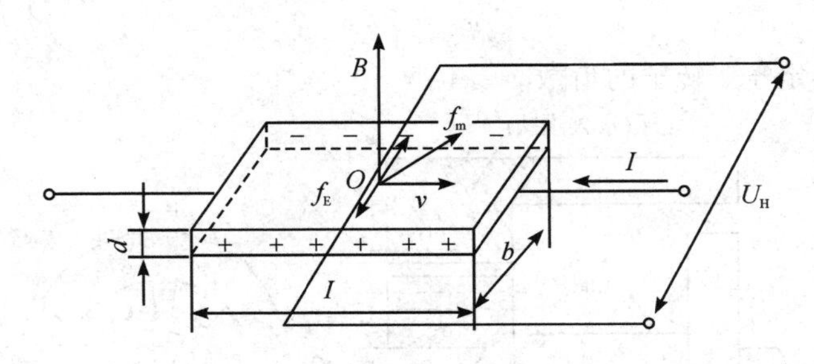

图5-8 霍尔效应原理示意图

洛伦兹力f_m的方向如图5-8所示，此时电子除了沿电流反方向做定向运动，还在f_m的作用下向后端漂移，使得后端面上电子有所积累而带负电，前端面则因缺少电子而带正电，从而形成附加内电场E_H，称为霍尔电场，该电场强度为

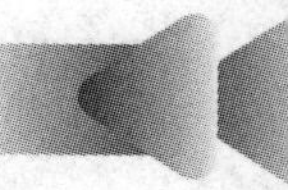

$$E_H = \frac{U_H}{b} \tag{5-12}$$

式中：U_H——霍尔电势。

霍尔电场的出现，使定向运动的电子除了受洛伦兹力作用，还受到霍尔电场的作用力，其大小为 eE_H，它阻止电荷继续积累。随着前、后端面积累电荷的增加，霍尔电场强度增加，电子受到的电场力也增大，当电子所受洛伦兹力与霍尔电场作用力大小相等、方向相反时，即

$$eE_H = eBv \tag{5-13}$$

则

$$E_H = Bv \tag{5-14}$$

此时电荷不再向前、后端面积累，达到平衡状态。

若金属导电板单位体积内电子数为 n，电子定向运动平均速度为 v，则激励电流 $I = nevbd$，有

$$v = \frac{I}{bdne} \tag{5-15}$$

将式(5-15)代入式(5-14)得

$$E_H = \frac{IB}{bdne} \tag{5-16}$$

将式(5-16)代入式(5-12)得

$$U_H = \frac{IB}{ned} \tag{5-17}$$

式中令 $R_H = 1/(ne)$，R_H 为霍尔常数，其大小取决于导体载流子密度，则

$$U_H = R_H \frac{IB}{d} = K_H IB \tag{5-18}$$

式中：$K_H = R_H/d$——霍尔片的灵敏度系数。

由式(5-18)可知，霍尔电势正比于激励电流及磁感应强度，其灵敏度系数与霍尔系数 R_H 成正比，与霍尔片厚度 d 成反比。为了提高灵敏度，常将霍尔元件制成薄片形状。

材料的电阻率 $\rho = 1/ne\mu$，所以霍尔系数与载流体材料的电阻率 ρ 和载流子迁移率 μ 的关系为

$$R_H = \mu\rho \tag{5-19}$$

因此，只有 μ、ρ 都大的材料才适合制作霍尔元件，以获得较大的霍尔系数和霍尔电压。一般金属材料载流子迁移率很高，但电阻率很小；而绝缘材料电阻率极高，但载流子迁移率极低，故常用半导体材料制作霍尔元件。霍尔电势 U_H 与霍尔片厚度 d 成反比，为了提高霍尔电势，常将霍尔元件制作成薄片。

2. 霍尔元件的基本结构及电路

霍尔元件结构由霍尔基片、四根引线和壳体组成，如图 5-9(a)所示。从矩形半导体基片长度方向上的两端面引出一对电极 1、1′，用于施加控制电流，称为控制电极(激励电

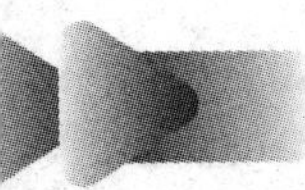

极)；在与这两个端面垂直的另两侧端面引出电极 2、2′，用于输出霍尔电势，称为霍尔电极。在基片外面用金属或陶瓷、环氧树脂等封装作为外壳。在电路中，霍尔元件一般用两种符号表示，如图 5-9(b)所示。

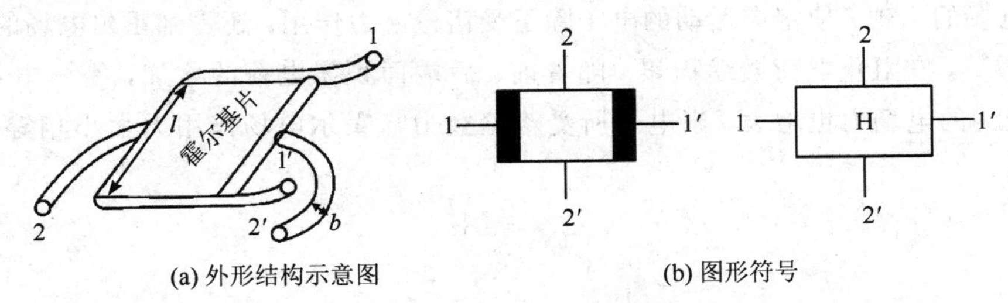

(a) 外形结构示意图　　(b) 图形符号

1、1′—控制电极；2、2′—霍尔电极。

图 5-9　霍尔元件结构示意图

霍尔电极在基片的位置及它的宽度 b 对霍尔电势影响很大。通常霍尔电极位于基片的中间，其宽度 b 远小于基片的长度 l，要求 $b/l<0.1$，如图 5-10 所示。

霍尔元件的测量电路很简单，如图 5-11 所示。控制电流 I 由电压源提供，其大小由可变电阻 R_{P0} 调节。霍尔电势 U_H 加在负载电阻 R_L 上，R_L 代表测量放大电路的输入电阻。

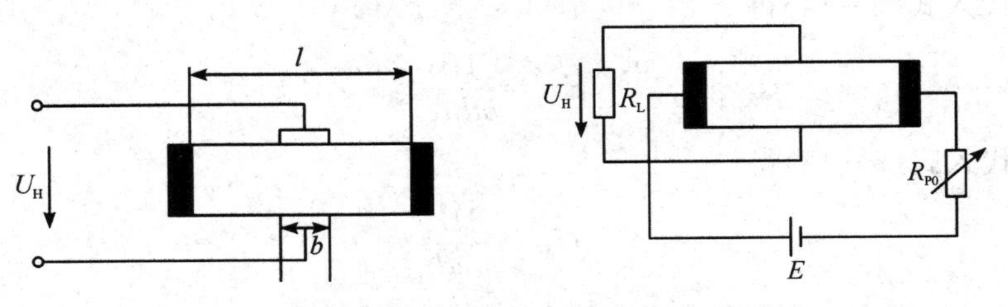

图 5-10　霍尔电极的位置及宽度　　图 5-11　霍尔元件的测量电路示意图

由于霍尔元件产生的电势差很小，因此通常将霍尔元件与放大器电路、温度补偿电路及稳压电源电路等集成在一个芯片上，称之为霍尔式传感器。霍尔式传感器也称霍尔集成电路，其外形较小，图 5-12 是其中一种型号的外形图。

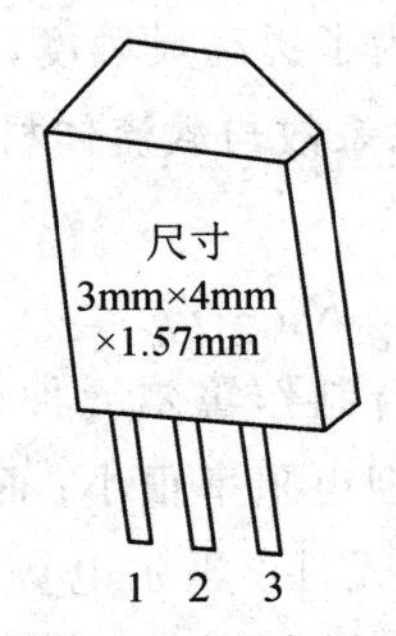

1—电源正；2—电源负(地)；3—输出。

图 5-12　某型号传感器的外形图

目前最常用的霍尔元件材料是锗(Ge)、硅(Si)、锑化铟(InSb)、砷化铟(InAs)、砷化镓(GaAs)和不同比例亚砷酸铟和磷酸铟组成的 $In(As_yP_{1-y})$ 型固溶体(其中 y 表示百分比)等半导体材料。其中N型锗容易加工制造，其霍尔系数、温度性能和线性度都较好。N型硅的线性度最好，其霍尔系数、温度性能同N型锗。锑化铟对温度最敏感，尤其在低温范围内温度系数大，但在室温时其霍尔系数较大。砷化铟的霍尔系数较小，温度系数也较小，输出特性线性度好。$In(As_yP_{1-y})$型固溶体的热稳定性最好。砷化镓的温度特性和输出特性好，但价格较贵。不同材料适用于不同的要求和应用场合，锑化铟适用于制作敏感元件，锗和砷化铟霍尔元件适用于制作测量指示仪表，N型硅可用于将霍尔元件与集成电路制作在一起的场合。

5.3.2 霍尔式传感器的特性

1. 霍尔元件的主要特性参数

1）额定激励电流和最大允许激励电流

当霍尔元件自身温升10℃时所流过的激励电流称为额定激励电流。以元件允许最大温升为限制所对应的激励电流称为最大允许激励电流。因为霍尔电势随激励电流增加而线性增加，所以使用中希望选用尽可能大的激励电流，因此，需要知道元件的最大允许激励电流。改善霍尔元件的散热条件，可以使激励电流增大。额定激励电流的大小与霍尔元件的尺寸有关，尺寸越小，额定激励电流越小，一般为几毫安到几十毫安。

2）输入电阻和输出电阻

控制电极间的电阻称为输入电阻。霍尔电极输出电势对外电路来说相当于一个电压源，其电源内阻即为输出电阻。输入和输出电阻值是在磁感应强度为零且环境温度在20℃±5℃时确定的。

3）不等位电势U_o和不等位电阻r_o

当霍尔元件的激励电流为I时，若元件所处位置磁感应强度为零，则它的霍尔电势U_o应该为零，但实际不为零。这时测得的空载霍尔电势称为不等位电势(也称为非平衡电压或残留电压)。产生这一现象的原因有以下几点：

(1) 由于制作工艺不可能保证两个霍尔电极绝对对称地焊在霍尔片的两侧，致使两电极点不能完全位于同一等位面上。

(2) 半导体材料不均匀造成电阻率不均匀或是几何尺寸不均匀。

(3) 激励电极接触不良造成激励电流不均匀分布。

4）寄生直流电势

在外加磁场为零且霍尔元件用交流激励时，霍尔电极输出除了交流不等位电势，还有一直流电势，称为寄生直流电势。寄生直流电势一般在1 mV以下，它是影响霍尔片温度漂移的原因之一。

5）霍尔电势温度系数

在一定磁感应强度和激励电流下，温度每变化1℃时，霍尔电势变化的百分率称为霍尔电势温度系数。它同时也是霍尔灵敏度系数的温度系数。

2. 霍尔式传感器的特点

1）优点

（1）霍尔式传感器可以测量任意波形的电流和电压，如直流、交流、脉冲波形等，甚至可以对瞬态峰值进行测量，其副边电流真实地反映了原边电流的波形。而普通互感器则是无法与其比拟的，它们一般只适用于测量 50 Hz 正弦波。

（2）精度高。在工作温度区内，霍尔式传感器的精度优于 1%，该精度适合于任何波形的测量。霍尔开关器件无接触，无磨损，输出波形清晰，无抖动，无反弹，具有高位置重复性(高达 μm 级)。

（3）线性度好。霍尔式传感器的线性度优于 0.1%。

（4）宽带宽。宽带宽的电流传感器上升时间可小于 1 μs；但是，电压传感器带宽较窄，一般在 15 kHz 以内，6400 V(rms)的高压电压传感器上升时间约为 500 μs，带宽约为 700 Hz。

（5）测量范围广。霍尔式传感器为系列产品，测量电流可达 50 kA，测量电压可达 6400 V。

2）缺点

霍尔式传感器的互换性比较差，信号随温度变化，输出非线性，最好用单片机进行非线性和温度校正。

5.3.3 霍尔式传感器的电路设计

1. 霍尔元件不等位电势补偿

不等位电势是零位误差中最主要的一种，它与霍尔电势具有相同的数量级，有时甚至超过霍尔电势，在实际中消除不等位电势是极其困难的，因此必须采用补偿的方法。如图 5－13 所示，霍尔元件可以等效为一个四臂电桥，理想情况下，$R_1=R_2=R_3=R_4$，即可得零位电势为零(零位电阻为零)。实际上，由于存在不等位电阻，四个电阻值不相等，因此电桥不平衡，即不等位电势相当于电桥的初始不平衡输出电压，可以通过在某个桥臂上并联电阻而将不等位电势降到最小，甚至为零。图 5－14 所示为两种常用的不等位电势的补偿电路示意图。图 5－14(a)为单臂补偿法及等效电路，即在某个桥臂上并联可调电阻；图 5－14(b)为双臂补偿法及等效电路，即在相邻两个桥臂上分别并联一个电阻，其中一个为可调电阻。两种补偿方法中，不对称补偿电路比较简单，而对称补偿电路温度稳定性好。

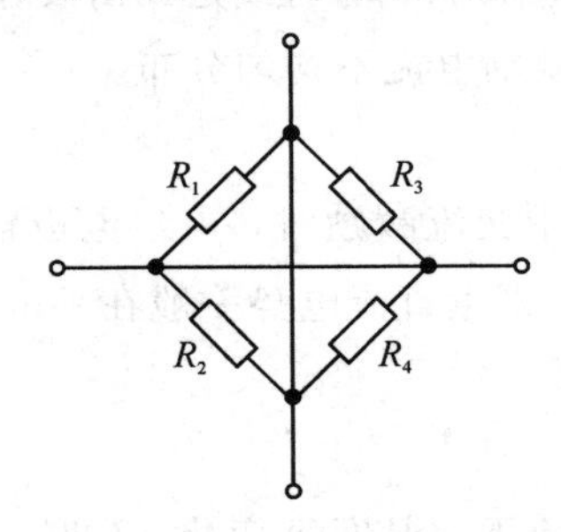

图 5－13　霍尔元件等效电路

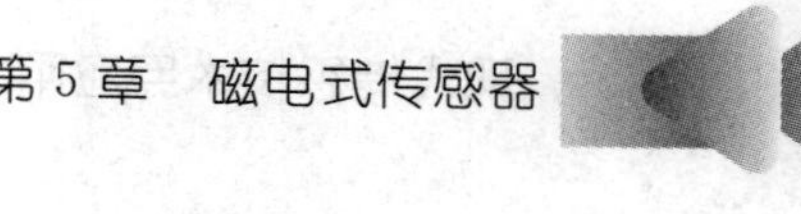

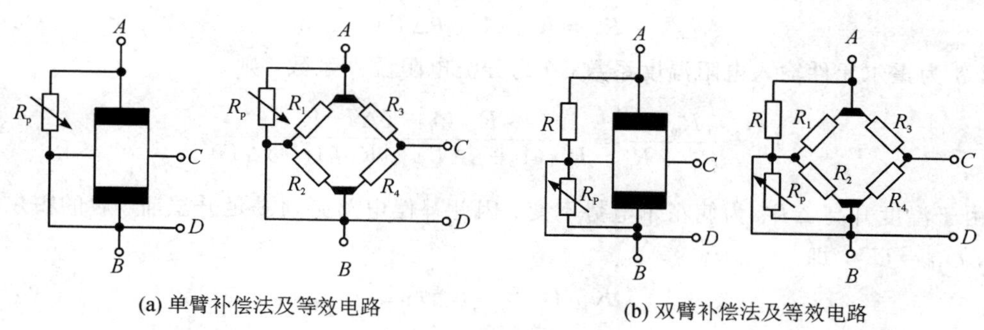

(a) 单臂补偿法及等效电路　　　　　(b) 双臂补偿法及等效电路

图 5-14　不等位电势补偿电路示意图

2. 霍尔元件温度补偿

霍尔元件由半导体材料制成，因而它的许多性能参数都有较大的温度系数。当温度变化时，霍尔元件的电阻率、迁移率和载流子浓度、输入和输出电阻以及霍尔系数等都会发生变化，致使霍尔电势变化，产生温度误差。

为了减小霍尔元件的温度误差，除选用温度系数较小的材料或采用恒温措施外，由 $U_H = K_H IR$ 可看出，采用恒流源供电是个有效措施，它可以使霍尔电势稳定，但也只能减小由输入电阻随温度变化引起激励电流 I 变化带来的影响。

霍尔元件的灵敏度系数 K_H 也是温度的函数，它随温度的变化引起霍尔电势的变化。霍尔元件的灵敏度系数与温度的关系可表示为

$$K_H = K_{H0}(1 + \alpha\Delta T) \tag{5-20}$$

式中：K_{H0}——温度 T_0 时 K_H 的值；

$\Delta T = T - T_0$——温度变化量；

α——霍尔电势温度系数。

大多数霍尔元件的温度系数 α 是正的，即温度升高，霍尔电势也增大。与此同时让激励电流 I_s 相应减小，并保持 $K_H I_s$ 乘积不变，可以抵消灵敏度系数 K_H 增加的影响。按此设计思路设计一个简单且补偿效果好的恒流源温度补偿电路，如图 5-15 所示。电路中用一个分流电阻 R_p 与霍尔元件的激励电极相并联，当输入电阻 R_p 随温度升高而增大时，旁路分流电阻自动加强分流，使霍尔元件的激励电流 I_s 减小，从而达到补偿的目的。

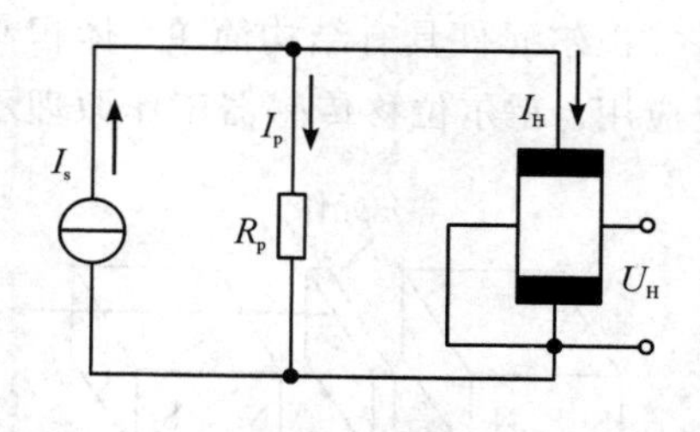

图 5-15　恒流源温度补偿电路示意图

设初始温度为 T_0，霍尔元件的输入电阻为 R_{i0}、灵敏度系数为 K_{H0}，分流电阻为 R_{p0}，根据分流概念得

$$I_{H0} = \frac{R_{p0} I_s}{R_{p0} + R_{i0}} \tag{5-21}$$

当温度升至 T 时，电路中各参数为

$$R_i = R_{i0}(1 + \delta\Delta T) \tag{5-22}$$

$$R_p = R_{pp0}(1+\beta\Delta T) \tag{5-23}$$

式中，δ 为霍尔元件输入电阻温度系数，β 为分流电阻温度系数，则

$$I_H = \frac{R_p I_s}{R_p + R_i} = \frac{R_{p0}(1+\beta\Delta T)I_s}{R_{p0}(1+\beta\Delta T)+R_{i0}(1+\delta\Delta T)} \tag{5-24}$$

由于温度升高 ΔT，为使霍尔电势不变，因此补偿电路必须满足升温前、后的霍尔电势不变，$U_{H0}=U_H$，即

$$K_{H0}I_{H0}B = K_H I_H B \tag{5-25}$$

则

$$K_{H0}I_{H0} = K_H I_H \tag{5-26}$$

经过整理并略去 α、β、ΔT 高次项后得

$$R_{p0} = \frac{(\delta-\beta-\alpha)R_{i0}}{\alpha} \tag{5-27}$$

当选定霍尔元件后，它的输入电阻 R_{i0} 和温度系数 δ 及霍尔电势温度系数 α 是确定值。由式(5-27)即可计算出分流电阻 R_{p0} 及所需的温度系数 β 值。为了满足 R_{p0} 及 β 两个条件，分流电阻可取温度系数不同的两种电阻的串、并联组合，虽然麻烦但效果很好。

5.3.4 霍尔式传感器的应用

霍尔式传感器利用霍尔效应实现对物理量的测量，它可以将许多非电、非磁的物理量例如力、力矩，压力、应力，位置、位移、速度、加速度、角度、角速度、转数、转速等，转变成电量来进行测量和控制。

1. 霍尔位移传感器

霍尔元件具有结构简单、体积小、动态特性好和寿命长的优点，在位移测量中得到广泛应用。霍尔位移传感器工作原理示意图如图 5-16 所示。

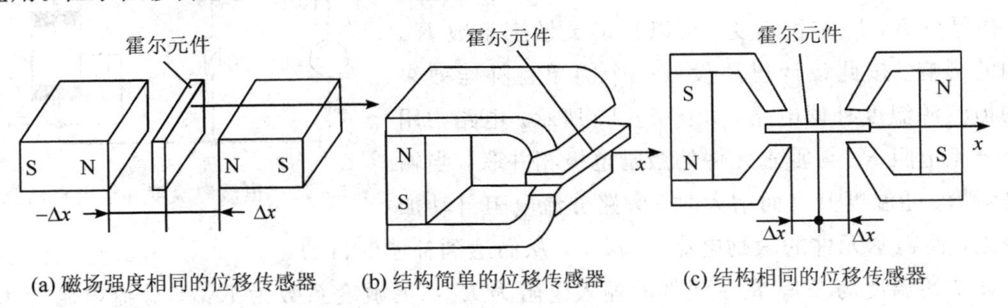

(a) 磁场强度相同的位移传感器　(b) 结构简单的位移传感器　(c) 结构相同的位移传感器

图 5-16　霍尔位移传感器工作原理示意图

图 5-16(a)所示为磁场强度相同的两块永久磁铁，同极性相对地放置，霍尔元件处在两块磁铁的中间。由于磁铁中间的磁感应强度 $B=0$，因此，霍尔元件输出的霍尔电势 $U_H=0$，此时位移 $\Delta x=0$。若霍尔元件在两块磁铁中间产生相对位移，霍尔元件接收到的磁感应强度也随之改变，这时 $U_H\neq0$，其量值大小反映出霍尔元件与磁铁之间相对位置的变

化量。这种结构的传感器，其动态范围可达 5 mm，分辨率为 0.001 mm。

图 5-16(b)所示为一种结构简单的霍尔位移传感器，它是由一块永久磁铁组成磁路的传感器，在霍尔元件处于初始位置 $\Delta x=0$ 时，霍尔电势 $U_{H}\neq 0$。

图 5-16(c)所示为一个由两个结构相同的磁路组成的霍尔位移传感器，为了获得较好的线性分布，在磁极端面装有极靴，调整好霍尔元件初始位置，可以使霍尔电势 $U_{H}=0$。当控制电流 I 恒定不变时，霍尔电势 U_{H} 与外磁感应强度成正比；若磁场在一定范围内沿 x 方向的变化梯度 $\mathrm{d}B/\mathrm{d}x$ 为一常数，则当霍尔元件沿 x 方向移动时，霍尔电势变化为

$$\frac{\mathrm{d}U_{H}}{\mathrm{d}x}=K_{H}I\frac{\mathrm{d}B}{\mathrm{d}x}=K \tag{5-28}$$

式中：K——位移传感器的输出灵敏度。

对式(5-28)积分后，得

$$U_{H}=Kx \tag{5-29}$$

式(5-29)说明霍尔电势与位移量呈线性关系。其输出电势的极性反映了霍尔元件位移方向。磁场梯度越大，传感器灵敏度越高；磁场梯度越均匀，传感器输出线性度就越好。当 $x=0$ 时，霍尔元件置于磁场中心位置 $U_{H}=0$。这种位移传感器一般可测量 1～2 mm 的微小位移，其特点是惯性小、响应速度快、无触点测量。利用这一原理可以测量与之有关的非电量，如力、压力、加速度、液位和压差等。

2. 霍尔转速传感器

霍尔转速传感器的工作原理示意图如图 5-17 所示。在非磁材料的圆盘边上粘贴一块磁钢，霍尔转速传感器固定在圆盘外缘附近。当磁钢远离霍尔转速传感器时，传感器输出低电平，当磁钢处于霍尔转速传感器正下方时，传感器输出高电平。圆盘每转动一圈，霍尔转速传感器便输出一个高电平脉冲。通过单片机测量产生脉冲的频率，就可以得出圆盘的转速，这可用于速度测量。

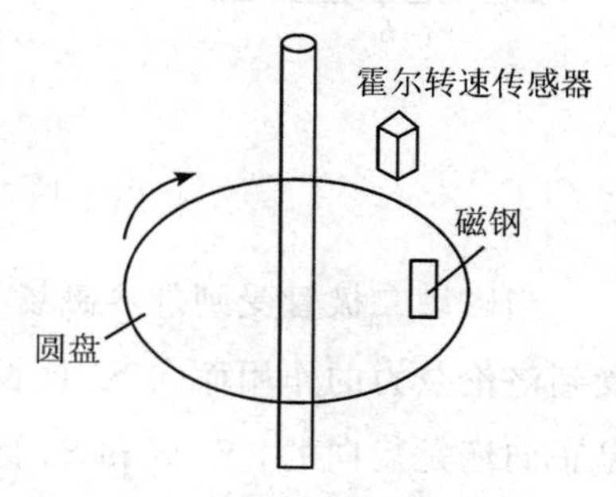

图 5-17 霍尔转速传感器的工作原理示意图

同样道理，根据圆盘或车轮的转速，再结合圆盘或车轮的周长就可以计算出物体的位移。如果要提高测量位移的精度，可以在圆盘或车轮上多增加几块磁钢，这样圆盘每转动一圈，霍尔转速传感器便会输出多个高电平脉冲，从而提高分辨率。

5.4 磁敏基本元件

磁敏元件指特性参数随外界磁性量变化而明显变化的敏感元件，具有把磁学物理量转化为电信号的功能。

5.4.1 磁敏二极管

磁敏二极管是一种磁电转换元件，它是将磁信号转换成电信号的器件，具有灵敏度高、响应快、体积小、无触点、输出功率大及性能稳定等优点，因此被广泛地应用于磁场检测、转速测量、位移测量、电流测量、无刷直流电动机及磁力探伤等领域。

1. 磁敏二极管的基本结构及工作原理

磁敏二极管的结构如图 5-18 所示。当磁敏二极管未受到外界磁场作用时，外加正偏压，如图 5-18(a)所示，则有大量的空穴从 P 区通过半导体进入 N 区，同时也有大量电子注入 P 区，形成电流。只有少量电子和空穴在半导体内复合。当磁敏二极管受到外界磁场 H^+(正向磁场)作用时，如图 5-18(b)所示，电子和空穴受到洛伦兹力的作用而向 S_r 区(高复合区)偏转，因此载流子复合速率增大，空穴和电子一旦复合就失去了导电作用，这意味着基区(P 和 N 之间的区域)的等效电阻增大，电流减小。如果磁感应强度方向与原方向相反，则载流子偏向无复合面 S_0，基区等效电阻减小，电流增大。

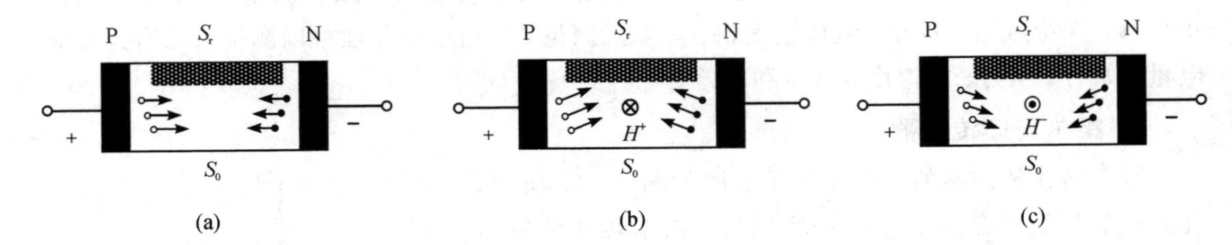

图 5-18 磁敏二极管的结构示意图

当磁敏二极管受到外界磁场 H^-(反向磁场)作用时，如图 5-18(c)所示，电子和空穴受到洛伦兹力的作用而向 S_0 区偏转，基区等效电阻减小，电流增大。显然，无论外界磁场是正向还是反向的，S_r 区和 S_0 区的复合能力之差越大，磁敏二极管的灵敏度就越高。当二极管正向偏置时，通过磁敏二极管随磁场强度的变化，其电流发生变化，可实现磁电转换。磁敏二极管反向偏置时，在二极管中仅流过非常微小的电流，几乎与磁场强度无关，因而二极管电流不会因受到磁场作用而有任何改变。

2. 磁敏二极管的主要特征

1) 磁电特性

在给定条件下，磁敏二极管输出电压的变化与外加磁场的关系称为磁敏二极管的磁电特性。

磁敏二极管磁电特性通常有单只使用和互补使用两种方式。当温度为 20℃时，磁敏二极管的磁电特性曲线如图 5-19 所示。由图可知，单只使用时，正向磁灵敏度大于反向磁灵敏度；互补使用时，正、反向磁灵敏度曲线对称，磁感应强度增加时，曲线有饱和的趋势，在弱磁场下有较好的线性。

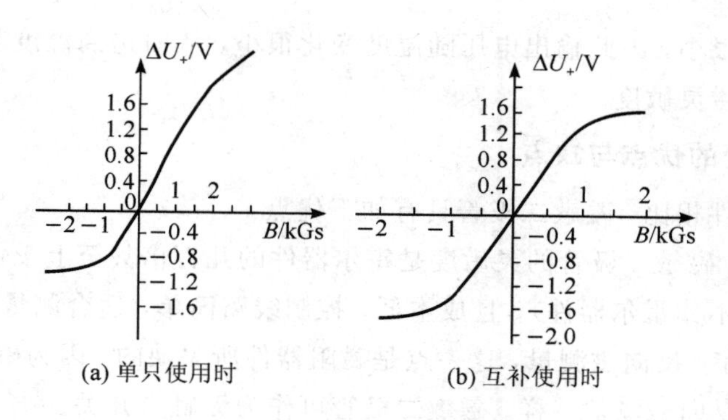

图 5-19　磁敏二极管磁电特性曲线

2）伏安特性

当磁敏二极管正向偏压时，其 $I-U$ 曲线称为磁敏二极管的伏安特性，以锗磁敏二极管的伏安特性曲线为例，如图 5-20 所示，磁敏二极管在不同磁场强度的作用下，其伏安特性不一样。在负向磁场作用下，二极管的电阻小、电流大。在正向磁场作用下，二极管的电阻大、电流小。

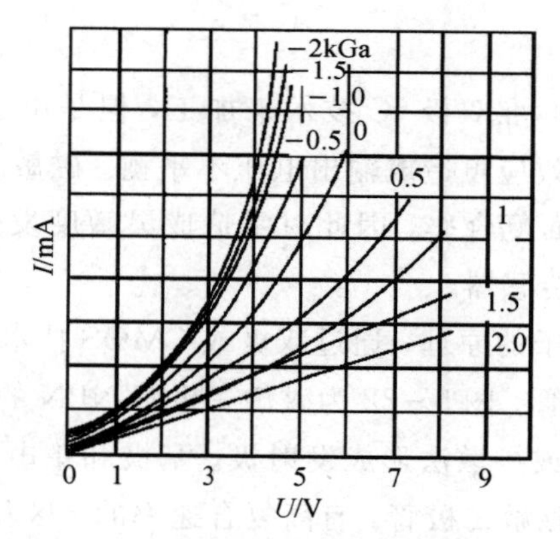

图 5-20　锗磁敏二极管的伏安特性曲线

3）温度特性

一般情况下，磁敏二极管受温度影响较大，温度特性较差，因此在使用时，一般需对它进行补偿。补偿的方法较多，常采用温度补偿电路。如图 5-21 所示，选用一组两只（或选用两组）特性相同或相近的磁敏二极管，按相反磁极性组合，即二极管的磁敏感面相对放置，构成温度补偿电路。

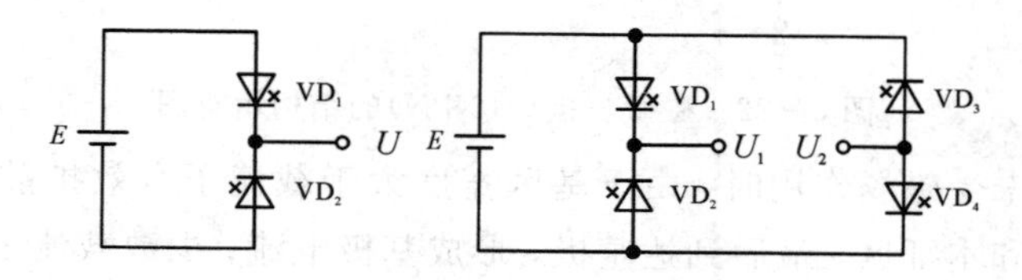

图 5-21　温度补偿电路示意图

当磁场强度为零时，输出电压取决于两管（或两组互补管）等效电阻分压比关系，当环境温度发生变化时，两只管子等效电阻都会发生改变，因其特性完全一致或相近，故分压

比关系不变或变化很小，因此输出电压随温度变化很小，从而达到温度补偿的目的。同时，互补电路还能提高磁灵敏度。

3. 磁敏二极管的优点与缺点

与其他磁敏器件相比，磁敏二极管具有如下优点：

(1) 高灵敏度。磁敏二极管的灵敏度是霍尔器件的几百倍甚至上千倍(但灵敏度与磁场关系呈线性的程度不如霍尔器件)，且成本低，控制线路简单，适合测量弱磁场。

(2) 可以进行正、反向磁测量，这一点是磁阻器件所欠缺的。因为磁阻器件与磁场强度 B 的平方有关，正反向磁场都一样。磁敏二极管可作为无触点开关。

(3) 在小电流下工作，磁敏二极管的灵敏度仍很高。

(4) 磁敏二极管可检测交流和直流电磁场。

磁敏二极管的缺点是受温度影响较大，即在一定测试条件下，磁敏二极管的输出电压变化量随温度变化较大，在实际使用时，必须对其进行温度补偿。

5.4.2 磁敏三极管

尽管硅霍尔基片可采用标准双极 IC 技术来加工，但是由于掩模板的对准误差或因器件内存在应力而引起的压阻效应可造成输出电压不平衡。磁敏二极管虽然没有不平衡电压问题，但是由于难以控制界面复合率，因此时常造成灵敏度发生改变。磁敏三极管同样受磁场影响，也可用来制作磁传感器。

利用洛伦兹力影响载流子的原理，通过双极或 CMOS 技术，用一个发射极和几个收集电流的集电极构成磁敏三极管。图 5-22 为磁敏三极管 NPN 的结构示意图，在弱 P 型或弱 N 型本征半导体上用合金法或扩散法形成发射极、基极和集电极。磁敏三极管的最大特点是基区较长，基区结构类似磁敏二极管，有高复合速率的 r 区和本征 I 区。长基区分为输运基区和复合基区。

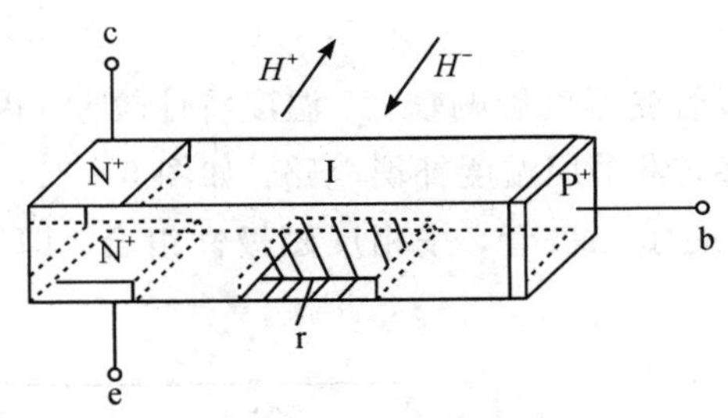

图 5-22　磁敏三极管(NPN)的结构示意图

当磁敏三极管未受磁场作用时，由于基区宽度大于载流子有效扩散长度，因此大部分载流子通过发射极和本征区，最后到达基极，形成基极电流；少数载流子到达集电极，由此形成了基极电流大于集电极电流的情况。当磁敏三极管受到磁场(H^+)作用时，洛伦兹力使载流子偏向发射极的一侧，导致集电极电流显著下降。当磁敏三极管受到反向磁场(H^-)作用时，载流子偏向集电极一侧，集电极电流增大。在正、反向磁场作用下，集电极

电流出现显著变化，由此磁敏三极管可用来测量弱磁场、电流、位移等物理量。

由此可知，磁敏三极管在正向或反向磁场作用下，会引起集电极电流的减小或增大。因此，可以利用磁场方向控制集电极电流的增大或减小，用磁场的强弱控制集电极电流的变化量。

一般锗磁敏三极管的集电极电流相对磁灵敏度为(160%～200%)/T，有的甚至达到350%/T。硅磁敏三极管的集电极电流相对磁灵敏度平均为(60%～70%)/T，最大达到150%/T。利用磁敏三极管可测量弱磁场、电流、转速、位移等物理量。

5.4.3　磁敏器件的应用

磁敏器件可将磁场信息转换成各种有用信号，是各种测磁仪器的核心。到目前为止，已有十多种常用测磁方法，研制和生产的测磁仪器有几十个大类共上百种，其应用范围已扩展至天文(天体运行、演变的磁场检测)、地理(地心磁场的检测、地质年代变化的检测等)、人类疾病诊治等社会生活的各个方面。

磁敏器件的实际应用可分为两类：一类是直接利用其检测磁场的功能，如计算机信息存储、音像信息记录及各种磁信息的读/写和传感装置；另一类是间接应用，即利用磁场作为被测信息的载体，通过磁敏器件进行检测、转换和控制，如各种物体运动信息(包括位置、位移、速度、压力、应力等)的检测和各种无触点开关，都可用磁性体作为载体。无论直接还是间接应用，一般都要求检测的磁场范围在 10 nT～1 T，且要求磁敏器件结构精巧坚固，体积小、质量轻、功耗低，和外电路接口方便，能在恶劣的环境(如强震、多尘、高温、油污、腐蚀性气体等)下工作并可抗电磁干扰。

5.5　微纳磁阻传感器

近年来，受物联网(Internet of Things，IoT)产业驱动，传感器得到了飞速发展。传感器种类繁多，它们从不同类型的应用场景中收集数据，以提高生产生活效率，为万物互联赋能。其中，磁传感器占据了物联网各类智能传感器约 10%的份额，从检测地磁场用于导航交通，到检测神经元活动产生的极微弱磁场用于医疗诊断，磁传感器的应用无处不在。随着人们对传感器高灵敏度、低功耗、小型化等性能需求的提高，集成电路中微型磁传感器所使用的技术也在不断更新。霍尔式传感器是发展最为成熟的商业产品，其原理简单，制备成本低，但是霍尔式传感器需要集成聚磁环结构来提高灵敏度，器件尺寸较大，同时霍尔元件还存在功耗高、线性度差等缺点。

通过结合薄膜技术和磁阻技术，微纳磁阻传感器的应用范围得以逐渐拓展。利用薄膜制备工艺技术和光刻工艺在硅片或者其他基底上制备具有一定图形的铁磁薄膜，一般情况下，厚度小于 100 nm，宽度和长度根据磁阻设计原理可设计为一定比例微米量级的图形。薄膜磁阻材料作为传感器的核心部分，其电阻率与薄膜厚度成反比，这主要是因为材料中传导电子的表面散射近似与电子的平均自由程相等。这类传感器的灵敏度与霍尔元件相比，约为后者的100倍，更适用于弱磁场下的测量。

5.5.1 微纳磁阻传感器的原理

在外磁场作用下，材料的电阻率发生变化的现象，称为磁阻效应(Magneto-resistance Effect)。同霍尔效应一样，磁阻效应也是由于载流子在磁场中受到洛伦兹力而产生的。在达到稳态时，某一速度的载流子所受到的电场力与洛伦兹力相等，载流子在两端聚集产生霍尔电场，比该速度慢的载流子将向电场力方向偏转，比该速度快的载流子则向洛伦兹力方向偏转。这种偏转导致载流子的漂移路径增加，或者说，沿外加电场方向运动的载流子数减少，从而使电阻增大。磁阻效应用磁阻系数MR表示为

$$\mathrm{MR}=\frac{R_B-R_0}{R_0}=\frac{\rho_B-\rho_0}{\rho_0} \tag{5-30}$$

式中：$R_B(\rho_B)$——磁感应强度为B时的电阻(率)；

$R_0(\rho_0)$——磁场为零时的电阻(率)。

当温度恒定时，在弱磁场范围内，磁阻与磁感应强度B的平方成正比。对于只有电子参与导电的最简单的情况，磁阻效应的表达式为

$$\rho_B=\rho_0(1+0.273\mu^2B^2) \tag{5-31}$$

式中：μ——电子迁移率。

设电阻率的变化为$\Delta\rho=\rho_B-\rho_0$，则电阻率的相对变化为

$$\frac{\Delta\rho}{\rho_0}-0.273\mu^2B^2=k(\mu B)^2 \tag{5-32}$$

由式(5-32)可见，若磁场一定，则迁移率高的材料磁阻效应明显。故磁阻材料首先要是电子迁移率大的半导体材料，还有铁镍钴合金。常用的半导体材料有锑化铟(InSb)、砷化铟(InAs)和砷化镓(GaAs)等，一般使用N型。其中，高纯度InSb和InAs的电子迁移率分别为5.6～6.5 m/(V・s)和2.0～2.5 m/(V・s)。InSb的禁带宽度小，受温度影响大。GaAs的禁带宽度大，电子迁移率也相当大(0.8 m/(V・s))，受温度影响小，灵敏度高。镍钴合金和镍铁合金的电阻温度系数小，功能稳定，灵敏度高，且具有方向性，可制作强磁性磁阻器材，用于磁阻的检测等方面。

5.5.2 微纳磁阻传感器的类型

磁阻效应按磁电阻阻值的大小和产生机理的不同，可分为各向异性磁阻效应、巨磁阻效应和隧穿磁阻效应等。

1. 各向异性磁阻效应

各向异性磁阻(Anisotropic Magneto-resistance，AMR)效应指铁磁材料薄膜在磁场作用下，内部磁矩取向和外部施加的平行于长轴方向的电流之间存在一个夹角，其薄膜电阻率随该夹角的改变而变化的现象。William Thomson于1856年在实验中发现了各向异性磁阻效应，在Ni或Fe的金属丝中施加平行电流，同时在外磁场的作用下使金属丝磁化到

饱和状态，改变外磁场方向，金属丝电阻发生变化。当电流和磁化方向平行时，达到高电阻状态。当磁化方向垂直于电子运动方向时，也就是具有最小的各向异性散射的时候，达到低电阻状态。这种效应在坡莫合金中最明显，坡莫合金的磁致伸缩接近于零，并且在大部分场景的工作温度下有较可靠的 AMR 信号。

坡莫合金的磁阻效应原理示意图如图 5-23(a)所示。当不存在外界磁场时，坡莫合金的内部磁极化强度与电流流动方向平行(图 5-23(a)中自左向右)。如果外界磁场 H 与坡莫合金平面平行，但垂直于电流流动方向，则坡莫合金内部磁极化强度的方向将产生角度为 α 的旋转。因此，坡莫合金的电阻值将会改变，即

$$R = R_0 + \Delta R_0 \cos^2 \alpha \tag{5-33}$$

式中：R_0——初始电阻；

ΔR_0——外磁场作用下最大电阻变化。

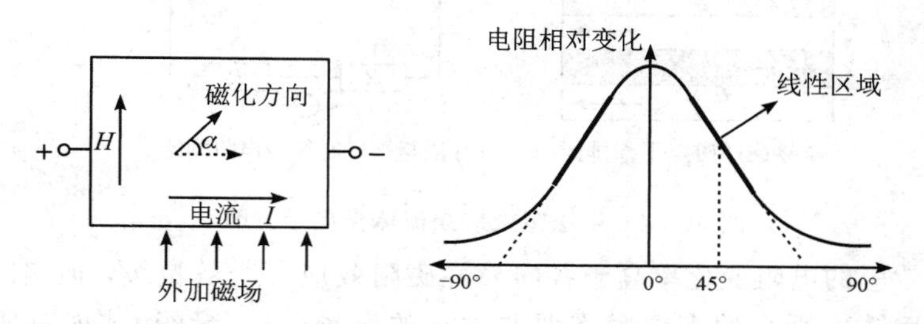

(a) 坡莫合金的磁阻效应原理示意图　(b) 电阻变化(ΔR/R)与角度α之间的关系曲线

图 5-23　坡莫合金的磁阻效应示意图

R_0 及 ΔR_0 由合金材料的参数所确定。显然，由于二次项的存在，电阻与磁场强度之间的关系为非线性，且电阻值与磁场强度值之间也不是一一对应关系。图 5-23(b)所示为电阻变化($\Delta R/R$)与角度 α 之间的关系曲线。由图可见，电阻变化是一个对称曲线，并在 45°附近存在一个线性区域。

基于 AMR 效应的传感器具有体积小、可靠性高以及高于标准水平灵敏度的性能特点，同时兼具制造结构简单、温度特性好、适应恶劣环境能力强、集成性好、便于与数字电路兼容匹配等优点，不会如其他类型磁微纳传感器那样受到线圈或振荡频率等因素的限制。

2. 巨磁阻效应

2007 年，法国 Paris-Sud 大学的 Albert Fert 以及德国尤里希研究中心的 Peter Grunberg 因发现巨磁阻效应的贡献获得诺贝尔物理学奖，这一发现给现代信息技术带来了巨大的飞跃。巨磁阻(Giant Magneto-resistance，GMR)效应是指当铁磁材料和非磁性金属层交替组合成的材料在足够强的磁场中时，电阻突然巨幅减小的现象。特别值得注意的是，当相邻材料中的磁化方向平行的时候，电阻会变得很小；而当磁化方向相反的时候，电阻会变得很大。电阻值的这种变化是由于不同自旋的电子在单层磁化材料中散射性质不同而造成的。

GMR 的发现引起了广泛的关注，在此后的多年里，对其作用机理的研究一直没有突破性进展，目前广泛采用二流体模型来解释。由于传导电子的非磁性散射大多不能使电子的自旋发生反转，所以自旋向上和向下的两类电子在通过多层磁性薄膜时，可分成相互并联的导电通道。当电子的自旋与铁磁金属自旋向上的 3d 子带平行时，其平均自由程长而电阻率低；当其与铁磁金属自旋向下的 3d 子带平行时，其平均自由程短而电阻率高。因此当相

邻铁磁层的磁矩呈反铁磁耦合时，无论哪种自旋朝向的电子都会周期性地受到强、弱散射，表现为高阻态，如图 5-24(a)、(b)所示。而当相邻铁磁层的磁矩在磁场下趋于平行时，与铁磁层电子自旋方向相同的电子均受到较弱散射，构成短路状态而具有低阻态，如图 5-24(c)、(d)所示。

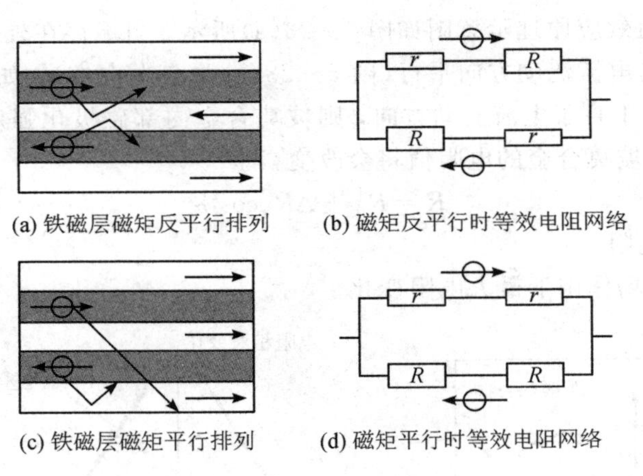

(a) 铁磁层磁矩反平行排列　(b) 磁矩反平行时等效电阻网络

(c) 铁磁层磁矩平行排列　(d) 磁矩平行时等效电阻网络

图 5-24　巨磁阻效应二流体模型示意图

尽管 GMR 效应的电阻变化率高于各向异性磁阻效应一个数量级，但实际应用中仍存在很多难题，如反铁磁耦合的多层膜需要非常高的磁场(kOe 量级)才能有明显的磁阻变化，而双矫顽力的多层膜磁阻无法自动复位等。所有这些难题都在 1991 年随着被称为自旋阀结构的发明得以克服。自旋阀结构主要由被非磁性层隔开的两个磁性层组成，一个磁性层的磁化方向因与相邻反铁磁层的交换偏置作用而固定，另一个磁性层可在外加磁场中自由翻转。由于两个磁性层间的耦合非常弱，因此在很弱的磁场下就会有磁化从平行到反平行的结构变化，使自旋阀传感器在弱磁场下具有较高的灵敏度。大部分铁磁材料的平均自由行程在几十纳米的量级，因此薄膜的厚度应在 10 nm 以下。如此薄的薄膜对制作工艺的要求很高，这也是巨磁阻效应被发现得如此晚的一个重要原因。利用薄膜制作工艺，可制作多达十几层结构的巨磁阻微纳传感器。

3. 隧穿磁阻效应

隧穿磁阻效应(又称穿隧磁阻效应，Tunneling Magneto-resistance effect，TMR 效应)是指在铁磁-绝缘体薄膜-铁磁材料中，其穿隧电阻大小随两边铁磁材料相对方向变化的效应。图 5-25(a)为 TMR 传感器基本单元磁隧道结的膜层示意图。磁隧道结的核心部分是由两个铁磁金属层夹着一个隧穿势垒层(Barrier layer)而形成的“三明治”结构，其中一个铁磁层为自由层(Free layer)，另一个为参考层(Reference layer)，参考层的磁化方向由下方的钉扎层(Pinning layer)固定，在一定的磁场下保持不变，而自由层的磁化方向可在外磁场作用下转动。磁隧道结的电阻随着自由层与参考层之间相对磁化方向的夹角变化而改变，$R-H$ 曲线如图 5-25(b)所示，电阻值可以通过下式计算：

$$R(\theta)=R_p+(R_{ap}-R_p)\frac{(1-\cos\theta)}{2} \tag{5-34}$$

式中：R_p 和 R_{ap}——两个铁磁层相对磁化方向为平行和反平行时磁隧道结的电阻；

θ——相对磁化方向的夹角。

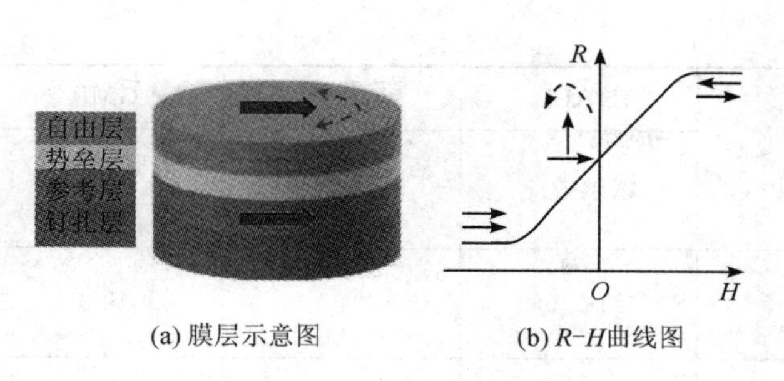

(a) 膜层示意图　　(b) R-H曲线图

图 5-25　磁隧道结

当自由层和参考层磁化方向反平行时磁隧道结的阻值最大，磁化方向平行时阻值最小。在最大值和最小值中间，磁隧道结的电阻随磁场变化的线性区即为传感器的工作区间。

隧穿磁阻效应的本质是在铁磁-绝缘体薄膜-铁磁材料中，隧穿电阻的大小随着两边铁磁材料相对方向变化，其原理如图 5-26 所示。若两个磁性层磁化方向互相平行，则在一个磁性层中多数自旋子带的电子将进入另一个磁性层中多数自旋子带的空态，少数自旋子带的电子也将进入另一个磁性层中少数自旋子带的空态，总的隧穿电流较大；若两个磁性层的磁化方向反平行，则刚好相反，即在一个磁性层中多数自旋子带的电子将进入另一个磁性层中少数自旋子带的空态，而少数自旋子带的电子也将进入另一个磁性层中多数自旋子带的空态，这种状态的隧穿电流比较小。因此隧穿电导随着两个铁磁层磁化方向的改变而变化，磁化矢量平行时的电导高于反平行时的电导。通过施加外磁场可以改变两个铁磁层的磁化方向，从而使得隧穿电阻发生变化，导致出现 TMR 效应。

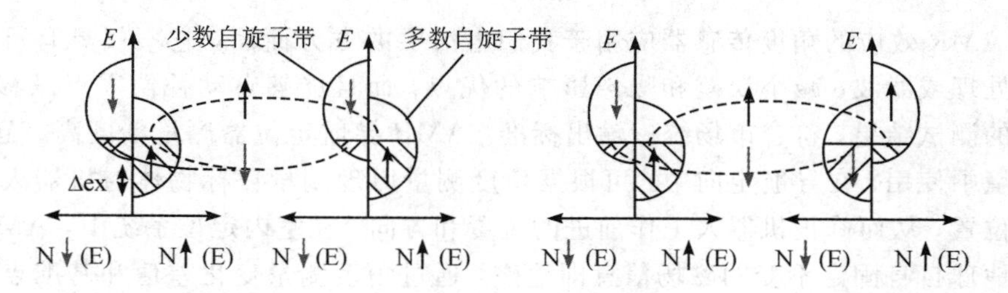

图 5-26　隧穿磁阻效应原理示意图

表 5-1　不同磁传感器技术性能对比

物理效应	HALL	AMR	GMR	TMR
	霍尔效应	各向异性磁阻效应	巨磁阻效应	隧穿磁阻效应
感应方向	垂直	面内	面内	面内/垂直
最大磁阻率/%	—	2.0	24	604
磁场探测范围/T	10^{-3}～10	10^{-9}～10^{-3}	10^{-5}～10^{4}	10^{-12}～10
退火温度/℃	—	—	220～280	280～340

续表

物理效应	HALL	AMR	GMR	TMR
	霍尔效应	各向异性磁阻效应	巨磁阻效应	隧穿磁阻效应
磁场灵敏度/($mV \cdot V^{-1} \cdot Oe^{-1}$)	约0.05	约1	约3	约100
噪声指数/($nT \cdot Hz^{-1/2}$)@1Hz	>100	0.1～10	1～10	0.01～10
功耗/mA	5～10	1～10	1～10	0.001～0.1
芯片尺寸/(mm×mm)	约1×1	约1×1	约0.5×0.5	约0.5×0.5

5.5.3 微纳磁阻传感器的应用

目前，AMR传感器已得到大规模应用，GMR传感器正快速发展。TMR传感技术最开始是应用于硬盘驱动器读出磁头，大幅提高了硬盘驱动器的记录密度。TMR传感器集AMR传感器的高灵敏度和GMR传感器的宽动态范围于一体，因而在各类磁传感器技术中，TMR磁性传感器具有无可比拟的技术优势。本节将重点围绕几个新型应用展开详细介绍。

1. 导航定位

基于AMR效应的角度传感器应用于我们生活中的方方面面，它不仅具有可对被测量进行统计处理或滤波、减小误差和噪声影响的优点，而且能够自动补偿零点漂移，能输出多种形式的测试结果，符合市场统一输出标准。AMR导航定位器测量精度高、范围广，可在恶劣环境中使用，在导航定向中，可根据角度测量原理测量目标物体与机器人中传感元件的相对位置，从而修正机器人工作前进的位置和方向。在室内定位系统中，AMR导航定位器利用地球自身固定不变的磁场信息即地磁，通过角度测量变化差值和基准点的位置来计算并获取探测器的坐标，利用地磁稳定的特点达到了抗干扰、成本低的要求，实现了高精度的室内定位导航。

2. 生物医学测试

近年来，GMR磁传感器被广泛用作生物传感器，其高灵敏度和低成本满足了当代生物检测、监测的需求。目前GMR磁传感器已经在生物监测、生物标记检测等领域有了一定的应用，采用的方法是用传感器检测生物样本分子密度，通过生化技术使得被测生物分子与纳米磁性颗粒结合，进而利用GMR磁传感器检测纳米颗粒密度，即可测得特定生物分子数量。基于GMR磁传感器的生物检测平台，以磁性颗粒为信号供体，与传统方式相比，有着独特优势：一是大部分临床样本(血液、尿液等)基本不含有磁性物质，背景信号低，使信号采集没有阻碍；二是每个传感器区域有独立的检测颗粒，不会出现传统光学信号相互干扰的问题。而且GMR磁传感器灵敏度高，易于集成，可设计成微阵列，在生物医学检测方面有着很高的应用价值，被广泛关注。此外，已出现了基于生物心脏微磁测量和脑微磁测量的概念，但仍不成熟，还需较长时间的发展。

3. 自旋 MEMS 麦克风

目前现有的麦克风(Mcrophone，MIC)种类主要包括电容式麦克风、压电式麦克风、巨压阻式麦克风、磁悬浮式麦克风、自旋 MEMS 麦克风。其中，市场占有量最大的麦克风种类是电容式麦克风，这种 MIC 通过振膜振动，实现电容充放电，进而将声音信号转化为电信号。电容式麦克风也分为驻极体麦克风(Electret Condenser Microphone，ECMMIC)和微机电系统麦克风(MEMS MIC)，MEMS MIC 以体积小、产品稳定性高等优势，被广泛应用在手机等电子产品中，具有巨大的市场。2017 年，日本东芝公司发布了一种基于磁隧道结自旋应变传感器(Spintronic Strain-Gauge Sensors，Spin-SGS)的 MEMS 麦克风。这种麦克风将自旋材料和 MEMS 结构组合起来，利用 TMR 传感器的高灵敏度，极大地提高了传统 MEMS MIC 的信噪比。这种新型自旋麦克风用磁致伸缩材料作为磁隧道结的自由层，并将 TMR 传感器作为应变传感器，将磁隧道结制备在振膜上，通过由声波产生的振膜形变，令隧道结产生相应的拉伸或者压缩的形变，导致自由层的磁化方向发生改变，使隧道结的结电阻发生变化，从而将声音信号转化为电信号，实现麦克风功能。更进一步，东芝公司制备的 TMR 应变传感器具有极高的灵敏度，其应变系数高达 5000。自旋材料和 MEMS 结构相结合可以显著提高传统 MEMS 传感器的灵敏度和探测精度，同时这种结构也可以拓展应用到更多领域，具有可观的商业价值和发展前景。

本章小结

1. 磁电式传感器的工作原理

磁电式传感器是能够将各种磁场及其变动的量转变成电信号输出的设备，可通过感应磁场强度来测量电流、位置、方向等物理量，广泛用于现代工业和电子产品中。

2. 磁电式传感器的基本类型

一般情况下，磁电式传感器可分为磁电感应式传感器、霍尔式传感器、磁敏基本元件和微纳磁阻传感器。

3. 不同磁电传感器的特点

(1) 磁电感应式传感器。

磁电感应式传感器是利用电磁感应原理，将输入的运动速度转换成线圈中的感应电势输出。它直接将被测物体的机械信号转换成电信号输出，工作时不需要外加电源，是一种典型的无源传感器。由于这种传感器输出功率较大，故配用电路较简单，比较适合进行动态测量，具有较大的输出功率，且零位及性能稳定。但这种传感器的尺寸和重量都较大。

(2) 霍尔式传感器。

霍尔式传感器以半导体自由电荷受磁场洛伦兹力作用而产生的霍尔效应为其工作基础。由于霍尔元件具有在静止状态下感受磁场的能力，具有结构简单、体积小、频率响应宽(可从直流到微波)、动态特性好、动态范围大、寿命长和可进行非接触测量等优点，故在检测技术、自动控制技术和信息处理等方面得到日益广泛的应用。但是其互换性差，信号随温度变化，输出非线性，需要用特定电路进行非线性和温度校正。

(3) 磁敏基本元件。

磁敏元件分磁敏二极管、磁敏三极管等，主要材料有锑化铟、砷化铟、锗和硅等。这类器件的优点是结构简单、体积小、易于集成化、耐冲击、频响宽(从直流到微波)、动态范围大，而且可以实现无接触检测，不存在磨损，抗污染，不产生火花，使用安全，寿命长，因此它在测量技术、自动控制和信息处理等方面有广泛的应用。

(4) 微纳磁阻传感器。

磁阻效应是指在外磁场作用下，材料的电阻率发生变化的现象。微纳磁阻传感器具有高灵敏度、良好的稳定性和可靠性、无接触测量、宽温度范围、低功耗及易于集成等特点而备受关注，广泛应用于低磁场测量和角度及位置测量等。

思考题和习题

5-1 什么是磁电感应式传感器？它的误差及补偿方法是什么？

5-2 螺管线圈产生的磁感应强度 $B(\mathrm{Wb/m^2})$ 可表示为

$$B=12.57\times10^{-7}\frac{NI}{L}$$

其中 N 为线圈匝数，I 为电流(A)，L 为螺管线圈长度(m)。图 5-27 所示的环形磁铁，其 $B=0.1\ \mathrm{Wb/m^2}$，螺管线圈由 2000 匝导线均匀地绕满 10 mm 直径钢环的一半。求所需要的电流 I，并计算当单位长度的导线以 1 m/s 的速度通过磁铁间隙时会产生多大的感应电动势。

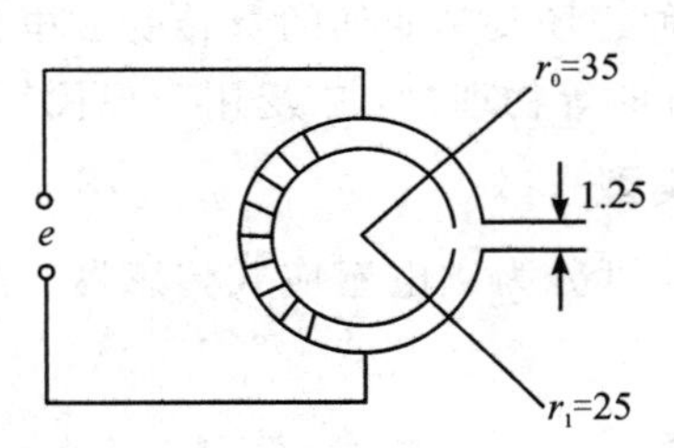

图 5-27 环形磁铁

5-3 什么是霍尔效应？霍尔电势与哪些因素有关？说明为什么导体材料和绝缘体材料均不宜做成霍尔元件。

5-4 已知霍尔元件尺寸长 $L=10$ mm，宽 $b=3.5$ mm，厚 $d=1$ mm。沿着 L 方向通以电流 $I=1.0$ mA，电荷电量 $e=1.602\times10^{-19}$ C。在垂直于 $b\times d$ 面方向上加均匀磁场 $B=0.3$ T，输出电势 $U_H=6.55$ mV。求霍尔元件的灵敏度系数 K_H 和载流子浓度 n。

5-5 设计一个采用霍尔式传感器的液位控制系统，要求画出系统示意图和电路原理简图，并说明其工作原理。

5-6 简述磁敏二极管和磁敏三极管的工作原理。

5-7 简述磁阻传感器的基本原理。影响其性能的因素有哪些？

第 6 章

压电式传感器

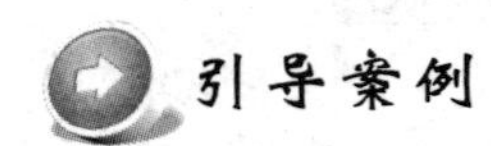

引导案例

智能机械手抓取

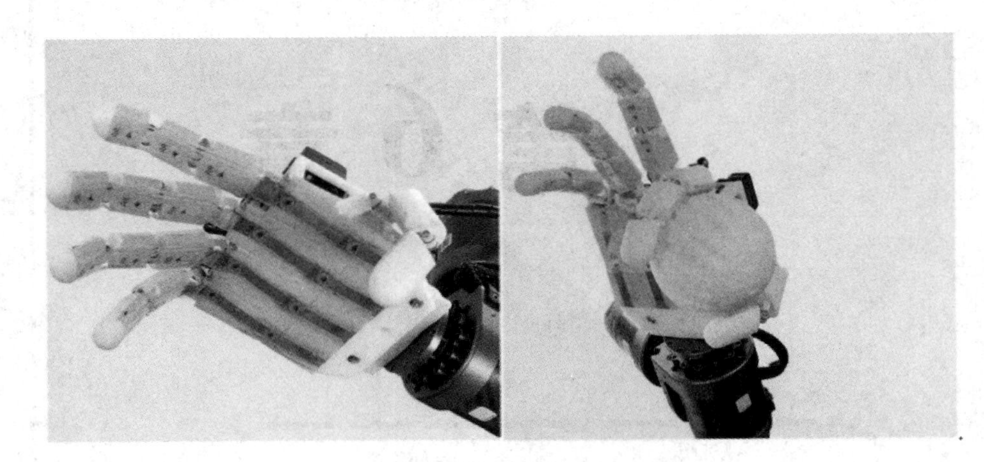

机械手是最早出现的工业机器人，也是最早出现的现代机器人，它可代替人类进行繁重劳动以实现生产的机械化和自动化，能在有害环境下工作以保护人身安全，因而广泛应用于机械制造、冶金、电子、轻工和核能等行业。在机械手抓取物体的时候，接触力的大小、位置、接触面的形状以及动态滑觉的感知是实现灵巧、动态抓取的前提，而压电式传感器则是实现灵巧、动态抓取功能的重要手段。

聚偏氟乙烯(PVDF)是一种新型的压电敏感材料，被广泛应用于智能机械手触觉传感器的制造。当PVDF薄膜受到一定方向的作用力而发生形变时，其内部会出现极化现象，极化表面上会产生等量的异号电荷，通过采集电路将电荷信号转化为电压信号，检测电压的变化即可得到相关面所承受力的变化信息。利用PVDF压电薄膜的敏感特性，通过采集抓取和释放过程中电荷量的变化可以精准判断机械手的抓取状态，它克服了传统机械手无法自主判断夹持力度的弊端，很好地满足了对机器人抓取功能的要求，可实现稳定可靠的抓取。

目前，智能机械手虽然还不如人手那样灵活，但它具有不知疲劳、不怕危险、抓举重量大等特点，在国民经济各个领域有着广阔的应用前景。中国作为制造业大国，要实现制造业自动化，必然缺少不了机械手的应用。近些年来，我国人口红利逐渐消失，企业为提高竞争力，必须尽可能采用高新技术替代人工，这就需要各种功能化的智能机械手。因此，我们需要从产业源头开始，努力掌握关键核心技术和核心零部件，并以此为突破口，向各个领域渗透，带动产业发展。相信在不久的将来，智能机械手会如同汽车一样成为国家的经济支柱产业。

6.1 概　　述

压电式传感器是利用压电元件通过压电效应实现力-电转换的一种典型自发电式传感

器。由于压电效应是可逆的，因此压电式传感器是典型的“双向传感器”。压电效应最早是1880年在石英晶体中发现的，1948年第一个石英压电式传感器诞生。之后，一系列的单晶、多晶陶瓷材料和有机高分子聚合材料相继被发现具有相当强的压电效应。压电效应自发现以来，在电子、超声、通信、引爆等许多技术领域均得到了广泛应用。压电式传感器具有使用频带宽、灵敏度高、信噪比高、结构简单、工作可靠、质量轻、测量范围广等许多优点。本章将介绍压电式传感器的工作原理、结构、电路设计、误差因素及应用，并对目前几种典型的微纳压电式传感器进行简要介绍。

6.2 压电式传感器

压电式传感器是利用某些晶体的压电效应实现对外力的测量的，其具有频带宽、灵敏度高、信噪比高、结构简单、工作可靠和重量轻等优点。

6.2.1 压电式传感器的工作原理

1. 压电效应

压电式传感器的工作原理是压电效应，即某些材料受一定方向的外力作用而发生机械变形时，其内部出现极化现象，同时在材料两个相对的表面上产生极性相反的正、负电荷，去掉外力后，则电荷消失。如图6-1所示，当力的方向改变时，电荷的极性随之改变，此时机械能转变为电能；反之，在极化方向上(产生电荷的两个表面)施加电场，某些物质会发生机械变形，即电能转变为机械能。因此，压电效应是具有可逆性的，如图6-2所示。利用这一特性，可将压电式传感器用作超声波的发射与接收。

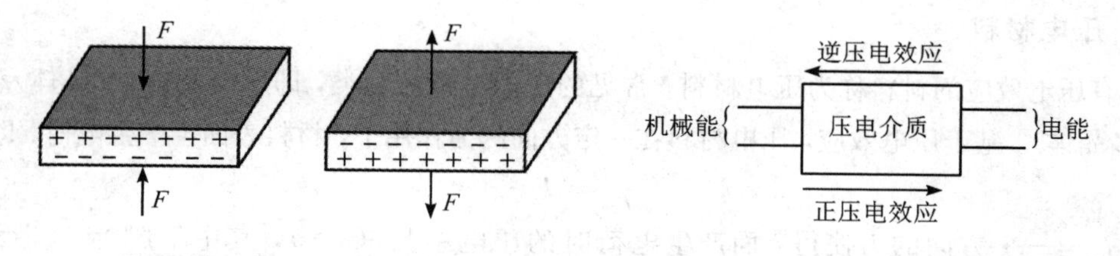

图6-1 压电效应原理示意图

图6-2 压电效应的可逆性示意图

1) 正压电效应

当作用力的方向改变时，电荷的极性也随之改变，这种现象称为正压电效应。图6-3为某种压电材料晶片在各种受力条件下所产生的电荷极性与受力方向的关系示意图。由此可以看出，改变压电材料的变形方向，可以改变其产生的电荷极性，且压电材料的线应变、剪应变、体积应变都可以引起压电效应，利用这些效应可以制造出感受各种外力的传感元件。此外，利用正压电效应制成的压电式传感器还可以把机械振动(声波)转换为电振动，从而应用于扬声器、电唱头等电声器件。

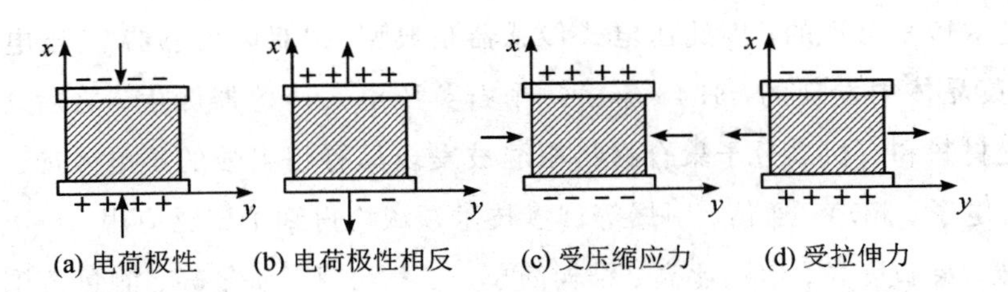

图 6-3　晶片上电荷极性与受力方向的关系示意图

2）逆压电效应

逆压电效应又称为电致伸缩效应，如图 6-4 所示，在压电元件上沿着电轴的方向施加电场，压电元件将发生机械变形或产生机械应力。当撤去外加电场时，这些变形或应力也随之消失。如果外加电场的大小、方向发生变化，则压电元件的机械变形或应力的大小、方向也随之发生改变。因此，当外加电场以很高的频率按正弦规律变化时，压电元件的机械变形也将按正弦规律快速变化，从而使压电元件产生机械振动。利用这种效应可以制造超声波发射器、声发射传感器、压电扬声器、晶体振荡器等。

将正、逆压电效应结合，可制成压电超声波探头、压电表面波传感器、压电陀螺等。

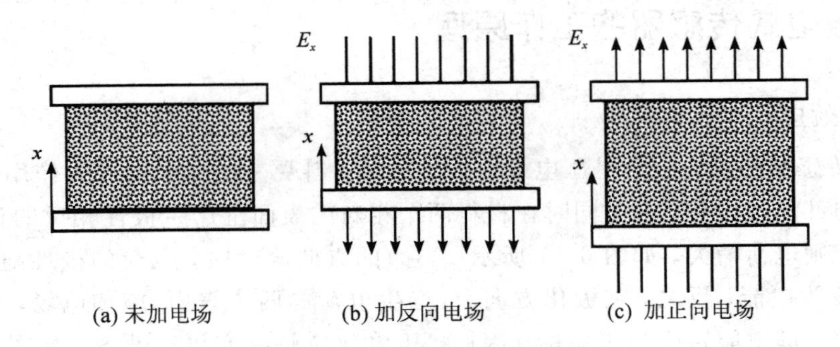

图 6-4　电致伸缩效应示意图

2. 压电材料

具有压电效应的材料称为压电材料。常见的压电材料有两类，即压电晶体(单晶体)和压电陶瓷(多晶体)。基于压电效应，压电材料在一定方向的力作用下，材料表面会产生电荷，即

$$\eta_{ij} = d_{ij}\sigma_j \tag{6-1}$$

式中：d_{ij}——j 方向的力使得 i 面产生电荷时的压电系数(C/N)，其中下脚标 $i(i=1、2、3)$表示在 i 面上产生电荷，当产生电荷的表面垂直于 x 轴(y 轴或 z 轴)时，记作 $i=1(2$ 或 $3)$，下脚标 $j=1、2、3、4、5、6$，分别表示沿 x 轴、y 轴、z 轴方向作用的正应力和垂直于 x 轴、y 轴、z 轴的平面上作用的剪切力；

σ_j——j 方向的应力(N/m^2)；

η_{ij}——j 方向的力在 i 面上产生的电荷密度(C/m^2)。

压电材料的应力分布如图 6-5 所示，对于单向应力，规定拉应力为正，压应力为负，剪切应力的正、负用右手螺旋定则确定，图 6-5 所示为剪切应力的正向。此外，图中的 η_1、η_2 和 η_3 分别表示垂直于 x 轴、y 轴、z 轴的晶片表面上产生的电荷密度。

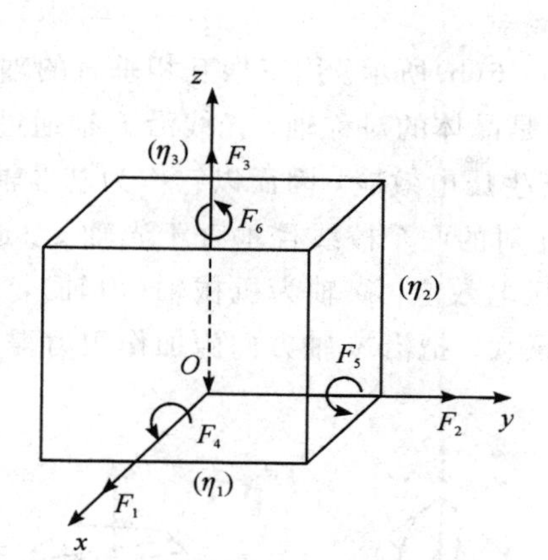

图 6-5　压电材料的应力分布示意图

通常，单一外力作用下的压电效应有以下四种类型：

(1) 纵向压电效应：应力与电荷面垂直，此时压电元件厚度发生变化，例如石英晶体的 d_{11} 和压电陶瓷的 d_{33} 压电效应。

(2) 横向压电效应：应力与电荷面平行，此时压电元件长度发生变化，例如石英晶体的 d_{12}、压电陶瓷的 d_{31} 和 d_{32} 压电效应。

(3) 面切压电效应：电荷面受剪切应力作用，例如石英晶体的 d_{14} 和 d_{25} 压电效应。

(4) 剪切压电效应：电荷面不受剪切应力作用但厚度受剪切应力作用，例如压电陶瓷的 d_{24} 和 d_{15}、石英晶体的 d_{26} 压电效应。

多应力作用下的压电效应称为全压电效应，如压电陶瓷的纵横向压电效应(体积伸缩压电效应)。

一般情况下，单一外力作用下压电材料放电电荷的多少与外力成正比，即

$$q = d_{ij}F \tag{6-2}$$

式中：q——电荷(C)；

F——作用力(N)。

此外，为确定压电系数的符号需要对因受外力作用而在晶体内部产生的电场方向进行规定。当电场方向指向晶轴的正向时，压电系数为正；当电场方向与晶轴方向相反时，压电系数为负。晶体内部产生的电场方向是由产生负电荷的表面指向产生正电荷的表面。

压电系数是压电材料很重要的物理参数，通常压电系数越高，说明压电材料的能量转换效率越高，而材料的压电系数与其本身的性质和极化处理条件有关。下面分别介绍石英晶体和压电陶瓷的压电特性。

1) 石英晶体

常见的压电晶体有天然石英晶体和人造石英晶体。石英晶体的化学成分为二氧化硅(SiO_2)，压电系数 $d_{11} = 2.31 \times 10^{-12}$ C/N。在几百摄氏度的温度范围内，石英晶体的压电系数稳定不变，能产生十分稳定的固有频率 f_0，并能承受 700～1000 kg/cm^2 的质量，是理想的压电材料。

(1) 石英晶体的晶体结构。

图 6-6(a)所示为天然石英晶体的理想外形结构，它是一个规则的六面体。石英晶体有

三个互相垂直的晶轴，如图 6－6(b)所示。用三根互相垂直的轴 x、y、z 分别表示它们的坐标。z 轴为光轴(中性轴)，它是晶体的对称轴，光线沿 z 轴通过晶体不产生双折射现象，沿 z 轴方向施加作用力，不会产生压电效应，因而以它作为基准轴。x 轴为电轴，该轴压电效应最为显著，它通过六棱柱相对的两个棱线且垂直于光轴 z。通常把沿 x 轴方向施加作用力得到的压电效应称为纵向压电效应。y 轴为机械轴(力轴)，垂直于两个相对的表面，在此轴上加力晶体产生的变形最大。把沿 y 轴方向施加作用力得到的压电效应称为横向压电效应。

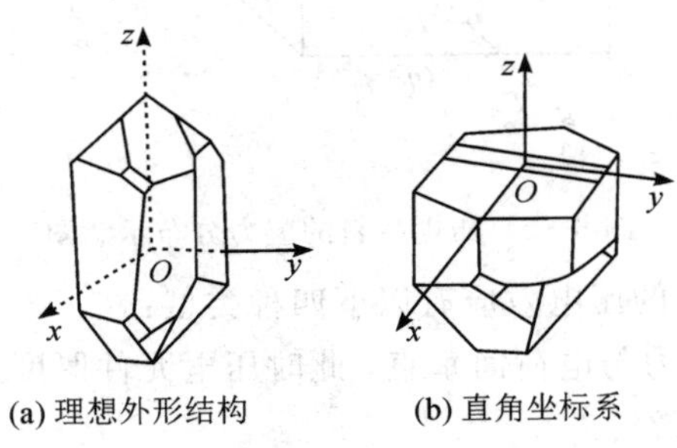

(a) 理想外形结构　　(b) 直角坐标系

图 6－6　天然石英晶体结构示意图

(2) 石英晶体的压电效应。

石英晶体的压电效应示意图如图 6－7 所示。

① 无外力作用：石英晶体的每个单元中有三个硅离子和六个氧离子，在 z 平面上的投影等效为正六边形排列。如图 6－7(a)所示，正、负六个离子分布在正六边形的顶点上，形成三个互成 120°夹角的电偶极矩 $\boldsymbol{p}_1$、$\boldsymbol{p}_2$ 和 $\boldsymbol{p}_3$。此时，正、负电荷相互平衡，电偶极矩的矢量和等于 $\mathbf{0}$，即 $\boldsymbol{p}_1+\boldsymbol{p}_2+\boldsymbol{p}_3=\mathbf{0}$，晶体表面没有带电现象，整个晶体是中性的。

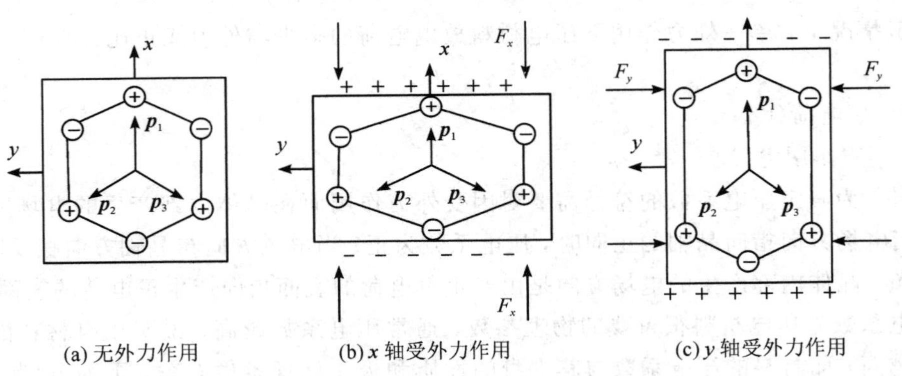

(a) 无外力作用　　(b) x 轴受外力作用　　(c) y 轴受外力作用

图 6－7　石英晶体压电效应示意图

② x 轴受外力作用：晶体沿 x 轴方向发生变形，正、负离子的相对位置也随之变化，此时正、负电荷中心不再重合，键角也随之改变。电偶极矩在 x 方向上的分量由于 $\boldsymbol{p}_1$ 的减少和 $\boldsymbol{p}_2$、$\boldsymbol{p}_3$ 的增加而大于 $\mathbf{0}$，即 $\boldsymbol{p}_1+\boldsymbol{p}_2+\boldsymbol{p}_3>\mathbf{0}$。合偶极矩方向向上，并与 x 轴正向一致，在 x 轴正向的晶体表面出现正电荷，反向表面出现负电荷；电偶极矩在 y、z 轴方向上的分量都为 $\mathbf{0}$，因此无电荷出现。

③ y 轴受外力作用：当沿 y 轴方向施加压力时，$\boldsymbol{p}_1$ 增大，$\boldsymbol{p}_2$、$\boldsymbol{p}_3$ 减小，即 $\boldsymbol{p}_1+\boldsymbol{p}_2+\boldsymbol{p}_3<\mathbf{0}$，合偶极矩方向向下，因此上表面为负电荷，下表面为正电荷，y、z 轴方向不出现

电荷。

④ z 轴受外力作用：如果沿 z 轴方向施加作用力，因为晶体中硅离子和氧离子沿 z 轴平移，所以电偶极矩的矢量和等于 **0**，这就表明 z 轴(光轴)方向受力时，无压电效应。同理可以分析出，在各个方向施加大小相等的力使石英晶体变形时，也无压电效应。当沿 x 轴方向或 y 轴方向受到拉力作用时，按上述方法分析，可知产生电荷的极性相反。

2) 压电陶瓷

压电陶瓷是人造多晶压电材料。常见的压电陶瓷有钛酸钡($BaTiO_3$)、锆钛酸铅(PZT)、铌酸盐等。其中，钛酸钡是由碳酸钡($BaCO_3$)和二氧化钛(TiO_2)在高温下合成的，具有较高的压电系数($d_{33}=1.9\times10^{-10}$ C/N)，其介电常数和体电阻率也都比较高，但是它的稳定性及机械强度都比石英晶体低；锆钛酸铅是由钛酸铅($PbTiO_2$)和锆酸铅($PbZrO_3$)组成的固溶体，它也具有较高的压电系数($d_{33}=(2\sim4)\times10^{-10}$ C/N)，且在压电性能和稳定性方面都优于钛酸钡，是目前普遍使用的压电陶瓷材料。由于压电陶瓷品种多，性能各异，因此可根据它们各自的特点制作出不同的压电式传感器。

压电陶瓷的极化过程如图 6－8 所示。极化前，陶瓷内部的晶粒沿任意方向排列，自发极化的作用互相抵消，陶瓷总体极化强度为零，如图 6－8(a)所示。在陶瓷上施加外电场时，电畴(自发极化方向相同的小区域)自发极化方向与外加电场方向一致，如图 6－8(b)所示，此时压电陶瓷具有一定的极化强度。当外电场撤销后，各电畴的自发极化在一定程度上按原加电场取向，陶瓷极化强度并不立即恢复到零，如图 6－8(c)所示，此时存在剩余极化强度。同时，陶瓷片极化的两端出现束缚电荷，一端为正，一端为负。由于束缚电荷的作用，在陶瓷片的极化两端很快吸附一层来自外界的自由电荷，这时束缚电荷和自由电荷大小相等、极性相反，因此对外不显示极性。

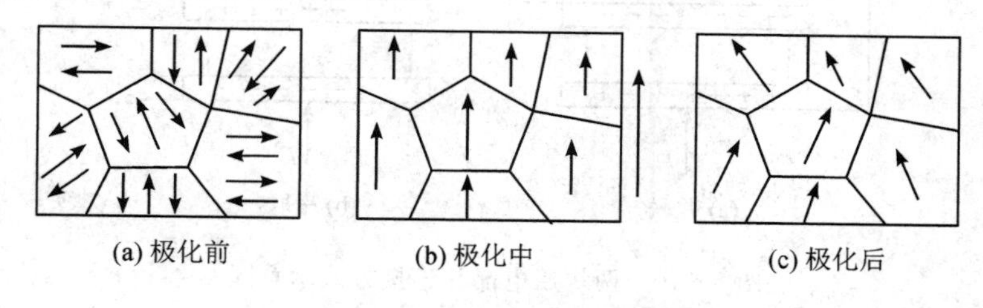

图 6－8　压电陶瓷的极化过程示意图

当在压电陶瓷片上施加一个与极化方向平行的外力时，陶瓷片被压缩变形，致使片内束缚电荷之间距离变小，电畴偏转，极化强度变小。此时，吸附在陶瓷片表面的自由电荷部分被释放，产生放电现象。当撤销外力时，陶瓷片恢复原状，极化强度增大，因此陶瓷片又吸附一部分自由电荷而出现充电现象。这种因受力而产生的机械效应转变为电效应，机械能转变为电能的现象，就是压电陶瓷的正压电效应。

6.2.2　压电式传感器的结构

压电式传感器多为荷重垫圈式结构，它由底座、传力上盖、压电晶片、中心电极、绝缘套和电极引出端子组成。压电式传感器分为单向力和多向力两大类。图 6－9 为压电式单向测力传感器结构示意图。两块压电晶片反向叠在一起，中心电极为负极，底座与传力上盖形成正极，绝缘套隔离正、负极。被测力通过传力上盖使压电元件受压力作用而产生电荷。由于传力上盖的弹性形变部分的厚度很薄，只有 0.1～0.5 mm，因此传感器的灵敏度非常高。这种传感器体积小，重量轻(10 g 左右)，分辨率可达 10^{-3} g，固有频率为 50～60 kHz，主要用于频率变化小于 20 kHz 的动态力的测量。

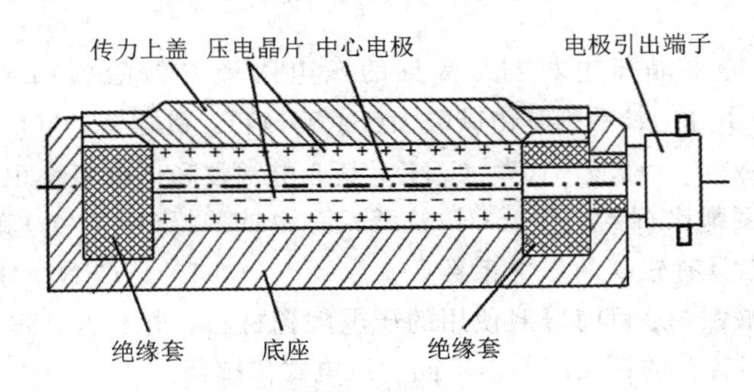

图 6-9　压电式单向测力传感器结构示意图

单片压电晶片难以产生足够的表面电荷，在实际应用中，为了提高压电式传感器的灵敏度，往往将两片或两片以上的压电晶片组合在一起使用。压电晶片是有极性的，其有串联和并联两种连接方式。两块压电晶片连接方式示意图如图 6-10 所示。

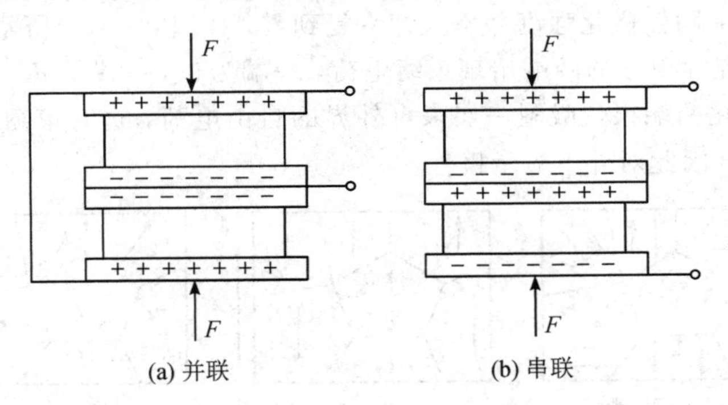

图 6-10　两块压电晶片连接方式示意图

图 6-10(a)中，两块压电晶片的负极共同连接在中间电极上，正电极连在两边的电极上，此种接法称为并联方式。这种方式下，极板上的电荷量 q' 是单个压电晶片上电荷量 q 的 2 倍，但输出电压 U' 与单个压电晶片的输出电压 U 相同，故输出电容 C' 是单个压电晶片输出电容 C 的 2 倍，即 $q'=2q$，$U'=U$，$C'=2C$。并联接法输出电荷量大，电容大，因而时间常数也大，常用于测量缓慢变化的信号，也适用于以电荷作为输出量的场合。

图 6-10(b)中，正电荷集中在上极板，负电荷集中在下极板，而中间极板的上片所产生的负电荷与下片所产生的正电荷相互抵消，这种接法称为串联方式。此方式下，极板上的总电荷量 q' 与单个压电晶片上的电荷量 q 相同，而输出电压 U' 是单个压电晶片输出电压 U 的 2 倍，故输出电容 C' 是单个压电晶片输出电容 C 的 1/2，即 $q'=q$，$U'=2U$，$C'=C/2$。串联接法输出电压大，本身电容小，适用于以电压作为输出量，且测量电路的输入阻抗很高的场合。

在压电式传感器中，压电晶片上必须有一定的预应力，以消除各部件与压电晶片之间、压电晶片与压电晶片之间因加工粗糙造成接触不良而引起的非线性误差。这是因为在压电晶片的加工过程中，即使研磨得很好，也难以保证两块压电晶片的接触面绝对平坦。如果不施加足够的压力，就不能保证均匀接触，因此，接触电阻在初始阶段通常不为常数，而是随压力不断变化的。但应注意，此预应力不能太大，否则会影响传感器的灵敏度。

图 6 - 11 所示为多向测力传感器结构示意图。压电组件采用三组双石英晶片叠加并联方式。该传感器三组石英晶片的输出极性相同，可以对空间任一个或多个方向同时进行测量。

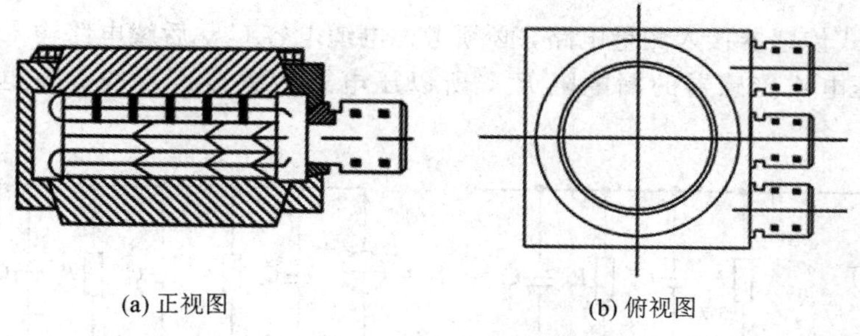

(a) 正视图　　(b) 俯视图

图 6 - 11　多向测力传感器结构示意图

6.2.3　压电式传感器的电路设计

1. 压电式传感器的等效电路

压电晶片是压电式传感器的敏感元件。为了进一步分析和更有效地使用压电晶片，有必要引入等效电路。根据压电效应，当压电晶片受到外力作用时，在两个电极上会产生极性相反、电量相等的电荷 q。因此，可以把压电式传感器看成一个静电荷发生器，而两块压电晶片上聚集电荷，中间为绝缘体，又可以将其看成一个电容器，如图 6 - 12(a)所示，其电容量为

$$C_a = \frac{\varepsilon A}{d} = \frac{\varepsilon_r \varepsilon_0 A}{d} \tag{6-3}$$

式中：A——压电晶片电极面积(m^2)；

d——压电晶片厚度(m)；

ε——介质介电常数(F/m)；

ε_r——压电材料的相对介电常数；

ε_0——真空介电常数，$\varepsilon_0 = 8.85 \times 10^{-12}$ F/m。

在开路状态下，电容上的开路电压为

$$U = \frac{q}{C_a} \tag{6-4}$$

压电式传感器的输出可以是电压或电荷，因此，压电式传感器可以等效为一个电压源 U 和一个电容器 C_a 的串联电路，如图 6 - 12(b)所示；也可以等效为一个电荷源 q 和一个电容器 C_a 的并联电路，如图 6 - 12(c)所示。

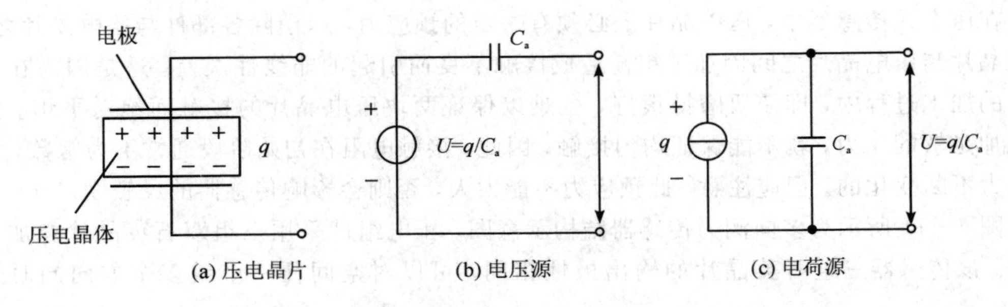

图 6-12　压电式传感器的等效电路示意图

若将压电式传感器接入测量电路，必须考虑电缆电容 C_c、后续电路输入阻抗 R_i、输入电容 C_i 以及压电式传感器的漏电阻 R_a，所以压电式传感器实际的等效电路如图 6-13 所示。

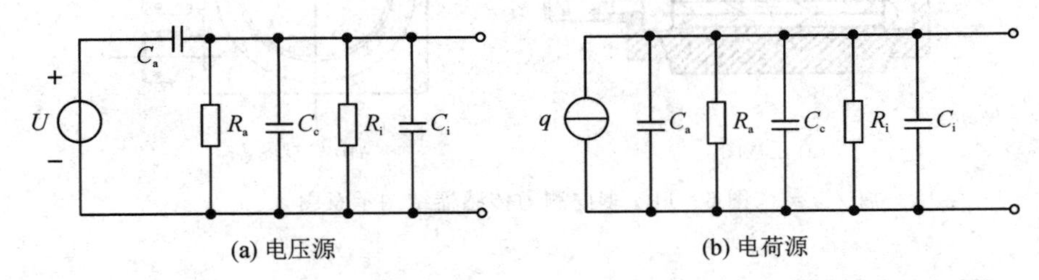

图 6-13　压电式传感器实际的等效电路示意图

2. 压电式传感器的测量电路

压电式传感器最大的优点是自身可以产生电压，与压阻、电容传感元件不同，压电敏感元件不需要外加电源，本身就可产生一个可测量的电信号。在需要低能耗的应用场合，这是一个非常突出的优点。但是压电式传感器是一个有源电容器，必然存在与电容式传感器相同的弱点，具体有：① 压电式传感器的内阻极高，使得压电式传感器难以直接使用一般放大器，通常是将传感器的输出信号先输入到测量电路的高输入阻抗前置放大器中，将其变换成低阻抗输出信号，然后再送到测量电路的放大、检波、数据处理电路或显示设备。② 压电式传感器输出功率小，因此必须进行前置放大，且要求放大倍数大、灵敏度高、输入阻抗大。由此可见，压电式传感器测量电路中的关键部分是前置放大器，其具有两个功能：一个是放大压电式传感器输出的微弱信号，其输出电压与输入电压成正比；另一个是把压电式传感器的高阻抗输出变换为前置放大器的低阻抗输出，其输出电压与输入电荷成正比。

1）电压放大器（又称阻抗变换器）

压电式传感器相当于一个静电荷发生器或电容器。为了尽可能保持压电式传感器的输出电压（或电荷）不变，要求电压放大器具有很高的输入阻抗（大于 1000 MΩ）和很低的输出阻抗（小于 100 MΩ）。电压放大器的连接电路如图 6-14 所示，其中图 6-14(a)是压电式传感器与电压放大器连接后的等效电路图，图 6-14(b)是进一步简化后的电路图。等效电阻 R 为

$$R=\frac{R_aR_i}{R_a+R_i} \tag{6-5}$$

等效电容 C 为

$$C = C_a + C_c + C_i \tag{6-6}$$

则放大器的输入电压为

$$U_i = \frac{q}{C} = \frac{q}{C_a + C_c + C_i} \tag{6-7}$$

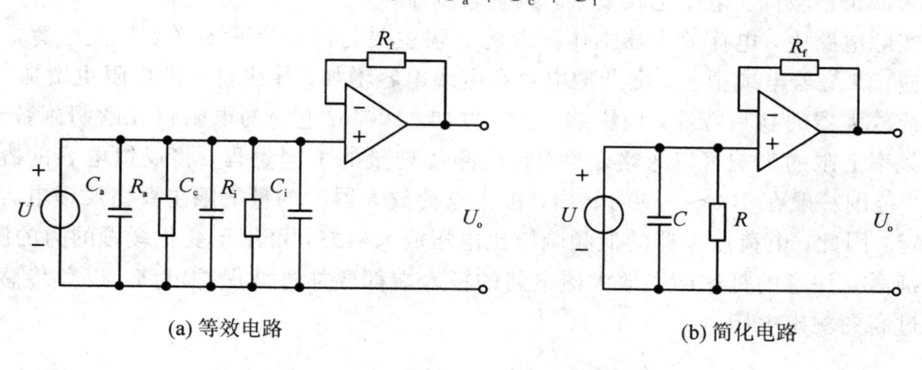

图 6-14　电压放大器的连接电路示意图

从式(6-7)中可以看出，电压放大器的输入电压与屏蔽电缆线的分布电容 C_c 及放大器的输入电容 C_i 有关，从而电压放大器的输出电压也与 C_c 和 C_i 有关。由于 C_c 和 C_i 均是不稳定的，会影响测量结果，因此，实际使用时，不能随意更换传感器出厂时的连接电缆。

2) 电荷放大器

电荷放大器实际上是一个高增益放大器，其与压电式传感器连接后的等效电路如图 6-15 所示。

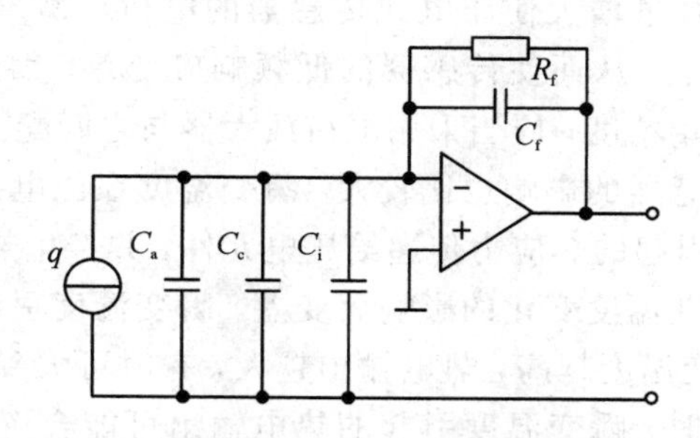

图 6-15　电荷放大器连接后的等效电路示意图

由于运算放大器的输出采用了场效应晶体管，因此放大器的输入阻抗极高，R_i 可达 $10^{10} \sim 10^{12}\ \Omega$，而 R_a 本身很大，可近似视为无穷大，因此图 6-15 中未再画出 R_i 和 R_a。R_f 是直流反馈电阻，作用是稳定放大器的直流工作点。C_f 为反馈电容，C_a、C_c、C_i 的作用同前。假设 k 为放大器的开环增益，则反馈电容折算到放大器输入端的等效电容为 $(1+k)C_f$，此时放大器的输出电压 U_o 为

$$U_o = -kU_i = \frac{-kq}{C_a + C_c + C_i + (1+k)C_f} \tag{6-8}$$

由于 k 很大($10^4 \sim 10^6$)，可使 $(1+k)C_f \gg C_a + C_c + C_i$，则 U_o 近似为

$$U_o \approx \frac{-kq}{(1+k)C_f} \approx -\frac{q}{C_f} \tag{6-9}$$

由式(6－9)可以看出，电荷放大器的输出电压只与反馈电容有关，而与连接电缆的传输电容无关，因此当连接线缆的长度改变时，不会影响传感器的灵敏度，这是电荷放大器最突出的优点。这对小信号、远距离测量非常有利，因此电荷放大器应用相当广泛。压电式传感器配接电荷放大器时，低频响应比其连接电压放大器要好得多。但与电压放大器相比，电荷放大器价格较高，电路也较复杂，调整较困难。

在实际电路中，电荷放大器工作频带的上限主要与两种因素有关：一是运算放大器的频率响应；二是若电缆很长，则杂散电容和电缆电容增加，导线自身的电阻也增加，它们会影响电荷放大器的高频特性，但影响不大。例如，100 m 电缆的电阻仅几欧姆到数十欧姆，故其对频率上限的影响可以忽略。考虑到被测物理量的不同量程，将反馈电容的容量选为可调的，范围一般在 100～1000 pF 内。由于电荷放大器的测量下限主要由反馈电容与反馈电阻决定，因此，电荷放大器的低频响应比电压放大器好，可用于变化缓慢的力的测量。

特别需要注意的是这两种放大器电路的输入端都要加过载保护电路，以免传感器过载时产生过高的输出电压。

6.2.4 压电式传感器的误差因素

影响压电式传感器性能的误差因素很多，主要有以下几大类。

1. 环境温度

环境温度的变化会使压电材料的压电系数、介电常数、体电阻和弹性模数等参数发生变化。温度对压电式传感器电容量和体电阻的影响较大。电容量随温度升高而增大，体电阻随温度升高而减小。电容量增大使压电式传感器的电荷灵敏度提高，电压灵敏度降低。体电阻减小使时间常数减小，从而使传感器的低频响应变差。因此，为了保证压电式传感器在高温环境中的低频测量精度，应当采用电荷放大器与之匹配。

瞬变温度对压电式传感器的影响也比较大。瞬变温度在压电式传感器壳体和基座等部件内产生温度梯度，由此引起的热应力传递给压电元件，并产生热电输出。此外，压电式传感器的线性度也会因受瞬变温度变化的影响而变差。瞬变温度引起的热电输出频率通常很高，可用放大器检测。瞬变温度越高，热电输出越大，有时可大到使放大器过载。因此，在高温环境进行小信号测量时，瞬变温度引起的热电输出可能会淹没有用信号。为此，应设法补偿温度引起的误差。一般可通过以下几种方法进行补偿：

(1) 采用剪切型压电式传感器。剪切型压电式传感器的压电元件与壳体隔离，壳体的热应力不会传递到压电元件上，而且基座热应力通过中心柱隔离，温度梯度不会导致明显的热电输出，因此，剪切型压电式传感器受瞬变温度的影响极小。

(2) 采用绝热垫片。在测量爆炸冲击波压力时，冲击波前沿的瞬态温度非常高。为了隔离和缓冲高温对压电元件的冲击，减小热梯度的影响，一般可在压电式压力传感器的膜片与压电元件之间放置氧化铝陶瓷片或非极化的陶瓷片等热导率小的绝热垫片。

(3) 采用温度补偿片。在压电元件与膜片之间放置适当材料及尺寸的温度补偿片(如由陶瓷及铁镍铍青铜两种材料组成的温度补偿片)。温度补偿片的热膨胀系数比壳体等材料的热膨胀系数大。在一定高温环境中，温度补偿片的热膨胀变形起到抵消壳体等部件的热膨胀变形的作用，使压电元件的预紧力不变，从而消除温度引起的压电式传感器

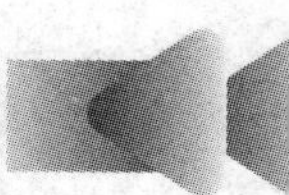

输出漂移。

(4) 采取冷却措施。对于应用于高温介质动态压力测量的压电式压力传感器，通常采取强制冷却的措施，即在压电式传感器内部注入循环的冷却水，以降低压电元件和传感器各部件的温度。也可以采取外冷却措施，即将传感器装入冷却套中，在冷却套内注入循环的冷却水。

2. 环境湿度

环境湿度对压电式传感器性能的影响也很大。如果压电式传感器长期在高湿度环境中工作，则传感器的绝缘电阻(泄漏电阻)会减小，从而使传感器的低频响应变差。为此，压电式传感器的有关部分一定要选用绝缘性能好的绝缘材料，并采取防潮密封措施。

3. 基座应变

在振动测量中，被测构件因机械负载或不均匀的加热而使压电式传感器的安装部位产生弯曲或延伸应变时，将引起传感器的基座应变。该应变直接传递到压电元件上，从而产生误差信号输出。受基座应变影响的程度与压电式传感器的结构形式有关。一般压缩型压电式传感器，由于其压电元件直接放置在基座上，所以，受基座应变的影响较大；剪切型压电式传感器因其压电元件不与基座直接接触，故受基座应变的影响较小。

4. 声噪声

高强度声场通过空气传播会使构件产生较强烈的振动。当压电式加速度传感器置于这种声场中时会产生寄生信号输出。试验表明，即使压电式加速度传感器受到极高强度的声场作用，产生的误差信号也比较小。

5. 电缆噪声

电缆噪声完全是由电缆自身产生的。普通的同轴电缆是由以聚乙烯或聚四氟乙烯材料作为绝缘保护层的多股绞线组成的，外部屏蔽套是一个编织的多股镀银金属套，包在绝缘体上。工作时，若电缆受到突然的弯曲或振动，则电缆芯线与绝缘体之间以及绝缘体和金属屏蔽套之间可能发生相对移动，从而形成空隙。若相对移动速度很快，则在空隙中会因相互摩擦而产生静电感应电荷，此时静电荷直接与压电元件的输出叠加，然后馈送到放大器中，此过程中混杂有较大的电缆噪声。为了减小电缆噪声，除选用特制的低噪声电缆外(在电缆的芯线与绝缘体之间以及绝缘体与屏蔽套之间加入石墨层，以减小摩擦)，在测量过程中还应将电缆固紧。

6. 接地回路噪声

在振动测量中，使用的测量仪器比较多。如果各个仪器和压电式传感器各自接地，则由于不同的接地点之间存在电位差 ΔU，在接地回路中会形成回路电流，从而在测量系统中产生噪声信号。防止接地回路中产生噪声信号的方法是整个测量系统在同一点接地(因为没有接地回路，就不会有回路电流和噪声信号)。一般合适的接地点是指示仪器的输入端。安装时应将传感器和放大器对地隔离。压电式传感器的简单隔声方法是电气绝缘，可以用绝缘螺栓和云母热片将传感器与它所安装的构件绝缘。

除上述因素外，影响压电式传感器性能的误差因素还有声场效应、磁场效应和射频场效应等因素。

6.2.5 压电式传感器的应用

压电式传感器主要应用在压力和加速度等的测量中。压电式压力传感器可以用于发动机内部燃烧压力的测量与真空度的测量，也可以用于军事工业，例如用它来测量枪炮子弹在膛中击发的一瞬间膛压的变化和炮口的冲击波压力。它既可以用来测量大的压力，也可以用来测量微小的压力。压电式加速度传感器具有结构简单、体积小、重量轻、使用寿命长等优点，在飞机、汽车、船舶、桥梁和建筑的振动与冲击测量中已经得到了广泛的应用，特别是航空领域中的应用更有它的特殊地位。下面简单介绍两种压电式传感器的工作原理和使用注意事项。

1. 压电式压力传感器

根据不同的使用目的，压电式压力传感器有不同的形式，但它们有相同的基本工作原理。压电式压力传感器结构示意图如图 6-16 所示，它由引线、外壳、基座、压电晶片、受压膜片及导电片等部分组成。膜片受到力 F 作用时，压电晶片上产生电荷。每一个压电晶片上产生的电荷为

$$q=d_{11}F=d_{11}SP \tag{6-10}$$

式中：F——作用在压电晶片上的力(N)；

d_{11}——压电系数(C/N)；

P——压强(N/m^2)；

S——有效膜片面积(m^2)。

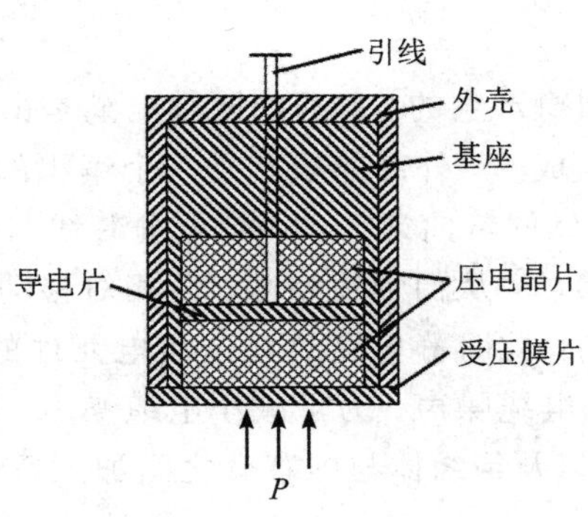

图 6-16 压电式压力传感器结构示意图

如果传感器只由一个压电晶片构成，则电荷灵敏度 $K_q=q/P$，电压灵敏度 $K_U=U_o/P$，式中，U_o 为压电晶片的输出电压。

压电式压力传感器一般采用石英晶体作为压电元件，晶片厚度通常为 0.5～1 mm。传感器的灵敏度可通过选择叠加的晶片数确定，其性能稳定，具有良好的线性和重复性，迟滞小、使用方便、寿命长，可在－196～200℃的较宽温度范围内工作，如采用特种晶片，使用温度可高达 760℃，为高温条件下测力(如火炮、金属冶炼工程中测力)提供了可能。

压电式压力传感器的使用注意事项如下：

(1) 压电式压力传感器的基座、盖板、导电片应选取高弹性模量、高强度且有较好工艺

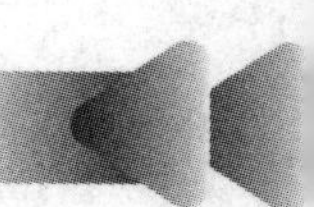

性的金属材料。绝缘套采用聚四氟乙烯材料，因为该材料具有足够高的绝缘阻抗，且耐高温、耐腐蚀、抗老化。由于湿度对压电材料的绝缘电阻影响很大，故在设计制造中应注意其密封性问题，并在装配前按严格工艺净化压电元件。

(2) 压电式压力传感器在装配时必须对晶片施加较大的预紧力，以保证该传感器的线性度良好。安装前，传感器的上、下接触面应经过精细加工，以保证其平行度和平面度；安装时，应保证传感器的敏感轴向与受力方向一致。同时，要选用低噪声电缆，并注意将电缆固定，避免由于晃动而引入电缆噪声。

2. 压电式加速度传感器

压电式加速度传感器(也称压电加速度计)属于惯性式传感器，它是利用某些物质如石英晶体的压电效应制成的。

如图 6-17 所示，压电式加速度传感器由质量块、压电元件、预压弹簧、基座和外壳等组成，并用螺栓加以固定。压电元件一般由两片压电片组成。在压电片的两个表面上镀银，并在银层上焊接输出引线，或在两个压电片之间夹一片金属，引线焊接在金属上，输出端的另一根引线直接与传感器基座相连。在压电片上放置一个比重较大的质量块，然后用一个硬弹簧或螺栓、螺帽对质量块预加载荷。整个组件装在一个厚基座的金属壳体中。为避免试件的任何应变传递到压电元件上而产生假信号输出，一般要加厚基座或选用刚度较大的材料来制造基座。

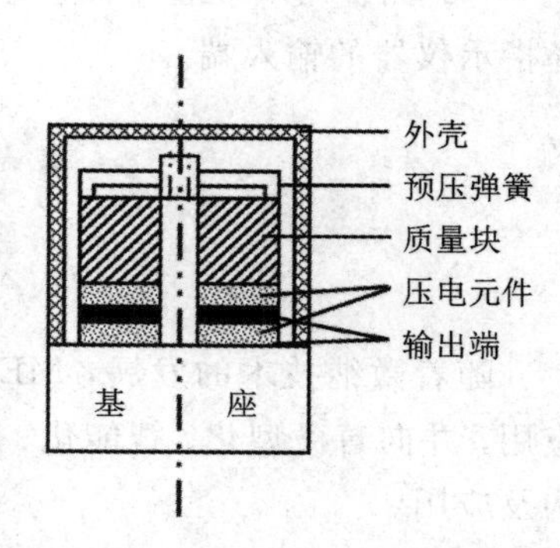

图 6-17 压电式加速度传感器结构示意图

测量时，将压电式加速度传感器基座与待测物刚性固定在一起。当传感器感受到振动时，由于预压弹簧的刚度相当大，而质量块的质量相对较小(可以认为质量块的惯性很小)，因此质量块感受到与传感器基座相同的振动，并受到与加速度方向相反的惯性力的作用。此时，质量块有一正比于加速度的交变力作用在压电片上，由于压电效应，压电片的两个表面上会产生交变电荷，从而引起电压变化。

根据牛顿第二定律，此惯性力是加速度的函数，即

$$F = ma \tag{6-11}$$

式中：F——质量块产生的惯性力(N)；

m——质量块产生的质量(kg)；

a——加速度(m/s^2)。

此时惯性力 F 作用于压电元件上，因而产生电荷 q。当选定压电式加速度传感器后，压电系数 d_{33} 即可确定，则传感器输出电荷为

$$q = d_{33}F = d_{33}ma \tag{6-12}$$

由于 q 与加速度 a 成正比，因此测得压电式加速度传感器输出的电荷便可知加速度的大小。

压电式加速度传感器的使用注意事项如下：

(1) 环境温度的变化会引起压电材料的压电系数、介电常数和绝缘电阻的变化，使用时应注意温度条件。

(2) 湿度变化的影响基本同(1)，应采取防潮密封措施。

(3) 横向灵敏度的影响主要来自压电材料性能的不均匀和工艺制造上的缺陷。实际工作时，应保证传感器的轴线与安装表面垂直，并使传感器的最小横向灵敏度方向与存在横向振动的方向保持一致。

(4) 工作时将连接电缆尽可能地固定在被测体上，并在最小振动点离开被测体，以减小因电缆变形而引入的电缆噪声。

(5) 测量时要使整个测量系统在同一点接地，避免产生接地回路噪声。接地点一般选择指示仪器的输入端。

6.3 微纳压电式传感器

随着微纳技术的发展，MEMS压电式传感器在电子、医学、环境、生物等领域被广泛应用，并向着微型化、智能化、商业化发展。本节将介绍几种典型的微纳压电式传感器的结构及应用。

1. 微悬臂梁压电式传感器

微悬臂梁压电式传感器的最下层通常是以硅和二氧化硅等为主要材料的悬臂梁，上面一层为压电薄膜，一般压电层上下还有两层金属电极层。其工作原理是利用压电薄膜的压电效应，通过对压电薄膜施加交流电压激励悬臂梁振动。当悬臂梁振动时，在压电薄膜表面产生电荷，利用压电薄膜的逆压电效应可以驱动悬臂梁振动，利用正压电效应可以检测悬臂梁的响应。因此，利用这一特性可以检测较小的位移或质量的变化，以实现高精度、高灵敏传感。

如图6-18所示的是一种典型的硅基微悬臂梁压电式传感器结构。第一层是由多晶硅制成的尺寸为500 μm×100 μm×7 μm的微型悬臂梁。第二层是500 μm×100 μm×7 μm的SiO_2绝缘体，并具有200 μm×80 μm×4 μm的凹坑以结合尽量多的待测物。在固定端和悬臂梁的顶部，尺寸为50 μm×100 μm×2 μm的压电材料(PZT-5A)被夹在上、下铂电极之间，其目的是获取用于测量产生的输出电压的电子。

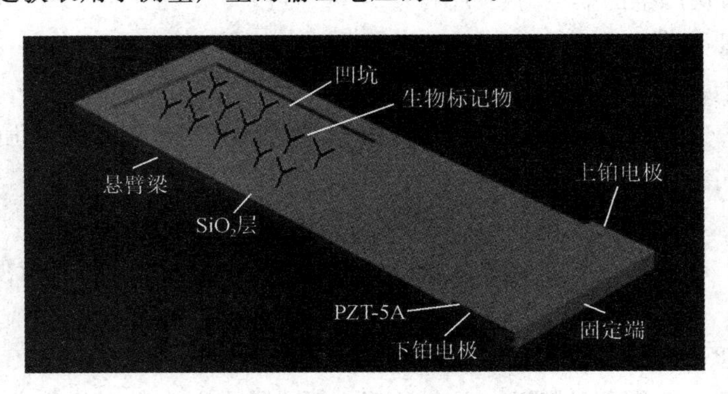

图6-18 PZT-5A微悬臂梁压电式传感器结构示意图

该传感器中使用的 PZT-5A 压电微悬臂梁，可以用于检测由悬臂梁尖端吸附病毒质量引起的机械振动变化。机械振动产生不同谐振频率的输出电压信号，使悬臂梁在振荡环境中发生应变，从而产生压力。悬臂梁的固定端具有 PZT 层，产生的应力的增加会导致输出电压的增加。使用适当的电极和运算放大电路可获取和放大输入电压信号，使用检测特异性的各种生物标志物即可完成病毒的检测。

2. MEMS 压电薄膜传感器

MEMS 压电薄膜传感器是在基底材料上通过 MEMS 技术制备压电薄膜从而实现传感功能的，其具有低功耗且尺寸小，目前已用于各种电子元件，如喷墨打印头、红外线和标准相机镜头的自动对焦系统、加速度计和陀螺仪等。

这里介绍在硅晶片上制作压电薄膜传感器的典型结构和制作工艺。图 6－19 所示为压电式传感器单元结构示意图，MEMS 压电薄膜传感器基底材料为 Si，尺寸为 10 mm×12 mm，共由 7 层组成，由下至上分别是 Si 基底、SiO_2(100 nm)、Ta(30 nm)、Pt(150 nm)、PZT(1 μm)、Pt(100 nm)和 Au(150 nm)，所有压电功能膜的总厚度为 1.63 μm。底部电极通过 4 个力传感器单元共同连接，并且 PZT 膜处于隔离结构。首先将制备的 Si、SiO_2、Ta、Pt 基板在 650℃退火 30 min，并使用溶胶-凝胶法制备 PZT 膜，其中使用三水合乙酸铅、丙醇锆、异丙醇钛、1，3－丙二醇和乙酰丙酮作为溶剂；再将该材料以 3000 r/min 的转速旋涂 30 s，然后在 400℃下煅烧 5 min，最后在 650℃退火，完成薄膜沉积；之后，依次刻蚀顶部的 Pt、PZT 和底部的 Pt，然后通过等离子增强化学气相法(PECVD)沉积二氧化硅；使用 H_2O、HCl 和 HF 比例为 270∶15∶1 的刻蚀溶液湿法刻蚀 PZT 层；将顶部电极上的二氧化硅层制造出通孔后，使用剥离工艺沉积 Au 薄膜，Au 层用于连接顶部的电极和电焊盘；最后，将公共底部电极与位于器件侧面的电焊盘连接，完成传感器的制备。

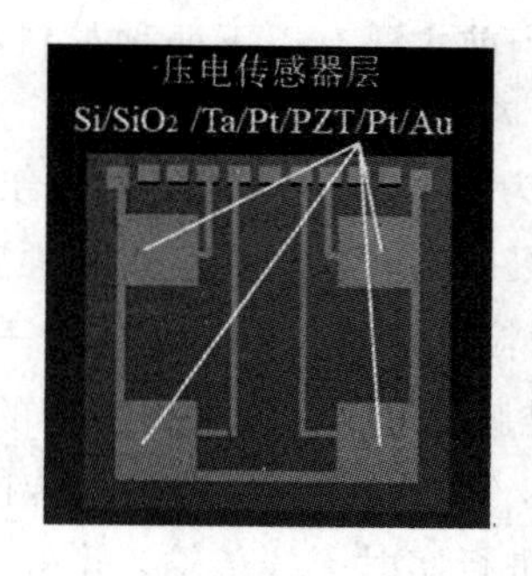

图 6－19　压电式传感器单元结构示意图

通过对该传感器进行测试发现，在测试静态性能时，若给予 3 kPa 至 30 kPa 的压力，则输出电压从 1.8 mV 变化至 11 mV，并呈现良好的线性关系。当在传感器单元之间施加 30 kPa 的静态力时，所产生的信号约为 11 mV，显示出传感器具有良好的均匀性和再现性。在测试动态性能时，利用圆珠笔尖来模拟温和的触觉。随着圆珠笔尖在玻璃板上温和地移动，产生了与施加压力成正比的电信号，通过读取电信号及其斜率即可判断施加力的大小和方向。

3. 多晶硅薄膜晶体管压电式传感器

多晶硅薄膜晶体管压电式传感器是一种超灵活触觉传感器，它采用了一种压电体-氧化物-半导体场效应晶体管(POSTFT)结构，并基于多晶硅直接集成在聚酰亚胺上。这种超灵活装置是根据扩展栅结构设计的，如图 6-20 所示，这种结构更坚固，并且设计也更灵活且易于钝化。由于采用了高电场(大于 1 mV/cm)极化，该传感器的压电性能显著增强，最终压电系数达到 47 pC/N，并具有极高的灵敏度。这种 POSTFT 结构的压电式传感器被广泛应用于人造皮肤的设计和制造，且利用 MEMS 加工技术，可以实现阵列式触觉传感器的制造。

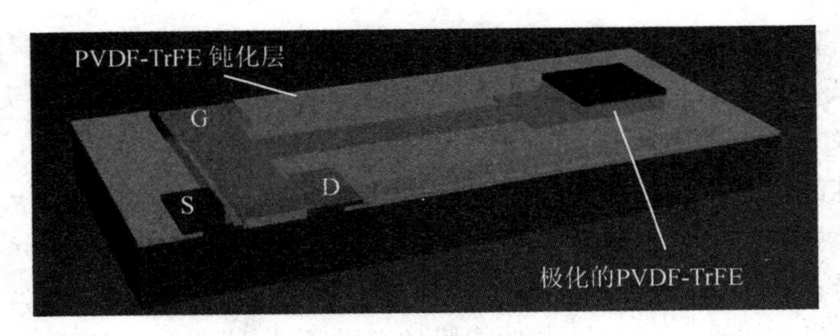

图 6-20　POSTFT 扩展栅结构示意图

4. 微纳柔性薄膜压电式传感器

微纳柔性薄膜压电式传感器具有透明、柔韧、延展、可自由弯曲、形状多变、易于携带的特点，可以灵活应用于可穿戴、植入式设备。其工作原理是当受到压力作用时，柔性薄膜发生变形而导致内部出现极化现象，使薄膜表面产生正、负电荷，从而输出电信号。通常压电系数越高，其材料的能量转换效率就越高，因此，微纳柔性薄膜压电式传感器具有高灵敏度和快速响应的特性，被广泛应用于实时测量动态力学变化，如可穿戴电子听诊器、心电仪、脉搏监测设备等。微纳柔性薄膜压电式传感器功能的实现依赖于新型微纳功能材料以及新的微纳结构与加工方法。当前主要有以下两种材料用于微纳柔性薄膜压电式传感器的制备：

第一种是将无机压电材料作为填料与柔性聚合物复合，并经过微观结构处理后制备柔性薄膜压电式传感器。常见的无机压电材料填料有铌酸锂($LiNbO_3$)、钛酸铅($PbTiO_3$)、钛酸钡($BaTiO_3$)的纳米线及纳米颗粒等。图 6-21 所示是一种基于 PVDF(聚偏二氟乙烯)/$BaTiO_3$ 纳米线复合材料压电纤维膜、用于检测人体运动的无线可穿戴式压电器件。该器件可置于运动的人体部位或衣物上，通过电源转换、数据转换控制、信号采集放大、无线数据传输等模块，将产生的压电信号进行实时无线传输，并由定制的手机 APP 捕捉和还原，从而实现人体运动的无线监测。

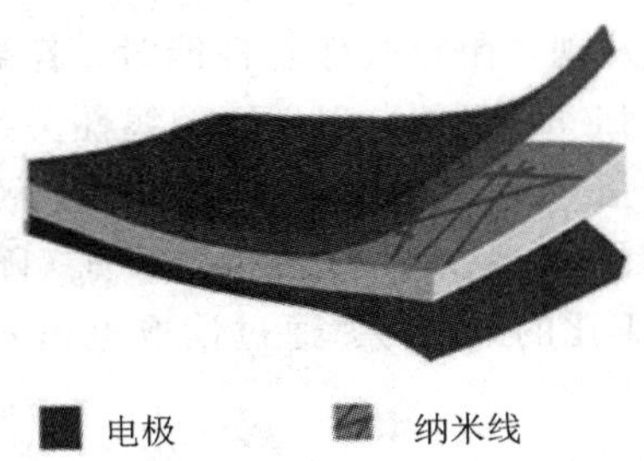

图 6-21　基于 PVDF/$BaTiO_3$ 纳米线复合材料压电纤维膜的无线可穿戴式压电器件示意图

第二种是直接采用具有压电效应的聚合物，通过静电纺丝等微纳技术将聚合物制成纳米纤维作为制备柔性薄膜压电式传感器敏感膜的原材料。图 6-22 所示是一种基于聚偏二氟乙烯和三氟乙烯的共聚物(PVDF-TrFE)纳米纤维材料的柔性阵列压电式压力传感器。该传感器以聚酰亚胺为基底，将纺丝机器高速旋转得到的 PVDF-TrFE 纳米纤维阵列作为传感媒介，具有良好的柔韧性和高灵敏度，即使在极小的压力范围内(约 0.1 Pa)也能表现出优异的传感性能，在人体运动检测和机器人电子皮肤方面具有巨大的应用潜力。

图 6-22　基于 PVDF-TrFE 纳米纤维材料的柔性阵列压电式压力传感器

本章小结

1. 压电式传感器的工作原理

压电式传感器是利用压电元件通过压电效应实现力-电转换的一种典型自发电式传感器。由于压电效应是可逆的，因此压电式传感器是典型的“双向传感器”。

当沿着一定方向对压电晶体施加力而使它变形时，其内部就出现极化现象，同时在它的两个对应晶面上产生极性相反的等量电荷。当作用力的方向改变时，电荷的极性也随之改变，当作用力取消后，电荷也消失，晶体又重新恢复不带电状态，这种现象称为正压电效应。相反，当在电介质的极化方向上施加电场作用时，这些电介质晶体会在一定的晶轴方向发生机械变形，外加电场消失，变形也随之消失，这种现象称为逆压电效应。

2. 压电材料

(1) 石英晶体：压电系数 $d_{11}=2.31\times10^{-12}$ C/N，在几百摄氏度的温度范围内，压电系数稳定不变，能产生十分稳定的固有频率 f_0，并能承受 700～1000 kg/cm^2 的质量，是理想的压电材料。

(2) 压电陶瓷：常用的压电陶瓷有钛酸钡、锆钛酸铅、铌酸盐等，其压电系数比石英晶体高，但机械性能、介电常数不如石英晶体好。

3. 压电式传感器的结构

压电式传感器多为荷重垫圈式结构，由底座、传力上盖、压电晶片、中心电极、绝缘套和电极引出端子组成，通常是两片或两片以上的压电晶片组合在一起使用。由于压电晶片是有极性的，因此有串联和并联两种连接方式。其中串联接法：$q'=q$，$U'=2U$，$C'=2/C$；

并联接法：$q'=2q$，$U'=U$，$C=2C$。

4. 压电式传感器电路

压电式传感器等效于一个静电荷发生器或电容器，其测量电路分为电压放大器和电荷放大器。

5. 影响压电式传感器性能的误差因素

影响压电式传感器性能的误差因素：环境温度、环境湿度、基座应变、声噪声、电缆噪声、接地回路噪声等。

思考题和习题

6-1 简述压电式传感器的工作原理。

6-2 常见的压电材料有哪些？特点是什么？

6-3 简述压电式传感器测量电路中采用的电压放大器和电荷放大器的优缺点。

6-4 影响压电式传感器性能的误差因素有哪些？

6-5 简述压电式加速度传感器的原理。

6-6 简述压电式压力传感器的原理。

6-7 简述微悬臂梁压电式传感器的结构与原理。

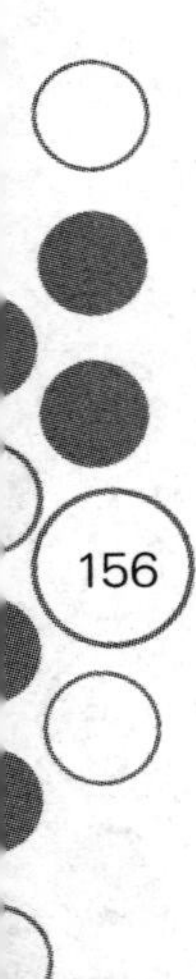

第7章

光电式传感器

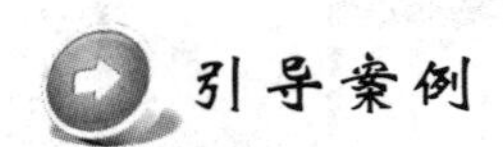

引导案例

光电式传感器在军事领域的应用

光电式传感器可以探测可见光、红外辐射、微波和无线信号等，且具有精度高、响应速度快、非接触等优点。随着光电技术的迅速发展，形形色色的光电式传感器在各种军事装备和武器系统中得到广泛的应用，特别是激光武器、装甲战车、卡车以及地面无人车等。

光电式传感器可用于发现并解除爆炸物、探索崎岖地形以及从安全距离发现敌人位置，提高了装甲战车、卡车以及地面无人车的性能。光电式传感器适用于移动战场，其类型主要分为两类：第一类是被动型，它能感知目标发射或反射的能量；第二类是主动型，它们有自己的光源，通常用于照射目标或探测反射。光电式传感器通过将光线或光线的变化转换为电子信号来探测传感器视场内的物体。

目前，欧洲已经展示了它在多类型军用传感器领域的强大能力。比起美国竞争者，欧洲有的国家的组件激光器和探测器技术在商用和高端主动光电式传感器领域要更加先进。我国对光电式传感器研究的起步时间与国际相差不远，研究对象主要是光电式温度传感器、压力计、流量计、液位计、电流计等，有些已达到世界先进水平。但从总体上讲，我国光电传感器技术的研究和装备应用与国际先进水平相比，在复杂环境下的探测能力、多种平台的适应能力、信息处理的智能化水平等方面还有一定差距。为此，我们必须打破目前的“跟踪研仿”模式，根据光电传感器技术及装备的发展趋势，重点发展系统集成技术以及全天候、远距离、多模式探测技术，逐步形成满足信息战需要的新一代信息化光电装备。

7.1 概 述

光电式传感器是将光通量转换为电量的一种传感器。由于其结构简单、体积小，且测量方法灵活多样，可测参数众多，并具有非接触、高精度、高可靠性和反应快等特点，因此光电式传感器在检测和控制领域获得了广泛的应用。随着光电技术的发展，光电式传感器

的品种及产量日益增加，已成为目前产量最多、应用最广的传感器之一，在军事、航空、通信、智能家居、智能交通、食品安全、医学检测及工业自动化控制等领域发挥着不可替代的作用。本章将主要介绍各种典型光电式传感器的工作原理及其应用。

7.2　光电传感器

光电传感器一般由光源、光学通路、光电元件和测量电路等部分组成，如图 7－1 所示。光源是光电传感器的一个组成部分，大多数的光电传感器都离不开光源。对光电传感器光源的选择要考虑很多因素，例如波长、谱分布、相干性等。常用的光源可以分为热辐射光源、气体放电光源、激光器和电致发光器件四大类。光学通路是由光学元件按照光学定律和原理构成的光路，常用的光学元件有各种反射镜和透镜。光电元件是光电传感器中最重要的组成部分，它的作用是将光信号变换为电信号，其核心工作原理基于不同类型的光电效应，本节我们主要介绍光电传感器及典型光电元件。

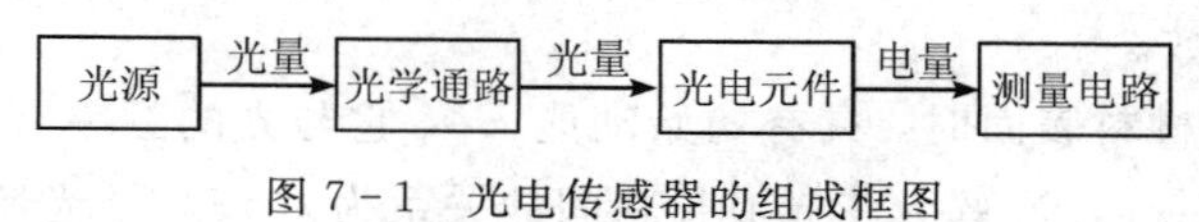

图 7－1　光电传感器的组成框图

7.2.1　光电传感器的工作原理

光电传感器以光电效应为基础，把被测量的变化转换成光信号的变化，然后通过光电元件进一步将非电信号转换成电信号。具体而言，被测量首先作用于光源或者光学通路，待测信息被调制到光波上，使光波的强度、相位、空间分布和频谱分布发生改变，再由光电器件将这些变化转换为电信号，经过后续电路的解调从电信号分离出被测量的信息，从而实现对被测量的测量。

光电效应是光照射到某些物质上，使该物质的导电特性发生变化的一种物理现象。光是由一份一份不连续的光子组成的，当某一光子照射到对光敏感的物质上时，它的能量可以被该物质中的某个电子全部吸收。电子吸收光子的能量后，动能立刻增加；如果动能增大到足以克服原子核对电子的引力，电子就能在十亿分之一秒时间内飞逸出金属表面(如图 7－2 所示)，成为光电子，形成光电流。单位时间内，入射光子的数量越多，飞逸出的光电子就越多，光电流也就越强，这种由光能变成电能自动放电的现象，就称为光电效应。光电效应可分为外光电效应和内光电效应。

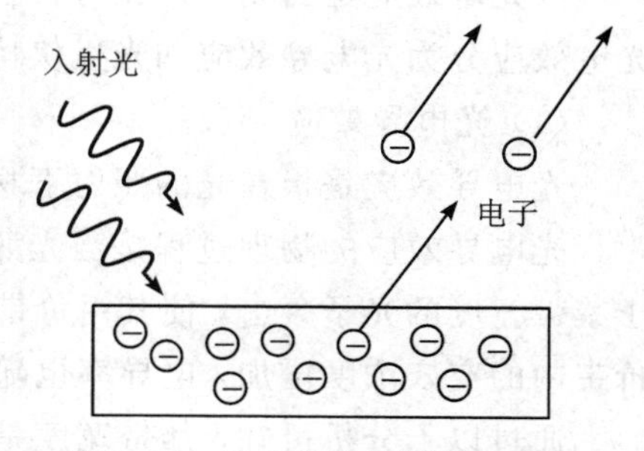

图 7－2　光电效应的原理示意图

1. 外光电效应

外光电效应是指在光的照射下，材料中的电子逸出材料表面的现象，也称为光电发射效应。利用外光电效应制成的光电器件有真空光电管、充气光电管和光电倍增管。

某些物质在吸收光的能量后，电子将逸出其表面。根据爱因斯坦假说，一个光子的能量只能给一个电子。如果一个电子要从材料表面逸出，则必须使光子能量 $E=hf$ 大于表面逸出功 A(不同材料的逸出功 A 不相同)，此时逸出表面的电子具有动能 E_k，可用爱因斯坦光电效应方程表示为

$$E_k=\frac{1}{2}mv^2=hf-A \tag{7-1}$$

式中：m——电子质量(u)；

v——电子逸出初速度(eV)；

h——普朗克常数(6.63×10^{34} J·s)；

f——光的频率(s^{-1})。

(1) 在入射光的频谱成分不变时，发射的光电子数正比于光强。因此，被照射物质中饱和光电流 $I_{\varphi m}$ 与照射光强 φ 成正比，即

$$I_{\varphi m}=K\varphi \tag{7-2}$$

式中：K——比例系数。

(2) 光电子逸出材料表面时，具有初始动能 E_k，它与光的频率有关，频率越高，初始动能越大，光电子速率 c、频率 f 与光波长之间的关系为 $\lambda=c/f$。光照电子的逸出功 A 决定于被照材料的性质，因此对某种特定材料而言将有一个频率限。当入射光的频率低于此频率限时，不能激发电子；而当入射光的频率高于此频率限时，被照射的材料都会激发出电子。此频率限称为“红限”，红限的波长可以表示为

$$\lambda_k=\frac{hc}{A} \tag{7-3}$$

式中：c——光速。

2. 内光电效应

内光电效应是当光照射在材料上时，材料的电阻率发生变化或产生电动势的现象。内光电效应分为光电导效应和光生伏特效应两类。

(1) 光电导效应。

光电导效应是指在光的照射下材料的电阻率发生改变的现象，例如光敏电阻。

光电导效应的物理过程是当光照射到半导体材料时，价带中的电子受到能量大于或等于禁带宽度的光子轰击，使其由价带越过禁带而跃入导带，从而使材料中导带内的电子和价带内的空穴浓度增加，电导率也随之增大。

通过以上分析可知，禁带宽度是由材料的光电导性能决定的，光子能量 hf 应该大于禁带宽度 E_g。由此可知光电导效应的临界波长为

$$\lambda_0=\frac{hc}{E_g} \tag{7-4}$$

例如锗的 $E_g=0.7$ eV，则可知 $\lambda_0=1.8\ \mu m$，即锗从波长为 1.8 μm 的红外光就开始显现出光电导特性，故可用于检测可见光及红外辐射。

（2）光生伏特效应。

当材料受到光照时，其内部产生一定方向电动势的现象称为光生伏特效应。当光照射PN结且能量达到禁带宽度时，价带中的电子跃迁到导带，便会产生电子空穴对。被光激发的电子在势垒附近电场梯度的作用下向N侧迁移，而空穴则向P侧迁移。从而使N区带负电，P区带正电，形成光电动势。

“丹倍效应”也属于光生伏特效应，是指当光只照射在某种光电导材料的一部分上时，被照射的部分产生电子空穴对，使被照射到和未被照射到的两部分载流子的浓度不同，从而产生载流子扩散的现象。如果电子的迁移率大于空穴的迁移率，则会使未被照射到的部分获得过多的电子，且带负电，而被照射到的部分则会因为失去过多电子而带正电。

7.2.2　光电传感器的光电元件

光电元件是光电传感器的基础，当测量光学量时，光电元件可作为敏感元件使用；而测量其他物理量时，它可作为变换元件使用。典型的光电转换器件有光电管、光电倍增管、光敏电阻、光电池、光电二极管和光电晶体管等，下面分别介绍它们的结构、工作原理及特性。

1. 光电管和光电倍增管

1）结构与工作原理

光电管是基于外光电效应的基本光电元件。光电管可将光信号转换成电信号。光电管分为真空光电管和充气光电管两种。光电管的典型结构是将球形玻璃壳抽成真空，在内半球面上涂一层光电材料作为阴极，球心放置小球形或小环形金属作为阳极，光电管的典型结构示意图如图7-3所示。

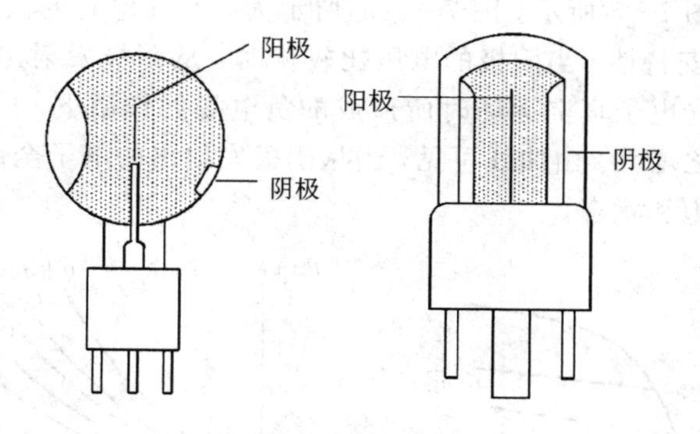

图7-3　光电管的典型结构示意图

光电管的阴极受到适当的光线照射后发射电子，这些电子被具有一定电位的阳极吸引，在光电管内形成空间电子流。如果在外电路中串入一个适当阻值的电阻，则在此电阻上将有正比于光电管中空间电流的电压降，其值与照射在光电管阴极上的光强度呈函数关系。除真空光电管外，还有充气光电管，二者结构相同，只是前者管内为真空，后者管内充入惰性气体，如氩、氖等。当电子在被吸向阳极的过程中，运动着的电子对惰性气体进行轰击，并使其电离，于是会有更多的自由电子产生，从而提高了光电变换灵敏度。所以充气光电管比真空光电管的灵敏度高。

当入射光很微弱时，光电管产生的电流很小，很难被探测到，这时常用光电倍增管把电流放大。光电倍增管由光阴极、倍增电极和阳极三部分组成，其内部结构示意图如图7-4所示。在光电倍增电极上涂有在电子轰击下可发射更多次级电子的材料，倍增电极的形状和位置要正好能使轰击进行下去。在每个倍增电极间均依次增大加速电压，设每一级的倍增率为δ，如果有n级，则光电倍增管的光电流倍增率为$n\delta$。因此，在光很微弱时，光电倍增管也能产生很大的光电流。

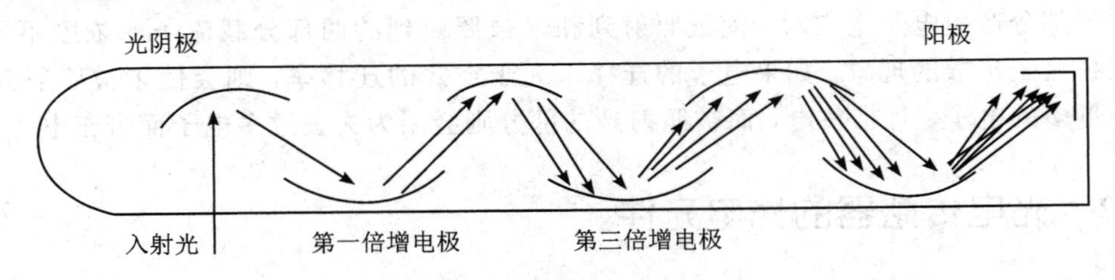

图7-4　光电倍增管内部结构示意图

由于光电倍增管增益高、响应时间短，并且它的输出电流和入射光子数成正比，所以广泛使用在天体光度测量和天体分光光度测量中。其优点是测量精度高，可以测量比较暗弱的天体，还可以测量天体光度的快速变化。天文测光中，应用较多的是锑铯光阴极的倍增管，如RCA1P21。还有一种双碱光阴极的光电倍增管，如GDB-53，它的信噪比的数值较RCA1P21大一个数量级，暗流很低。为了观测近红外区，常用多碱光阴极和砷化镓阴极的光电倍增管，后者量子效率最大可达50%。

2）主要特性

（1）伏安特性。

在一定的光照射下，光电器件的阴极所加电压与阳极所产生的电流之间的关系称为光电管的伏安特性，如图7-5所示。图7-5(a)所示为真空光电管的伏安特性，图7-5(b)所示为充气光电管的伏安特性。当阳极的电压比较低时，从阴极发射出的电子只有一部分到达阳极，其余部分在光电子真空运动时所形成的负电场的作用下，回到阴极。阳极电压逐渐增高，光电流也随之增大。由曲线可见，当从阴极发射出的电子全部到达阳极时，阳极的电流趋于稳定，达到饱和状态。

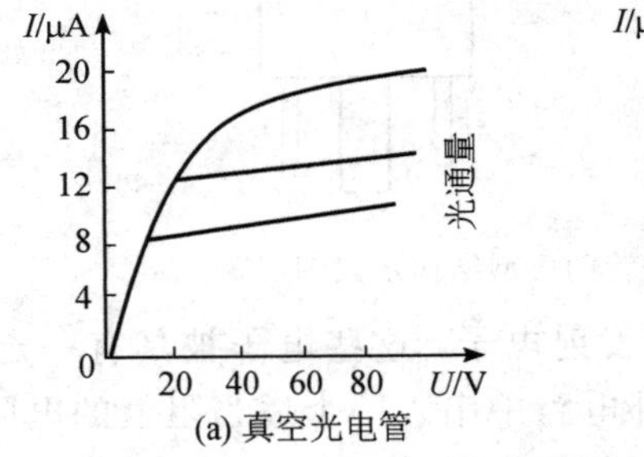

(a) 真空光电管

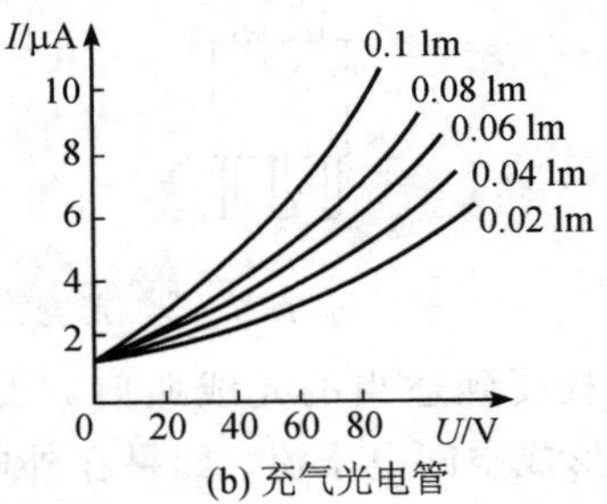

(b) 充气光电管

图7-5　光电管的伏安特性曲线

（2）光照特性。

光电管的光照特性是指当光电管的阴极和阳极之间所加的电压一定时，光通量与光电流之间的关系，如图7-6所示。光照特性曲线的斜率称为光电管的灵敏度。图7-6(a)所示为真空光电管的光照特性，横坐标 ϕ 是光通量，单位是 lm(流[明])。图 7－6(b)所示为充气光电管的光照特性。可见在电压一定的情况下，光通量与电流之间呈线性关系，转换灵敏度为常数，且此转换灵敏度随着极间电压的增高而增加。

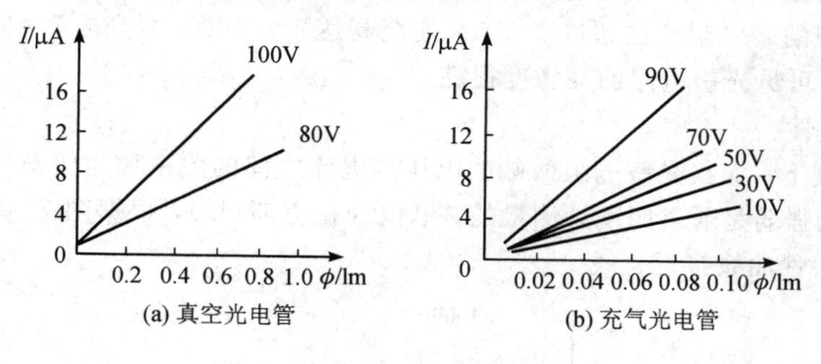

图 7－6　光电管的光照特性曲线

充气光电管的灵敏度比真空光电管高出一个数量级，但是其惰性较大，参数随极间电压变化，许多参数与温度密切相关且易老化。因此目前真空光电管较受用户欢迎，灵敏度低的问题可以通过其他方法补偿。

2. 光敏电阻

1）结构与工作原理

光敏电阻是用硫化镉或硒化镉等半导体材料制成的特殊电阻器，其工作原理基于内光电效应。光照越强，光敏电阻阻值就越小，随着光照强度的升高，电阻值迅速减小。光敏电阻对光线十分敏感，其在无光照时，呈高阻状态。

光敏电阻的典型结构示意图如图 7－7(a)所示。为避免外来干扰，光敏电阻外壳的入射孔上盖有一种能透过所要求的光谱范围的透明保护罩。为提高灵敏度，可将光敏电阻做成图 7－7(b)所示的栅型，装在外壳中。光敏电阻没有极性，使用时在电阻两端既可加直流电压，也可以加交流电压，在光线的照射下，均可以改变电路中电流的大小。

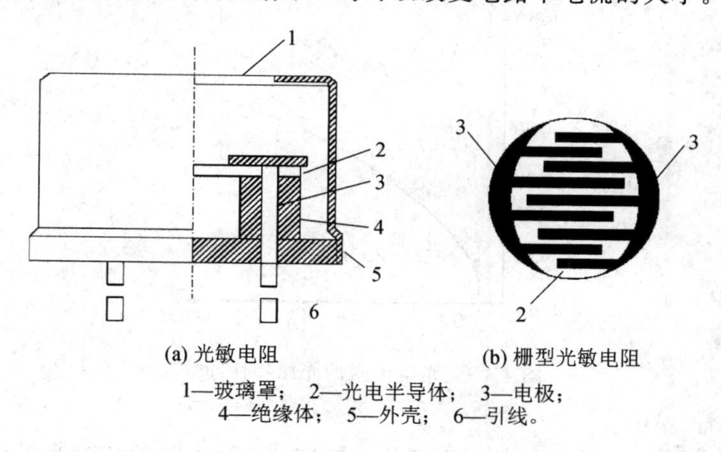

图 7－7　光敏电阻的典型结构示意图

2）主要特性

(1) 暗电流、亮电流、光电流。

在室温条件下，光敏电阻全暗后经过一定时间测量的电阻值，称为暗电阻。此时在给定的电压下流过的电流即为暗电流。光敏电阻在某一光照下的阻值为该光照下的亮电阻，此时流过的电流即为亮电流。光电流是亮电流与暗电流之差。光敏电阻的暗电阻越大，亮电阻越小，性能就越好。也就是说，暗电流越小，亮电流越大，则光敏电阻的灵敏度越高。实用的光敏电阻的暗电阻往往超过 1 MΩ，甚至高达 100 MΩ，而亮电阻则在几千欧以下，两者相差较大，可见光敏电阻的灵敏度很高。

（2）伏安特性。

在一定照度下，加在光敏电阻两端的电压与电流之间的关系称为伏安特性，如图 7－8 所示，其中光的强弱是通过照度计测量的，单位为拉克斯(lx)，根据图 7－8 可以看出，光敏电阻的伏安特性曲线接近直线。

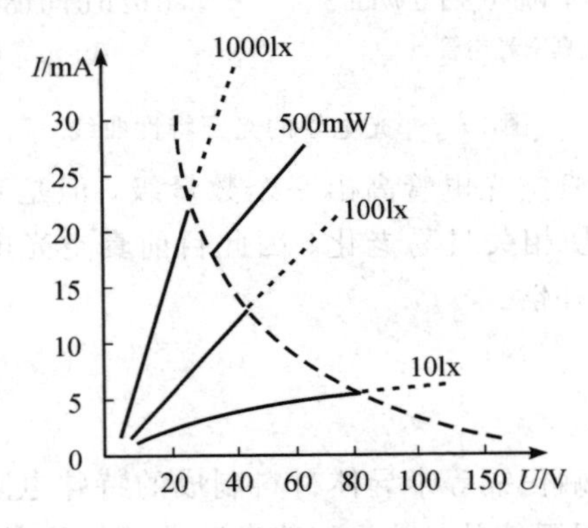

图 7－8　光敏电阻的伏安特性曲线

（3）光照特性。

在一定外加电压下，光敏电阻的光电流和光通量之间的关系称为其光照特性，如图 7－9 所示。不同类型的光敏电阻的光照特性不同。光照特性曲线呈非线性，这也是光敏电阻的一大缺点。

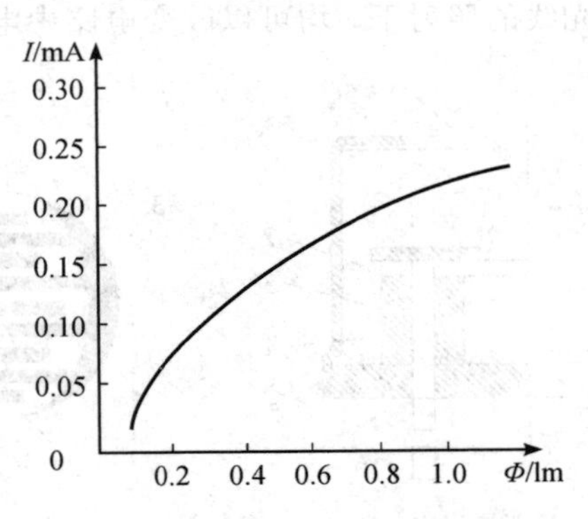

图 7－9　光敏电阻的光照特性曲线

（4）光谱特性。

光敏电阻对不同波长的入射光有不同的灵敏度。光敏电阻的相对光敏灵敏度与入射波长的关系称为光敏电阻的光谱特性。如图 7－10 所示为硫化镉、硫化铊以及硫化铅三种光敏电阻的光谱特性曲线。从图中可见硫化镉光敏电阻的光谱响应峰值在可见光区域，故常被用于光度量测量(照度计)的探头。而硫化铅光敏电阻的光谱响应在近红外和中红外区，故常被用于火焰探测器的探头。光谱特性与光敏电阻的材料有关。硫化铅光敏电阻在较宽的光谱范围内均有较高的灵敏度，峰值在红外区域；硫化镉、硒化镉的峰值在可见光区域。因此，在选用光敏电阻时，应把光敏电阻的材料和光源的种类结合起来考虑，才能获得满意的效果。

(5) 频率特性。

当光敏电阻受到脉冲光的照射时，光电流并不是立即上升到稳态值，而是要经过一段时间，同样在停止光照后，光电流也不是立即变为零，这是光敏电阻的时延特性，表明光敏电阻中光电流的变化滞后于光照的变化，通常用响应时间来表示。不同材料光敏电阻的时延特性不同，所以它们的频率特性也不相同。大多数光敏电阻的时延都比较大，这也是光敏电阻的缺点之一。图 7-11 所示为硫化镉和硫化铅光敏电阻的频率特性曲线，相比较而言，后者的使用频率范围较大。

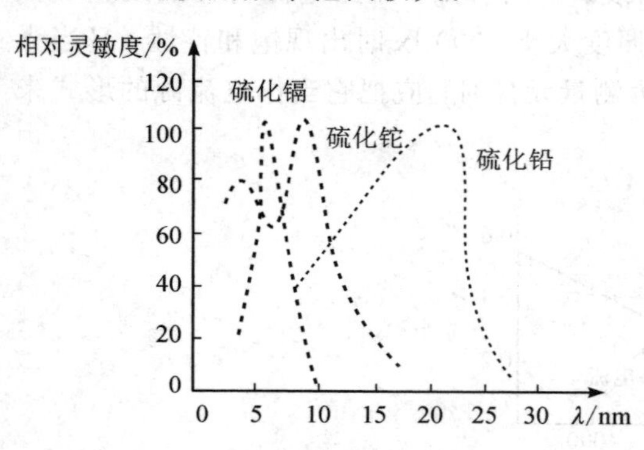

图 7-10 光敏电阻的光谱特性曲线

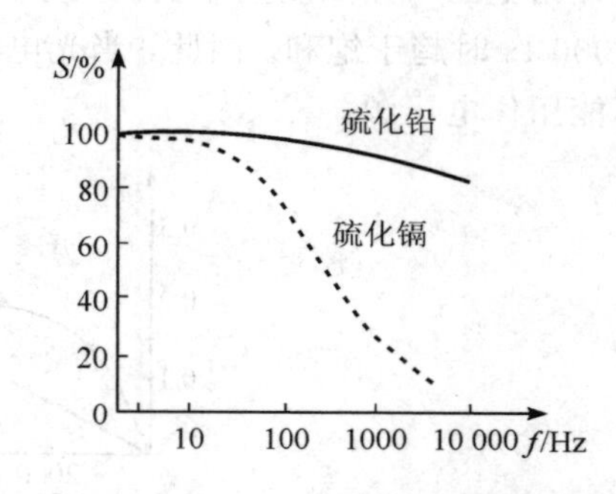

图 7-11 硫化镉和硫化铅光敏电阻的频率特性曲线

3. 光电池

1) 结构与工作原理

光电池是一种在光的照射下产生电能的半导体元件，也称为太阳能电池，其等效电路示意图如图 7-12 所示。光电池通常具有较大面积的 PN 结，其工作原理主要是光生伏特效应，即光照在半导体 PN 结或金属-半导体接触面上时产生电位差的现象，如图 7-13 所示，当光照射在 PN 结上(如 P 型面)时，若光子能量大于半导体材料的禁带宽度，则 P 型区就会产生自由电子和空穴对，电子-空穴对在结电场作用下建立一个与光照强度有关的电势。

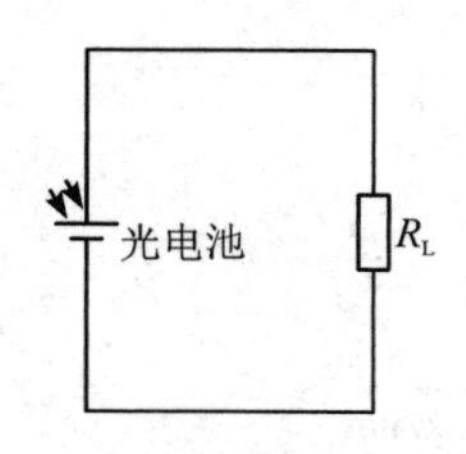

图 7-12 光电池等效电路示意图

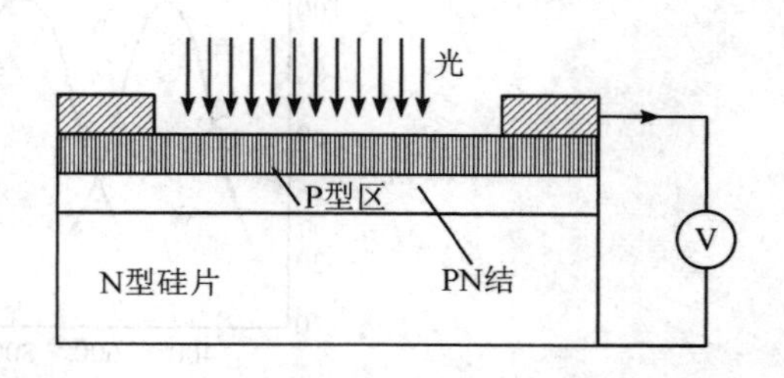

图 7-13 光电池原理示意图

光电池的种类很多，包括硒光电池、氧化亚铜光电池、硅光电池、砷化镓光电池等。其中，硅光电池的光电转换效率较高，使用寿命长，且成本较低，适合红外波长工作，是最受重视的光电池。砷化镓光电池的转换效率比硅光电池高，光谱响应特性与太阳光谱最吻合，且工作温度最高，更耐受宇宙射线的辐射，因此，砷化镓光电池在宇宙飞船、卫星、太空探测器等电源方面的应用是具有潜力的。通常光电池根据工作原理不同可以分为以下三类：

(1) 利用 PN 结光伏特效应制成的光电池，主要有硅、锗光电池。

(2) 利用金属与半导体接触光生伏特效应制成的光电池，包括氧化亚铜光电池和硒光电池。

(3) 利用丹倍效应制成的光电池，主要有硫化镉光电池等。

2) 主要特性

(1) 光照特性。

光电池在不同的光照度下，产生的光电流和光生电动势是不同的。图 7－14 所示为硅光电池的开路电压及短路电流与光照度的关系曲线。由图可知，短路电流与光照度呈线性关系，而开路电压与光照度呈非线性关系，当光照度大于 1000 lx 时出现饱和特性，且当光照度在 2000 lx 时趋于饱和。因此，当光电池作为测量元件时，应把它当作电流源的形式来使用，不能用作电压源。

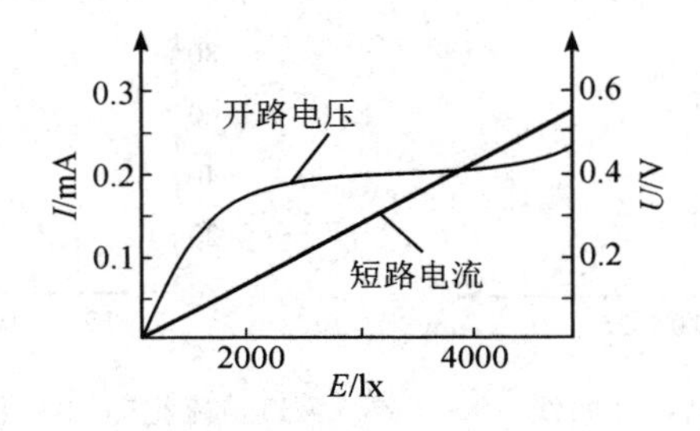

图 7－14　硅光电池的开路电压及短路电流与光照度的关系曲线

(2) 光谱特性。

光电池的光谱特性取决于材料本身的性质，硒、硅光电池的光谱特性曲线如图 7－15 所示。硒光电池响应区段在 0.3～0.7 μm 波长间，最灵敏峰出现在 0.5 μm 左右。硅光电池响应区段在 0.4～1.2 μm 波长间，最灵敏峰在 0.8 μm 左右。可见在使用光电池时对光源应有选择。

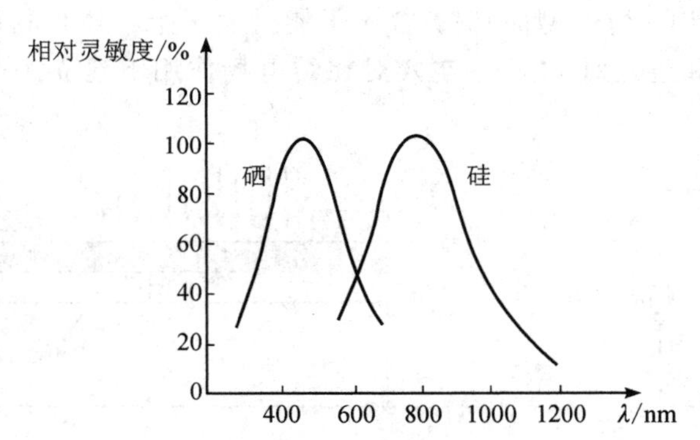

图 7－15　硒、硅光电池的光谱特性曲线

(3) 频率特性。

光电池作为测量、计数、接收元件时常用于调制光输入，光电池的频率响应就是指输

出电流随着调制光频率变化的关系。由于光电池的PN结面积较大，极间电容大，故其频率特性较差。硅光电池和硒光电池的频率特性曲线如图7－16所示，由图可见，相比硒光电池，硅光电池有更好的频响特性。

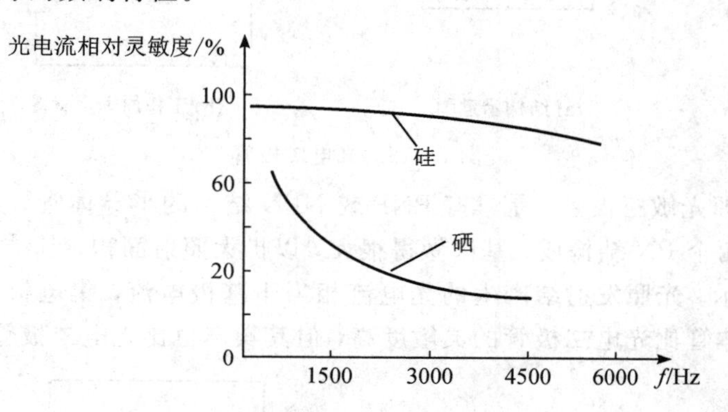

图7－16　硅光电池和硒光电池的频率特性曲线

（4）温度特性。

光电池的温度特性是指开路电压与短路电流随温度变化的关系。光电池的开路电压与短路电流均随温度变化，它关系着应用光电池的仪器设备的温度漂移，会影响测量、控制精度等主要指标。因此，当光电池作为测量元件时，应保持温度恒定或者采取温度补偿措施。光电池的温度特性曲线如图7－17所示。

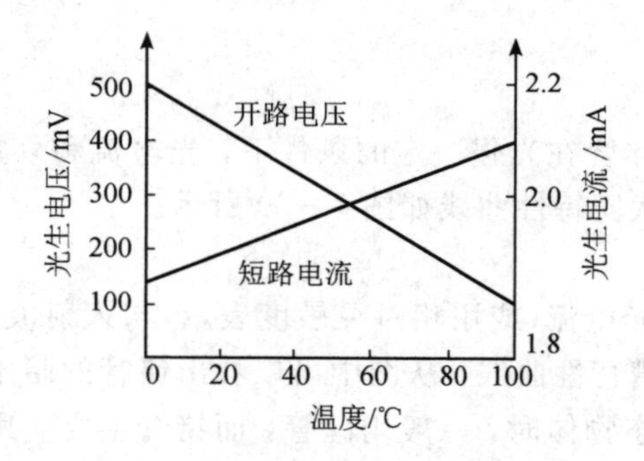

图7－17　光电池的温度特性曲线

（5）稳定性。

当光电池密封良好且电极引线可靠、使用合理时，光电池的寿命比较长，性能较稳定。但是高温和强光照会使光电池性能变差，并缩短寿命。

4．光电二极管和光电晶体管

1）结构与工作原理

光电二极管即光敏二极管，它和普通二极管一样，也是由一个PN结组成的半导体器件，具有单方向导电特性。但在电路中它不是作为整流元件，而是作为把光信号转换成电信号的光电传感器件。如图7－18所示，使用时光电二极管一直处于反向工作状态，当没有光照射时，光电二极管的反向电阻很大，反向电流很小。当光线照射PN结时，在PN结附近激发出光生电子-空穴对，它们在外加反向偏压和电场的作用下做定向运动，形成光电流。光照强度越大，产生的光电流也越大。

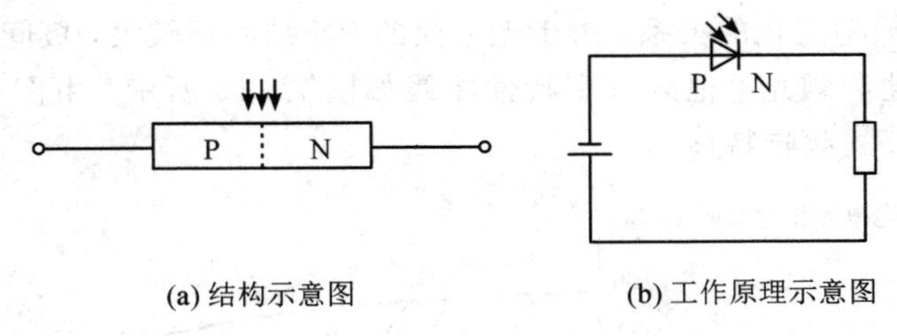

(a) 结构示意图　　(b) 工作原理示意图

图 7-18　光电二极管

光电晶体管即光敏三极管，是具有 PNP 或 NPN 结构的半导体管。其结构与一般的三极管相似，它由两个 PN 结构成，基区做得很大，以扩大照射面积，其结构和工作原理示意图如图 7-19 所示。光照发射结产生的光电流相当于基极电流，集电极电流是光电流的 β 倍，因此光电晶体管比光电二极管的灵敏度高，但其噪声也比光电二极管大。

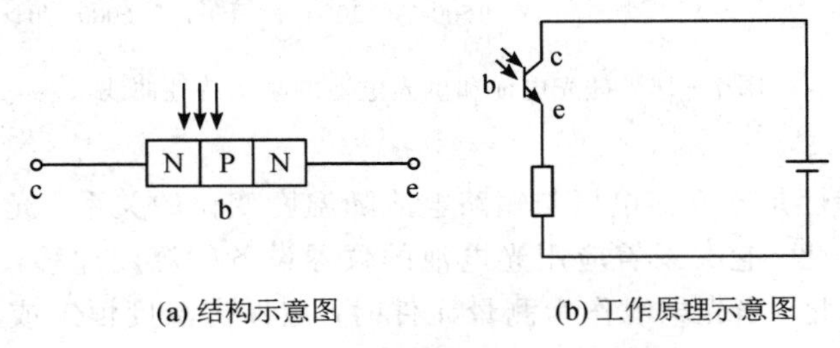

(a) 结构示意图　　(b) 工作原理示意图

图 7-19　NPN 型光电晶体管

2）主要特性

（1）伏安特性。

光电二极管和光电晶体管在光强一定的条件下，光电流和外加电压之间的关系称为其伏安特性。光电晶体管的伏安特性曲线如图 7-20 所示。

（2）光谱特性。

光谱特性是指输出的光电流(或用相对灵敏度表示)与入射波长的关系。图 7-21 所示为硅、锗光电晶体管的光谱特性曲线。从图中可以看出锗管的暗电流较大，因此性能较差，故在探测可见光或炽热状态物体时，一般用硅管，而锗管主要应用于红外光的探测。

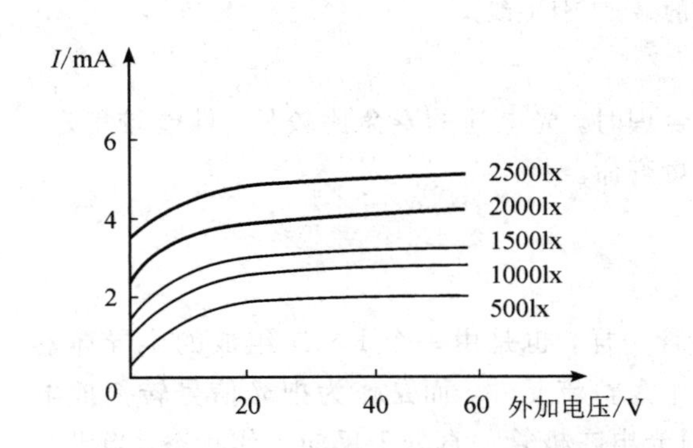

图 7-20　光电晶体管的伏安特性曲线

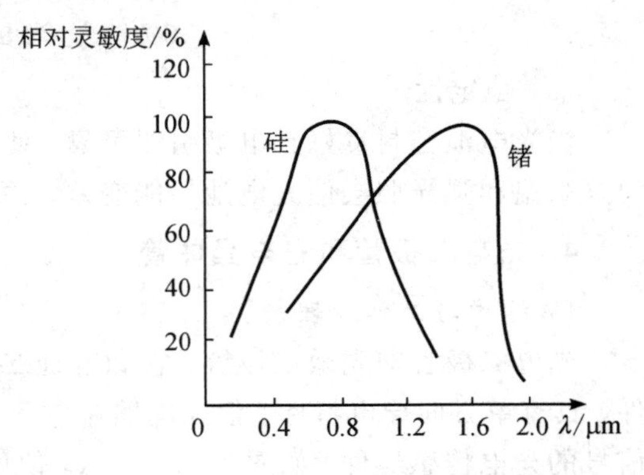

图 7-21　硅、锗光电晶体管的光谱特性曲线

（3）光照特性。

光电器件的灵敏度可以用光照特性来表征，它反映了光电器件输入光量与输出光电流

之间的关系。光电二极管和光电晶体管的光照特性曲线如图 7－22 所示。从图中可以看出光电二极管光照特性的线性度较好，但是其光电流比晶体管小很多，当光照足够大时，二者均会达到饱和状态，其值的大小与材料、掺杂浓度及外加偏压均有关。

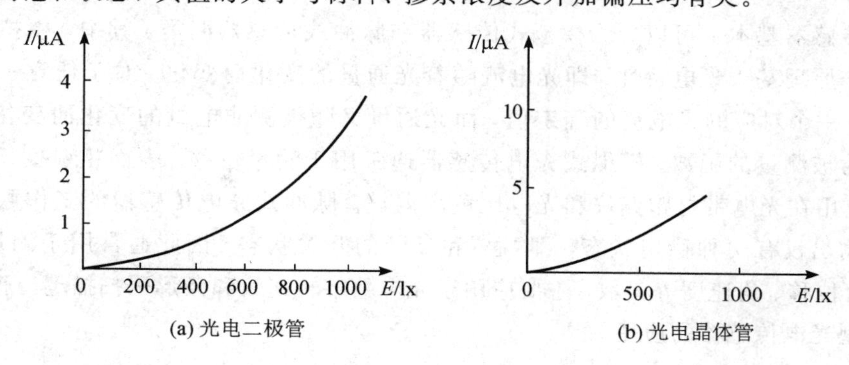

图 7－22　光照特性曲线

（4）频响特性。

频响特性是指光电流与光照调制频率的关系，光电二极管和光电晶体管频响特性曲线如图 7－23 所示。通常光电晶体管的频响比光电二极管小得多。负载电阻的大小会对频响产生影响，减小负载电阻可以提高频响，但是相应的其输出的光电压信号也会减小。

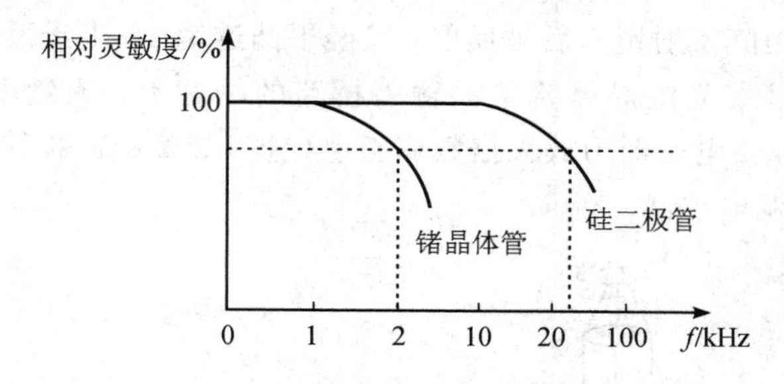

图 7－23　光电二极管和光电晶体管频响特性曲线

（5）温度特性。

光电晶体管的温度特性是指其暗电流及光电流与温度之间的关系。如图 7－24 所示为光电晶体管的温度特性曲线。由图可知，光电流受温度变化的影响较小，而暗电流受温度变化的影响很大，这是由于热源会发出红外光，光照度越强，温度影响越小，因此，在电子线路中应该对暗电流进行温度补偿以避免产生输出误差。

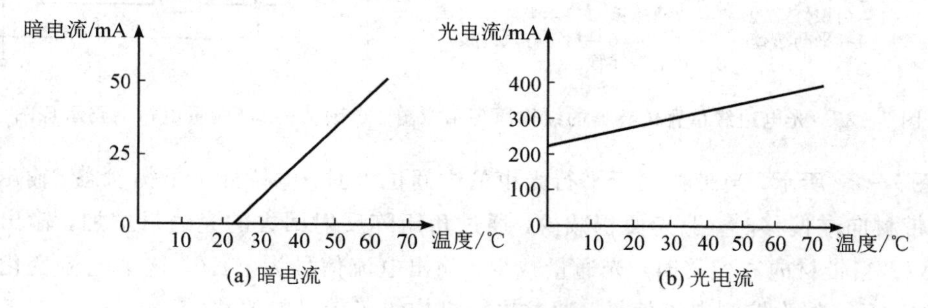

图 7－24　光电晶体管的温度特性曲线

7.2.3 光电传感器的应用

光电传感器基本上可以分为模拟式传感器和脉冲式传感器两类。其中，模拟式光电传感器的工作原理基于光电特性，即光电流随着光通量的变化而变化。对于任意一个光通量值，都会有一个对应的光电流的确定值，而光通量又随被测非电量的变化而变化，这样光电流就成为被测量的函数。模拟式光电传感器通常用于测量位移、表面粗糙度、振动等参数，主要应用在光电带材跑偏仪和光电比色高温计。脉冲式光电传感器的工作原理基于光电元件的输出仅有两种稳定状态，即“通”和“断”的开关状态，因此通常用于测量线位移、线速度、角位移、角速度等参数，主要应用于光电数字转速表和条形码扫描笔。下面分别介绍几种典型光电传感器的应用。

1. 光电带材跑偏仪

光电带材跑偏仪属于模拟式光电传感器，它由光电传感器和晶体管放大器两部分组成。光电边缘位置传感器的结构原理示意图如图 7-25 所示，它由白炽灯光源、光学系统和光电器件三个部分组成。白炽灯 1 发出的光线经过双凸透镜 2 会聚，再由半透反射镜 3 反射，使光路发生 90°转折，经平凸透镜 4 会聚后形成平行光束。平行光束被带环 5 遮挡一部分，另一部分射到角矩阵反射镜 6 后被反射，又经平凸透镜 4、半透反射镜 3 和双凸透镜 7 会聚于光电晶体管 8 上。光电晶体管接在输入桥路的一臂上，测量电桥电路示意图如图 7-26 所示，图中 10 kΩ 电位器为放大倍数调整电位器，2.2 kΩ 和 220 Ω 电位器分别为零点平衡位置粗调和细调电位器。

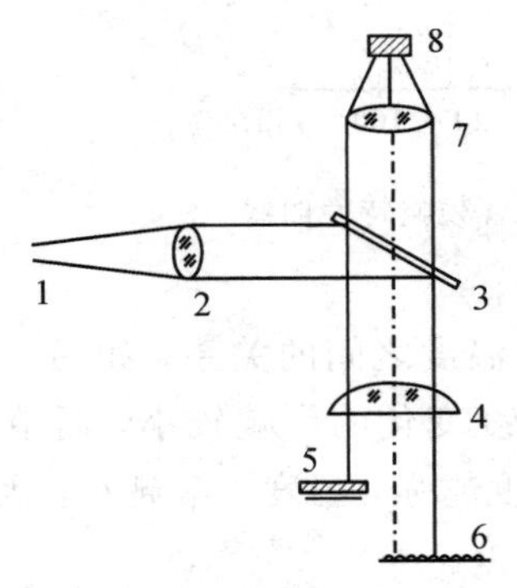

1—白炽灯； 2、7—双凸透镜； 3—半透反射镜；
4—平凸透镜； 5—带环；6—角矩阵反射镜；
8—光电晶体管。

图 7-25 光电边缘位置传感器的结构原理示意图

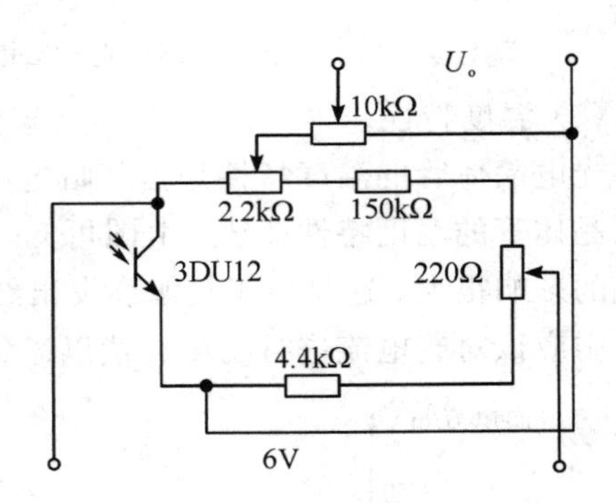

图 7-26 测量电桥电路示意图

如图 7-27 所示，当带材处于平行光束的中间位置时，电桥处于平衡状态，输出信号为“0”；当带材向左偏移时，遮光面积减少，通过角矩阵反射回去的光通量增加，输出电流信号为 $+\Delta I$；当带材向右偏移时，光通量减少，输出电流信号为 $-\Delta I$，这个电流变化信号由放大器放大后，作为控制电流信号，通过执行机构纠正带材的偏移。

角矩阵反射镜的工作原理基于直角棱镜的全反射原理，将多个小直角棱镜拼成矩阵，如图 7－28 所示。以单个直角棱镜加以说明，光线 a 是垂直于直角棱镜的平面入射的，反射光线 a' 仍然与 a 平行；光线 b 不垂直于直角棱镜平面入射，反射光线 b' 仍然与 b 平行，这样对一束平行投射光束来说，在其投射的原位置，仍然可以接收到反射光。所以即使光电传感器的安装有一定的倾角，还是能接收到反射光线。它可以在安装精度不太高、有振动的环境使用。而采用平面反射镜，需要很高的安装精度，调试比较困难。

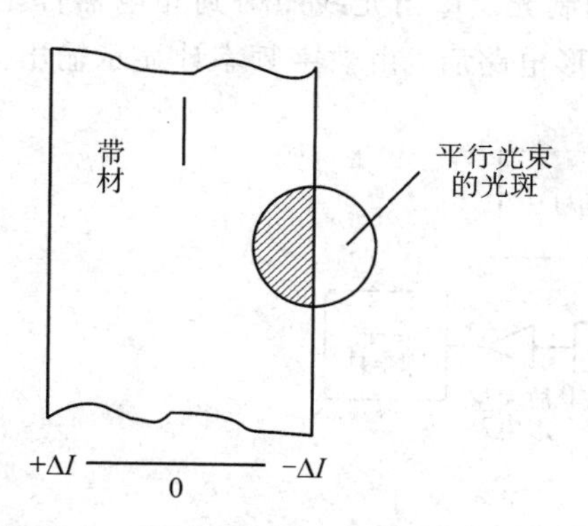

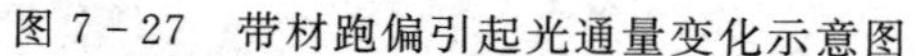

图 7－27　带材跑偏引起光通量变化示意图

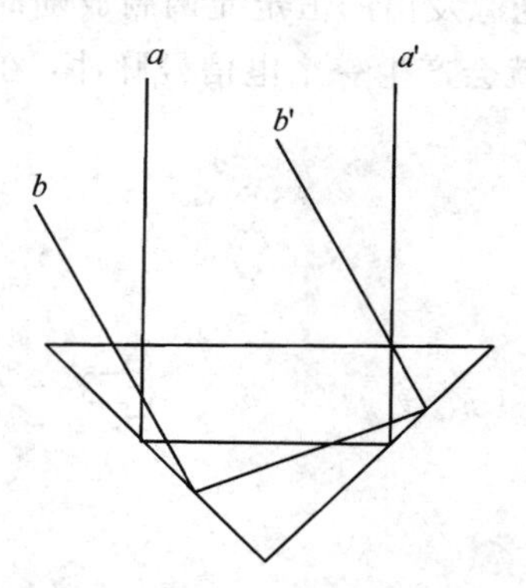

图 7－28　角矩阵反射镜的原理示意图

2. 光电比色高温计

光电比色高温计是根据受热物体发出的辐射线中两种波长下辐射强度之比随物体实际温度而变化的原理制成的。测出两种波长下辐射强度之比，就可知道受热物体的温度，其测量范围为 800～2000℃。

光电比色高温计的工作原理图如图 7－29 所示，被测对象经物镜成像于光阑，通过导光棒混合均匀后，投射在分光镜上，分光镜使长波部分投射，而使短波部分反射；透过分光镜的辐射线再经过滤光片将其短波部分滤掉，被作为红外接收元件的硅光电池接收后通过测量显示电路转换为电信号输出。反射出来的短波部分经滤光片将长波部分滤掉，被视为可见光接收元件的硅光电池接收，转换为电信号输出。同时记录下两个光电信号，进行比较得出两个光电信号比，从而求出相应的辐射温度。为了能观测被测物体的辐射能是否正确进入高温计的光学系统，专门设置了瞄准系统。利用平面玻璃片的反射作用，把辐射线

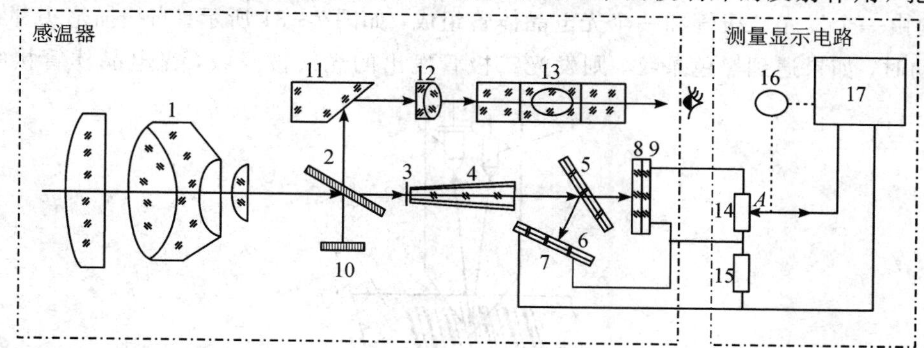

1—物镜；　2—平面玻璃；　3—光阑；　4—导光棒；　5—分光镜；　6—滤光片；　7、9—硅光电池；
8—滤光片；　10—瞄准反射镜；　11—圆柱反射镜；　12—目镜；　13—多夫棱镜；
14、15—负载电阻；　16—可逆电动机；　17—放大电路。

图 7－29　光电比色高温计的工作原理示意图

反射到瞄准反射镜，经圆柱反射镜、目镜、多夫棱镜进入观察者的眼睛。

3. 光电数字转速表

光电转速表是采用光电敏感元件测量并显示转速的仪表，它属于脉冲式光电传感器，光电数字转速表的工作原理示意图如图 7 - 30 所示。在被测转速的电动机上固定一个调制盘，将光源发出的恒定光调制成随时间变化的调制光。每当光线照射到光电器件上时，光电器件就会产生一个电信号脉冲，在经过放大整形电路后，由数字频率计显示输出。

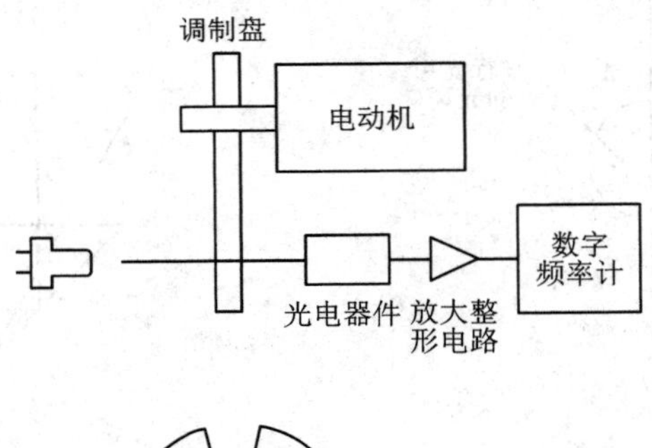

图 7 - 30　光电数字转速表的工作原理示意图

若调制盘上缺口数量为 Z，测量电路计数时间为 $T(s)$，被测转速为 N(r/min)，则此时的计数值 C 为

$$C=\frac{ZTN}{60} \tag{7-5}$$

为了通过计数值 C 能直接读取转速值 N，一般取 $ZT=60\times10^{n}$（$n=0, 1, 2, \cdots$）。

4. 条形码扫描笔

条形码扫描笔对条形码信息的检测是通过光电扫描笔实现的。扫描笔的前端是光电读入头，它由一个发光二极管和一个光电晶体管组成，如图 7 - 31 所示。当扫描笔头部在条形码上移动时，如果遇到黑色条纹，则发光二极管发出的光线被吸收，光电晶体管接收不到

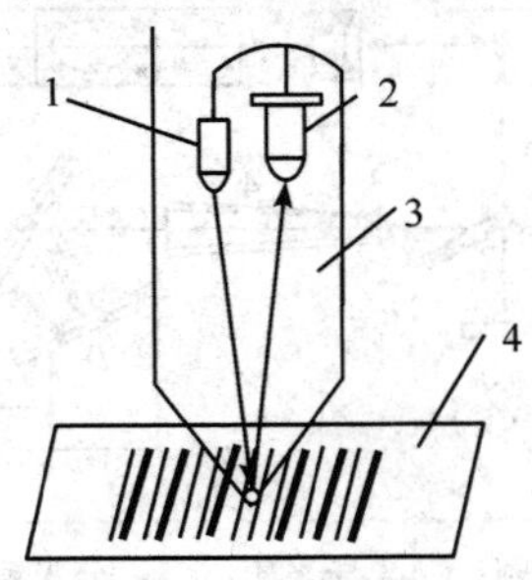

1—发光二极管；2—光电晶体管；3—扫描笔；4—条形码。

图 7 - 31　条形码扫描笔笔头的结构示意图

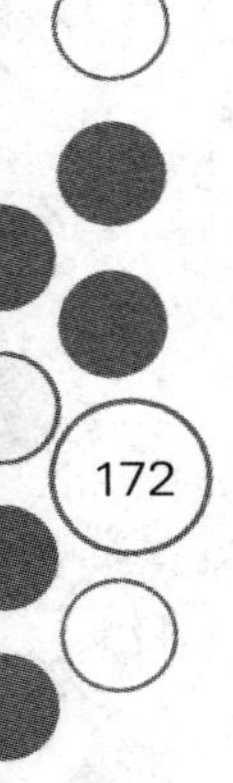

反射光，呈现高阻态，处于截止状态。反之，若遇到白色条纹，则发光二极管发出的光被反射到光电晶体管的基极，从而使光电晶体管产生光电流而导通。

当整个条形码被扫描之后，光电晶体管将条形码变成了一个个电脉冲信号，该信号经过放大、整形后形成脉冲序列。脉冲序列的宽窄与条形码黑白条纹的宽窄成对应关系，再经过计算机处理后，实现对条形码信息的识别。

7.3　光栅传感器

光栅传感器是根据形成莫尔条纹的原理制成的一种计量传感器，多用于测量位移、角度或者是与位移、角度相关的物理量等。光栅传感器按照形状可以分为长光栅和圆光栅两类，其中长光栅用于长度测量，圆光栅用于角度测量。此外，光栅传感器还可以按照光线的走向分为透射光栅和反射光栅。

7.3.1　光栅的工作原理

光栅尺主要由标尺光栅和光栅读数头中的指示光栅两部分组成，其结构示意图如图7－32所示。光栅检测装置的关键部分是光栅读数头，光栅读数头由光源、透镜、指示光栅、光敏元件和驱动电路构成。标尺光栅通常固定在活动部件上，光栅读数头则安装在固定部件上。当活动部件移动时，光栅读数头和标尺光栅也随之做相对移动。因此，利用光栅叠栅的条纹原理，可以测量被测物体的位移。光栅传感器的工作原理示意图如图7－33所示，当被测物体移动时，光栅发生位移，从而引起莫尔条纹移动，再通过光电元件将被测量转换成正弦波电压，经整形转换，变成逻辑电压，最终形成脉冲输出。

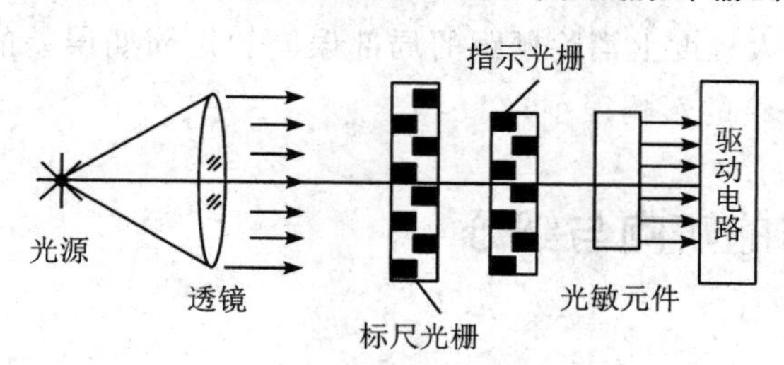

图7－32　光栅尺的结构示意图

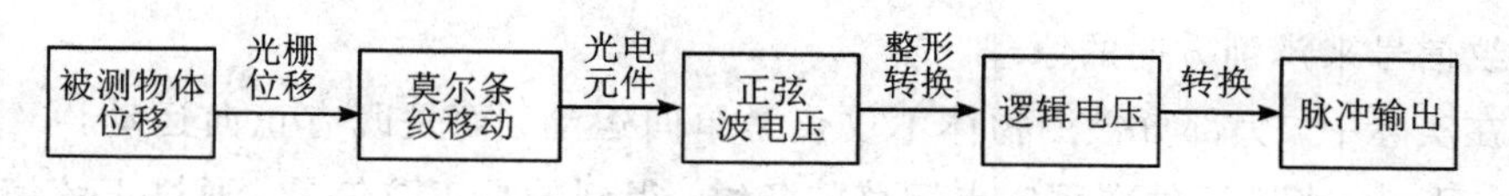

图7－33　光栅传感器的工作原理示意图

莫尔条纹是两条线或两个物体之间以恒定的角度和频率发生干涉的视觉结果。如图7－34所示，当两块栅距叠合在一起时，中间留有很小的间隙，栅线不透光部分叠加，互相遮挡，形成暗带，从而形成莫尔条纹。

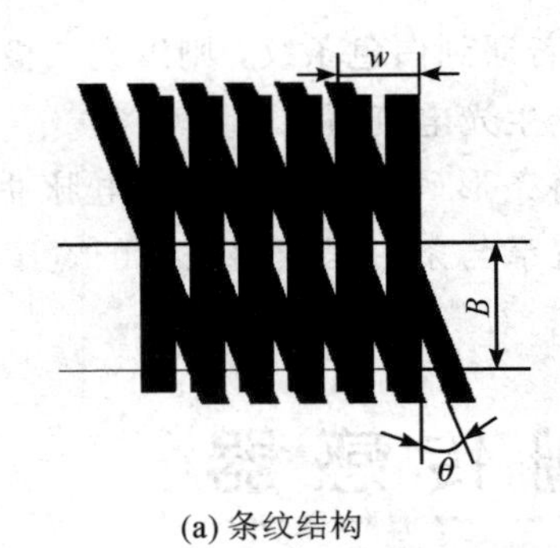

(a) 条纹结构

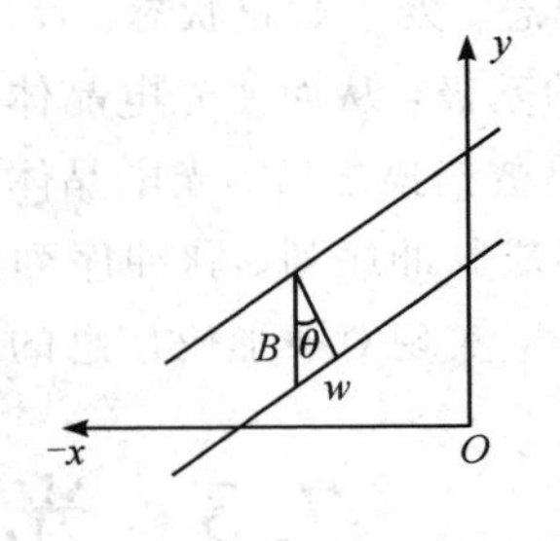

(b) 横向莫尔条纹的距离

图 7-34　莫尔条纹示意图

当两块光栅栅距 w 相等且夹角 θ 很小时，可近似认为莫尔条纹与纵轴垂直，莫尔条纹的间距 B 的定义为相邻条纹的垂直距离或者相邻条纹在 y 轴的距离，因此 B 近似为

$$B=\frac{w}{\sin\theta}\approx\frac{w}{\theta} \tag{7-6}$$

根据式(7-6)可以计算出光栅栅距 w，而被测物体的位移则等于栅距与脉冲数的乘积。莫尔条纹的特性主要包括以下三种：

(1) 运动对应特性。任一光栅沿着垂直于刻线方向移动时，莫尔条纹就沿着近似垂直于光栅移动方向运动。当光栅移动一格栅距时，莫尔条纹就移动一格条纹间距；当光栅改变运动方向时，莫尔条纹也随之改变运动方向。它们之间有严格的对应关系。因此可以通过测量莫尔条纹的移动量和移动方向来判定光栅的位移量和位移方向。

(2) 位移放大特性。由式(7-6)可知，莫尔条纹间距是放大了的光栅栅距 w，它随着光栅刻线夹角 θ 而改变。θ 越小，B 越大，相当于把微小的栅距缩小为原来的 $1/\theta$。

(3) 误差平均效应特性。莫尔条纹是由大量的栅线共同形成的，对光栅的刻画误差有平均作用，从而能在很大程度上消除栅距的局部误差和短周期误差的影响。个别栅线的栅距误差或断线对莫尔条纹的影响很小。

7.3.2　光栅信号的辨向与细分

1. 辨向原理

光栅传感器测位移时，需要辨别方向。辨向原理是光栅传感器测位移时通过两个相差的莫尔条纹信号来辨别方向的原理。

由于在实际中，大部分被测物体不仅仅是单向运动，而是既有正向运动，又有反向运动，因此，用一个光敏元件在固定点测莫尔条纹，得到的是正弦信号，通过正弦信号只能判断位移大小，不能判断方向。为辨别主光栅移动方向，需要同时输入两个莫尔条纹信号来辨别方向，且两个莫尔条纹信号相差90°相位。实现方法是在相隔 $B/4$ 条纹间距的位置上安装两个光电元件，当莫尔条纹移动时，两个缝隙的亮度变化规律完全一样，相位相差 $\pi/2$。根据两个信号超前、落后情况即可判断位移方向。

2. 细分技术

光栅数字传感器的测量分辨率等于一个栅距。但是在精密测量中，常常需要一个比栅距更小的位移量。为了提高分辨率，引入了细分技术。细分技术指的是当光栅移动一个栅距时，莫尔条纹变化一个周期时输出多个脉冲，通过减小脉冲量来提高分辨率。细分方法通常可以分为直接细分法和电位器桥细分法。

(1) 直接细分。直接细分又称为位置细分，常用的细分分数为 4，因此也称为四倍频细分。所谓四倍频细分就是一个莫尔条纹宽度内，放置 4 个依次相距 $B/4$ 的光电元件，这样可以获得依次相差 90°相位角的 4 个正弦交流信号。分别取每个正弦信号的零值，在信号从负到正过零点时发出一个计数脉冲。这样，莫尔条纹在一个周期内产生 4 个脉冲信号，实现了 4 细分。直接细分的优点是线路简单，对信号要求较低，可以实现可逆计数和动静态测量，其分辨率也可以满足一般数控机床的要求。

(2) 电位器桥细分。为了得到更高的细分数，将直接细分产生的 4 个相位差为 90°的交流信号输入电位器，如图 7-35 所示。为了在 $\theta=0\sim360°$之间细分成 n 等分(这里 n 为 4 的整数倍)，在电桥中通过电阻移相的方法，得到一个周期内相位依次相差 $2\pi/n$ 的一系列正弦信号，从而得到 n 个计数脉冲，实现细分。采用这种方法可以实现 12～60 细分。

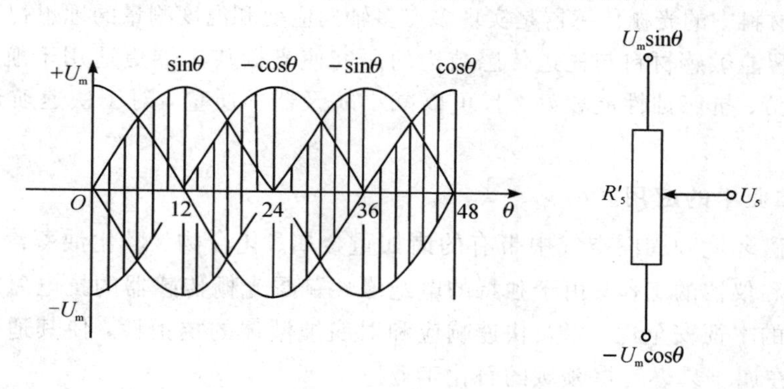

图 7-35　电位器桥细分原理示意图

7.3.3　光栅传感器的应用

与传统的传感器相比，光栅传感器具有以下独特的优点：

(1) 传感头结构简单、体积小、质量小、外形可变，适合埋入大型结构中，可用于测量结构内部的应力、应变及结构损伤等，稳定性和重复性好。

(2) 与光纤之间存在天然的兼容性，易与光纤连接，损耗低、光谱特性好、可靠性高。

(3) 具有非传导性，对被测介质影响小，又具有抗腐蚀、抗电磁干扰的特点，适合在恶劣环境中工作。

(4) 轻巧柔软，可以在一根光纤中写入多个光栅，构成传感阵列，与波分复用和时分复用系统相结合，实现分布式传感。

(5) 测量信息是波长编码，所以光纤光栅传感器不受光源的光强波动、光纤连接及耦

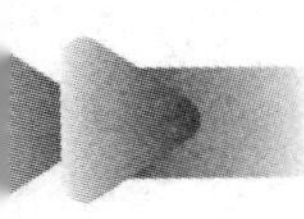

合损耗、光波偏振态的变化等因素的影响，有较强的抗干扰能力。

（6）高灵敏度、高分辩率。

由于光栅传感器具有上述优点，在大型土木工程结构监测、航空航天、石化、电力等领域得到了广泛的应用。

1. 土木及水利工程中的应用

土木工程中的结构监测是光栅传感器应用最广泛的领域。力学参量的测量对于桥梁、矿井、隧道、大坝、建筑物等的维护和健康状况监测是非常重要的，通过测量这些结构的应变分布可以预知结构局部的载荷及健康状况。光栅传感器可以粘贴在结构的表面或预先埋入结构中，对结构同时进行健康监测、冲击检测、形状控制和振动阻尼检测等，以监视结构的缺陷情况。

此外，多个光栅传感器可以串接成一个传感网络，对结构进行准分布式检测，并用计算机对传感信号进行远程控制。

2. 航空航天工业中的应用

为了监测飞机的应变、温度、振动、起落驾驶状态、超声波场和加速度情况，通常需要上百个传感器，这就要求传感器尽量小，因此，最灵巧的光栅传感器就是最好的选择。此外，嵌入飞机的复合材料中的光栅传感器是实现多点多轴向应变和温度测量的理想智能元件。

近年来，智能敏感材料与先进传感结构的研究使光栅传感器更适用于航天器。先进的复合材料抗疲劳、抗腐蚀性能较好，且可以减小航天器的质量，对于快速航运或飞行具有重要意义。

3. 石化工业中的应用

工厂的电磁环境和周围空气中带有的诸如重金属、化合物、燃化油蒸汽等物质，不利于常规传感器和仪器的工作。由于独特的电绝缘性赋予光栅传感器的抗电磁干扰能力和在易燃易爆场合的本征安全性，以及快速响应和对腐蚀液体的抗拒性，使其适用于工厂的工作环境，尤其在属于易燃易爆领域的石化工业。

此外，光栅传感器还可以应用于海洋石油平台及油田、煤田中探测储量和地层情况。内置于细钢管中的光栅传感器可作为海上钻探平台的管道温度及延展测量的光缆。

4. 电力工业中的应用

电力工业中的设备大多处在强电磁场中，无法使用一般传感器，且对很多设备的温度和位移等参数的实时检测都要求传感器绝缘性能好、体积小，而光栅传感器具有的抗电磁干扰性能和它的安全性能恰恰能满足在这种环境条件下使用。

在电力工业中，电流转换器可以把电流变化转换为电压变化，电压变化可使压电陶瓷PZT发生形变，而利用粘贴于PZT上光栅的波长漂移，很容易得知其形变，进而测得电流强度。这是一种较为廉价的方法，并且不需要复杂的电隔离。另外，由于大雪对电线施加的过量压力可能会引发危险事件，因此，在线检测电线压力非常重要，特别是对于那些不易检测到的山区电线。光栅传感器可以测量电线的载质量，其原理是将载质量的变化转换为紧贴电线的金属板所受应力的变化，这一应力变化可被粘贴在金属板上的光栅传感器探测到。这是利用光栅传感器实现远距离恶劣环境下测量的实例之一。

7.4 光纤传感器

在光通信系统中，光纤被用作远距离传输光波信号的载体。光纤传感器技术是随着光通信技术的发展逐步形成的，与其他类别的传感器相比，光纤传感器灵敏度高、抗电磁干扰能力强、耐腐蚀、电绝缘性好，而且易于连接计算机，结构简单、体积小、耗电少。

7.4.1 光纤传感器的工作原理

光纤传感器通常由光源、敏感元件、光探测器、信号处理系统以及光纤等部分组成，如图 7－36 所示。光源发出的光通过源光纤传送到敏感元件，被测量作用于敏感元件，在光的调制区内，使光的某一性质受到被测量的调制，调制后的光信号经接收光纤耦合到光探测器，光信号被转换为电信号，最后经过信号处理系统得到被测量。

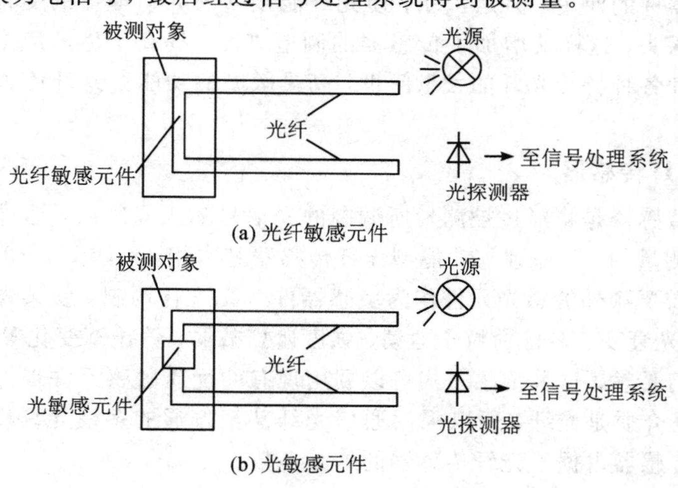

图 7－36　光纤传感器结构示意图

光纤传感器的基本工作原理是将来自光源的光经过光纤传送到调制器，使被测量与进入调制区的光相互作用，导致光的光学性质(如光的强度、波长、频率、相位、偏振态等)发生变化，成为被调制的光信号，再利用被测量对光的传输特性施加的影响，完成测量。

7.4.2 光纤传感器的类型

按工作原理的不同，光纤传感器一般分为功能型和传光型两类。

1. 功能型光纤传感器

功能型光纤传感器是利用光纤本身的特性将光纤作为敏感元件，利用光纤的传光特性，把被测量转换为光特性变化，从而实现测量的传感器。如图 7－37 所示，来自光源的光经过入射光纤进入调制器，被测量与进入调制器的光相互作用后，导致光的光学性质(如光的强度、波长、频率、相位、偏振态等)发生变化，成为被调制的光信号，再经过出射光纤进入光探测器，经解调后，可获得被测量，如图 7-37 所示。

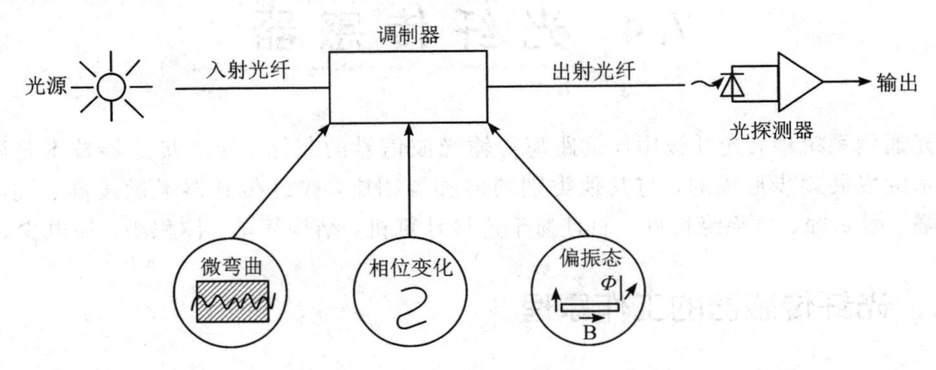

图 7-37 功能型光纤传感器结构示意图

在功能型光纤传感器中，光纤不仅是导光媒质，而且是敏感元件。功能型光纤传感器比传光型光纤传感器简单，结构紧凑、灵敏度高，功能型光纤传感器的光纤是连续的，可以减少一些光耦合器件的使用。但是，为了使光纤能接受外界物理量的变化，常常需要采用特殊的光纤作为探头，这样就增加了传感器的制造难度，提高了生产成本。随着对光纤传感器的深入研究和各种特殊光纤的大量问世，高灵敏度的功能型光纤传感器必将得到更广泛的应用。

2. 传光型光纤传感器

传光型光纤传感器是将经过被测量所调制的光信号输入光纤后，通过在输出端进行光信号处理而进行测量的。其原理与功能型光纤传感器基本相同，如图 7-38 所示。但这类传感器的调制器中需要额外的感光元件作为敏感器件对光进行调制，使其光学性质发生变化(如光谱变化、荧光衰变、多普勒粒子运动、强度遮挡减弱、偏振态变化等)，而光纤仅作为传光元件对光进行传输。这种传感方式可以利用现有的优质敏感元件来提高光纤传感器的灵敏度。由于传光介质是光纤，所以采用通信光纤甚至普通的多模光纤就能满足要求，因此，传光型光纤传感器占据了光纤传感器的绝大多数。

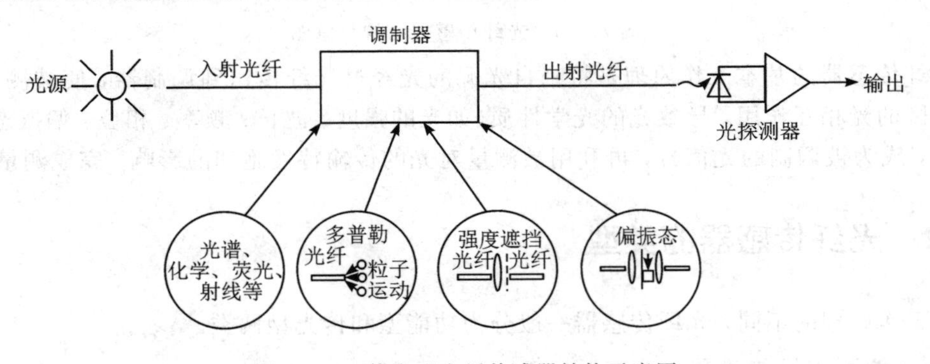

图 7-38 传光型光纤传感器结构示意图

7.4.3 光纤传感器的应用

光纤传感器的应用范围很广，几乎涉及国民经济和国防所有重要领域，以及人们的日

常生活，其可以安全有效地在恶劣环境中使用，下面简单介绍几种典型光纤传感器。

1. 光纤温度传感器

光纤温度传感器是一种传感装置，它利用某些物质吸收的光谱随温度变化而变化的原理，通过分析光纤传输的光谱来了解实时温度。光纤温度传感器是目前应用较广泛的光纤传感器之一，根据工作原理其可以分为相位调制型、光强调制型和偏振光型等。光强调制型的半导体光吸收型光纤温度传感器结构如图7-39所示，它由半导体光吸收器、光源、光纤、探头和包括光探测器的信号处理系统等组成，其中半导体光吸收器作为敏感器件，光纤仅用于传输信号。

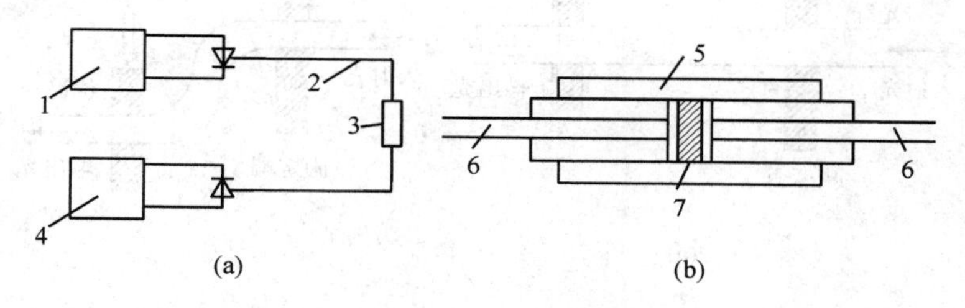

1—光源；　2、6—光纤；　3—探头；　4—光探测器；
5—不锈钢套；　7—半导体光吸收器。

图7-39　光强调制型的半导体光吸收型光纤温度传感器结构示意图

这种传感器的基本原理是利用了多数半导体的能带随温度的升高而减小的特性。材料的吸收光波长将随温度升高而向长波方向变化，选定一种波长在该材料工作范围内的光源，就可以使透射过半导体材料的光强随温度而变化，从而达到测量温度的目的。光纤温度传感器结构简单，制造容易，成本低，便于推广应用，可在-10～300℃的温度范围内进行测量，响应时间约为2 s。

2. 光纤压力传感器

图7-40所示为传光型光纤压力传感器结构示意图，激光通过分光镜，形成一束由参考光纤和传感光纤组成的多模光纤，在多模光纤的一端封装有一种液晶装置，当液晶加压后，散射回光纤的散射光光强就会发生变化，输入光检测器后，以参考光纤为依据，根据其变化可得出压力的大小。这种传感器体积小，制造成本低，可以作为深入血管内进行测量的光纤传感器，测量结果安全可靠。

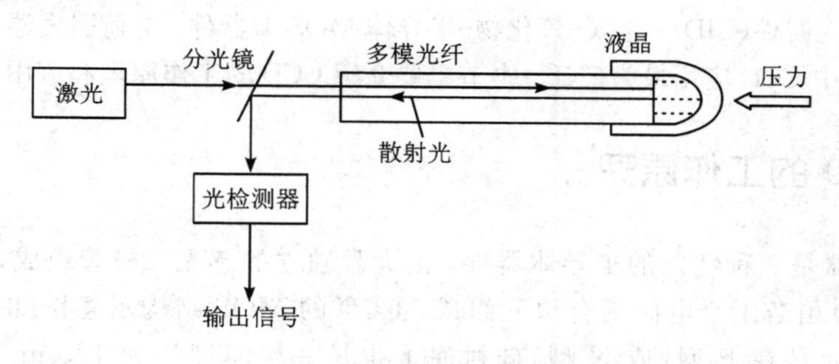

图7-40　传光型光纤压力传感器结构示意图

3. 光纤位移传感器

光纤位移传感器是利用光导纤维传输光信号的功能，根据探测到的反射光的强度来测量到被反射表面的距离的。图 7-41 给出了三种传感器型光纤位移传感器结构示意图，其原理是利用固定在光纤上的物体的位移使光纤产生内应力，从而引起传输光的相位、偏振或光强的变化来实现位移测量的。由于光纤细而且可卷绕，具有良好的电绝缘与抗电磁干扰能力，因此常用于高压电器、易燃容器、桥梁和水坝等变形位移的测量。

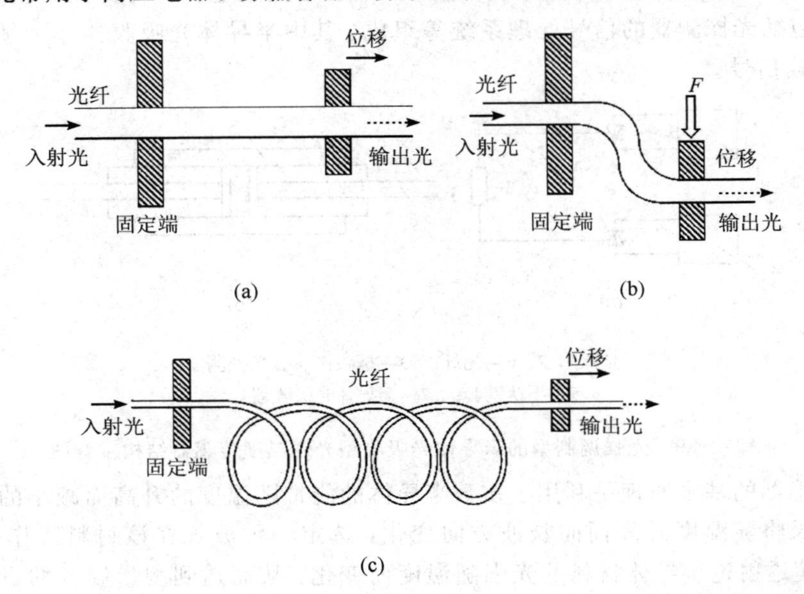

图 7-41 传感器型光纤位移传感器结构示意图

7.5 光固态图像传感器

光固态图像传感器是利用光电器件的光电转换功能，将其感光面上的光像转换为与之对应的电信号的功能器件，它可以实现对可见光、紫外光、X 射线、近红外光等的探测，是现代获取视觉信息的一种基础器件。目前，光固态图像传感器主要有五种类型：电荷耦合器件(CCD)、电荷注入器件(CID)、金属-氧化物-半导体 MOS 型器件、电荷引发器件(CPD)和层叠型成像器件，其中 CCD 应用最为广泛。本节主要介绍 CCD 的工作原理和应用。

7.5.1 CCD 的工作原理

CCD 传感器是一种特殊的半导体器件，由大量独立的感光二极管组成，一般按照矩阵形式排列。CCD 由若干个电荷耦合单元组成，CCD 的 MOS 结构示意图如图 7-42 所示。CCD 的最小单元是在 P 型(或 N 型)硅衬底上生长一层厚度约为 120 nm 的 SiO_2，再在 SiO_2 层上依次沉积铝电极而构成 MOS 电容式转移器。将 MOS 阵列加上输入/输出端，便构成了 CCD。

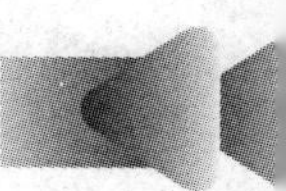

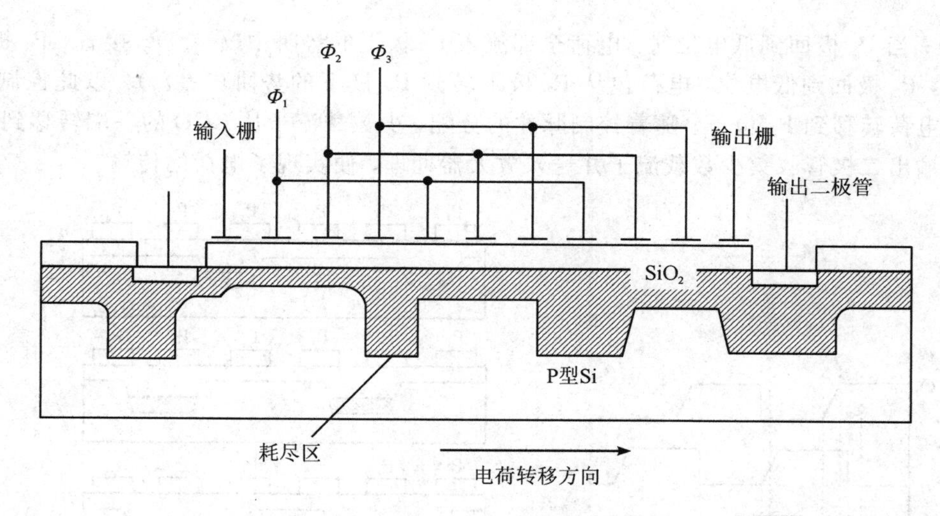

图 7－42　CCD 的 MOS 结构示意图

CCD 有两种基本类型：一种是光生电荷存储在半导体与绝缘体的界面上，并沿界面转移，称为表面沟道电荷耦合器件(SCCD)；另一种是光生电荷存储在离半导体表面一定深度的体内，并在体内沿一定的方向转移，称为体沟道或埋沟道电荷耦合器件(BCCD)。

与其他大多数器件以电流或电压为信号不同，CCD 的突出特点是以电荷作为信号。通常 CCD 的工作过程包括电荷的存储、注入、传输和检测。

1. 电荷的存储

当光照射到 MOS 电容上时，衬底中处于价带的电子将吸收光子的能量而产生电子跃迁，形成电子-空穴对，电子-空穴对在外电场的作用下，分别向电极两端移动，这就是光生电荷。这些光生电荷将储存在电极形成的势阱中，此势阱也叫电荷包。

2. 电荷的注入

CCD 中的信号电荷可以通过光注入和电注入两种方式得到。CCD 作为光学图像传感器时，接收的是光信号，光信号通过光生载流子得到，即光注入。当光照射半导体时，若光子的能量大于半导体禁带宽度，就会被半导体吸收，产生光生载流子，即电子-空穴对，在栅极电压的作用下，电子被势阱吸收，势阱内吸收的光生电子数与入射光强成正比，从而实现光电信号的转换。当 CCD 作为信号处理或存储器件时，对电荷采用电注入方式，即 CCD 通过输入结构对信号电压或电流采样，并转换为信号电荷。

3. 电荷的传输

CCD 工作过程中信号电荷的传输是将所收集起来的电荷包从一个像元转移到下一个像元，直到完成全部电荷包输出的过程。

电荷传输的控制方式类似于步进电机步进控制方式，也有二相、三相等控制方式之分。下面以三相控制方式为例说明控制电荷定向转移的过程。

三相控制是在线阵列的每一个像素上有三个金属电极 P_1、P_2、P_3，依次在其上施加三个相位不同的控制脉冲 Φ_1、Φ_2、Φ_3(如图 7－43(a)所示)。采用电注入方式(如图 7－43(b)所示)，当在 P_1 极施加高电压时，在 P_1 极下方产生电荷包($t=t_0$)；当在 P_2 极加上同样的电压时，由于两电势下面势阱间的耦合，原来在 P_1 极下的电荷将在 P_1、P_2 两电极下分布

($t=t_1$)；当 P_1 极回到低电位时，电荷全部流入 P_2 极下的势阱中($t=t_2$)。接着，P_3 极的电位升高，P_2 极回到低电位，电荷包从 P_2 极下转到 P_3 极下的势阱($t=t_3$)，以此控制使 P_1 极下的电荷转移到 P_3 极下。随着控制脉冲的分配，少数载流子从 CCD 的一端转移到终端，终端的输出二极管收集少数载流子并送入放大器处理，便实现了电荷的传输。

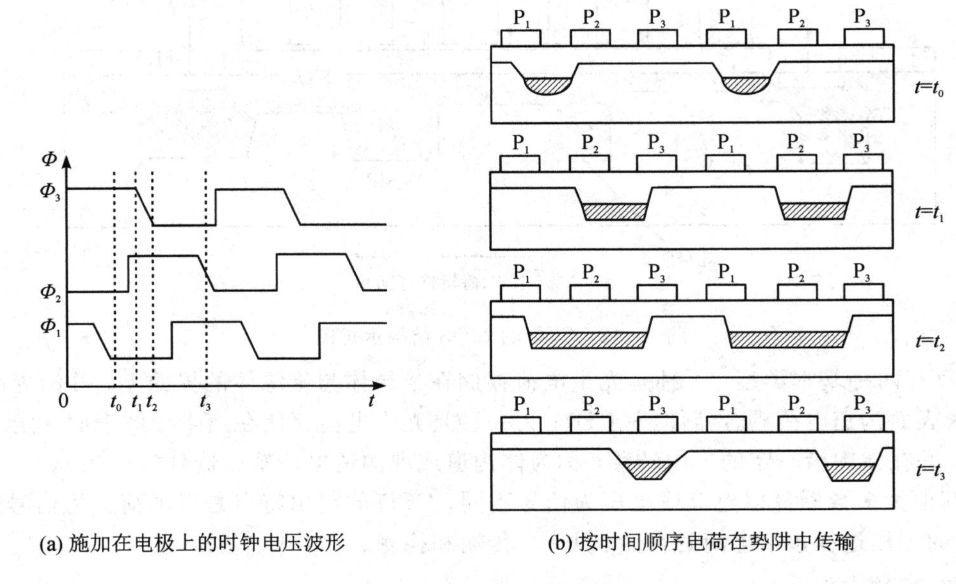

(a) 施加在电极上的时钟电压波形　　(b) 按时间顺序电荷在势阱中传输

图 7－43　电荷的传输原理示意图

4. 电荷的检测

CCD 工作过程中电荷的检测是将转移到输出级的电荷转化为电流或者电压的过程。输出类型主要有三种：电流输出、浮置栅放大器输出和浮置扩散放大器输出。通常情况下采用的是浮置栅放大器输出。每检测一个电荷包，在输出端就得到一格负脉冲，其幅度正比于信号电荷包的大小。不同信号电荷包的大小转换为信号对脉冲幅度的调制，即 CCD 输出调幅信号脉冲列。

7.5.2　CCD 图像传感器的分类

CCD 图像传感器按其感光单元的排列方式分为线阵 CCD 和面阵 CCD 两类。

1. 线阵 CCD 图像传感器

线阵 CCD 图像传感器由一列光敏元件与一列 CCD 并行且对应地构成一个主体，在它们之间有一个转移控制栅，控制光电荷向移位寄存器转移，一般的信号转移时间远小于光积分时间。在光积分周期里，各个光敏元件中所积累的光电荷与该光敏元件上所接收的光照强度和光积分时间成正比，光电荷存储于光敏元件的势阱中。当转移控制栅开启时，各光敏元件收集的信号电荷并行转移到 CCD 移位寄存器的相应单元。当转移控制栅关闭时，MOS 光敏元件阵列又开始下一行的光电荷积累，同时在移位寄存器上施加时钟脉冲，将已经转移到 CCD 移位寄存器内的上一行的信号电荷由移位寄存器串行输出，如此重复上述过程。

线阵 CCD 图像传感器单行和双行结构示意图如图 7-44 所示，其中 CCD 双行结构中光敏元件的信号电荷分别转移到上、下方的移位寄存器中，然后在时钟脉冲的作用下向终端移动，在输出端交替合并输出。与长度相同的单行结构相比，这种结构可以获得更高的分辨率，同时转移次数减少一半，使 CCD 电荷转移损失大为减少。

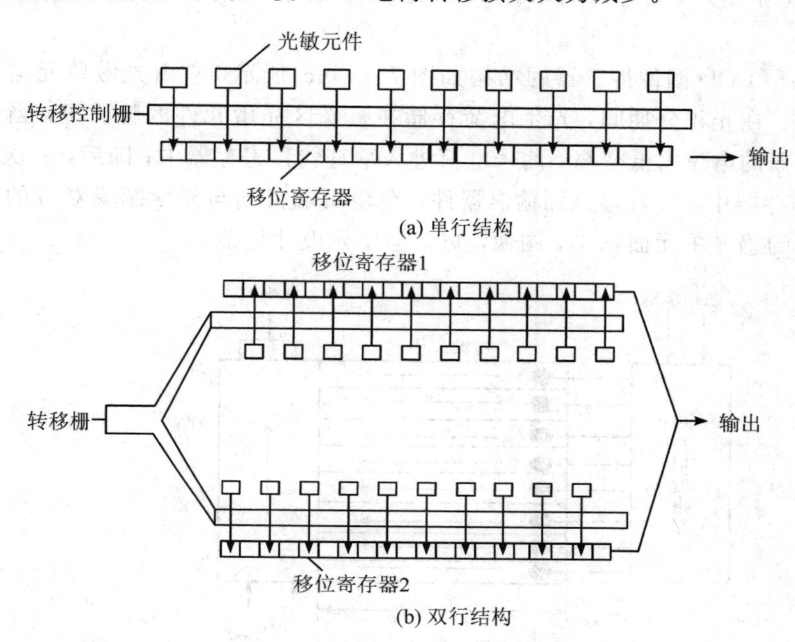

图 7-44　线阵 CCD 图像传感器结构示意图

线阵 CCD 图像传感器结构简单且成本较低，可以同时存储一行电视信号。由于其单排感光单元的数目可以做得很多，因此在同等测量精度的前提下，其测量范围可以做得较大，并且由于线阵 CCD 图像传感器可实时传输光电变换信号且自扫描速度快、频率响应高，能够实现动态测量，能在低照度下工作，因此线阵 CCD 图像传感器广泛地应用在产品尺寸测量和分类、非接触尺寸测量、条形码等许多方面。

2. 面阵 CCD 图像传感器

面阵 CCD 图像传感器由感光区、信号存储区和输出转移部分组成。根据传输方式的不同，面阵 CCD 图像传感器分为线转移型、帧转移型和隔离转移型三种类型，如图 7-45 所示。其中，线转移型 CCD 图像传感器的结构如图 7-45(a)所示，它由行扫描发生器、感光区和输出寄存器等组成。行扫描发生器将光敏元件内的信息转移到水平方向上，驱动脉冲将信号电荷按箭头方向转移，并移入输出寄存器，输出寄存器亦在驱动脉冲的作用下使信号电荷经输出端输出。线转移型 CCD 图像传感器的有效光敏面积大、转移快、转移效率高，但其缺点是电路复杂。

帧转移型 CCD 图像传感器的结构如图 7-45(b)所示，它由光敏区、暂存区和输出移位寄存器等三个部分构成。图像成像到光敏元面阵，当光敏元的某一相电极加有适当的偏压时，光生电荷将被收集到这些光敏元的势阱里，光学图像变成电荷包图像。当光积分周期结束时，信号电荷迅速转移到存储元面阵，经输出端输出一帧信息。当整帧视频信号自存

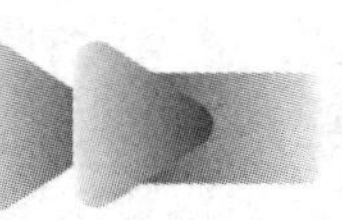

储元面阵移出后，又开始形成下一帧信号，这种类型 CCD 的特点是结构简单，光敏单元密度高，但增加了存储区。成像区由并行排列的若干电荷和沟道组成，各沟道之间用沟阻隔开，水平电极横贯各沟道。假定有 M 个转移沟道，每个沟道有 N 个成像单元，则整个成像区共有 $M \times N$ 个单元。暂存区的结构和单元数都和成像区相同，暂存区与水平读出寄存器均被遮蔽。

隔离转移型 CCD 图像传感器的结构如图 7-45(c)所示，它由光敏单元与垂直转移寄存器交替排列。在光积分期间，光生电荷存储在感光区光敏元件的势阱里；当光积分周期结束时，转移栅的电位由低变高，信号电荷进入垂直转移寄存器中；随后，一次一行地转移到输出移位寄存器中，接着移位到输出器件，在输出端得到与光学图像对应的一行视频信号。这种结构的感光单元面积小，图像清晰，但单元设计复杂。

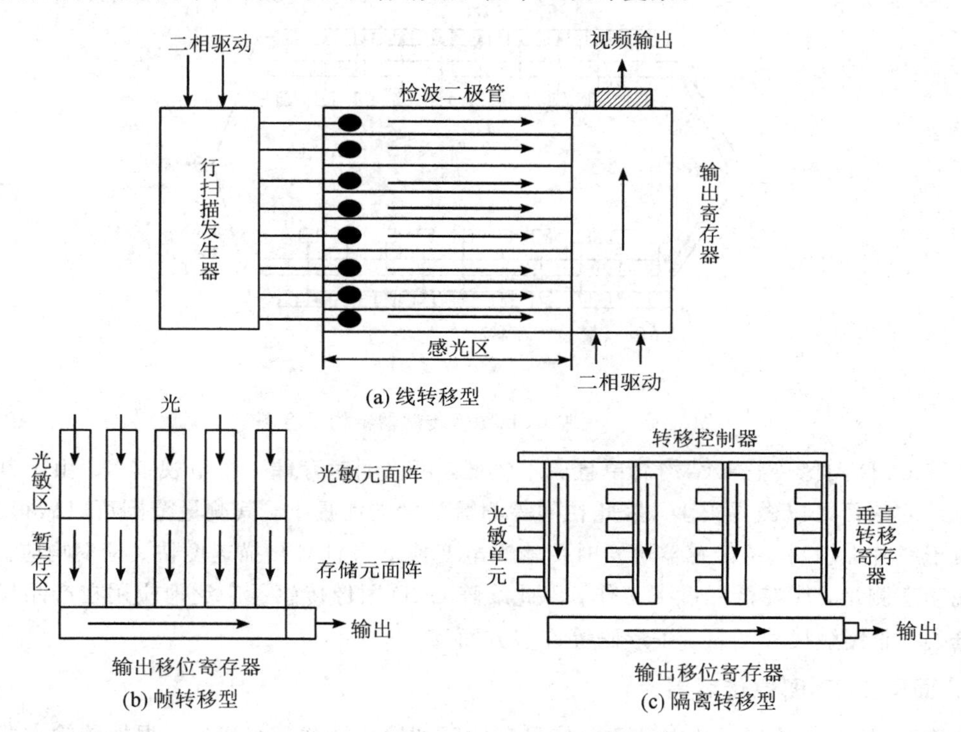

图 7-45 面阵 CCD 图像传感器结构示意图

7.5.3 CCD 图像传感器的应用

1. 文字和图像识别

线阵 CCD 图像传感器具有自扫描的特性，可以对文字和图像进行识别。写有邮政编码的信封放在传送带上，CCD 传感器光敏元的排列方向与信封运动方向垂直时，光学镜头把数字成像在 CCD 传感器上，当信封移动时，CCD 传感器逐行扫描并读出数字，经过进一步的细化处理后与计算机中存储的数字特征进行比较并识别出数字。

2. 射线成像检测

CCD图像传感器还可以用于射线成像的检测，如图7-46所示。来自X射线源的射线经过试件、X射线增强管和反射镜后，由转换屏转换为电子图像，CCD相机获取转换后的图像，传送给数字图像处理系统进一步处理，将电子图像转换为数字图像，并进行分析处理和识别，从而实现构件缺陷的射线实时检测。

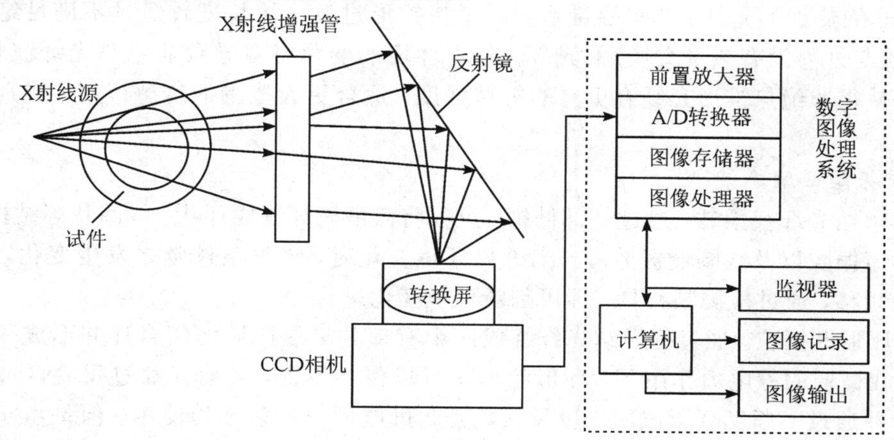

图7-46　X射线成像检测系统示意图

7.6　微纳光电式传感器

随着微纳技术的发展，光电式传感器的尺寸进一步缩小，使其具有了更高的灵敏度和更快的响应速度。本节介绍几种典型的微纳光电式传感器。

1. 微纳光纤传感器

由于微纳光纤传感器技术使用的光纤表面比较光滑，尺寸相对比较小，直径均匀性比较高，因此具有灵敏度高、响应速度快和能耗低的优点。微纳光纤传感器技术的机理是被测量发生的微小变动能够通过散射、吸收等方式来改变微纳光纤的光学特性，通过检测微纳光纤输出光发生的变化，就能够测算出被测量的信息。

近年来，大量基于微纳光纤的传感器技术被提出，图7-47是不同结构的微纳光纤结构电镜图。

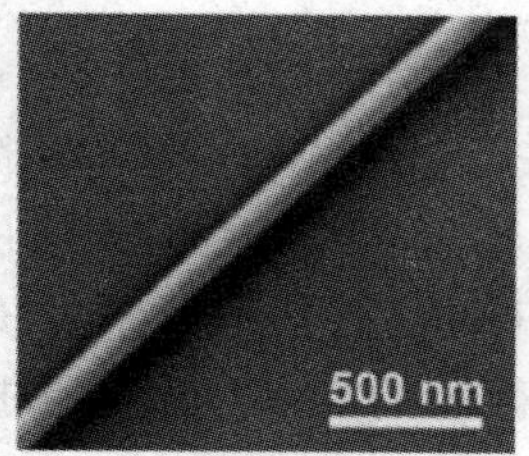

(a) 单根微纳光纤

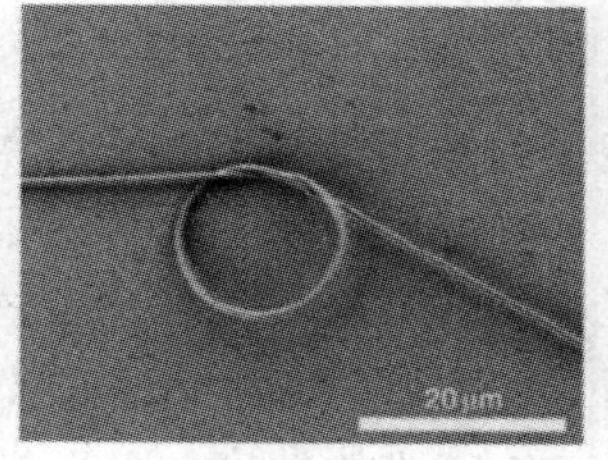

(b) 结型微纳光纤

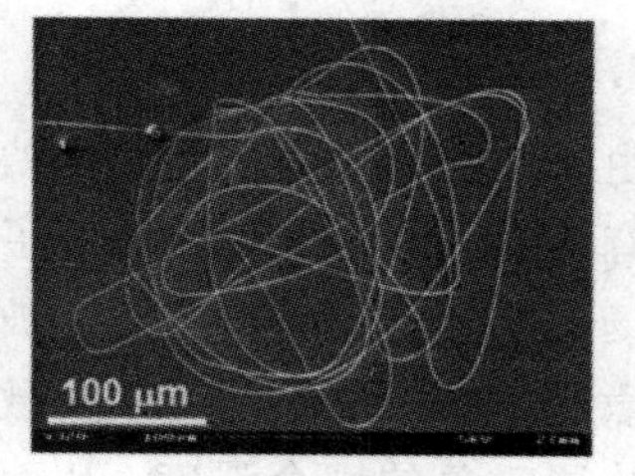

(c) 结圈型微纳光纤

图7-47　微纳光纤结构电镜图

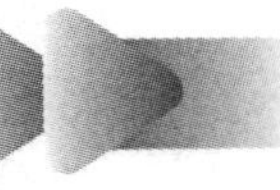

下面介绍几种目前典型微纳光纤传感器的特点和应用。

1）单根微纳光纤

（1）绝热锥形光纤。在拉伸绝热微纳光纤时，精确控制拉伸速度和加热温度，使得锥形区域过渡为缓锥形结构。微纳光纤表面存在大量的倏逝波，通过检测单根绝热微纳光纤的强度变化，就可以探测到微纳光纤周围环境参数的变化，因此主要应用在生化检测方面。

（2）非绝热锥形光纤。非绝热锥形光纤是指锥形过渡区域长度较短且不满足绝热条件（反应系统与外界没有热量交换）的光纤。外界环境的变化将会导致非绝热光纤波长频移，这一特点使得非绝热锥形光纤有更高的机械强度，适合更大范围的传感应用，特别是在恶劣环境中。

2）谐振腔微纳光纤

由于微纳光纤很柔软，通过外部修饰，可以将微纳光纤制成环状、线圈状等结构，故可分为环形谐振腔以及线圈谐振腔等。当外界环境变化时，谐振条件随之发生变化，从而导致谐振峰频移，通过检测频移量，即可判断环境变化量。

（1）环形谐振腔。通过把微纳光纤绕成一个有部分重叠区域的闭合环并形成一个环形谐振腔，在微弱的静电力作用下，环形腔形状可以保持不变，入射光通过重叠区域耦合到环形腔中并通过不断循环形成回音壁模式，因此可应用于折射率检测中。但是由于环形谐振腔仅通过微弱静电力保持形状，所以其机械稳定性较差。

（2）线圈谐振腔。线圈谐振腔是通过把微纳光纤紧紧缠绕在一个中心棒中制成的。在线圈中，光通过每一个环的倏逝波耦合进行传播，光在线圈中循环打转形成一个具备高品质因子的谐振腔，其品质因子远远高于环形谐振腔，可实现折射率检测，在生化传感方面有着潜在应用。

3）微纳光纤光栅

微纳光纤光栅是通过沿轴向周期性地调制光纤折射率而形成的，主要包括布拉格光栅和长周期光栅。在微纳光纤中写入光纤布拉格光栅（FBG），可以结合光栅与微纳光纤的优点。相比于普通微纳光纤传感器，微纳光栅传感器的响应速度较高。微纳光栅传感器的优点是可以工作在反射端，从而可以把传感器制成探针状，这符合目前传感器集成化、微型化的趋势。微纳光栅传感器既可以获得较高的灵敏度，同时也具备较小的探测极限，其传感性能较好，被广泛应用于折射率检测、温度检测和应力检测中。

4）耦合结构微纳光纤

将两根单模光纤熔融拉伸至微米级直径即可形成微纳光纤耦合器。当外界环境发生变化时，两根光纤中倏逝波耦合发生变化，耦合曲线将会平移。该结构发生的频移变化更精确且灵敏度更高。微纳光纤耦合传感器可用于折射率传感、蛋白质检测等。

2. 微纳光腔传感器

由于微纳光学器件可以将高能量的光信号局域在微纳尺度上，因此这类器件对微弱信号具有极高的响应灵敏度。为了进一步提高微纳光学传感器的精度，需要引入有效的纳米光学场增强机制，提高光场与被测对象的耦合强度。针对这一问题，一种解决方法是引入光学微腔，延长光场中光子在微纳光结构中的寿命，通过光学微腔的共振增强效果提高光场与被测对象的耦合强度，从而提高传感器的精度。由于光学微腔可以将高能量密度的光局域于很小的尺度上，且光子在这类结构中通常具有很长的寿命，因而可以很好地与放置在光场中的被测对象发生相互作用。

采光学微腔的微纳传感器的传感灵敏度等于光腔品质因子 Q 与光腔模式体积 V 的比值，其中，光腔品质因子 Q 是描述光腔好坏程度的基本指标，定义为当光进入光学微腔之后，被局域于光学微腔中的能量与泄露到光学微腔之外的能量的比例。光腔模式体积 V 是光腔的另一个重要指标，代表光学模式在空间中的局域程度，定义为在全空间积分比上光学模式在空间中强度的最大值，模式体积越小，说明光在微纳结构中局域化程度越高。从微纳光腔传感器的灵敏度公式可以看出：光腔品质因子越高，模式体积越小，光腔传感器精度越高。

在不同的光学微腔中，回音壁模式微腔具有光腔品质因子高、模式体积小的特点，因此特别适用于高灵敏微纳传感器。回音壁模式光学微腔是将玻璃或其他导光材料制备成圆形结构，当光沿切向方向进入此类环形微腔时，由于玻璃等导光材料与空气接触面的全反射效应，因此光会沿环形微腔的外壁反射传播。由于此类微腔中光的传播路径类似于北京天坛公园著名建筑回音壁，声波沿回音壁围墙传播，因此被命名为回音壁模式微腔。

常见的回音壁模式光学微腔结构如图 7-48 所示，包含微球腔、微泡腔、微盘腔和微芯圆环腔等。微球腔主要通过熔融拉制光纤制备而成，借助于二氧化硅的表面张力可以形成微球腔，制备方法简单。微泡腔也利用相类似的原理，通过熔融毛细管壁同时加大毛细管内部压强，加热区域逐渐膨胀形成微泡腔。微盘腔则可以通过成熟的半导体光刻与刻蚀工艺进行制备。微芯圆环腔是在微盘腔的基础上，利用二氧化碳激光器照射微盘腔进行回流处理形成的。

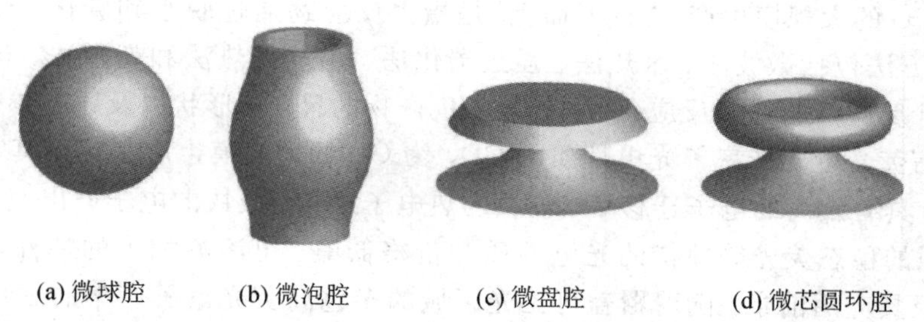

(a) 微球腔　(b) 微泡腔　(c) 微盘腔　(d) 微芯圆环腔

图 7-48　几种常见的回音壁模式光学微腔结构示意图

回音壁模式光学微腔中，光场不仅被限制在环状结构内，而且有部分光场会泄露到环状结构附近的区域内，称为倏逝场。当人们将被测对象贴近回音壁模式光学微腔，进入倏逝场作用范围内时，被测对象会影响回音壁模式中的光场分布，从而可用于微纳传感。基于回音壁模式光学微腔的传感器可作为温度传感器，其原理是传感器受外界温度变化的影响，导致回音壁模式光学微腔中的光谱发生改变，通过跟踪光谱的变化，可以实现温度传感。除此之外，回音壁模式光学微腔传感器技术还可以用于生化传感、纳米粒子检测、磁性检测、光声检测等，应用前景十分广阔。

3. 碳量子点光电式传感器

碳点(Carbon Dots，CD)又称为碳量子点，是一类具有显著荧光性能的零维碳纳米材料，它由超细、分散、准球形、尺寸低于 10 nm 的碳纳米颗粒组成，其结构示意图如图 7-49 所示。通过控制不同的反应前驱体和反应条件，可以调控 CD 的形状、尺寸以及原子掺杂等情况，从而可以制备得到具有从深紫外到近红外区域荧光以及双光子上转换荧光性质的 CD。由于 CD 的原料来源广泛，制备成本低，在医学成像设备、微小的发光二极管、化学生物传感器、光催化反应等方面都有较好的应用前景。

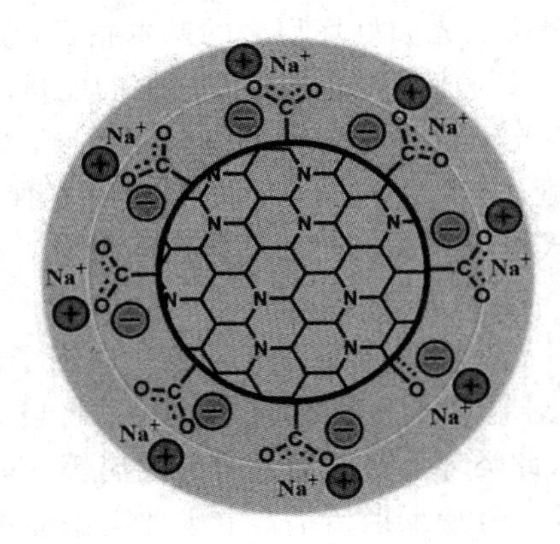

图 7-49　碳量子点的结构示意图

CD 的制备和处理包括三个步骤：裸 CD 的制备、裸 CD 的表面钝化、CD 的表面功能化修饰。裸 CD 的合成方法大致可以总结为两大类，分别是“自上而下”和“自下而上”。“自上而下”是指以大固体颗粒或者粉末作为碳源，通过各种方法(激光刻蚀、电弧放电或电化学法)，将碳质材料裂解成 CD。这些合成方法不可避免地存在操作复杂、反应结果不可控等缺陷，得到的 CD 产物一般也表现出荧光量子产率偏低的性质。所以，“自上而下”的合成方法不适用于 CD 的大规模生产。“自下而上”是指由反应物通过脱水和碳化，逐步化学融合形成 CD，该方法包括微波法、水热法、强酸碳化法、燃烧加热法和超声法。这些方法可以通过精确设计反应前驱体和反应条件，调控 CD 产物的尺寸、形状以及原子掺杂的条件，从而获得具有高荧光量子产率等光电性质的 CD，为 CD 的大规模生产和应用奠定了基础。

由于 CD 具有较高的电子迁移率、较长的热电子寿命、极快的电子取出速度、可调的带隙宽度、较强的稳态荧光等独特的光电性质和价格低廉、可溶液加工的特性，因此在光电传感器领域极具应用前景。随着覆盖可见光区域的多色高荧光量子产率的碳量子点被制备出来，碳量子点还可以作为高效荧光粉应用于光致发光二极管(LED)领域。

目前大多数 CD 仍存在结晶度低、表面缺陷态密集、可见光区域吸收较弱(相比深紫外区域)等问题，但是对于太阳能电池和光电探测器等，可以利用 CD 较长的热电子寿命和极快的电子取出速度，以及较宽的紫外-可见光谱吸收范围等优异的光电性质，进一步提高太阳能电池的能量转化效率和光电探测器的光响应率及光谱响应范围。随着 CD 技术的进一步发展，高质量、高产率的多色 CD 的制备会使得 CD 在光电器件领域获得更广泛的应用。例如：制备多色高荧光量子产率的固态荧光 CD 荧光粉，可以实现具有更高发光效率和显色指数的白色发光二极管，且成本将进一步降低；对于电致 LED，可以通过提高 CD 的电荷注入和传输性能来进一步提高器件性能。在太阳能电池和光电探测器等领域，可以利用 CD 长热电子寿命和高电子传输速率的优势，制备对紫外-可见光吸收范围宽而强的 CD，进一步提高能量转化效率和光响应率及光谱响应范围。

4. 微纳结构阵列光电式传感器

随着理论研究的深入和现代微纳加工技术的进步，微纳米尺度结构及材料奇特的光电性质越来越受到人们的重视。通过研究微纳结构对增强器件光吸收的影响，发现纳米结构

可以提高光电式传感器的性能，其原理是表面等离激元共振(SPR)效应，即光照射在周期性、非周期性的金属微纳结构表面，入射光子与自由电子之间发生特殊的振荡模式。通常情况下，表面等离子体的激发方式有两种，一种是通过光波激发，另一种是通过电子束激发。表面等离激元一般沿金属介质界面传播，其电场与磁场强度沿着垂直于金属界面方向呈指数衰减，可以突破光学衍射极限的限制。近年来，SPR效应在太阳能电池、光电探测器和电致发光器等众多领域展现出了独特的优势。

(1) 太阳能电池。

随机的纳米结构和周期性的纳米结构，如纳米柱、纳米凹坑、纳米井、纳米金字塔、纳米光栅、纳米空隙的衬底和减反膜可用于太阳能电池的制备，能够有效地增强电池的宽光谱和宽光照角度太阳光的捕获吸收能力，从而提高太阳能电池的光转换效率。

(2) 光电探测器。

同一材质的光电式传感器具有的光捕获能力越优异，展现出的光电性能就越优异。因此，对于相同材质的光电式传感器，三维纳米结构，如纳米锥、纳米腔、纳米井结构等具有独特的光管理特性，可以有效增强对宽光谱和宽光照角度太阳光的捕获吸收能力，从而提高光电探测器的性能。

(3) 电致发光器。

与光电探测器和太阳能电池将光子转换为电子不同，电致发光器如发光二极管(LED)和有机发光二极管(OLED)是将输入的电能转换为光辐射。因此，电致发光器主要关注的问题是光耦出效率。然而，LED和OLED的共同问题就是光在器件中进行全反射和光耦合激发时，器件中只有少部分的光可以被收集进行耦出，大部分光最终都因被困在器件的内部而损失掉。因此，对电致发光器件进行有效的光管理，获得更多的耦出光具有非常重要的意义。在器件的表面或界面进行微纳图形化，基于SPR技术，可以有效提高输出耦合效率。

本章小结

1. 光电传感器的组成

光电传感器由光源、光学通路、光电元件、测量电路等组成。

2. 光电效应

光电效应是光照射到某些物质上，使该物质的导电特性发生变化的一种物理现象，可分为外光电效应和内光电效应。

3. 光电传感器

(1) 光电管和光电倍增管是基于外光电效应的基本光电元件，其结构是将球形玻璃壳抽成真空，在内半球面上涂一层光电材料作为阴极，球心放置小球形或小环形金属作为阳极。

(2) 光敏电阻是用硫化镉或硒化镉等半导体材料制成的特殊电阻器，其工作原理基于内光电效应，光照越强，电阻值越低，在无光照时，呈高阻状态。

(3) 光电池是在光的照射下产生电能的半导体元件，其工作原理包括PN结光生伏特效应、金属与半导体接触光生伏特效应和丹倍效应。

(4) 光电二极管和光电晶体管是由PN结组成的半导体器件，具有单方向导电特性，其工作原理是把光信号转换成电信号，使用时处于反向工作状态，无光照时，反向电阻很大，反向电流很小；有光照时产生光电流，光照强度越大，光电流也越大。

4. 光栅传感器

光栅传感器是基于形成莫尔条纹的原理制成的一种计量传感器，多用于测量位移、角度或者是与位移、角度相关的物理量等。

5. 光纤传感器

光纤传感器通常由光源、敏感元件、光探测器、信号处理系统以及光纤等部分组成，基本工作原理是将来自光源的光经过光纤传送到调制器，使被测量与进入调制区的光相互作用，导致光的光学性质发生变化，从而实现测量，按其工作原理的不同，一般可分为功能型和传光型两类。

6. 光固态图像传感器

CCD传感器是一种特殊的半导体器件，由大量独立的感光二极管组成，一般按照矩阵形式排列，其工作过程包括电荷的存储、注入、传输和检测，按其感光单元的排列方式可分为线阵CCD和面阵CCD两类。

思考题和习题

7-1　什么是光电效应?

7-2　简述光电管的分类和结构。

7-3　什么是光敏电阻的暗电流、亮电流和光电流?

7-4　简述光电池的分类。

7-5　简述光电二极管与光电晶体管的区别。

7-6　简述光栅传感器的结构和工作原理。

7-7　简述光纤传感器的结构、工作原理和典型应用。

7-8　简述辨向原理和细分技术。

7-9　简述CCD的电荷转移过程。

7-10　简述影响微纳光腔传感器灵敏度的因素。

7-11　碳量子点在光电式传感器的主要应用有哪些?

7-12　什么是表面等离激元共振(SPR)效应? SPR效应有哪些优势?

第 8 章

热电式传感器

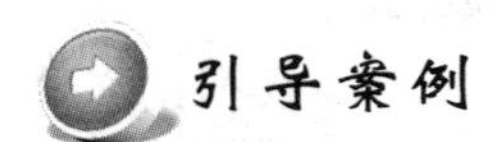

医学领域的温度传感器

人们将把温度(或热量)变化转换为电学量变化的装置称为温度传感器，它应用于检测温度和热量，也称为热电式传感器。由于温度是人体最敏感的物理量之一，它与生活环境密切相关，也是一个在科学实验和生产活动中需要严格控制的重要物理量，因此温度传感器是应用最为广泛的一种传感器。在医学领域，温度是一个非常重要的生理参数。人体各个部位的温度是诊断疾病的重要依据，例如：体表温度是诊断休克病人的一种重要参数，因为休克病人的低血压引起末梢的低血流量；感染性疾病通常由体温的升高反映出来；麻醉能抑制体温调节中枢而使体温下降；精确控制调节保温箱的温度才能为新生儿提供合适的环境温度；关节温度与局部发炎程度密切相关，通过对局部温度的测量可发现关节炎和慢性炎症等；在肿瘤治疗中，如果精确地控制温度就能强化放疗的效果；在新冠疫情期间，红外测温仪可以快速检测患者体温。上述例证说明温度传感器在整个医学领域有着至关重要的作用。

目前，温度传感器的市场非常庞大，这是由消费者和行业趋势的变化以及随着对温度传感器的新需求推动创新的技术变革所驱动的。许多制造商，如高科技汽车和半导体行业，需要先进的温度传感器来提高能源效率和自动化过程控制，以改善生产设施。另外，随着健康意识的增强，人们开始越来越多地采用健身可穿戴设备，由此推动了对数字式温度传感器的需求。在这种大背景下，国家相继出台了一系列有利于温度传感器行业发展的政策和措施，未来温度传感器行业将迎来巨大的发展机遇。

8.1 概　　述

热电式传感器是利用某种材料或元件与温度有关的物理特性，将温度的变化转换为电学量变化的装置或器件。在测量中常用的温度传感器是热电偶式温度传感器和热电阻式温度传感器，热电偶式温度传感器是将温度变化转换为电动势变化，而热电阻式温度传感器

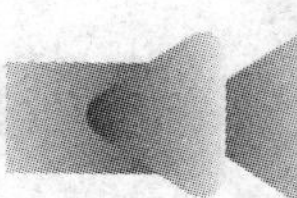

是将温度变化转换为电阻值变化。此外，随着半导体技术的发展，PN 结型温度传感器也得到迅速的发展和广泛的应用。本章分别对热电偶式温度传感器、热电阻式温度传感器、PN 结型温度传感器等进行介绍，并拓展了微纳热电式传感器的相关内容。

8.2　热电偶式温度传感器

热电偶式温度传感器是一种将温度变化转换为电动势变化的装置，是工程上应用最广泛的温度传感器之一。它构造简单，使用方便，具有较高的准确度、稳定性及复现性，温度测量范围宽，便于远距离传送和自动记录，在温度测量中占有重要的地位。常用的热电偶式温度传感器可测量的温度范围为 −50～1600℃，若配上特殊的材料，测温范围可达 −180～2000℃。

8.2.1　热电偶的工作原理

将两种不同材料的导体(A、B)串接成一个闭合回路时，如果两接合点处的温度不等($T_0 \neq T$)，则回路中会产生热电动势，从而形成一定大小的电流，这种现象称为热电效应或赛贝尔效应，回路中产生的电动势称为热电动势。热电效应原理示意图如图 8-1 所示，在闭合回路中，两种导体称为热电极；两个结点中，一个称为工作端或热端(T)，测温时将它置于被测温度场中；另一个称为参考端或冷端(T_0)，测温时将其置于某一恒定温度场中。这种由两种导体组合并将温度变化转换成热电动势变化的传感器称为热电偶式温度传感器。

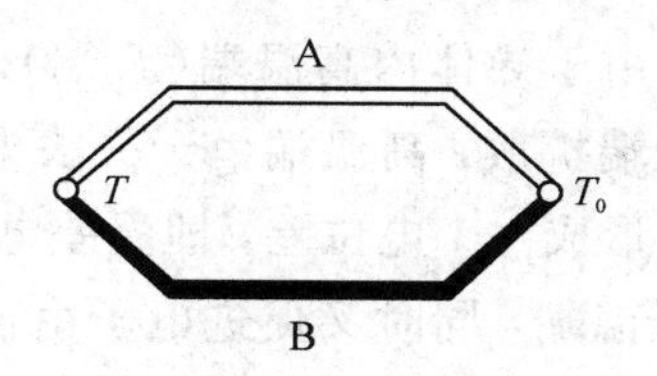

图 8-1　热电效应原理示意图

热电偶回路中的热电动势是由两种导体 A、B 的接触电动势(亦称帕尔贴电动势)和单一导体的温差电动势(亦称汤姆逊电动势)所构成的。

1. 接触电动势

接触电动势是由于两种不同导体的自由电子密度不同而在接触处形成的电动势。当两种不同的导体 A、B 接触时，在接触面上就会发生电子扩散，电子从电子密度高的导体流向密度低的导体，如图 8-2(a)所示。电子的扩散速率与两导体的电子密度有关，与接触区的温度成正比。设导体 A 和 B 的自由电子密度为 N_A 和 N_B，且有 $N_A > N_B$，电子扩散的结果使导体 A 失去电子而带正电，导体 B 则因获得电子而带负电，在接触面形成电场。这个电场阻碍了电子继续扩散，当电子扩散能力与电场的阻力达到动态平衡时，在接触区形成一个稳定的电位差，即接触电动势，其大小可表示为

$$E_{AB}(T) = \frac{kT}{q} \ln \frac{N_A}{N_B} \tag{8-1}$$

式中：$E_{AB}(T)$——导体A、B的结点在温度T时形成的接触电动势(V)；

k——玻尔兹曼常数，$k=1.38\times10^{-23}$ J/K；

q——电子电荷，$q=1.6\times10^{-19}$ C；

N_A、N_B——导体A、B的自由电子密度(cm^{-3})。

由于$E_{AB}(T)$与$E_{AB}(T_0)$方向相反(见图8-2(b))，故回路中的总接触电动势为

$$E_{AB}(T)-E_{AB}(T_0)=\frac{kT}{q}\ln\frac{N_A}{N_B}-\frac{kT_0}{q}\ln\frac{N_A}{N_B}=\frac{k}{q}(T-T_0)\ln\frac{N_A}{N_B} \tag{8-2}$$

由式(8-2)可以看出，热电偶回路中的接触电动势与导体A、B的性质和两接触点的温度有关，如果两接触点的温度相同，即$T=T_0$，那么尽管两接触点都存在接触电动势，但回路中总接触电动势等于零。

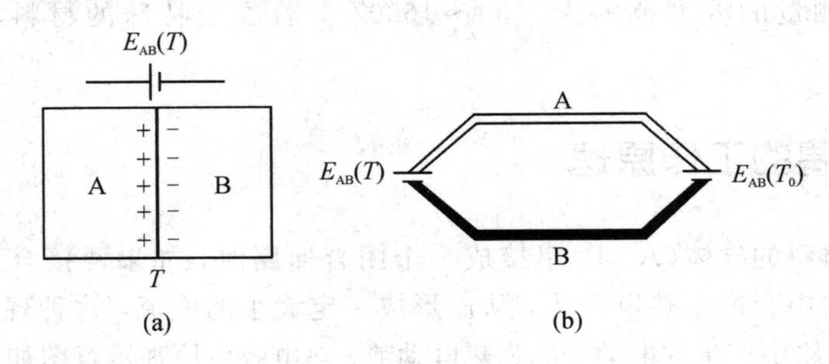

图8-2 接触电动势

2. 单一导体的温差电动势

对于任何一种金属导体，如果两端温度不同(设$T>T_0$)，则在两端间会产生电动势，即单一导体的温差电动势，这是由于导体内高温端(T端)的电子能量要比低温端(T_0端)的电子能量大，因而电子向低温端扩散，高温端由于失去电子而带正电，低温端由于获得电子而带负电，在高低温端之间形成一个电位差，即温差电动势，如图8-3(a)所示。该电动势将阻止电子从高温端跑向低温端，同时又促进电子由低温端跑向高温端，直至最后达到动态平衡，此时温差电动势也达到稳态值。温差电动势的大小与导体的性质和两端的温差有关，可表示为

$$E_A(T,T_0)=\int_{T_0}^{T}\sigma_A\,dT \tag{8-3}$$

$$E_B(T,T_0)=\int_{T_0}^{T}\sigma_B\,dT \tag{8-4}$$

式中：$E_A(T,T_0)$——导体A两端温度为T、T_0时形成的温差电动势(V)；

$E_B(T,T_0)$——导体B两端温度为T、T_0时形成的温差电动势(V)；

T、T_0——高温端、低温端的绝对温度(℃)；

σ_A、σ_B——汤姆逊系数，表示在导体两端的温差为1℃时所产生的温差电动势，例如在0℃时，铜的$\sigma=2\ \mu V/℃$。

对于图8-3(b)中由导体A、B构成的热电偶回路总的温差电动势为

$$E_A(T,T_0)-E_B(T,T_0)=\int_{T_0}^{T}(\sigma_A-\sigma_B)dT \tag{8-5}$$

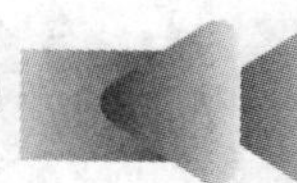

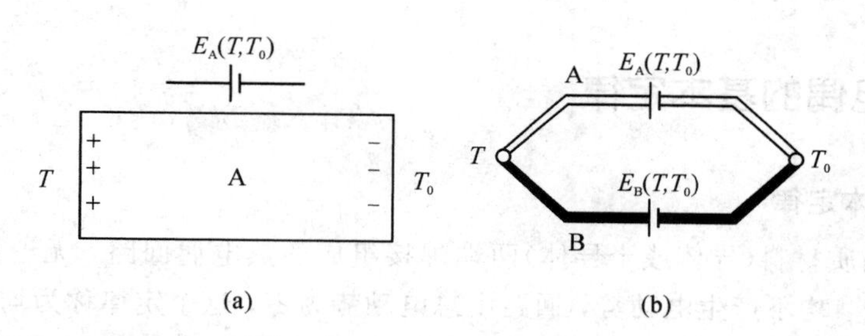

图 8－3　温差电动势

3. 热电偶回路的总热电动势

由导体 A、B 组成的热电偶闭合回路，当温度 $T>T_0$，$N_A>N_B$ 时，闭合回路总的热电动势为 $E_{AB}(T, T_0)$，如图 8－4 所示。回路总电动势为

$$
\begin{aligned}
E_{AB}(T, T_0) &= E_{AB}(T) - E_{AB}(T_0) - E_A(T, T_0) + E_B(T, T_0) \\
&= \frac{k}{q}(T - T_0)\ln\frac{N_A}{N_B} - \int_{T_0}^{T}(\sigma_A - \sigma_B)\mathrm{d}T
\end{aligned} \tag{8-6}
$$

图 8－4　回路总电动势

由于在金属中自由电子数目很多，温度对自由电子密度的影响很小，所以温差电动势可以忽略不计，在热电偶回路中起主要作用的是接触电动势，所以式(8－6)可简化为

$$
E_{AB}(T, T_0) \approx E_{AB}(T) - E_{AB}(T_0) = \frac{k(T - T_0)}{q}\ln\frac{N_A}{N_B} \tag{8-7}
$$

在工程中，常用式(8－7)来表征热电偶回路的总电动势，并通常使 T_0 为常数，即

$$
E_{AB}(T, T_0) = E_{AB}(T) - E_{AB}(T_0) = E_{AB}(T) - C \tag{8-8}
$$

式(8－8)表示，当热电偶回路的一个结点保持温度不变时，热电动势 $E_{AB}(T, T_0)$ 只随另一个结点的温度变化而变化，两个结点温差越大，回路总热电动势 $E_{AB}(T, T_0)$ 也就越大，这样就可以把回路总热电动势看成温度 T 的单值函数，这给工程中用热电偶测量温度带来了极大的方便。

由此可得出有关热电偶回路的几点结论：

(1) 如果构成热电偶的两个热电极为材料相同的均质导体，即 $\sigma_A=\sigma_B$，$N_A=N_B$，则无论两结点温度如何，热电偶回路内的总热电动势为零。因此，热电偶必须采用两种不同的材料作为热电极。

(2) 如果热电偶两结点温度相等，即 $T=T_0$，则尽管导体 A、B 的材料不同，热电偶回路内的总电动势也为零。

(3) 热电偶的热电动势与导体 A、B 材料的中间温度无关，只与结点温度有关。

8.2.2 热电偶的基本定律

1. 均质导体定律

将同一种均质材料(导体或半导体)两端焊接组成的热电偶回路，无论导体截面、长度及温度分布如何，均不产生电动势，回路中总电动势为零，这个定律称为均质导体定律。

这一定律说明，热电偶必须采用两种不同材料的导体组成，且热电偶的热电动势仅与两结点的温度有关，而与沿热电极的温度分布无关。如果热电偶的热电极是非均质导体，将会产生附加热电动势，在测温时将造成测量误差。所以，热电极材料的均匀性是衡量热电偶质量的重要技术指标之一。

2. 中间导体定律

在热电偶回路中接入第三种金属导体，如图 8-5 所示，无论插入导体 C 的温度分布如何，只要该金属导体 C 两端温度相同，则此导体对于回路总的热电动势没有影响，这个定律称为中间导体定律。热电偶回路接入中间导体 C 后的热电动势为

$$E_{ABC}(T, T_0)=E_{AB}(T)+E_{BC}(T_0)+E_{CA}(T_0) \tag{8-9}$$

如果回路各结点温度相等均为 T_0，则回路中总热电动势应等于零，即

$$E_{AB}(T_0)+E_{BC}(T_0)+E_{CA}(T_0)=0 \tag{8-10}$$

将式(8-10)代入式(8-9)，得

$$E_{ABC}(T, T_0)=E_{AB}(T)-E_{AB}(T_0)=E_{AB}(T, T_0) \tag{8-11}$$

此定律具有特别重要的实用意义，因为用热电偶测温时必须接入仪表(第三种材料)，根据此定律，只要仪表两接入点的温度保持一致，仪表的接入就不会影响热电动势，而且 A、B 结点的焊接方法也可以是任意的。

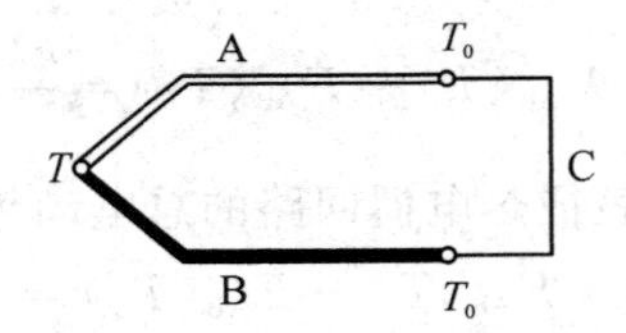

图 8-5 中间导体定律

3. 连接导体定律和中间温度定律

连接导体定律是指在热电偶回路中，若导体 A、B 分别与连接导线 A′、B′相接，连接点温度分别为 T、T_n、T_0，如图 8-6 所示，则回路的总热电动势将等于热电偶的热电动势 $E_{AB}(T, T_n)$与连接导线 A′、B′在温度 T_n、T_0 时热电动势 $E_{A'B'}(T_n, T_0)$的代数和，即

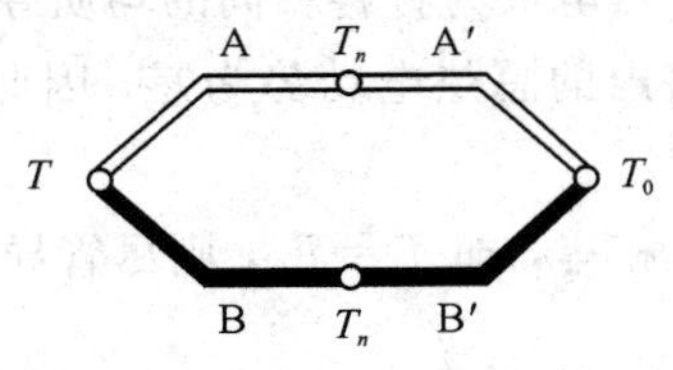

图 8-6 采用连接导体的热电偶回路

$$E_{ABA'B'}(T, T_n, T_0) = E_{AB}(T, T_n) + E_{A'B'}(T_n, T_0) \tag{8-12}$$

由式(8-12)可引出重要结论，当 A 与 A′的材料相同、B 与 B′的材料也相同且结点温度分别为 T、T_n、T_0 时，根据连接导体定律可得该回路的热电动势为

$$E_{AB}(T, T_0) = E_{AB}(T, T_n) + E_{AB}(T_n, T_0) \tag{8-13}$$

式(8-13)表明，热电偶在温度为 T、T_0 时的热电动势 $E_{AB}(T, T_0)$ 等于热电偶在 (T, T_n)、(T_n, T_0) 时相应的热电动势 $E_{AB}(T, T_n)$ 与 $E_{AB}(T_n, T_0)$ 的代数和，这就是中间温度定律，其中 T_n 称为中间温度。

中间温度定律的使用价值在于当参考端或冷端温度不为 0℃时，可利用该定律和分度表求得工作端温度 T；另外通过热电偶补偿导线的使用可将热电偶的自由端延伸到远离高温区的地方，从而使自由端的温度相对稳定。

4. 标准电极定律

若将 A、B 两种导体分别与第三种导体 C 组成如图 8-7 所示的热电偶，且三个热电偶的热端和冷端温度同为 (T, T_0)，则

$$E_{AB}(T, T_0) = E_{AC}(T, T_0) + E_{CB}(T, T_0) = E_{AC}(T, T_0) - E_{BC}(T, T_0) \tag{8-14}$$

第三种导体 C，即热电极 C，称为标准电极，也称参考电极，通常用纯铂丝制成，因为铂的物理和化学性能稳定、熔点高、易提纯。热电偶的两个热电极材料是根据需要进行选配的。

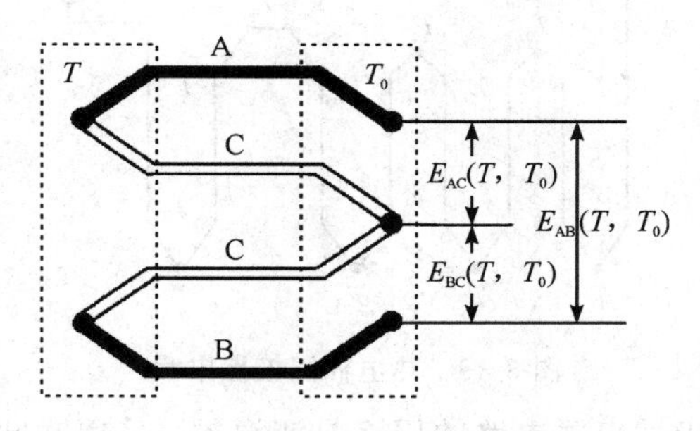

图 8-7　三种导体分别组成的热电偶回路

标准电极定律大大简化了热电偶的选配工作。只要我们获得有关热电极与参考电极配对的热电动势，那么任何两种热电极配对时的热电动势均可按式(8-14)求得，从而筛选出适合工业和科研各方面需要的、性能良好的热电偶。

8.2.3　热电偶的电路设计

采用热电偶测温时，常采用的配套仪表主要有动圈式仪表、自动电子电位差计、示波器、数字式测温仪表以及自动记录仪表等。

热电偶产生的热电动势通常在毫伏级范围。测温时，它可以直接与显示仪表(如动圈式毫伏表、电子电位差计、数字表等)配套使用，也可与温度变送器配套，将温度信号转换成标准电流信号。

图 8-8 所示为热电偶的测试电路示意图，其中热电偶与动圈式仪表连接。这时流过仪

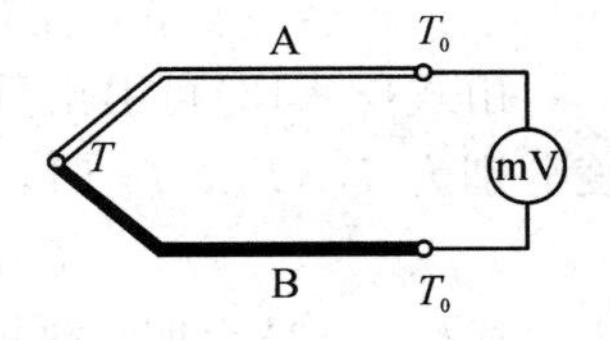

图 8-8　热电偶测试电路示意图

表的电流不仅与热电动势大小有关，而且与测温回路的总电阻有关，因此要求回路总电阻必须为恒定值，即

$$R_T + R_L + R_G = \text{常数} \tag{8-15}$$

式中：R_T——热电偶电阻(Ω)；

R_L——连接导线电阻(Ω)；

R_G——指示仪表的内阻(Ω)。

因其结构简单，价格便宜，这种线路常用于测温精度要求不高的场合。除了这种测试电路之外，根据不同的需求，还经常会用到串联和并联电路。

1. 串联

(1) 同极性串联。为了提高测量精度和灵敏度，可将 n 支型号相同的热电偶依次串接，如图 8-9 所示。这时线路的总电动势为

$$E_G = E_1 + E_2 + \cdots + E_n = nE \tag{8-16}$$

式中的 E_1，E_2，…，E_n 为单支热电偶的热电动势(V)，显然总电动势是单支热电偶热电动势的 n 倍。

同极性串联电路的灵敏度较高，相对误差减小，但由于元件较多，若其中某个热电偶发生断路后，整个电路便不能工作。

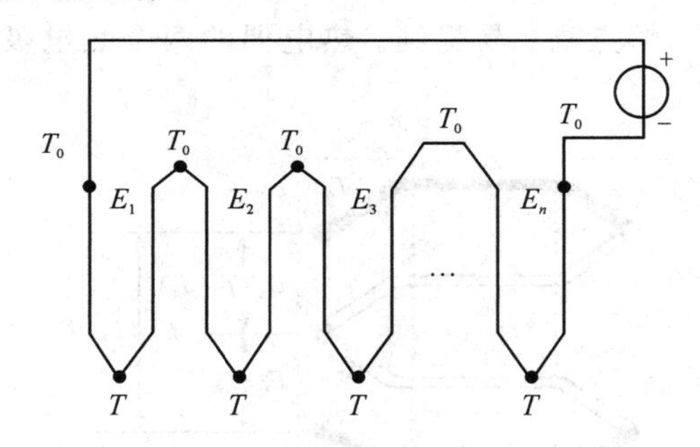

图 8-9　热电偶同极性串联

(2) 反极性串联。反极性串联电路的用途是测温差。采用时间常数不等的两热电偶反极性串联，如图 8-10 所示。当温度恒定不变时，总热电动势为零，而温度变化越快，输出信号越大，这种方法在精密金属零件热处理加工中很有用。

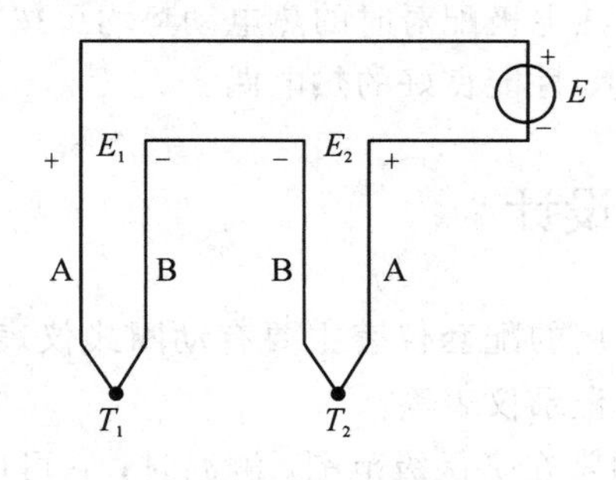

图 8-10　热电偶反极性串联

2. 并联

用若干个热电偶并联，测出各点温度的算术平均值，如图 8-11 所示。如果 n 支热电

偶的电阻值相等，则并联电路总热电动势为

$$E_G = \frac{E_1 + E_2 + \cdots + E_n}{n} \tag{8-17}$$

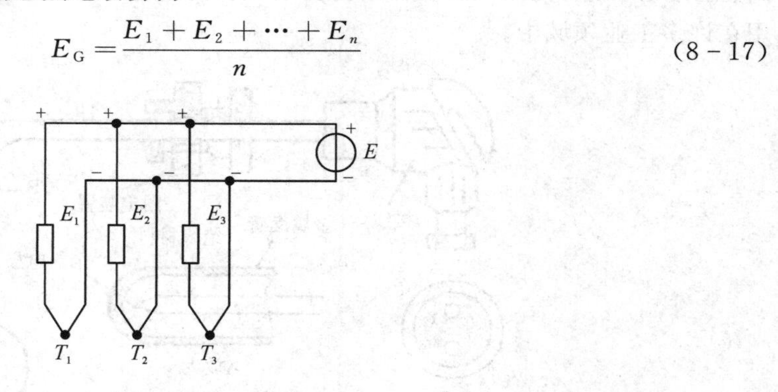

图 8 - 11　热电偶并联

注意：无论是串联还是并联，都不允许有短路或断路的热电偶，否则会引起严重的测量误差。通常在单支热电偶的使用中，短路或断路会使输出信号完全消失，从而容易发现故障。在串联或并联情况下，总输出电动势不完全消失，因此难以发现故障。

8.2.4　热电偶的结构及常用热电偶

1. 热电偶结构

热电偶由于其体积小、测温范围广而被广泛应用于工业生产过程中的温度测量，它具有多种结构形式，常用的主要有普通热电偶、铠装热电偶和薄膜热电偶。

(1) 普通热电偶。

普通热电偶一般由热电极、绝缘管、保护套管和接线盒组成，如图 8 - 12 所示，主要用来测量气体、蒸气和液体等介质的温度。这类热电偶制成标准形式，可根据测温范围和环境条件来选择合适的热电极材料和保护套管。热电极亦称热电偶丝，是热电偶的基本组成部分，其直径大小由价格、机械强度、电导率以及热电偶的用途和测量范围决定；绝缘管亦称绝缘子，是实现绝缘保护的部件，用来防止两根热电极短路，其材料的选用要根据使用热电偶的温度范围和对绝缘性能的要求而定；保护套管是保护元件免受被测介质的化学腐蚀和机械损伤的部件；接线盒是用于固定接线座和连接补偿导线的部件。

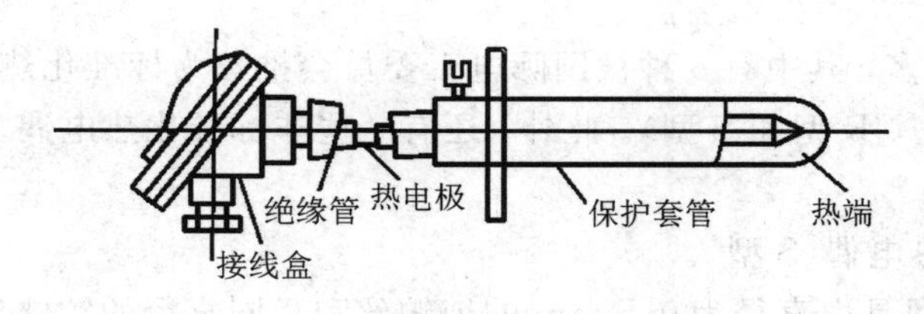

图 8 - 12　普通热电偶示意图

(2) 铠装热电偶。

铠装热电偶是由热电极、绝缘材料、金属套管、接线盒及固定装置组成，如图 8 - 13 所示，采用拉伸加工工艺，可以将其做得很细、很长，它可以随测量需要而弯曲，也称为套管热电偶或缆式热电偶。铠装热电偶的主要优点是测温端热容量小、动态响应快、机械强度高、耐冲击、挠性好，可安装在结构复杂的装置上，测温范围在－40～1100℃，因此被广泛用在许多工业领域中。

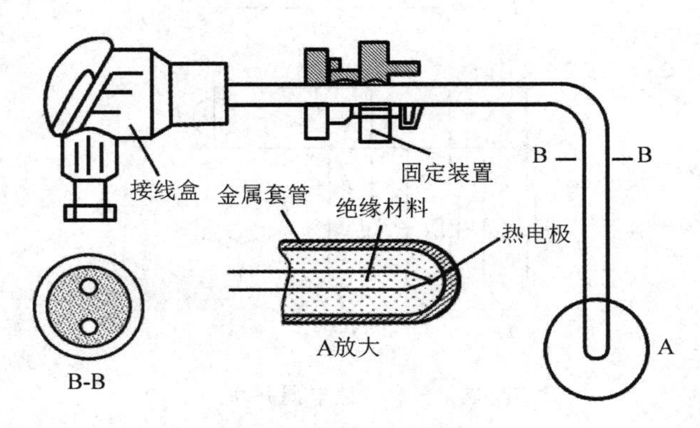

图 8－13　铠装热电偶示意图

(3) 薄膜热电偶。

薄膜热电偶的结构有片状、针状等形式，一般采用真空蒸镀、化学涂层或电镀等方法将热电偶材料蒸镀到绝缘基板上。如图 8－14 所示，薄膜热电偶主要由热电极、热接点、绝缘基板及引出线组成。

薄膜热电偶的热接点可以做得很薄(0.01 ～0.1 μm)，因此热容量小、响应速度快，适用于微小面积上的表面温度以及快速变化的动态温度的测量。实际应用时用胶黏剂将薄膜热电偶紧贴在被测物表面，所以热损失很小，测量精度高。由于其使用温度受胶黏剂和衬垫材料限制，目前只能应用于－200～300℃的范围。

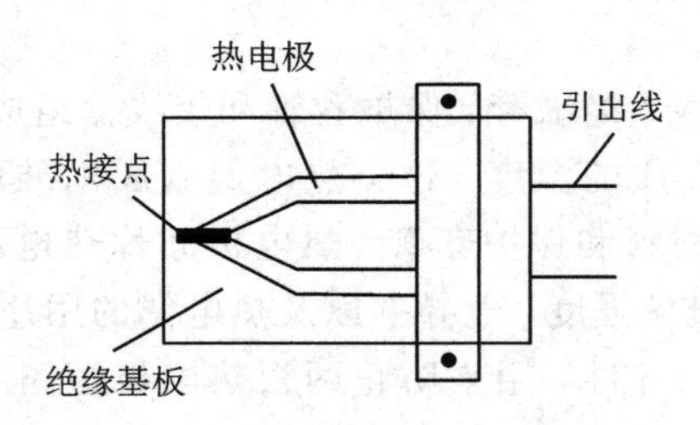

图 8－14　薄膜热电偶示意图

2. 常用热电偶

热电偶的种类很多，其中有 8 种被国际电工委员会推荐为标准化热电偶(T 型、E 型、J 型、K 型、N 型、B 型、R 型和 S 型)。此外，还有一些非标准化热电偶。下面介绍几种广泛使用的热电偶。

(1) 铂铑$_{10}$－铂热电偶(S 型)。

铂铑$_{10}$－铂热电偶是由直径为 0.5 mm 的纯铂丝和相同直径的铂铑丝(90％铂、10％铑)制成的，铂铑丝为正极，纯铂丝为负极，它是一种贵金属热电偶。此种热电偶可长期在 1300℃以下的温度范围内使用，短期使用也可测量 1600℃的高温。由于容易获得高纯度的铂和铂铑，故铂铑$_{10}$－铂热电偶的复制精度和测量精度较高，可用于精密温度测量。但其也存在缺点，主要是金属材料的价格昂贵、热电动势低、灵敏度低以及在高温还原介质中容

易被侵蚀和污染而失去测量精度。

(2) 镍铬-镍硅热电偶(K型)。

在镍铬-镍硅热电偶中，镍铬为正极，镍硅为负极，热偶丝的直径为1.2～2.5 mm。K型热电偶的化学稳定性较高，可在氧化性或中性介质中长期使用，测量900℃以下的温度，短期使用可测量1200℃的高温。这种热电偶的优点是复制性好，产生的热电动势大，线性好、价格便宜等，是工业生产中最常用的一种热电偶。但是它的测量精度低于铂铑$_{10}$-铂热电偶，所以一般作为测量的二级标准。

(3) 镍铬-康铜热电偶(E型)。

镍铬-康铜热电偶由镍铬与镍、铜合金材料组成，镍铬作为正极，康铜作为负极，热偶丝的直径为1.2～2.0 mm。镍铬-康铜热电偶的热电动势是所有热电偶中最大的，比铂铑$_{10}$-铂热电偶的热电动势大10倍左右。此种热电偶适合在还原或中性介质中使用，长期使用其测量温度不要超过600℃，短期使用可测量800℃的温度。镍铬-康铜热电偶的优点是热电特性的线性很好、灵敏度高、价格便宜，但是康铜易受氧化而变质，使用时应加保护套管。

(4) 铂铑$_{30}$-铂铑$_{6}$热电偶(B型)。

铂铑$_{30}$-铂铑$_{6}$热电偶以铂铑$_{30}$为正极，铂铑$_{6}$为负极，它的热电动势率比铂铑$_{10}$-铂热电偶的小，当冷端温度低于50℃时，其产生的热电动势很小，可以不考虑冷端误差。B型热电偶的特点是性能稳定、精度高，适用于氧化性或中性介质，长期使用它可以测量1600℃的高温，短期使用可测量1800℃的高温。不过它的价格也比较昂贵。

(5) 钨铼$_{5}$-钨铼$_{20}$热电偶。

钨铼$_{5}$-钨铼$_{20}$热电偶是非标准化热电偶，钨铼$_{5}$为正极，钨铼$_{20}$为负极，一般在超高温场合中使用。钨铼系热电偶是一种较好的超高温热电偶，其最高使用温度受绝缘材料的限制，一般可达2400℃，在真空中用裸丝可测量更高的温度。国内生产的钨铼$_{5}$-钨铼$_{20}$热电偶温度测试范围为300～2000℃，可在氢气中连续使用100 h，在真空中使用8 h，性能稳定。

8.2.5　热电偶的冷端误差及其补偿

由热电偶测温原理可知，热电偶输出热电动势的大小不仅与工作端的温度有关，还与冷端温度有关，它是工作端和冷端温度的函数差。只有当热电偶的冷端温度保持不变时，热电动势才是被测温度的单值函数。但是在实际使用中因受被测介质与环境温度的影响，很难保证冷端温度不变，从而会导致测量误差。为了消除或补偿这个误差，一般常采用以下几种方法来处理。

1. 补偿导线法

为了使热电偶的冷端温度保持恒定(最好为0℃)，可以把热电偶做得很长，使冷端远离工作端，并连同测量仪表一起放置到恒温或温度波动较小的地方。但是这种做法不仅使安装使用很不方便，而且还会耗费很多贵金属，成本较高。因此，一般采用一根导线(称为补偿导线)将热电偶的冷端延伸出来，如图8-15所示，要求这种补偿导线在0～100℃范围内和所连接的热电偶具有相同的热电特性。

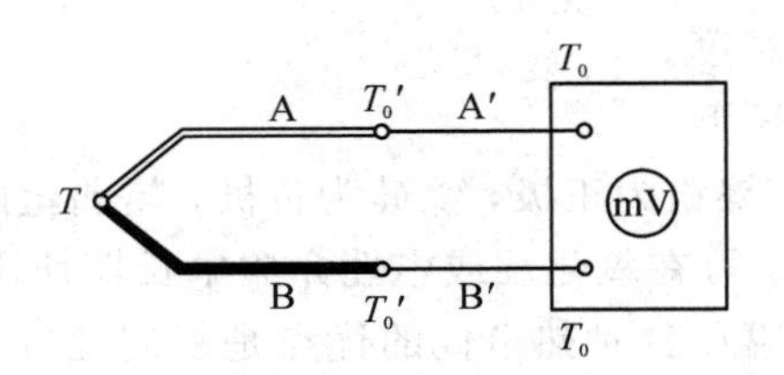

图 8-15　补偿导线法示意图

值得注意的是，只有当新转移的冷端温度恒定或选配使用的仪表本身具有冷端温度自动补偿装置时，使用补偿导线法才有实际意义。此外，热电偶和补偿导线连接处的环境温度不宜超过 100℃，否则就会由于热电特性不同而产生新的误差。

2. 冷端温度校正法

尽管已采用了补偿导线使热电偶冷端延伸到温度恒定的地方，但只要冷端温度不等于 0℃，就必须对仪表示值加以修正。此时可以采用冷端温度校正法处理。当热电偶冷端温度不是 0℃，而是 T_n 时，根据热电偶中间温度定律，可得热电动势的计算校正公式为

$$E_{AB}(T,0)=E_{AB}(T,T_n)+E_{AB}(T_n,0) \tag{8-18}$$

式中：$E_{AB}(T,0)$——冷端温度为 0℃，而热端温度为 T 时的热电动势；

$E_{AB}(T,T_n)$——冷端温度为 T_n，而热端温度为 T 时的热电动势，即实测值；

$E_{AB}(T_n,0)$——冷端温度为 0℃，而热端温度为 T_n 时的热电动势，即冷端温度不为 0℃时热电动势校正值。

这样就可以得到冷端温度为 0℃时的热电动势 $E_{AB}(T,0)$，然后通过查热电偶的分度表，就可以得到被测热源的真实温度了。

3. 0℃恒温法

热电偶的标准分度表是在其冷端温度处于 0℃的条件下测得的。在实验室及精密测量中，为了测温准确，可以将热电偶冷端置于 0℃的恒温器内，使其工作状态与分度表中的状态一致，测出电动势后查分度表直接就可以得到热端温度值。0℃恒温器通常有两种，一种是采用冰水混合物，另一种是半导体制冷器。前一种办法最为妥善，然而不够方便，所以一般仅适用于科学实验中，不适合工业生产现场。

4. 补偿电桥法

补偿电桥法是利用不平衡电桥产生的不平衡电动势来补偿因冷端温度变化而引起的热电动势变化值，它可以自动地将冷端温度校正到补偿电桥的平衡点温度上，这种装置称为冷端温度补偿器。

补偿电桥法示意图如图 8-16 所示，冷端温度补偿器内有一个不平衡电桥，其输出端串联在热电偶回路中。桥臂电阻 R_1、R_2、R_3 和限流电阻 R_p 用锰铜电阻，其中 $R_1=R_2=R_3$，电阻值几乎不随温度变化。R_{Cu} 为铜电阻，其电阻温度系数大，电阻值随温度升高而增大。使用中应使 R_{Cu} 与热电偶的冷端靠近并处于同一温度下。电桥由直流稳压电源供电。通常在 20℃时，通过选取适当的 R_{Cu} 的电阻值，

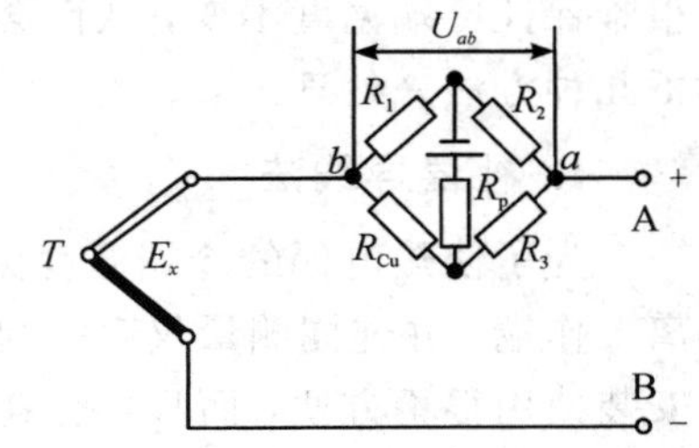

图 8-16　补偿电桥法示意图

可使电桥处于平衡状态，电桥输出 $U_{ab}=0$。此时测量电路中引入的补偿电桥对仪表的读数不会产生任何影响。当冷端温度升高时，补偿桥臂 R_{Cu} 的电阻值会增加，电桥失去平衡，a 点电位高于 b 点电位，补偿电桥输出电压 U_{ab}。同时，由于冷端温度的升高，会使得热电偶的热电动势 E_x 减小，如果补偿电桥的输出电压的增加量能恰好与热电偶的热电动势 E_x 的减少量相抵消，则总的输出电压就不会随冷端温度变化而变化，即达到了温度补偿的效果。由于电桥通常取 20℃电桥平衡，所以采用这种方法需把仪表的机械零位调整到 20℃。

8.2.6　热电偶式温度传感器的应用

热电偶式温度传感器是工业中使用最为普遍的接触式测温装置。由于其测量精度高、测量范围广、构造简单、使用方便等优点而在机械、冶金、能源、国防等领域有着十分广泛的应用，同时它在恒温炉控制、检测燃气火焰等方面也很适用。

1. 金属表面温度的测量

表面温度测量是温度测量的一大领域。金属表面温度的测量在机械、冶金、能源、国防等领域有着非常普遍的应用。例如热处理的锻件、铸件、气体/水蒸气管道、炉壁面等表面温度的测量，测温范围从几百摄氏度到一千多摄氏度，而测量方法通常利用直接接触测温法。

当被测金属表面温度较低时，采用黏接剂将热电偶的接点黏附于金属表面即可，工艺比较简单；当被测金属表面温度较高时，采用焊接的方法将热电偶的头部焊于金属表面以实现测温。

2. 测控应用

炉温测量控制系统根据炉温对给定温度的偏差，自动接通或断开供给炉子的热源能量，或连续改变热源能量的大小，使炉温稳定在给定的温度范围内，以满足热处理工艺的需要。图 8－17 所示为采用热电偶测量的常用炉温测量控制系统示意图。图中由毫伏定值器给出设定温度的相应毫伏值，如热电偶的热电动势和定值器的输出(毫伏)值有偏差，则说明炉温偏离给定值，此偏差经放大器送入调节器，再经过晶闸管触发器去推动晶闸管执行器，从而调整炉丝的加热功率，消除偏差，达到温控的目的。

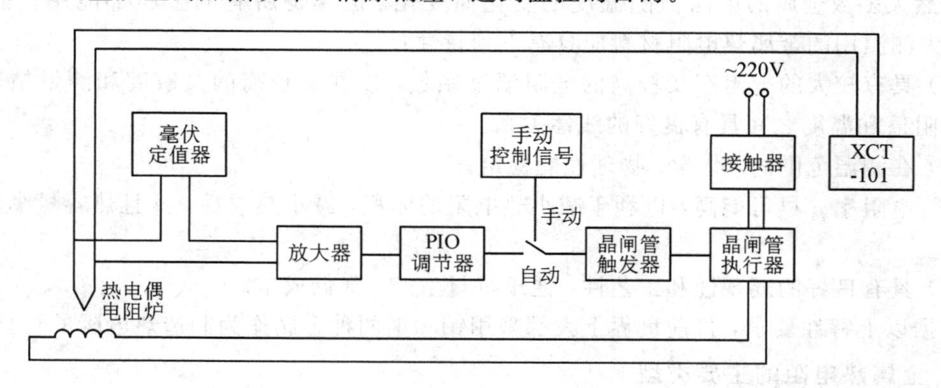

图 8－17　采用热电偶测量的炉温测量控制系统示意图

8.3 热电阻式温度传感器

物质的电阻率随温度变化而变化的物理现象称为热电阻效应。热电阻式温度传感器就是利用物质的电阻率随温度变化的特性(热电阻效应)，对温度和与温度有关的参数进行检测的传感器。用纯金属热敏元件制作的热电阻称为金属热电阻，用半导体材料制作的热电阻称为半导体热敏电阻。

8.3.1 金属热电阻

1. 金属热电阻的材料及工作原理

金属热电阻是利用金属导体的电阻与温度具有一定函数关系的特性而制成的感温元件。金属的电阻-温度特性曲线如图 8-18 所示。当被测温度变化时，导体的电阻随温度而变化，通过测量电阻值的变化而得出温度变化的情况，这就是金属热电阻传感器测温的基本工作原理。一般金属热电阻传感器的测温范围为−200～500℃。随着技术的发展，有的金属热电阻传感器已经可测量−272～−270℃的低温以及1000～1300℃的高温。金属热电阻材料主要是铂、铜、镍、铟、锰等，用得最多的是铂和铜。

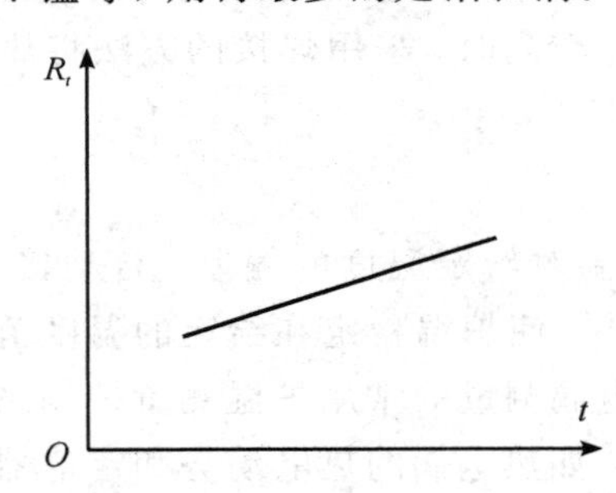

图 8-18　金属的电阻-温度特性曲线

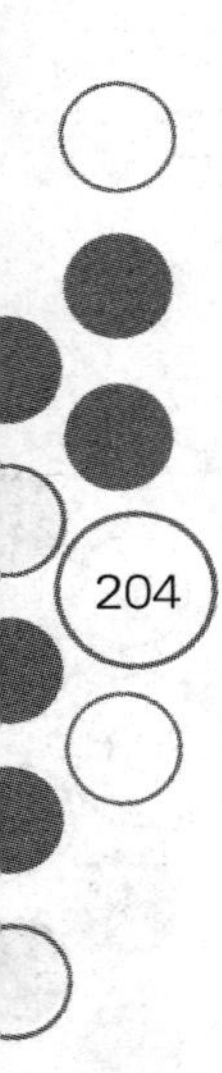

虽然大多数金属的电阻值随温度的变化而变化，但不是所有的金属都能用于温度测量，作为测温用的金属热电阻材料应具有下列特性：

(1) 具有较大的电阻率及较高的电阻温度系数，以便有较高的灵敏度和测量精度，且要求电阻值和温度之间具有良好的线性关系。

(2) 在测温范围内，化学、物理性能稳定。

(3) 电阻率 ρ 尽可能高，以利于减小热电阻的体积，减小热惯性，并且热容量小，反应速度快。

(4) 具有良好的复现性和工艺性，便于批量生产，降低成本。

根据以上特性要求，目前世界上大都采用铂和铜两种金属作为制造热电阻的材料。

2. 金属热电阻的主要类型

1) 铂热电阻

金属铂的物理、化学性能在高温和氧化性介质中很稳定，并具有良好的工艺性，易于提纯，可以做成非常细的铂丝或极薄的铂箔，是目前制造热电阻的最好材料，它通常作为标准温度计被广泛应用于温度的基准、标准的传递。但它的缺点是电阻温度系数较小，同时价格较昂贵。

按 IEC 标准，铂热电阻的使用温度范围为−200℃～650℃，铂热电阻与温度之间的特性方程为

$$R_t=\begin{cases}R_0[1+At+Bt^2+C(t-100)t^3], & -200℃\leqslant t\leqslant 0℃ \quad (8-19)\\ R_0(1+At+Bt^2), & 0℃\leqslant t\leqslant 650℃ \quad (8-20)\end{cases}$$

式中：R_t——温度为 t℃时铂热电阻的电阻值(Ω)；

R_0——温度为 0℃时铂热电阻的电阻值(Ω)；

A——常数，$A=3.96847\times10^{-3}$(℃$^{-1}$)；

B——常数，$B=-5.847\times10^{-7}$(℃$^{-2}$)；

C——常数，$C=-4.22\times10^{-12}$(℃$^{-4}$)。

铂热电阻的电阻值与其纯度密切相关，纯度越高，其电阻率越大。铂的纯度通常用 $W(100)$表示，即

$$W(100)=\frac{R_{100}}{R_0} \tag{8-21}$$

式中：R_{100}——温度为 100℃时铂热电阻的电阻值(Ω)；

R_0——温度为 0℃时铂热电阻的电阻值(Ω)。

$W(100)$越高，表示铂丝纯度越高。国际实用温标规定，作为基准器的热电阻，$W(100)$不得小于 1.3925。目前技术水平已达到 $W(100)=1.3930$，与之相对应的铂纯度为 99.9995%，工业用铂电阻的纯度 $W(100)$为 1.387～1.390。

铂热电阻的电阻值与温度的对应关系也采用分度表(即 R_t-t 关系表)表示，具体的分度表数值(阻值和温度的关系)可查阅相关资料。在实际测量中，只要测得热电阻的阻值 R_t，便可从分度表上查出对应的温度值。

2) 铜热电阻

在一些测量精度要求不高且温度较低的场合，普遍采用铜热电阻代替铂热电阻进行温度的测量，从而降低成本，同时也能满足精度要求。采用铜热电阻的可测量范围一般为−50～150℃，在此温度范围内其具有良好的线性关系，可表示为

$$R_t=R_0(1+\alpha t) \tag{8-22}$$

式中：R_t——温度为 t℃时铜热电阻的阻值；

R_0——温度为 0℃时铜热电阻的阻值；

α——铜电阻的电阻温度系数，$\alpha=(4.25\times10^{-3}/℃\sim4.28\times10^{-3}/℃)$。

铜热电阻的特点是电阻温度系数较大、线性好、价格便宜。但是其电阻率较低，电阻体的体积较大，热惯性较大，稳定性较差，在 100℃以上时容易氧化，因此只能用于低温及没有侵蚀性的介质中。

国内工业上使用的标准化铜热电阻统一设计为 50 Ω 和 100 Ω 两种，分度号分别为 Cu50 和 Cu100，具体可查询相应的分度表。

3) 其他热电阻

铂、铜在超低温下电阻温度特性不够稳定，不宜用于超低温测量，而铟、锰、碳等热电

阻材料都是用于低温和超低温测量的理想材料。

铟热电阻可用于低温高精度的测量，它是采用99.999%高纯度铟丝制成的，可测量温度范围为－269～－258℃，测温准确度高，灵敏度是铂热电阻的10倍；其缺点是材料较软，不易复制。

锰热电阻适宜在－271～－210℃温度范围内使用，其电阻值随温度变化大，灵敏度高。此外，磁场对锰热电阻的影响较小，且具有规律性；其缺点是脆性较大，拉丝较难，易损坏。

碳热电阻适宜在－273～－268.5℃温度范围内使用，具有灵敏度高、热容量小、对磁场不敏感、价格低廉、使用方便等优点；其较明显的缺点是热稳定性较差。

3. 金属热电阻的结构

普通型热电阻温度传感器的结构一般是将电阻丝绕在云母、石英、陶瓷、塑料等绝缘骨架上，经过固定，外边再加上保护套管。主热电阻由电阻体、绝缘套管、安装固定件和接线盒等组成，其中电阻体为主要组成部分，它由电阻丝、引出线、骨架、保护膜等部分构成。图8－19所示为铂热电阻结构示意图。

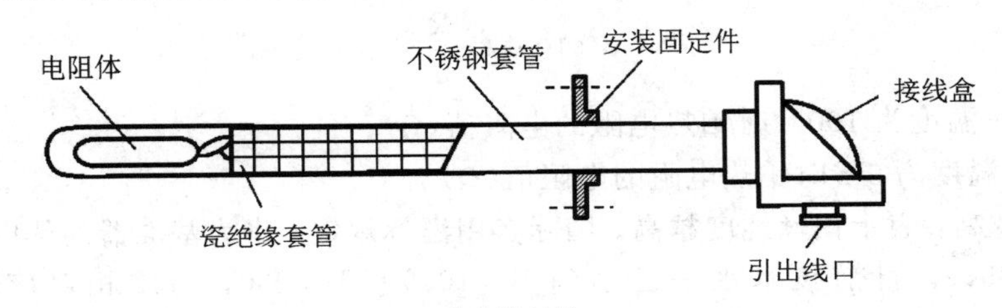

(a) 热电阻结构

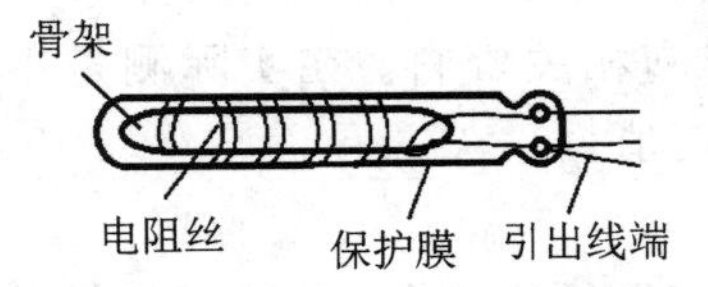

(b) 电阻体结构

图8－19　铂热电阻结构示意图

1）电阻丝

金属铂的电阻率较大，而且相对机械强度较大，通常铂丝的直径在(0.03～0.07)mm ±0.005 mm之间，可单层绕制。若铂丝太细，则电阻体可做小些，但强度低；若铂丝粗，则虽强度高，但电阻体积大，热惰性也大，成本高。而铜的机械强度较低，所以电阻丝的直径需较大。

2）骨架

热电阻丝是绕制在骨架上的，骨架是用来支撑和固定电阻丝的。骨架应使用电绝缘性能好和高温下机械强度高、体膨胀系数小、物理化学性能稳定、对热电阻丝无污染的材料制造，常用的是云母、石英、陶瓷、玻璃及塑料等。

3）引出线

引出线的直径应当比热电阻丝大几倍，尽量减小引出线的电阻，以提高引出线的机械强度和连接的可靠性。对于工业用的铂电阻，一般采用1 mm的银丝作为引出线。对于标准的铂电阻，可采用0.3 mm的铂丝作为引出线。对于铜电阻，常用0.5 mm的铜线作为引出线。在骨架上绕制好热电阻丝，焊好引出线之后，在其外面加上云母片进行保护，再将其装入外保护套管，并和接线盒或外部导线相连接，即得到热电阻传感器。

4. 金属热电阻的测量电路

由于工业用的热电阻安装在生产现场，而检测仪表则安装在控制室，二者距离较远，因此需要引线相连。但是热电阻的引线会对测量结果有较大影响，特别是热电阻的引线常处于被测温度的环境中，温度波动较大，其阻值随温度的变化难以估计和修正。为了减小引线电阻的影响，金属热电阻的测量电路常采用三线制或四线制连接法。

1）三线制

因为热电阻的测量电路大多采用电桥电路，所以可以利用电桥的特性来提高测量精度。在电阻体的一端连接两根引线，另一端连接一根引线，此种引线方式称为三线制。当热电阻和电桥配合使用时，这种引线方式可以较好地消除引线电阻的影响，提高测量精度。热电阻测量电桥的三线制连接法示意图如图8-20所示，图中G为检流计，R_t为热电阻，r_1、r_2、r_3为引线电阻，一根引线连接到电源对角线上，另外两根分别接到电桥两个相邻臂，选用的三根引线完全相同，所以$r_1=r_2=r_3=r$。

在电桥平衡时，有

$$(R_t+r)R_1=(R_3+r)R_2 \tag{8-23}$$

由式(8-23)可得

$$R_t=\frac{R_3R_1}{R_2}+\left(\frac{R_2}{R_1}-1\right)r \tag{8-24}$$

由式(8-24)可以看出，只要满足$R_1=R_2$，则引线电阻r在测量中带来的影响就可以消除。

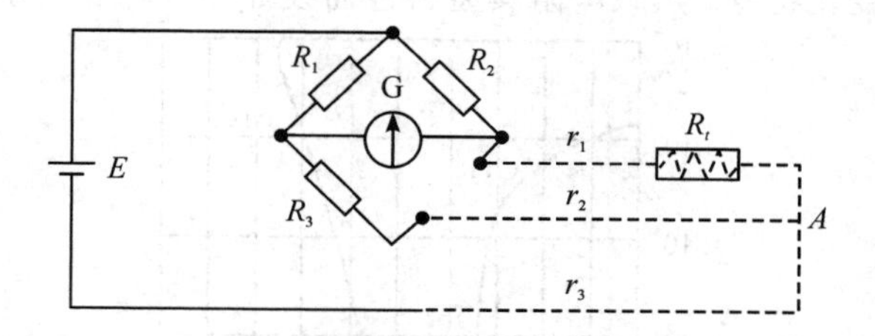

图8-20 热电阻测量电桥的三线制连接法示意图

2）四线制

热电阻测量电桥的四线制连接法示意图如图8-21所示。其工作原理是在热电阻中通入恒定电流，用输入阻抗大的电压表测量热电阻两端的电压，由此计算出的电阻值将不包括引线电阻，只有热电阻阻值的变化被测量出来。这种引线方式不仅可以消除连接线电阻的影响，而且可以消除测量电路中寄生电动势引起的误差。四线制主要用于高精度的温度测量，如标准计量或实验室中。

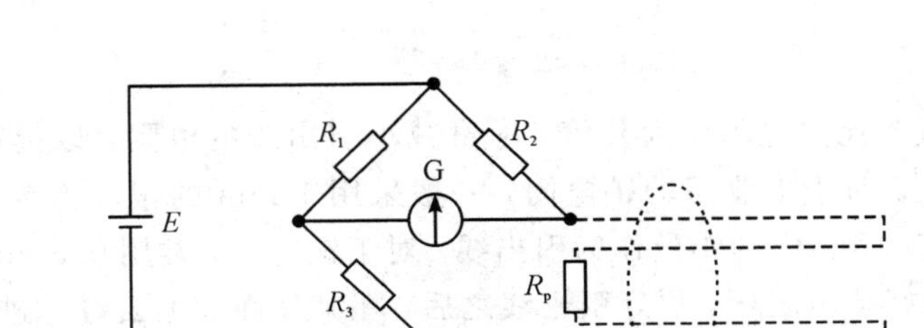

图 8-21 热电阻测量电桥的四线制连接法示意图

8.3.2 半导体热敏电阻

半导体热敏电阻(简称为热敏电阻)传感器是一种利用半导体的电阻值与温度呈一定函数关系的原理制成的温度传感器。

金属导体的电阻值随温度的升高而增大，但半导体却相反，相对于一般的金属热电阻而言，半导体热敏电阻主要具备如下特点：

(1) 电阻温度系数大(比一般金属电阻大 10～100 倍)、灵敏度高。

(2) 结构简单、体积小，可以测量点温度。

(3) 电阻率高、热惯性小，适宜于动态测量。

(4) 电阻值与温度变化呈非线性关系。

(5) 稳定性和互换性较差。

热敏电阻阻值与温度的关系非线性严重，元件的一致性差、互换性差、易老化、稳定性较差。除特殊高温热敏电阻外，绝大多数热敏电阻仅适用于 0～150℃范围，使用时必须注意。

1. 半导体热敏电阻的分类

由于热敏电阻材料的不同或者热敏电阻中金属氧化物所占比例的不同，热敏电阻的阻值随温度表现出不同的变化特点。热敏电阻典型特性曲线如图 8-22 所示，按照热敏电阻的阻

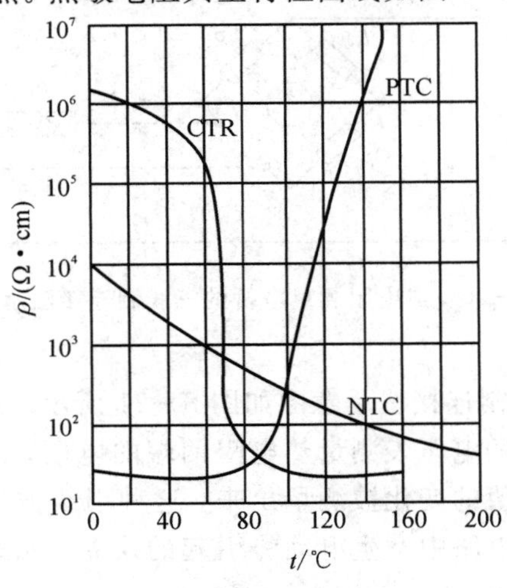

图 8-22 热敏电阻典型特性曲线

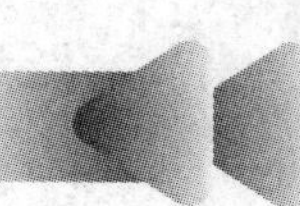

值随温度的变化特性可以将热敏电阻分为正温度系数(Positive Temperature Coefficient，PTC)热敏电阻、负温度系数(Negative Temperature Coefficient，NTC)热敏电阻和临界温度系数(Critical Temperature Resistor，CTR)热敏电阻三种类型。

1) PTC热敏电阻

PTC热敏电阻在工作温度范围内具有电阻值随温度的升高而显著增大的特性，其主要采用钛酸钡($BaTiO_3$)系列材料加入少量Y_2O_3和Mn_2O_3烧结而成，具有正温度系数，可表示为

$$R_T = R_0 e^{[B_P(T-T_0)]} \tag{8-25}$$

式中：R_T——热力学温度为T时热敏电阻的阻值(Ω)；

R_0——热力学温度为T_0时热敏电阻的阻值(Ω)；

B_P——正温度系数热敏电阻的热敏指数。

当温度超过某一数值时，PTC热敏电阻阻值朝正的方向快速变化。其用途主要是彩电消磁、各种电气设备的过热保护和发热源的定温控制，也可以作为限流元件使用。

2) NTC热敏电阻

NTC热敏电阻的电阻率会随着温度的升高而显著减小，它主要由锰、钴、镍、铁、铜等过渡金属氧化物混合烧结而成，改变混合物的成分和配比，就可以获得测温范围、阻值及温度系数不同的NTC热敏电阻。NTC热敏电阻具有很高的负电阻温度系数，特别适用于−100～300℃之间的温度测量，其阻值与温度之间的关系可表示为

$$R_T = R_0 e^{[B_N(T^{-1}-T_0^{-1})]} \tag{8-26}$$

式中：R_T——热力学温度为T时热敏电阻的阻值；

R_0——热力学温度为T_0时热敏电阻的阻值；

B_N——负温度系数热敏电阻的热敏指数。

NTC热敏电阻具有温度系数大、灵敏度高、稳定性好、体积小、功耗小、响应速度快、无需冷端补偿、适宜远距离测量与控制、价格便宜等优点，在点温、表面温度、温差、温场等测量中得到日益广泛的应用，同时也广泛地应用在自动控制及电子线路的热补偿线路中。

3) CTR热敏电阻

通常CTR热敏电阻主要由三氧化二钒与钡、硅等氧化物在磷、硅氧化物的弱还原气氛中混合烧结而成，然后用树脂包封成珠状或厚膜形使用。CTR热敏电阻的阻值在1 kΩ～10 MΩ之间，在某特定温度范围内其阻值会随温度升高而急剧减小，最高可减小3～4个数量级，具有很大的负温度系数。因此它适合在某一较窄的温度范围内作为温控开关或监测使用。

2. 半导体热敏电阻的结构

半导体热敏电阻主要由热敏探头、引线和壳体等构成，其结构及电路符号如图8-23所示。它是由一些金属氧化物，如钴、锰、镍等的氧化物，采用不同比例的配方，经高温烧结而成，然后采用不同的封装形式制成珠型、片型、杆型、垫圈型等各种形状，其典型结构如图8-24所示。

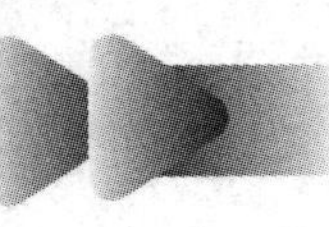

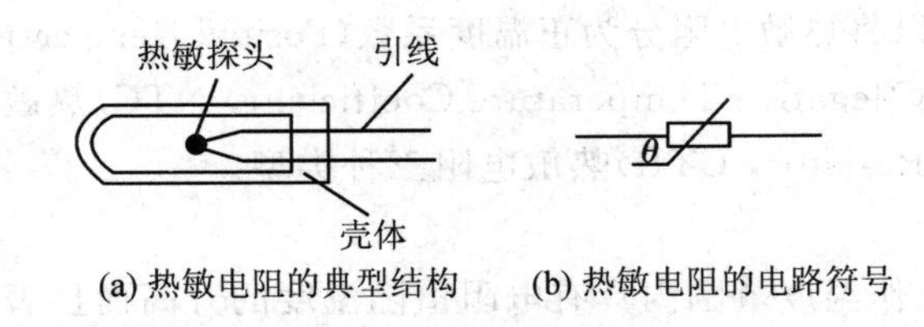

(a) 热敏电阻的典型结构　(b) 热敏电阻的电路符号

图 8-23　热敏电阻的结构及电路符号

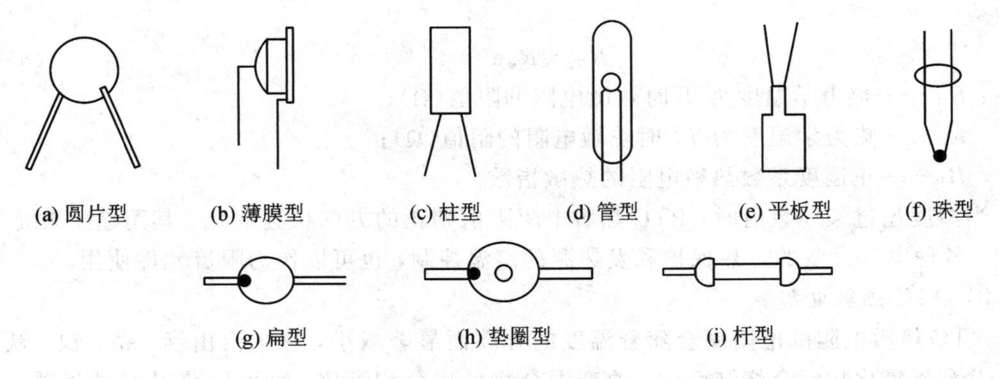

(a) 圆片型　(b) 薄膜型　(c) 柱型　(d) 管型　(e) 平板型　(f) 珠型

(g) 扁型　(h) 垫圈型　(i) 杆型

图 8-24　热敏电阻的典型结构

3. 半导体热敏电阻的主要特性

1) 温度特性

在温度测量中，主要采用NTC或PTC热敏电阻，但使用最多的是NTC热敏电阻。NTC热敏电阻在较小的温度范围内，电阻-温度特性符合负指数规律，如图8-25所示。

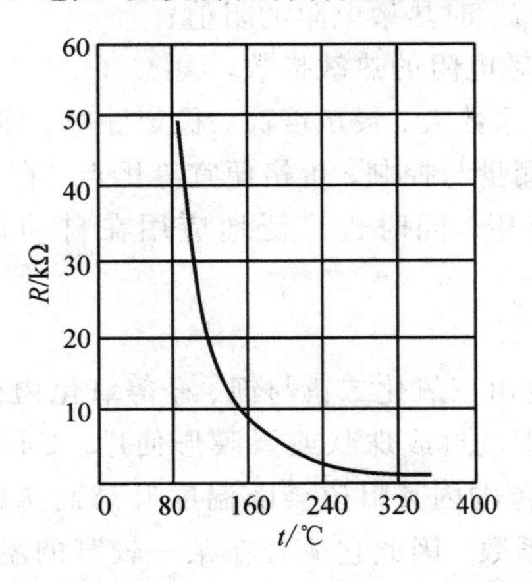

图 8-25　NTC热敏电阻的电阻-温度特性曲线

NTC热敏电阻的热电特性(即阻值与温度之间的关系)如式(8-26)，一般取20℃和100℃时的电阻值 R_{20} 和 R_{100} 计算 B 值，即将 $T=373$ K和 $T_0=293$ K代入式(8-26)，则有

$$B=\frac{\ln\left(\frac{R_T}{R_0}\right)}{\left(\frac{1}{T}-\frac{1}{T_0}\right)}=\frac{\ln\left(\frac{R_{100}}{R_{20}}\right)}{\frac{1}{373}-\frac{1}{293}}=1365\ln\left(\frac{R_{20}}{R_{100}}\right) \qquad (8-27)$$

NTC热敏电阻的一个重要指标是热敏电阻的温度系数α，它用温度变化1℃时热敏电阻阻值的相对变化量来表示，即

$$\alpha=\frac{1}{R_T}\cdot\frac{\mathrm{d}R_T}{\mathrm{d}T}=-\frac{B}{T^2} \tag{8-28}$$

B和α值是表征热敏电阻材料性能的两个重要参数，热敏电阻的电阻温度系数比金属丝的高很多，所以它的灵敏度很高。但热敏电阻非线性严重，所以实际使用时要对其进行线性化处理。

2）伏安特性

伏安特性也是半导体热敏电阻的重要特性之一，它表示在稳态情况下，通过热敏电阻上的电流I与热敏电阻两端电压U之间的关系，负温度系数热敏电阻的伏安特性曲线如图8-26所示。

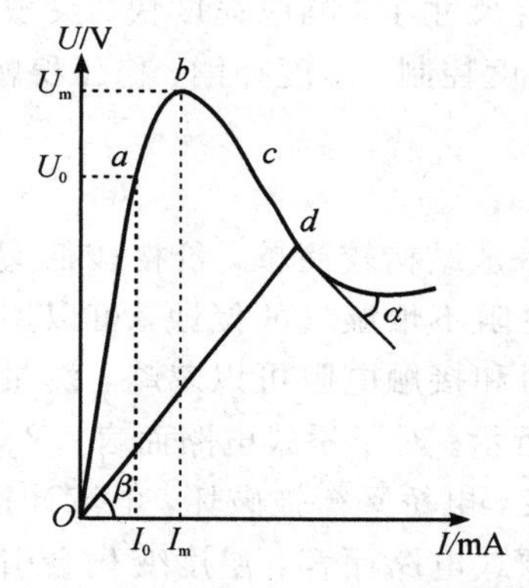

图8-26　NTC热敏电阻的伏安特性曲线

由图8-26可见，当流过NTC热敏电阻的电流很小时，不足以使之加热，电阻值只取决于环境温度，伏安特性是直线，如图中Oa段，遵循欧姆定律，主要用来测温。随着电流的增加，NTC热敏电阻耗散功率增加，其自身温度逐渐超过环境温度，电阻值开始减小，此时端电压随电流的增加而上升的幅度变缓，如图中ab段。当电流增大到一定值I_m时，端电压达到最大值U_m。此后电流继续增加，流过热敏电阻的电流使之加热，热敏电阻本身温度急剧升高，其电阻减小的速度超过电流增加的速度，此时热敏电阻的端电压随电流的增加而降低，出现负阻特性，如图中bcd段。当电流超过某一阈值时，热敏电阻将因过热而烧坏。

8.3.3　热电阻式温度传感器的应用

热电阻式温度传感器主要包括金属热电阻传感器和半导体热敏电阻传感器，这两种热电阻式温度传感器由于自身的特点在不同的领域有着不同的应用。下面对这两种传感器的应用分别进行介绍。

1. 金属热电阻传感器

工业上一般用金属热电阻传感器测量－200～500℃范围内的温度。在特殊情况下，金属热电阻传感器所测量的低温可达－239℃，有时甚至可低至－272℃，高温可到1000℃，且电路较为简单。热电阻传感器用于温度测量时的主要特点是测量精度高，适于测低温（测

高温时常用热电偶传感器），便于远距离、多点、集中测量和自动控制。

金属热电阻的工作电路大致有两种，即恒压电路和恒流电路。恒压电路是使加在热电阻两端的电压保持恒定，测量电流变化的电路；恒流电路是使流经热电阻的电流保持恒定，测量其两端电压的电路。

若有恒压源(标准电池)，恒压电路非常简单。另外，组成桥路就可进行温漂补偿。因此，恒压电路被广泛使用。但电流与热电阻的阻值变化成反比，当测温范围很宽时，进行线性化时要特别注意。

对于恒流电路，热电阻两端的电压与热电阻阻值成正比，线性化方法简便。但要获得准确的恒流源，电路则会比较复杂。

2. 半导体热敏电阻传感器

半导体热敏电阻传感器具有尺寸小、响应速度快、灵敏度高等优点，在许多领域得到了广泛的应用，如温度测量、温度控制、温度补偿、稳压稳幅、自动增益调节、气体和液体分析、火灾报警、过热保护等。

1）温度测量

用于测量温度的热敏电阻一般结构较简单，价格较低廉。没有保护层的热敏电阻只能用在干燥的地方，密封的热敏电阻不怕湿气的侵蚀，可以用在较恶劣的环境中。由于热敏电阻的阻值较大，故其引线电阻和接触电阻可以忽略，测量电路多采用桥路。热敏电阻温度计的原理示意图如图 8-27 所示。对于桥式电路而言，R_{p1} 和 R_{p2} 用来调节电桥平衡。当温度变化时，热敏电阻阻值改变，电桥平衡被破坏，电流计指针偏转，从指针偏转的多少可以知道温度的变化量。对于调频式电路而言，温度变化会引起热敏电阻阻值发生改变，从而引起振荡器的振荡频率发生变化，通过检测频率的变化就可以知道温度的变化量。

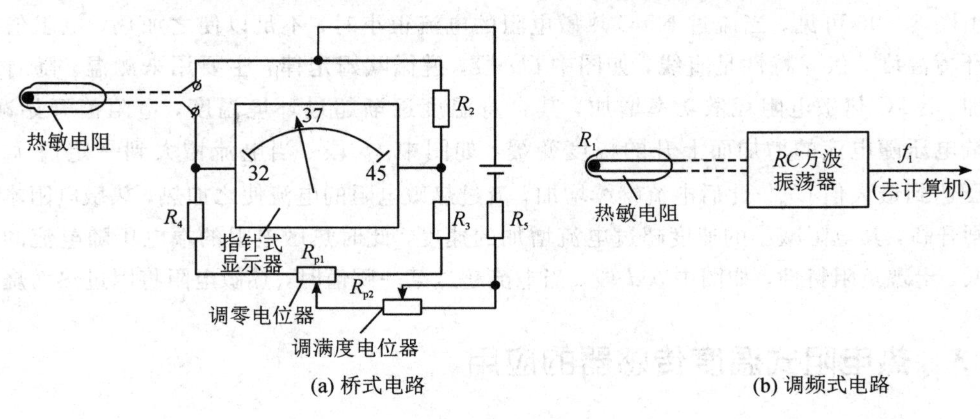

图 8-27　热敏电阻温度计原理示意图

2）温度补偿

温度补偿是热敏电阻应用的一个重要方面。温度补偿的工作原理是利用热敏电阻的电阻-温度特性来补偿电路中某些具有相反电阻温度系数的元件，从而改善该电路对环境温度变化的适应能力。仪表中通常用的一些零件大多数是用金属丝制成的，例如线圈、线绕电阻等。金属一般具有正的温度系数，如果采用负温度系数的热敏电阻进行补偿，可以抵消由于温度变化所产生的误差。实际应用时，将负温度系数的热敏电阻与锰铜丝电阻并联后再与补偿元件串联，如图 8－28 所示。

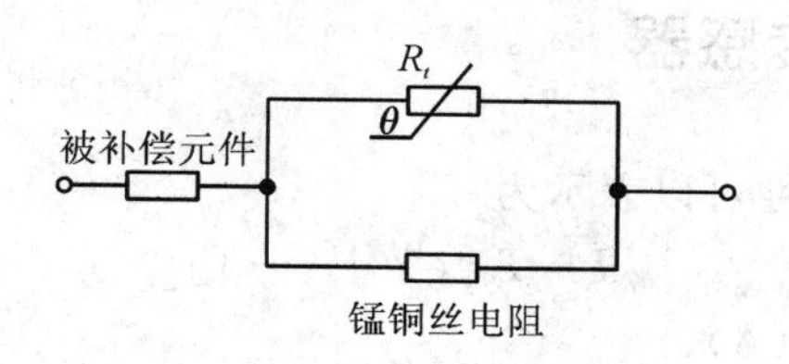

图 8－28　仪表中的温度补偿

3）温度控制

将突变型热敏电阻埋没在被测物中，并与继电器串联，然后给电路加上恒定的电压，当周围介质温度升到某一数值时，电路中的电流可以由十分之几毫安突变为几十毫安。当温度升高到一定值时，继电器动作，从而实现温度控制或过热保护。除此之外，热敏电阻还广泛用于空调、冰箱、热水器、节能灯等家用电器的温度测量和控制，以及国防、科技等领域。

4）过热保护

电机在运行中由于过载往往会过热，从而破坏电机绕组的绝缘，缩短电机的使用寿命。图 8－29 为 PTC 元件用于电机过热保护示意图。图中的 3 个 PTC 热敏电阻器串联使用，并与辅助继电器串联，电机正常运行时 PTC 热敏电阻处于低阻状态，控制主继电器使之吸合，一旦电机过热，PTC 热敏电阻突变为高阻状态，辅助继电器切断主继电器回路，从而切断电源，达到保护电机的目的。

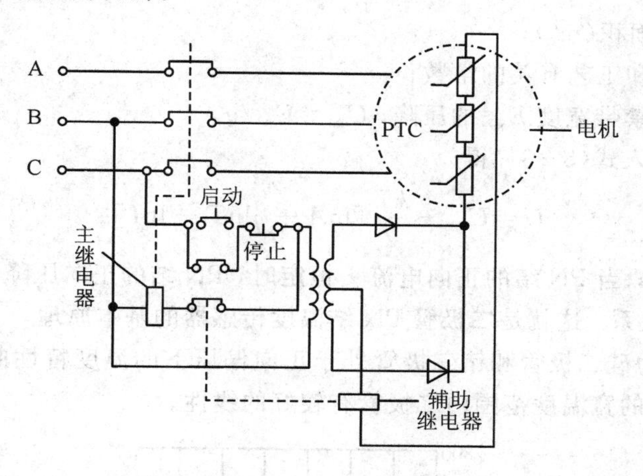

图 8－29　电机过热保护示意图

8.4　PN 结型温度传感器

PN 结型温度传感器是一种利用半导体二极管、晶体管的伏安特性与温度的关系制成的温度传感器。它与热敏电阻一样具有体积小、反应快的优点，此外，由于该传感器线性较好且价格低廉，因此经常在仪表里用来进行温度补偿，特别适合对电子仪器或家用电器的过热保护，也常用于简单的温度显示和控制。不过由于 PN 结耐热性能和特性范围的限制，因此 PN 结型温度传感器只能用来测量 150 ℃以下的温度。

8.4.1 二极管温度传感器

二极管 PN 结的伏安特性可以表示为

$$I = I_0[e^{qU/(kT)} - 1] \tag{8-29}$$

式中：I——PN 结正向电流(A)；

U——PN 结正向压降(V)；

I_0——PN 结反向饱和电流(A)；

q——电子电荷量(1.59×10^{-19} C)；

k——玻尔兹曼常数($k=1.38\times10^{-23}$ J/K)；

T——绝对温度(K)。

当 $e^{[qU/(kT)]}\gg1$ 时，上式可变换为

$$I = I_0 e^{qU/(kT)} \tag{8-30}$$

则

$$U = \frac{kT}{q}\ln\frac{I}{I_0} \tag{8-31}$$

又因反向饱和电流与温度的关系为

$$I_0 = AT^{\eta} e^{-qU_{g0}/(kT)} \tag{8-32}$$

式中：A——PN 结面积(m^2)；

η——与材料和工艺有关的常数；

U_{g0}——对应于禁带宽度 E_{g0} 的压降，$U_{g0}=E_{g0}/q$。

将式(8-32)代入式(8-31)得

$$U = U_{g0} - \frac{kT}{q}[\ln A + \eta\ln T - \ln I] \tag{8-33}$$

式(8-33)表明，当 PN 结的正向电流 I 恒定时，PN 结的正向压降 U 随温度 T 的上升而下降，近似线性关系。这就是二极管 PN 结温度传感器的基本原理。

图 8-30 所示为硅二极管和锗二极管处于正向偏压下的温度特性曲线，由图可知，在温度为 −40～100℃的宽温度范围内二极管有较好的线性。

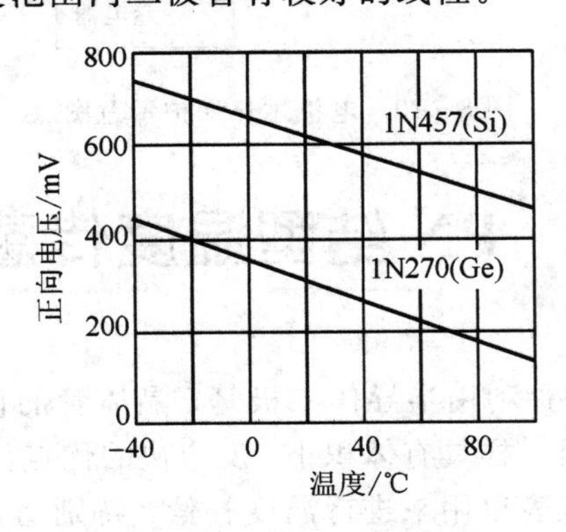

图 8-30 二极管温度特性曲线

图 8-31 所示为二极管温度传感器测温电路示意图。利用二极管 VD、R_1、R_2、R_3 和 R_p 组成一个电桥电路，再用运算放大器把电桥输出电信号放大并起到阻抗变换作用，可提高信号的质量。在实际使用中，二极管温度传感器具有简单、价廉的优点，但互换性差、线性差。

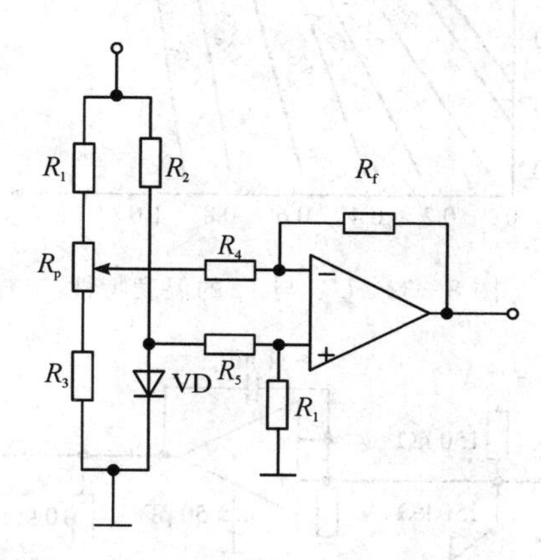

图 8-31　二极管温度传感器测温电路示意图

8.4.2　晶体管温度传感器

二极管能够作为温敏器件是由于 PN 结在恒定的正向电流下，其正向电压与温度之间呈近似线性关系。实际上二极管温度传感器的电压-温度特性的线性度是很差的，原因是正向电流中除了 PN 结的扩散电流之外，还包括漂移电流及空间电荷区的复合电流，而在上述分析中只考虑扩散电流。

在晶体管发射结正向偏置条件下，虽然发射极电流也包括上述三种成分，但只有扩散电流到达集电极形成集电极电流，而另外两种电流成分则作为基极电流漏掉，对集电极电流无影响，使得发射结偏压与集电极电流之间有较好的线性关系，并因此能表现出更好的电压-温度特性。

根据晶体管发射结的有关理论可知，当 NPN 晶体管的集电极电流 I_c 恒定时，基极和发射极间电压 U_{be} 随环境温度变化而变化，即

$$U_{be}=\frac{kT}{q}\ln\left(\frac{I_c}{I_0}\right)=U_{g0}-\frac{kT}{q}\ln\left(\frac{AT^{\eta}}{I_c}\right) \tag{8-34}$$

式中：U_{g0}——对应于禁带宽度的压降，$U_{g0}=E_{g0}/q$；

A——发射结面积(m^2)；

η——与材料和工艺有关的常数；

I_c——集电极电流(A)。

图 8-32 为硅半导体晶体管的基极-发射极间电压 U_{be} 和集电极电流 I_c 的温度特性。U_{be} 具有大约 −2.3 mV/℃的温度系数，利用这一现象可以制成高精度、超小型的温度传感器，测温范围为−50～200℃。图 8-33 所示为采用晶体管温度传感器的温度测量电路示意图，温度每变化 1℃，线性输出 0.1 V 电压。

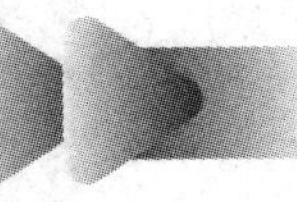

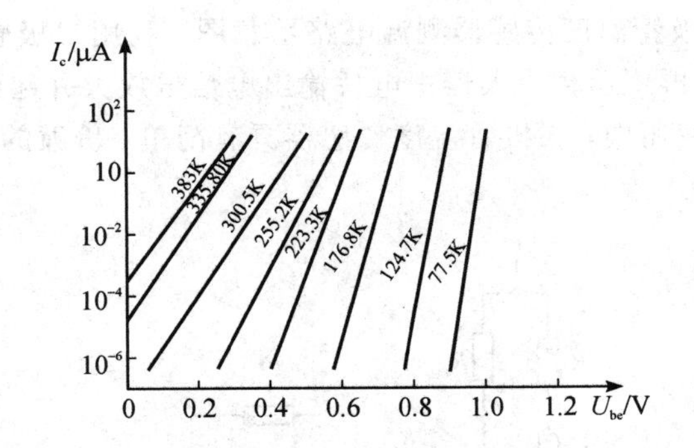

图 8-32 U_{be} 与 I_c 的温度特性

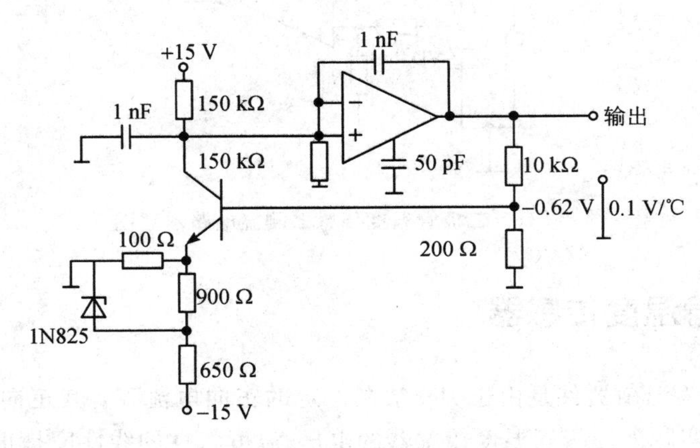

图 8-33 采用晶体管温度传感器的测温电路示意图

8.4.3 集成温度传感器

集成温度传感器是将温度传感器与放大电路、偏置电源及线性化电路等，采用集成化技术制作在同一芯片上，从而极大地提高了传感器的各项性能。与传统的热电偶、热电阻、热敏电阻等温度传感器相比，它具有测温精度高、复现性好、线性好、体积小、热容量小、稳定性好、输出电信号大等优点。近年来，随着半导体技术的发展，各种集成温度传感器件越来越多地应用于各种温度计量、温度控制领域。

1. 集成温度传感器原理

集成温度传感器基本工作原理示意图如图 8-34 所示，图中 V_1 和 V_2 是相互匹配的晶体管，I_1 和 I_2 分别是 V_1 和 V_2 的集电极电流，由恒流源提供。其中一只晶体管的发射极电流密度 J_e 可表示为

$$J_e = \frac{1}{a} J_S (e^{\frac{qU_{be}}{kT}} - 1) \tag{8-35}$$

式中：U_{be}——基极和发射极电位差(V)；

J_S——发射极反向饱和电流密度(A/m²)；

a——共基极接法的短路电流增益。

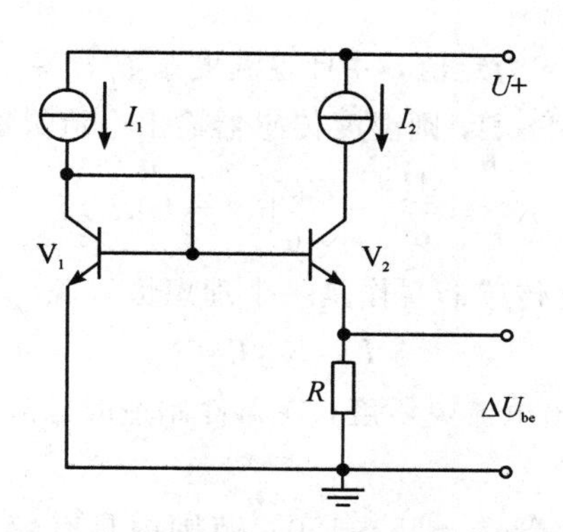

图 8-34　集成温度传感器基本工作原理示意图

通常 $a\approx1$，$J_e\gg J_S$，将式(8-35)化简，取对数后可得

$$U_{be}=\frac{kT}{q}\ln\frac{aJ_e}{J_S} \tag{8-36}$$

如果图 8-34 中的两个晶体管满足下列条件：$a_1=a_2$，$J_{S1}=J_{S2}$，$J_{e1}/J_{e2}=\gamma$ 为常数(γ 是 V_1 和 V_2 发射极面积比因子)，则两个晶体管基极和发射极电压之差 ΔU_{be}，即 R 两端的压降为

$$\Delta U_{be}=U_{be1}-U_{be2}=\frac{kT}{q}\ln\gamma \tag{8-37}$$

由式(8-37)可知，ΔU_{be} 是温度 T 的单值线性函数，这就是集成温度传感器的工作原理。

2. 集成温度传感器分类

按照输出信号的形式，集成温度传感器可分为电流输出型集成温度传感器、电压输出型集成温度传感器和数字输出型集成温度传感器三类。

1) 电流输出型集成温度传感器

电流输出型集成温度传感器感温部分的电路基本原理示意图如图 8-35 所示。图中 V_1 和 V_2 是结构相同的晶体管，组成恒流源电路；V_3 和 V_4 是测温用晶体管，其中 V_3 的发射极面积是 V_4 的 8 倍，即 $\gamma=8$。当晶体管的 $\beta\geqslant1$ 时，流过电路的总电流可由下式表示：

$$I_T=2I_1=\frac{2U_{be}}{R}=\frac{2kT}{Rq}\ln\gamma \tag{8-38}$$

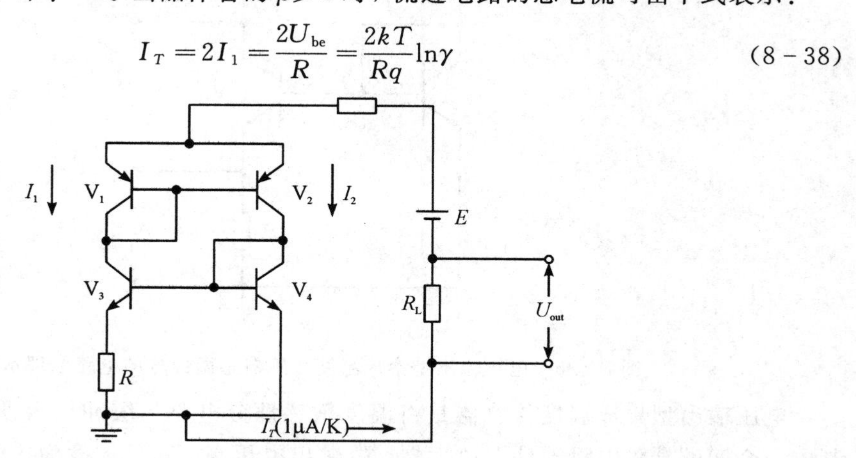

图 8-35　电流输出型集成温度传感器感温部分的电路基本原理示意图

在式(8-38)中，若 R 和 γ 为定值，并且零温度系数为零，则电路输出的总电流与绝对温度呈线性关系。如果 R 取 358 Ω，则温度传感器输出电流灵敏度为

$$K_T = \frac{\mathrm{d}I_T}{\mathrm{d}T} = \frac{2k}{Rq}\ln\gamma = 1\ \mu\mathrm{A/K} \tag{8-39}$$

可将电流输出型集成温度传感器看作是一个理想恒流源，其输出电流值可表述为

$$I = K_T T_\mathrm{K} \tag{8-40}$$

式中：K_T——温度传感器输出电流灵敏度，在器件制造时已经标定为 1 μA/K；

T_K——绝对温度(K)。

电流输出型集成温度传感器在 −55～150℃范围内具有较好的线性，其非线性误差也与器件档次有关。如果不考虑器件非线性，其输出电流(单位为 μA)与摄氏温度(T_c)的关系式为

$$I = K_T T_\mathrm{c} + 273 \tag{8-41}$$

电流输出型集成温度传感器具有高输出阻抗，其值可达兆欧级，适用于远距离传输、深井测温等，常用的型号有 LM134/234、TMP17、AD590 和 AD592 等。

2) 电压输出型集成温度传感器

电压输出型集成温度传感器感温部分的电路原理示意图如图 8-36 所示。若电流 I_1 恒定，调整 R_1 的值，使 $I_1 = I_2$，则当晶体管的 $\beta \geqslant 1$ 时，电路的输出电压可表示为

$$U_\mathrm{out} = I_2 R_2 = \frac{\Delta U_\mathrm{be}}{R_1} R_2 = \frac{R_2}{R_1}\frac{kT}{q}\ln\gamma \tag{8-42}$$

取 $R_1 = 940\ \Omega$，$R_2 = 30\ \mathrm{k}\Omega$，$\gamma = 37$，则温度传感器输出的电压灵敏度为

$$K_T = \frac{\mathrm{d}U_\mathrm{out}}{\mathrm{d}T} = \frac{R_2}{R_1}\frac{k}{q}\ln\gamma = 10\ \mathrm{mV/K} \tag{8-43}$$

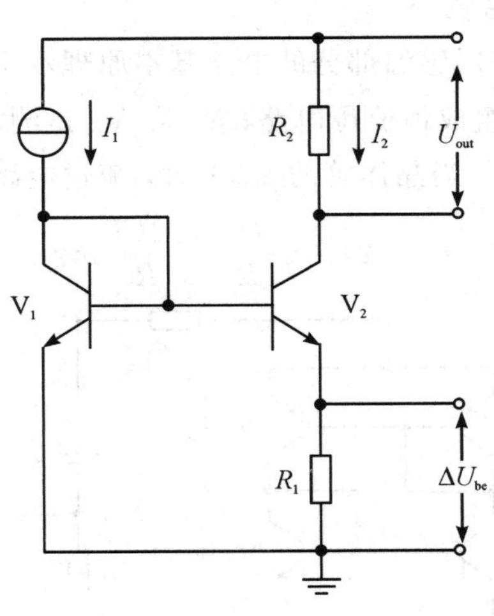

图 8-36 电压输出型集成温度传感器感温部分的电路原理示意图

电压输出型集成温度传感器是将温度敏感部分电路与缓冲放大器集成在同一芯片上，制成一个四端器件。因器件有放大器，故输出电压高，其灵敏度为 10 mV/K；另外，由于其具有输出阻抗低的特性，故不适用于长线传输；但其抗干扰能力强，特别适用于工业现

场测量。AN6701S 是一种典型的电压输出型集成温度传感器。

3）数字输出型集成温度传感器

数字输出型集成温度传感器是将温度转换成对应二进制数码串行输出的新型集成温度传感器，其数字转换方式有模数转换式和脉冲计数式两种。模数转换式传感器将温度传感器和模数转换器集成在同一芯片上，典型产品有 AD7418 和 LM74，脉冲计数式传感器的典型产品有 DS1820 等，详细内容请参考有关资料。

8.4.4　PN 结型温度传感器的应用

PN 结型温度传感器的应用相当广泛，主要有以下三个方面：温度检测，包括便携式电子设备、CPU、DSP、电池温度及环境温度；温度补偿，包括热电偶冷端补偿和蜂窝电话中的振荡器漂移；温度控制，包括电池充电和工业过程控制。较之其他传感器，其突出优势是线性输出。

例如，图 8－37 为日本松下公司的 AN6701S 型集成温度传感器的两种应用电路示意图，图 8－37(a)所示为体温计电路，图 8－37(b)所示为温度控制器电路。AN6701S 在 －10～80℃温度范围内灵敏度高、线性度好、精度高、热响应速度快，因此可以广泛应用于体温计、空气温度调节器、电热毯温度控制器等。AN6701S 的工作电源电压为 5～15 V，改变调节电阻 R_c 可改变测温范围和灵敏度，R_c 阻值为 3～30 kΩ，灵敏度为 109～110 mV/℃，输出电压在 25℃以下为 5 V，非线性误差小于 0.5%，使用起来十分方便。

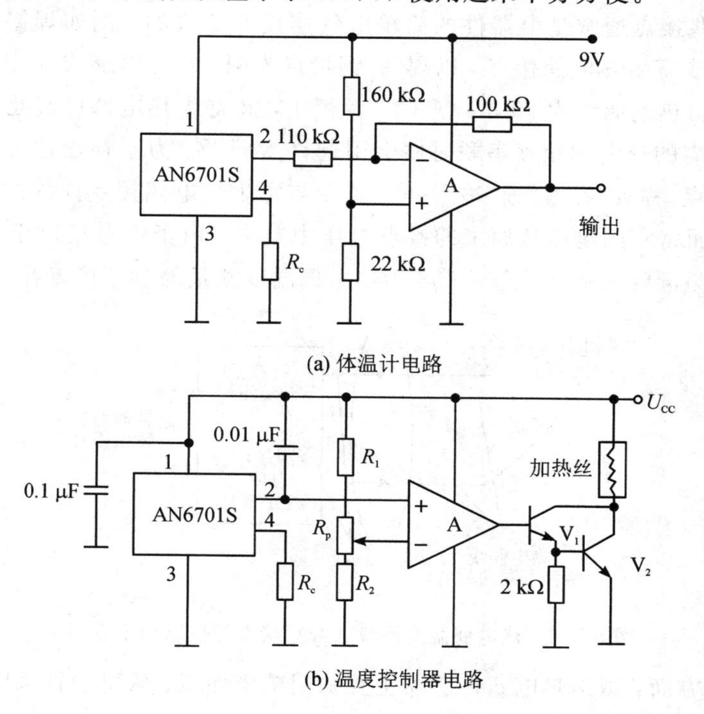

图 8－37　AN6701S 型集成温度传感器的两种应用电路示意图

8.5 微纳热电式传感器

近年来，随着IC技术、MEMS技术以及纳米技术的不断发展，在将各种芯片尺寸做得越来越小的同时，对其要求的功能却越来越多，这就要求每一个功能模块的尺寸尽可能小，芯片的集成度尽可能高。而温度是影响芯片能否正常工作的重要因素，因此必须要借助温度检测模块来实时检测温度，以防温度过高而导致芯片烧坏。针对此需求，微纳热电式传感器技术逐渐发展并成为研究热点。本节对微纳热电式传感器进行简单介绍。

8.5.1 微纳热电式传感器的结构与工艺

相比于传统的热电式传感器，微纳热电式传感器有一个显著的特点就是尺寸小(敏感元件的尺寸从毫米级到微米级，有的甚至达到纳米级)，它主要利用MEMS技术来制备。然而，微纳热电式传感器不仅仅是传统传感器比例缩小的产物，在理论基础、结构工艺、设计方法等方面都有着自身的特殊现象与规律。

在理论基础方面，大部分的微纳热电式传感器工作原理与传统热电式传感器的工作原理一致，在一些特殊的情况下，由于尺寸大幅度缩小会导致产生一些其他效应，因此就需要采取一些相应的措施来解决。例如，对于微热电偶来说，可能会存在一些不需要的寄生热电偶接点，这些接点通常是由器件的简单电气连接所造成的，例如焊锡-导线、导线-螺钉之间都可以形成寄生热电偶接点。以焊锡-铜接点为例，它可以形成3 μV/℃的寄生热电偶，而所需的输出热电偶约为50 μV/℃，二者相比，此寄生热电偶已经足够大了。当寄生热电偶接点与所需的热电偶相互串联时便会引起许多问题。为了补偿这个效应，可故意将第二个热电偶接点(称为“参考”或“冷”接点)置于与寄生热电偶接点同样的温度，并与第一个接点串联，从而将它的电压从原来的接点电压中减去。由于信号正比于这两个接点的电压差，因此可使测量更为精确。图8-38为热电偶温度测量的“冷”接点补偿原理示意图。

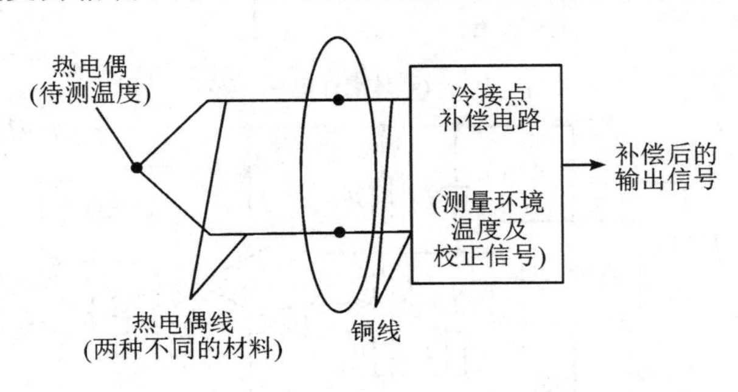

图8-38 热电偶温度测量的“冷”接点补偿原理示意图

在结构工艺方面，微纳热电式传感器主要采用精密加工、微电子技术以及MEMS技术来制备。常用的加工技术主要包括体微加工技术、表面微加工技术、键合技术、光刻电铸注塑技术等。通过这些加工技术所制备的敏感元件的尺寸大多在微米级，这使得微纳传感器的尺寸大大缩小，整个器件封装后的尺寸大多为毫米量级，有的甚至更小。图8-39为悬浮式微型热量计的制备流程图。该热量计是在SOI衬底(10/1/400 μm)上制作的(图8-39(a))。首先选择电阻率为1～3 Ω·cm的N型硅作为器件层，通过采用离子注入工艺来获得低电阻率和高塞贝克系数的热量计(图8-39(b))，硅基片的最佳离子注入条件为100 keV(电压)和10^{20} cm^{-3}载流子浓度，这是由硅的注入原理和实验结果决定的；然后，使用化学气相沉积在硅衬底上沉积SiO_2薄膜(500 nm)作为隔离层(图8-39(c))；接着通过BHF湿法刻蚀工艺制备热电偶电极窗口(图8-39(d))；经过光刻工艺后，采用溅射沉积工艺在硅基片顶面制备Cr/Au电极，借助剥离工艺获得想要的微加热器和传感器的电极(图8-39(e))；再采用光刻工艺先后制备隔离层(SU-8(5))(图8-39(f))和微通道壁(SU-8(3050))(图8-39(g))，并通过控制力和温度将SU-8干膜覆盖在基板上，然后利用光刻技术对其进行图案化(图8-39(h))；最后，对硅和SiO_2从背面进行刻蚀，这样就可以获得具有桥结构的微热量计(图8-39(i)、图(8-39(j))。得益于纳米技术的发展，除了微米级的传感器，近些年也出现了很多纳米级别的传感器，它们不仅尺寸进一步减小、精度进一步提高，而且性能大大改善。由于纳米传感器是在原子尺度上的，从而极大地丰富了传感器的理论，推动了传感器的制作水平，拓宽了传感器的应用领域。

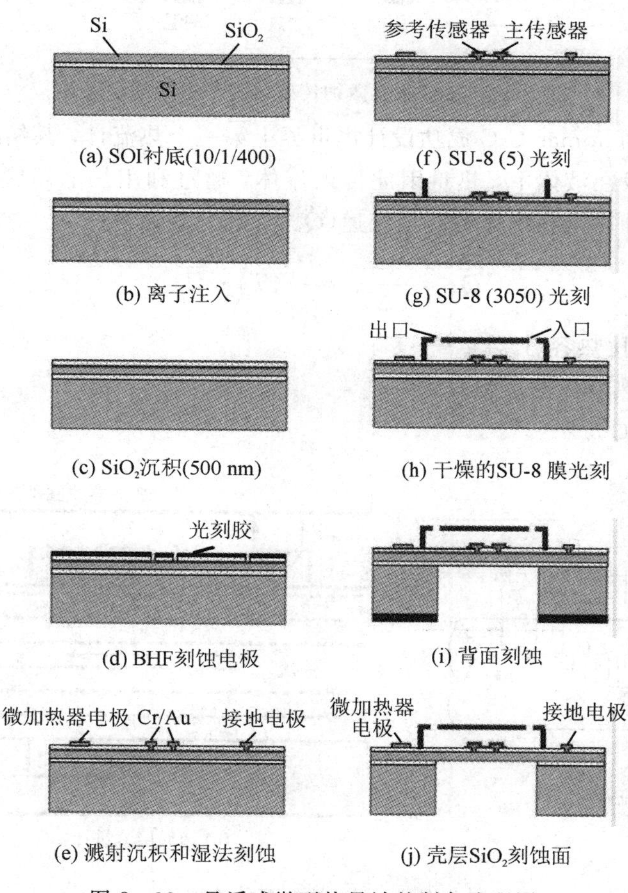

图8-39 悬浮式微型热量计的制备流程图

8.5.2 微纳热电式传感器的应用

近年来，随着微纳技术的发展，微纳热电式传感器在冶金、锻造、化工、电子、环境监测、温控等领域被广泛应用，并向着微型化、集成化、一体化、智能化、市场化发展。本节以热式流量/流速微纳传感器和热对流微加速度计为例介绍微纳热电式传感器的应用。

1. 热式流量/流速微纳传感器

热式流量/流速微纳传感器指的是利用MEMS技术制作的，把液体或气体的流量、流速和(或)方向转换为电信号输出的器件。热式流速微纳传感器的基本原理示意图如图8-40所示，该传感器主要由一个加热元件和两个测温元件构成，其中测温元件可以是热敏电阻、晶体管和热电偶等。当流体流动时会把热源的热量带走，或把热量从上游带到下游，利用加热元件和测温元件，通过测量带走或带来的热的情况，便可以得到流体流动的流量或流速。

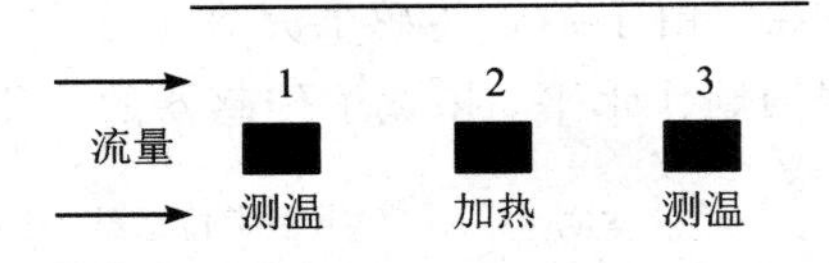

图8-40 热式流速微纳传感器的基本原理示意图

早在1911年，Thomas C C成功设计出世界上第一个热流计，其结构如图8-41(a)所示，一个加热器浸没在液体中，热量因此传入流体，通过利用热电偶检测加热前后的流体温度，便可以通过计算得到流体的质量流速(Q_m)，其公式为

$$Q_m=\frac{P_h}{c\Delta T}=\frac{P_h}{c}(T_2-T_1) \tag{8-44}$$

式中：c——流体的比热容(J/(kg·℃))；

P_h——被加热液体的压强(Pa)；

T——温度(℃)。

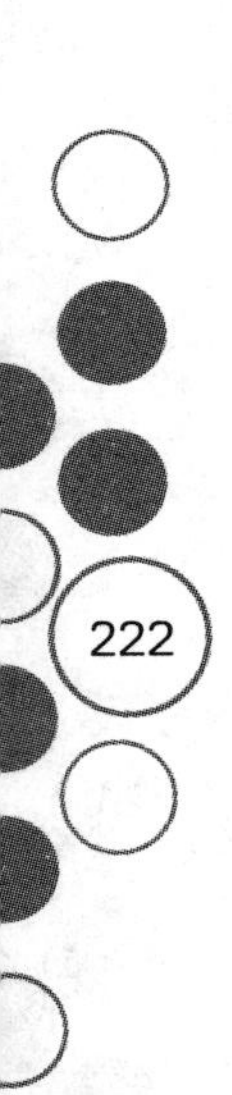

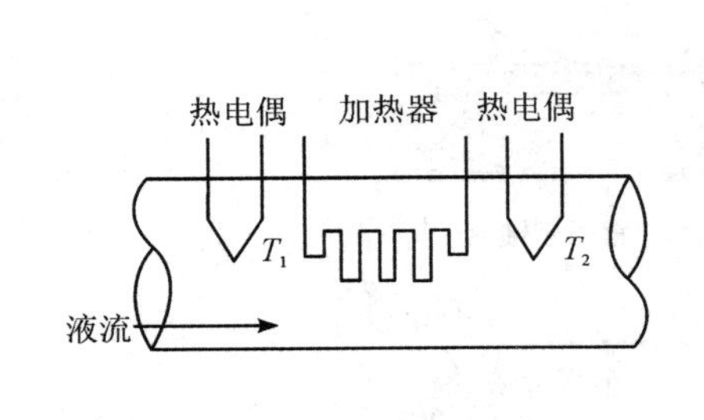

(a) 托马斯流量计结构

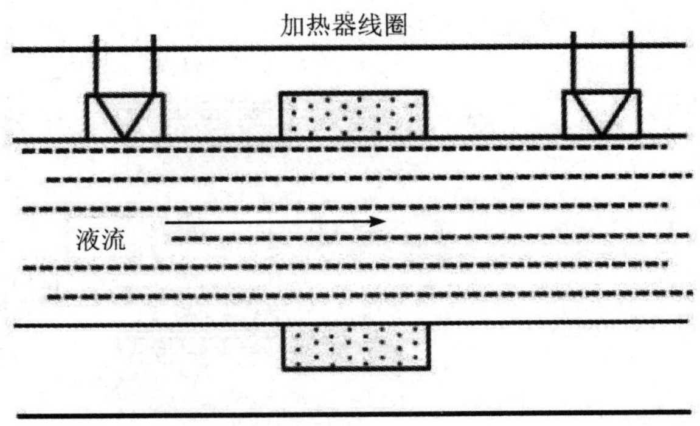

(b) 边界层流量计

图8-41 热流量传感器

但是这种将加热器浸没在液体中的设计方案存在问题，即被测流体会受到加热元件的扰动。为了解决这一问题，应该将加热器包裹在流体腔的外壁上，如图 8-41(b)所示。然而要想精确测量边界层的热传导系数进而比较准确地确定温差与流速的关系是非常复杂的。Johoson 和 Higashi 采用硅微机械工艺，通过各向异性刻蚀制备了带有薄膜电阻器的两个微桥，微桥的两端各有一个电热调节器，两桥之间有加热器，这种结构的特点在于加热器所需功率很低(约 15 ℃/mW)，热容量低、响应快(只有 3 ms)。一般情况下这种微纳传感器可以测量 30 m/s 的空气流速，但是不能测量紊流。

随后，Stemme 对上述微纳传感器的结构进行了改进，在悬臂梁的末端设置加热电阻，并用一层聚酰亚胺对其进行热绝缘。通过与 CMOS 控制电路集成的温度传感二极管来实现对气体温度差的测量，硅悬臂梁热式流速微纳传感器结构示意图如图 8-42 所示。该微纳传感器的热响应时间为 50 ms，气体的流速测量范围为 0～30 m/s。

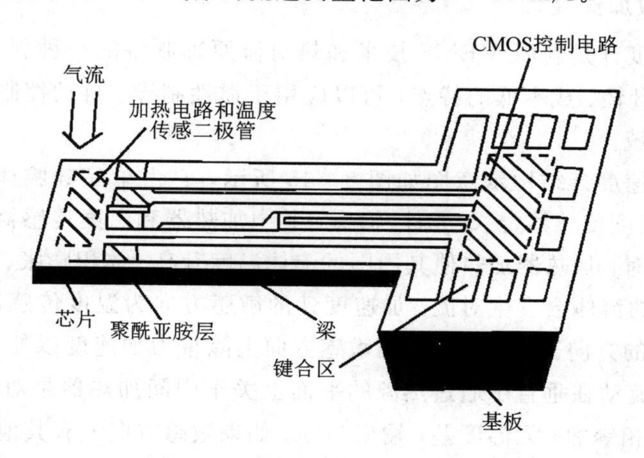

图 8-42　硅悬臂梁热式流速微纳传感器结构示意图

随着 MEMS 工艺的快速发展，多种结构的热式流速微纳传感器被开发出来。图 8-43 是一种微型流量计结构截面图，用导热性差的材料制备成膜片并在其上安装两个热敏电阻和一个加热电阻。当被测气体流经膜片上的热敏电阻时，这两个电阻会被加热或者冷却，那么根据两个热敏电阻的温度差便可以得到气体的流速。

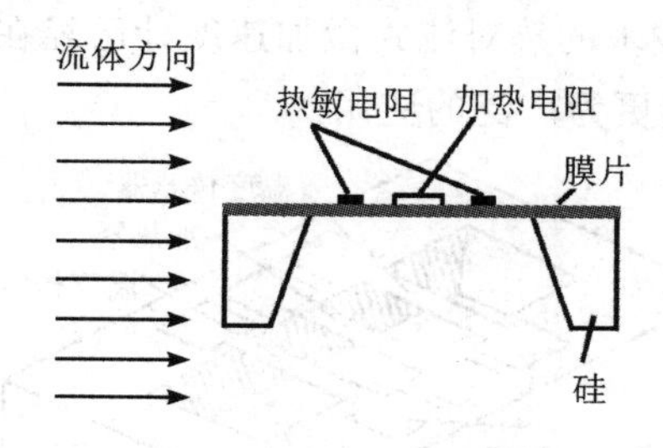

图 8-43　微型流量计结构截面示意图

图 8-44 所示为热电偶式流速微纳传感器结构示意图，它由 4 个加热器和 4 个热电堆构成。该微纳传感器采用双极 IC 工艺制造，可在 12 K 的温差范围内工作，其中热电堆的敏感度为 13 mV/K。当流速在 0～25 m/s 范围内时，器件的功耗与流速的平方根几乎成正比。

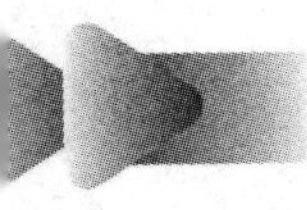

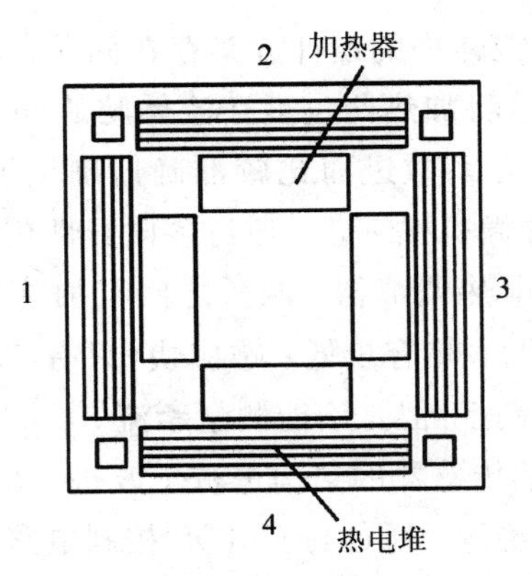

图 8-44　热电偶式流速微纳传感器结构示意图

2. 热对流式微加速度计

热对流微加速度计是利用 MEMS 技术和热对流原理制备的一种新型的加速度计，其具有结构紧密、重量轻、成本低的特点，可以应用于惯性制导、自动控制、GPS、汽车安全以及商业娱乐等领域。

微机械对流加速度计结构示意图如图 8-45 所示，它由单晶硅腔体、加热器(加热元件)和一对对称的温度传感器(热敏元件)构成。其中加热器和温度传感器悬空在腔体上面。当腔体内充有流体时，加热器加热使其周围的流体温度升高、体积膨胀、密度下降，在重力的作用下，腔体内的流体会发生对流。加速度计的敏感方向为温度传感器和加热器平面内与温度传感器垂直的方向。当加速度计的敏感方向上除重力加速度以外没有其他的加速度时，腔体内流体的流动在垂直于通过热源的平面上关于中间加热器是对称的，两个温度传感器探测的温度是相等的，无温度差，输出为零。如果敏感方向上有其他加速度时，那么腔体内的流体分子会在重力加速度和外来加速度的共同作用下发生对流形式的变化，从而使两个温度传感器出现温度差，输出产生差异。图 8-46(a)和图 8-46(b)分别为静止状态和有加速度情况下的温度曲线示意图。如果两个温度传感器采用热敏电阻，则可与外接的两个参考电阻构成惠斯通电桥，这样外界的加速度信号就可以转化为输出电压信号，其读出电路示意图如图 8-47 所示。这种器件不仅可以测量加速度，还可以测量线速度、重力角等。目前，这种基于 MEMS 技术的热对流式微加速度计已经在智能手机上得到应用，未来在各种自动化系统中也将得到更为广泛的应用。

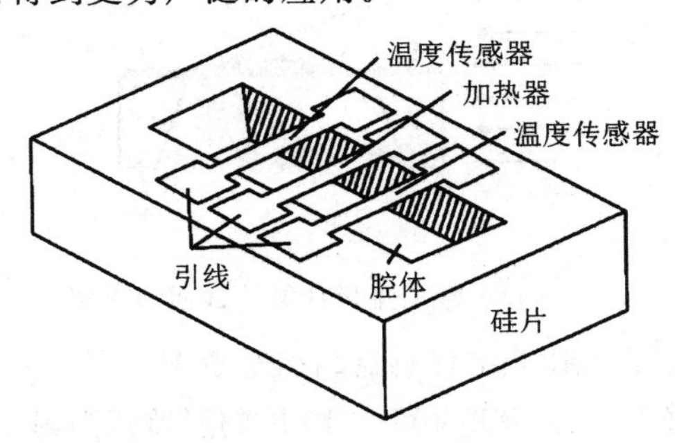

图 8-45　微机械对流加速度计结构示意图

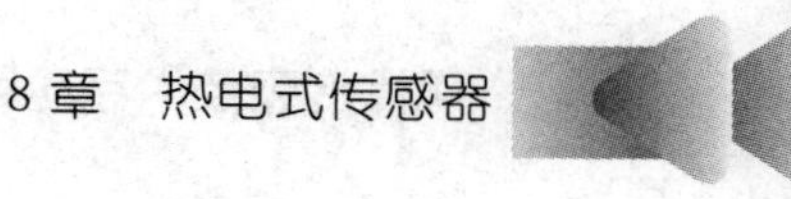

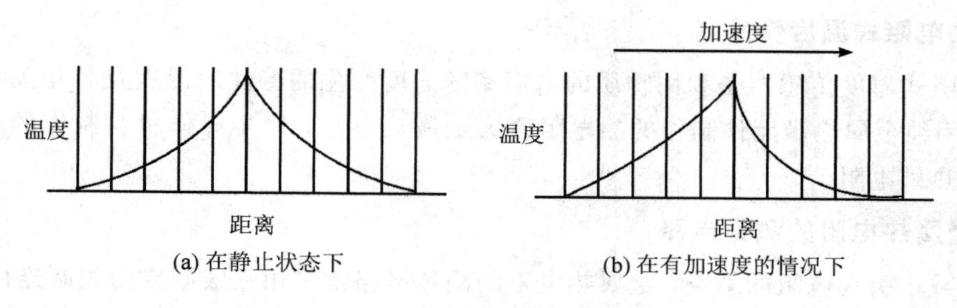

(a) 在静止状态下　　　(b) 在有加速度的情况下

图 8-46　不同情况下的温度曲线示意图

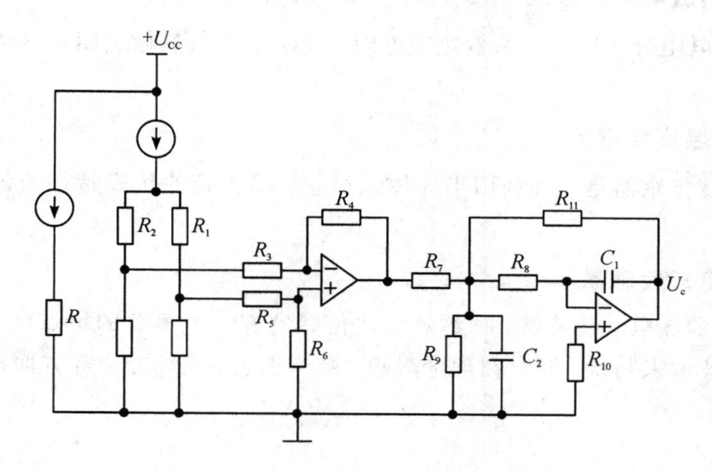

图 8-47　热对流加速度计读出电路示意图

本章小结

1. 热电偶式温度传感器

热电偶式温度传感器是将温度变化转换为电动势变化的热电式传感器，其本质是利用热电效应来工作。

2. 热电效应

将两种不同材料的导体 A、B 串接成一个闭合回路，如果两接合点处的温度不同，则在回路中会产生热电动势，并在回路中有一定大小的电流，这种现象称为热电效应。

3. 热电偶的基本定律

热电偶的基本定律包括均质导体定律、中间导体定律、连接导体定律和中间温度定律、标准电极定律。

4. 热电偶的冷端误差及补偿方法

热电偶的冷端误差补偿方法有补偿导线法、冷端温度校正法、0℃恒温法、补偿电桥法。

5. 热电阻式温度传感器

热电阻式温度传感器是利用物质的电阻率随温度变化的特性对温度及其相关参数进行测量的。用纯金属热敏元件制作的热电阻称为金属热电阻，用半导体材料制作的热电阻称为半导体热敏电阻。

6. 金属热电阻的测量电路

为了减小引线电阻的影响，金属热电阻的测量电路常采用三线制或四线制连接法。

7. 半导体热敏电阻的分类

半导体热敏电阻分为正温度系数热敏电阻、负温度系数热敏电阻和临界温度系数热敏电阻三种类型。

8. PN 结型温度传感器

PN 结型温度传感器是一种利用半导体二极管、晶体管的伏安特性与温度的关系制成的温度传感器。

9. 微纳热电式传感器

相比于传统的热电式传感器，微纳热电式传感器有一个显著的特点就是尺寸小，它主要利用 MEMS 技术来制备。同时在理论基础、结构工艺、设计方法等方面都有着自身的特殊现象与规律。

思考题和习题

8-1 将一个灵敏度为 0.08 mV/℃的镍铬-康铜热电偶与电压表相连，电压表冷端温度为 50℃，若电位计上读数是 60 mV，试求热电偶的热端温度是多少？

8-2 当一个热电阻温度计所处的温度为 20℃时，电阻值是 100 Ω，当温度是 25℃时，它的电阻值为 101.5 Ω。假设温度与电阻间的变换关系为线性关系。请计算当温度计分别处在－100℃和 150℃时的电阻值。

8-3 试比较热电偶、热电阻、热敏电阻三种热电式传感器的特点及其对测量线路的要求。

8-4 使用热电偶测温时，为什么必须进行冷端补偿？如何实现冷端补偿？

8-5 金属热电阻的工作机理是什么？使用时应该注意的问题是什么？

8-6 半导体热敏电阻有几种？各有什么特点？

8-7 补偿导线的作用是什么？使用补偿导线的原则是什么？

8-8 简述集成温度传感器的工作原理。

8-9 金属热电阻和半导体热敏电阻有何异同？

第9章

声波传感器

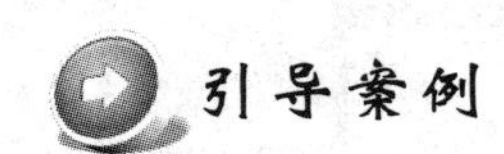

引导案例

声呐检测技术

声波传感器是将声波信号转换成其他能量信号(通常是电信号)的传感器。当声波在材料内部或表面进行传播时,传播途径的任何变化都将影响声波的传播速度或幅度,因此通过传感器测量出声波的频率和相位特性便可检测出声波速度的变化,然后再将这种变化转化为其他易于检测的物理量。近些年,声波传感器已经广泛应用于多个领域,包括工业生产、生物医学、国防、日常生活等。例如,声呐是利用声波在水中的传播和反射特性,通过电声转换和信息处理来进行导航和测距的技术,它是各国海军进行水下监视使用的主要技术,主要用于对水下目标进行探测、分类、定位和跟踪。声呐系统由发射机、换能器和控制器组成。发射机用于产生所需要的电信号,换能器把电信号转换成超声波,声信号在水中遇到潜艇、水雷、鱼群等目标时就会被反射。反射信号被超声波换能器转换成电信号,经接收器放大处理,在荧屏上显示出来。根据声信号一发一收的时间和荧光可测定目标的位置,判断目标的性质。第二次世界大战期间,交战各方损失的很多装备都是利用声呐发现的。

现在的海战场已进入信息战时代,声呐的发展也迈向了知识和信息时代,主要表现在以下方面:继续向低频、大功率、大基阵方向发展;向系统性、综合性方向发展;向系列化、模块化、标准化、高可靠性和可维修性方向发展;向智能化方向发展。而要想获得更为先进的声呐系统来满足我国的国防需求,必须先夯实自己的专业知识,增强自己的能力。

9.1 概　　述

声波传感技术以声波传感器为主体,研究声波信息的形成、传输、接收、变换、处理和应用。声波传感器是将在气体、液体或固体中传播的声波信号转换成电信号的器件或装置。声波传感器既能测试声波的强度大小,也能显示声波的波形。本章将主要介绍超声波传感器、表面声波传感器、体声波传感器的基本原理及应用,并简要介绍微纳声波传感器的相关内容。

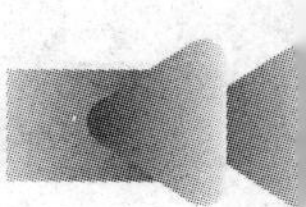

9.2　声波的基本概念

9.2.1　声波的定义

声波是发声体产生的振动在气体、液体、固体中传播的一种物理现象。声波的产生必须具备声源和弹性介质两个条件。能产生振动的物体称为声源。自然界中存在很多声源，例如音叉、人和动物的发声器官、扬声器、电子键盘和各种乐器，以及地震、火山爆发、风暴、海浪冲击、枪炮发射、热核爆炸，还有雨滴、刮风、昆虫的翅膀等。传递声波的良好的弹性介质有空气、水、金属、木头等。由于真空状态中没有任何弹性介质，因此在真空中不能传播声波。当声源发生振动时，借助介质本身的弹性和惯性，周围介质质点随之振动而产生位移，导致介质空间产生介质的疏密扰动，该扰动由近及远形成声波在介质中传播。因此，声波是振动状态在弹性介质中的传播，并非介质质点本身的传播。

9.2.2　声波的分类

声波按照频率、波阵面以及质点的振动情况有不同的分类。

(1) 根据声波频率的范围，声波可分为次声波、声波和超声波。频率在 16 Hz～20 kHz 之间、能为人耳所闻的机械波称为声波。频率低于 16 Hz 的声波称为次声波，人耳听不到，但可与人体器官发生共振。频率为 7～8 Hz 的次声波会使人感到恐怖，产生混乱，甚至导致心跳停止。频率高于 20 kHz 的机械波称为超声波。各类声波的频率范围如图 9-1 所示。

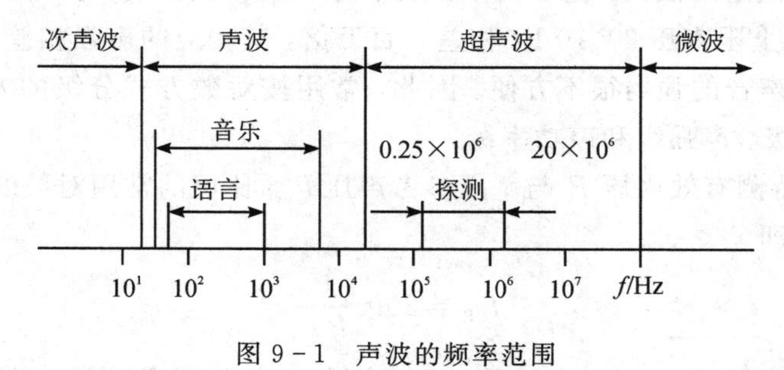

图 9-1　声波的频率范围

(2) 按照波阵面的不同，声波可分为平面波、球面波和柱面波。波阵面为平行平面的声波称为平面波。波阵面为同心球面的声波称为球面波。波阵面为同轴柱面的声波称为柱面波。

(3) 按照质点的振动情况，声波可分为纵波和横波。质点振动方向与传播方向一致的波称为纵波，也称为压缩波，它能在气体、液体和固体中传播。质点振动方向垂直于传播方向的波称为横波，也称为切变波，它只能在固体中传播。当固体介质表面受到交替变化的表面张力时，介质表面的质点会发生相应的纵向振动和横向振动，在这两种振动的合成作用下，介质表面的质点绕其平衡位置做椭圆振动。椭圆振动作用于相邻介质而在表面传播，其振幅随着深度的增加而迅速衰减，这种声波称为表面波，其只在固体表面传播。

9.2.3 声波的性质

1. 声压

声波是通过媒介分子的振动形成疏密波而传播的。设媒介体积元原来的压强为 P_0，当声波传播时，媒介体积元受到声波的扰动，其压强变为 P_1，那么由声波扰动而产生的压强的变化 $P=P_1-P_0$ 就称为声压，用符号 P 表示。

由于声波是随时间不断变化的，所以媒介体积元内任意一点的声压也是随时间不断变化的，即每一瞬间的声压(称为瞬时声压)可以是正值，也可以是负值。我们通常所说的声压指的是一段时间内瞬时声压的均方根值，称为有效声压，其总是正值。一般来说，用电子仪表测得的声压就是有效声压，因此，习惯上声压指的就是有效声压。有效声压的大小代表声波的强弱，其单位为帕(Pa，1 Pa=1 N/m^2)，有时也用微巴作为单位(1 μbar=0.1 Pa)。

2. 声功率与声强

声波是能量传播的一种形式，因此也常用能量的大小来表示声音的强弱。一般将声源在单位时间内向外辐射的声能量称为声功率，用符号 W 表示，单位为瓦(W)。声强是衡量声波传播过程中声音强弱的物理量，它指的是单位时间内通过垂直于声传播方向上单位面积的平均声能量，用符号 I 表示，单位为 W/m^2。假设声能量通过的面积为 S，则声强为

$$I=\frac{W}{S} \tag{9-1}$$

3. 声压级、声强级与声功率级

声波的能量变化范围很大，例如，对于频率为 1 kHz 的声音，人耳的听觉范围从下限声压 2×10^{-5} Pa 到上限声压 2×10 Pa 相差一百万倍，其相应的声强相差一万亿倍。所以用声压或声强来表示声音的强弱很不方便。因此，常用按对数方式分级的方法来表示声音的大小，这就是声压级、声强级和声功率级。

(1) 声压级：待测有效声压 P 与基准参考声压 P_{ref} 比值的常用对数的 20 倍，记为 L_P，单位为分贝(dB)，即

$$L_P=20\lg\frac{P}{P_{\text{ref}}} \tag{9-2}$$

空气中的参考声压 $P_{\text{ref}}=2\times10^{-5}$ Pa，为 1 kHz 时的听阈声压值。声压低于这个值的声音，人耳无法听见，听阈声压的声压级为 0 dB。人耳对声音强弱的分辨能力大于 0.5 dB，在房间中高声谈话(相距 1 m 处)时的声压级约为 68～74 dB，飞机强力发动机的声压级(相距5 m 处)约为 140 dB。

(2) 声强级：待测声强 I 与基准参考声强 I_{ref} 比值的常用对数的 10 倍，记为 L_I，单位为分贝(dB)，即

$$L_I=10\lg\frac{I}{I_{\text{ref}}} \tag{9-3}$$

式中基准声强 I_{ref} 不能任意选定，它应跟基准声压 P_{ref} 相一致。空气中，$I_{\text{ref}}=10^{-12}$ W/m^2

与 $P_{ref}=2\times10^{-5}$ Pa 相对应，为 1 kHz 时的听阈声强值。

(3) 声功率级：待测声功率 W 与基准参考声功率 W_{ref} 比值的常用对数的 10 倍，记为 L_W，单位为分贝(dB)，即

$$L_W=10\lg\frac{W}{W_{ref}} \tag{9-4}$$

式中 W_{ref} 的取值是独立的，它与基准声压或基准声强没有关系，这是因为声功率级 W_{ref} 是对声源而言的，而声压级与声强级都是对声场而言的。为了计算简便，通常取空气中的 $W_{ref}=10^{-12}$ W，表示 1 kHz 时的听阈声功率值。

4. 声波的衰减和吸收

声波在介质中传播时，随着传播距离的增加，能量逐渐衰减。声波能量的衰减主要可归结为声波的扩散损失、散射损失和吸收损失，其衰减系数会限制最大探测深度。扩散损失指的是随着声波传播距离的增加，在单位面积内声能逐渐减弱。散射损失是由于声波在固体介质颗粒界面或流体介质中悬浮粒子上的散射导致的。吸收损失通常是指在非理想介质中，声波随距离增加而衰减时介质吸收声能并转换为热能耗散掉(这种耗散称为声波的吸收)。能够引起介质吸收声波的原因有很多。在纯介质中，介质的黏滞、热传导以及其他弛豫过程都会引起声波的吸收；在非纯介质(如空气)中，灰尘粒子对介质做相对运动的摩擦损耗和声波对粒子的散射引起附加的能量耗散是声波吸收的主要原因。

5. 声波的干涉

当两个声波同时作用于同一介质时，都遵循声波的叠加原理，即两列声波合成声场的声压等于每列声波声压之和，$P=P_1+P_2$。两列具有相同频率 ω、固定相位差的声波叠加时会发生干涉现象，且合成声压仍然是相同频率 ω 的声振动，但合成后的振幅与两列声波的振幅和相位差都有关。若两列声波的频率不同，即使具有固定的相位差也不可能发生干涉现象。

9.3 超声波传感器

超声波传感器是将声信号转换成电信号的声电转换装置，又称超声波换能器或超声波探头，适用的超声波频率范围大约在几十千赫兹到几十兆赫兹之间。超声波具有频率高、波长短、绕射现象小的特性，它最显著的优点是方向性好，且在液体、固体中衰减小，穿透能力强，碰到介质分界面会产生明显的反射、折射和波型转换等现象。超声波的这些特性使它在检测技术中获得了广泛应用，如超声波无损探伤、厚度测量、流速测量、超声成像等。

9.3.1 超声波传感器的工作原理

作为声波的一种类型，超声波的波型也分为纵波、横波和表面波三种，其性质与声波完全相同，参见 9.2.3 节。

除此之外，超声波还遵循一定的折射、反射定律。当超声波以某一角度入射到第二介质(固体)界面上时，除有纵波的反射、折射外，还会发生横波的反射和折射，在一定条件下，还能产生表面波。各种波型均符合几何光学中的折射、反射定律，波型转换如图 9－2 所示。

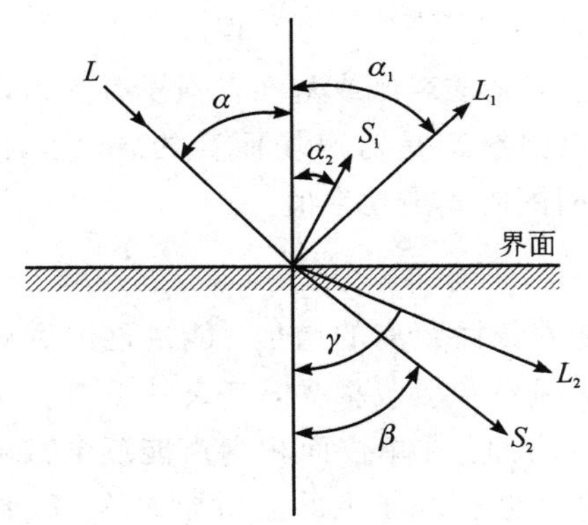

L—入射纵波；L_1—反射纵波；L_2—折射纵波；
S_1—反射横波；S_2—折射横波。

图 9－2　波型转换图

超声波还有如下特点：

(1) 可以在气体、液体、固体或它们的混合物等各种媒质中传播，也可以在光不能通过的金属、生物体中传播，是探测物质内部的有效手段。

(2) 由于超声波与电磁波相比速度慢，在相同的频率下其波长短，容易提高测量的分辨率。

(3) 由于传播时受介质音响特性的影响大，所以，反过来可由超声波传播的情况测量物质的状态。

超声波的以上特性使其成为检测领域的一种重要手段。要想以超声波作为检测手段，必须能产生超声波和接收超声波。完成这种功能的装置就是超声波传感器。它可以是超声波发生装置、超声波接收装置，或是既能够产生超声波又能够接收超声波的装置。超声波传感器按工作原理的不同，可分为压电式超声波传感器、磁致伸缩式超声波传感器、电磁式超声波传感器等，压电式超声波传感器最为常用。下面以压电式超声波传感器和磁致伸缩式超声波传感器为例介绍其工作原理。

1. 压电式超声波传感器

压电式超声波传感器是利用压电材料的压电效应原理来工作的。常用的压电材料主要有压电晶体和压电陶瓷。根据正、逆压电效应的不同，压电式超声波传感器分为发射器(发射探头)和接收器(接收探头)两种。压电式超声波发射器是利用逆压电效应原理将高频电振动转换成高频机械振动，从而产生超声波的。当外加交变电压的频率等于压电材料的固有频率时发生共振，此时产生的超声波最强。压电式超声波传感器可以产生几十千赫兹到几十兆赫兹的高频超声波，其声强可达几十瓦每平方厘米。压电式超声波接收器是利用正压电效应原理进行工作的。当超声波作用到压电晶片上时会引起晶片伸缩，从而在晶片的两个表面上产生极性相反的电荷，这些电荷被转换成电压并经放大后送到测量电路，最后

被记录或显示出来。压电式超声波接收器的结构和超声波发射器的基本相同，有时用同一个传感器兼作发射器和接收器。

典型的压电式超声波传感器结构示意图如图 9-3 所示，它主要由压电晶片、吸收块(阻尼块)、保护膜等组成。压电晶片多为圆板形，设其厚度为 δ，超声波频率 f 与其厚度 δ 成反比。压电晶片的两面镀有银层，它作为导电的极板，底面接地，上面接引出线。为避免传感器与被测件直接接触而磨损压电晶片，在压电晶片下粘贴一层保护膜(0.3 mm 厚的塑料膜、不锈钢片或陶瓷片)。阻尼块的作用是降低压电晶片的机械品质，吸收超声波的能量。如果没有阻尼块，当激励的电脉冲信号停止时，晶片将会继续振荡，加长超声波的脉冲宽度，使分辨率变差。

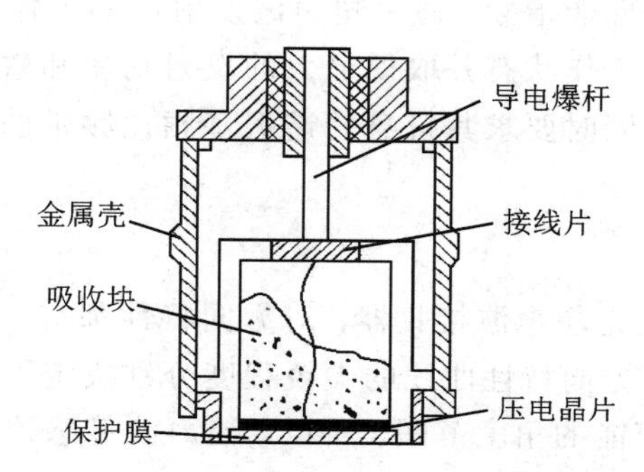

图 9-3 压电式超声波传感器结构示意图

2. 磁致伸缩式超声波传感器

铁磁材料在交变的磁场中沿着磁场方向产生伸缩的现象，称为磁致伸缩效应。磁致伸缩效应的强弱(即材料伸长缩短的程度)因铁磁材料的不同而各异。镍的磁致伸缩效应最大，当加一定的直流磁场后再通以交变电流时，它可以工作在特性最好的区域。

磁致伸缩式超声波发射器是通过把铁磁材料置于交变的磁场中，使它产生机械尺寸的交替变化(即机械振动)从而产生超声波的。它是用几个厚度为 0.1～0.4 mm 的镍片叠加而成的，片间绝缘以减少涡流损失，其结构形状有矩形、窗形等，如图 9-4 所示。磁致伸缩式超声波传感器的材料除镍外，还有铁钴钒合金和含锌、镍的铁氧体。它们的工作效率范围较窄，仅在几万赫兹以内，但功率可达十万瓦，声强可达几千瓦每平方毫米，且能耐较高的温度。

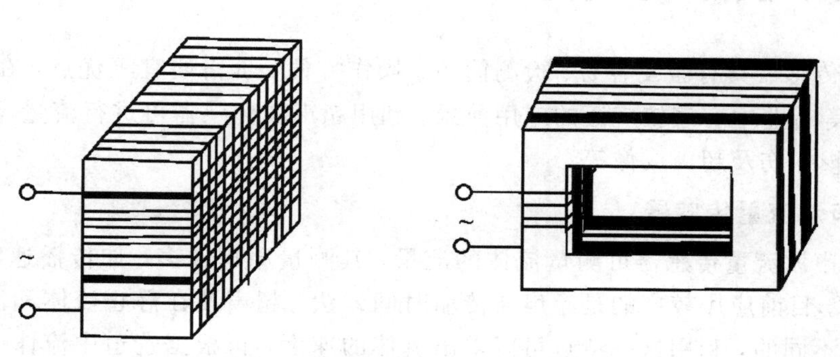

图 9-4 磁致伸缩式超声波发射器结构示意图

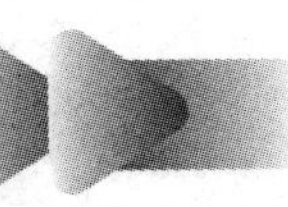

磁致伸缩式超声波接收器是利用逆磁致伸缩效应工作的。当超声波作用在磁致伸缩材料上时，它的内部磁场(即导磁特性)会发生改变。由于电磁感应，磁致伸缩材料上所绕的线圈里便获得感应电动势。通过测量电路测量此电动势，然后将其记录或显示出来。

9.3.2 超声波传感器的特性

1. 工作频率

超声波传感器的工作频率直接关系到传感器的频率特性、方向特性以及传感器的发射功率、效率和灵敏度等重要性能指标。通常超声波发射器的工作频率就等于它本身的谐振基频，这样可以获得最佳的工作状态并取得最大的发射功率和效率。而超声波接收器的工作频率是一个较宽的频带，同时要求其自身的谐振基频比频带的最高频率高，以保证传感器有平坦的接收响应。

2. 方向特性

不论是超声波发射器还是超声波接收器，对方向特性都有一定的要求。对于超声波发射器和超声波接收器而言，方向特性曲线的尖锐程度分别决定了其发射超声波的集中程度和其搜索空间内能接收的声能的角度范围。所以，超声波传感器的方向特性直接关系到超声设备的作用距离。

3. 温度特性

一般来说，温度越高，超声波传感器的中心频率、灵敏度、输出声压电平越低。所以，当在宽范围环境温度中使用超声波传感器时，需要进行温度补偿。

4. 频率特性

对于不同的超声波传感器，其频率特性的设计要求不同。如果负载阻抗很大，其频率特性是尖锐谐振的，并且在这个谐振频率点上灵敏度最高；如果负载阻抗过小，那么频率特性变得较缓，通带较宽，灵敏度也随之降低。因此在使用超声波传感器时，应将其与输入阻抗较高的前置放大器配合使用。

9.3.3 超声波传感器的应用

超声波传感器具有激发容易、检测简单、操作方便、价格便宜等优点，在冶金、船舶、机械、医疗等行业中有着较广泛的应用前景。利用超声波传感器可进行流量/流速测量、厚度测量、无损探伤及超声成像等。

1. 超声波流量传感器

利用超声波流量传感器可测量流体的流量，其测量原理较多，如传播速度变化法、波速移动法等。目前应用较广的是超声波传输时间差法。超声波在静止流体和流动流体中的传输速度是不同的，利用这一特点可以求出流体的速度，再根据管道中流体的截面积便可知道流体的流量。

如图 9－5 所示，在流体中设置两个超声波传感器，它们既可发射超声波又可接收超声波，一个装在上游，一个装在下游，其距离为 L。设超声波顺流方向的传播时间为 t_1，逆流方向的传播时间为 t_2，流体静止时的超声波传播速度为 c，流体速度为 v，则

$$\begin{cases} t_1 = \dfrac{L}{c+v} \\ t_2 = \dfrac{L}{c-v} \end{cases} \tag{9-5}$$

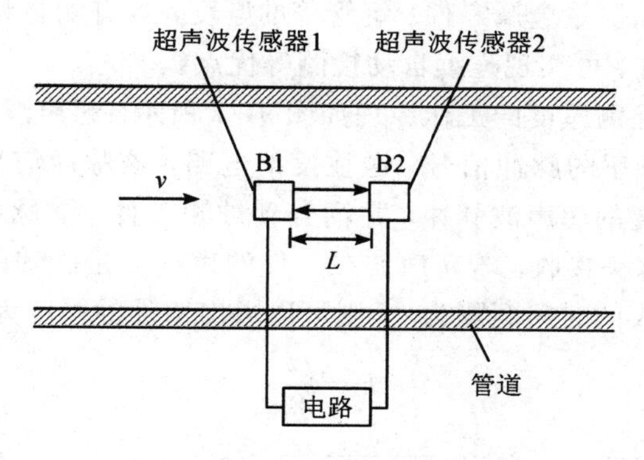

图 9-5　超声波流量传感器原理示意图

一般来说，流体的流速远小于超声波在流体中的传播速度，因此超声波传播时间差为

$$\Delta t = t_2 - t_1 = \frac{2Lv}{c^2 - v^2} \tag{9-6}$$

由于 $c \gg v$，从式(9-6)便可得到流体的流速，即

$$v = \frac{c^2}{2L}\Delta t \tag{9-7}$$

在实际应用中，超声波传感器安装在管道的外部，从管道的外面透过管壁发射和接收超声波不会给管道中流动的流体带来影响，如图 9-6 所示。

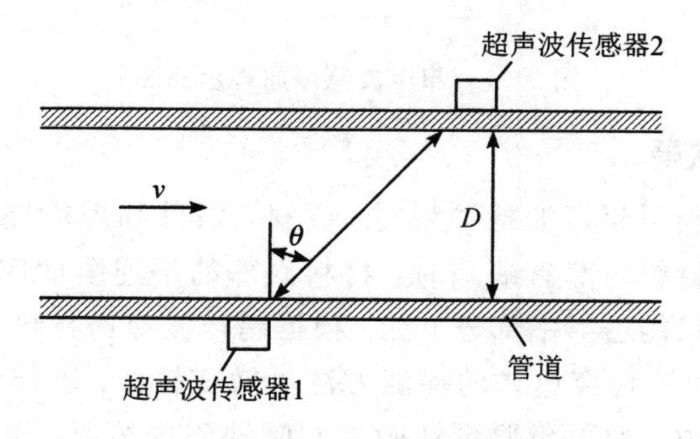

图 9-6　超声波传感器安装位置示意图

此时，超声波的传输时间由下式确定：

$$\begin{cases} t_1 = \dfrac{\dfrac{D}{\cos\theta}}{c + v\sin\theta} \\ t_2 = \dfrac{\dfrac{D}{\cos\theta}}{c - v\sin\theta} \end{cases} \tag{9-8}$$

超声波流量传感器具有不阻碍流体流动的特点，可测流体种类很多，例如非导电的流体、高黏度的流体、浆状流体等，只要能传输超声波的流体都可以进行测量。超声波流量传感器可用来对自来水、工业用水、农业用水等进行测量，还可用于下水道中流体、农业灌溉、河流等流速的测量。

2. 超声波测厚传感器

用超声波测厚传感器测量金属零件、钢管等的厚度，具有测量精度高、测试仪器轻便、操作安全简单、易于读数、可实现连续自动检测等优点。

超声波脉冲回波法检测厚度的工作原理如图 9－7 所示。超声波探头与被测工件表面接触。主控制器产生一定频率的脉冲信号，送往发射电路，该脉冲信号经电流放大后激励压电式超声波探头产生重复的超声波脉冲，并耦合到被测工件中，脉冲波传播到工件的另一面被反射回来，被同一探头接收。若超声波在工件的声速 c 是已知的，设工件的厚度是 h，测量脉冲波从发射到接收的时间间隔为 t，则可以求出工件的厚度为

$$h=\frac{ct}{2} \tag{9-9}$$

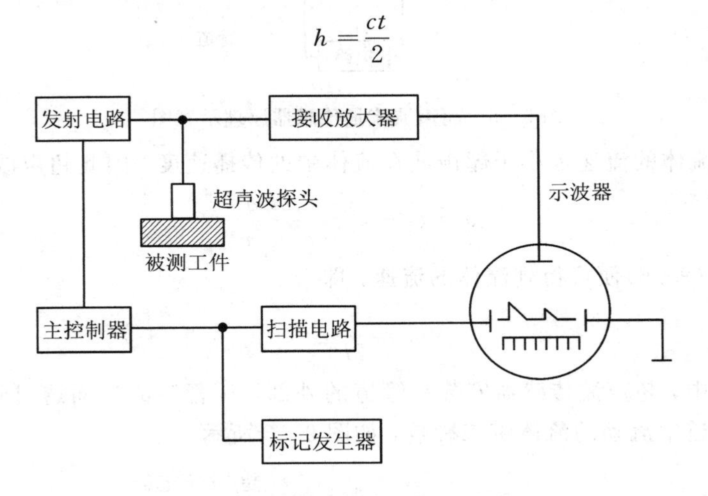

图 9－7　超声波测厚原理示意图

3. 超声波探伤传感器

超声波探伤传感器利用超声波检测板材、管材、锻件和焊接件等材料中的缺陷(如裂缝、气孔、夹渣等)。当材料内部有缺陷时，材料内部的不连续性成为超声波传输的障碍，超声波通过这种障碍时只能透射一部分声能。根据超声波穿透材料后能量变化的状况就可以检测出内部缺陷。不过这种穿透式的探测方法灵敏度较低，不能发现小缺陷，而且只能判断有无缺陷但不能定位。如果想要更精确地判断缺陷的情况，可以采用反射式探伤法，利用超声波在材料中反射情况的不同来探测缺陷的具体情况，这种探测方法可以分为一次脉冲反射法和多次脉冲反射法。

9.4　表面声波传感器

表面声波(Surface Acoustic Wave，SAW)指的是沿传播介质表面传播的声波。表面声

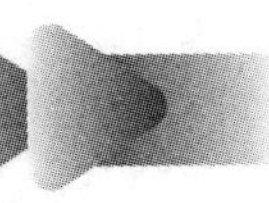

波传感器是将电信号先转换为声波(易受周围环境的影响)，再分析声波的振幅、相位、频率和时间延迟等，然后将声波转换成电信号，通过和原来的输入信号进行对比来获取信息的。表面声波传感器具有很多独特的优点，如测量精度高、灵敏度高、分辨率高，输出信号容易处理，易于小型化、集成化、一体化，便于大量生产，电路简单、功耗低，抗辐射能力强、动态范围大，其平面结构和片状外形易于组合，设计灵活。因此，表面声波传感器在自动化、生物医学、化学工业、环境监测及军事、反恐、缉毒等方面有着广泛应用。

9.4.1　表面声波传感器的工作原理

1. 表面声波的定义与分类

表面声波是在固体半空间表面存在的一种沿着表面传播且能量集中于表面附近的弹性波。它最早是由英国物理学家瑞利在 1886 年研究地震波过程中发现的一种能量集中于地表面传播的声波。1965 年，美国的 White 和 Voltmer 发明了叉指换能器(Interdigital Transducer，IDT)，并通过沉积在压电基片表面的 IDT 有效激发出了表面声波。严格意义上说，表面声波泛指沿表面或界面传播的各种模式的波。不同的边界条件和传播介质条件可以激发出不同模式的表面声波，如瑞利波、乐甫波、广义瑞利波、兰姆波等。

1) 瑞利波

表面声波有多种类型，应用最为广泛的就是瑞利波。瑞利波的质点运动是一种椭圆的偏振，它是相位差为 90°的纵振动和横振动合成的结果。表面质点做反时针方向的椭圆振动，其振幅随离开表面深度的增加而迅速衰减，因此瑞利波能量集中在约一个波长深的表面层内。在各种模式的表面声波传感器中，瑞利波传感器由于易激发、机电耦合系数高且器件工艺简单而被广泛应用在各个领域。但是瑞利波的质点位移为椭圆形轨道，位移存在法向分量，在液固界面传播时，其能量会漏向液体，从而引起很大的衰减。因此，瑞利波传感器不适用于液体介质的传感检测，只能应用于气体环境。

2) 乐甫波

SAW 器件中有一种常见的复合结构，即在基片上覆盖一层薄膜。在这种情况下会存在两种类型的波，一种是质点做椭圆偏振的瑞利波，另一种是乐甫波，即当薄膜材料的体横波速度小于基片材料的体横波速度时，在表面层的边界经过多次全反射而被收集在表面层中的水平偏振剪切波。乐甫波只在表面层传播，不会向深度方向传播，因此乐甫波传感器既可以在气体环境中使用，也可以在液体环境中使用。

3) 广义瑞利波

当基体上不存在薄膜时，基体中传播的即为瑞利波；当膜层增厚或者频率增高时，薄膜中的质点做椭圆偏振，由于其振动形式与瑞利波相近，因此称其为广义瑞利波。

4) 兰姆波

兰姆波是一种在薄板中传播的板波，只产生在厚约一个波长的薄板内，在薄板的两表面和中部都有质点的振动。薄板两表面的振动是纵波和横波共同作用的结果，运动轨迹为椭圆形。兰姆波传感器的整体质量小，更容易受外加质量、压力等影响，因此灵敏度比其他形式的声波传感器都要高。而且由于兰姆波在低频段的声速低于在液体中的声速，不会向液体中辐射声能，因此适用于制备液体传感器。但兰姆波传感器的制备工艺复杂，牢固性

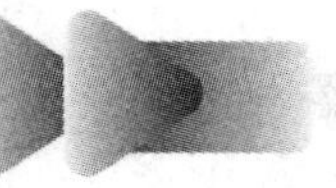

差，因此目前还难以实现市场化。

2. 表面声波传感器的工作原理

如图 9-8 所示为表面声波传感器的基本结构示意图，它是由压电材料基片和沉积在基片上的叉指换能器组成的。二者组成的基本 SAW 传感器也称为振荡器，常有延迟线型和谐振型两种。一般谐振型振荡器具有高 Q 值、高灵敏度、低功耗等优点。SAW 传感器的基本原理是使被测量作用于 SAW 的传播路径，引起 SAW 的传播速度发生变化，从而使振荡频率发生变化，通过频率的变化检测被测量。

1）延迟线型 SAW 振荡器

如图 9-8(a)所示，延迟线型 SAW 振荡器由一组发射换能器、接收换能器和反馈放大器组成。当在发射换能器上施加适当频率的交流电信号时，因逆压电效应，产生与所施加信号相同频率的 SAW，并沿着压电基片的表面向外传播至接收换能器，通过正压电效应将 SAW 转换为电信号输出。其振荡频率为

$$f_0=\frac{v_R}{L}\left(n-\frac{\varphi_E}{2\pi}\right) \tag{9-10}$$

式中：v_R——SAW 的传播速度(m/s)；

L——两个叉指换能器之间的距离(m)；

φ_E——放大器相移量；

n——正整数(与电极形状及 L 值有关)。

由式(9-10)可知，当 φ_E 不变，外界被测参量变化时，会引起 v_R、L 值发生变化，从而引起振荡频率改变。根据频率变化量 Δf 的大小即可测出外界参量的变化。其中 $\Delta f/f_0$ 表示为

$$\frac{\Delta f}{f_0}=\frac{\Delta v_R}{v_R}-\frac{\Delta L}{L} \tag{9-11}$$

2）谐振型 SAW 振荡器

谐振型 SAW 振荡器的基本结构如图 9-8(b)所示，它是由基片中央的叉指换能器和其两侧的两组反射栅构成的。其振荡频率 f_0 与叉指换能器的周期长度 L_T 及 v_R 有关，即

$$f_0=\frac{v_R}{L_T} \tag{9-12}$$

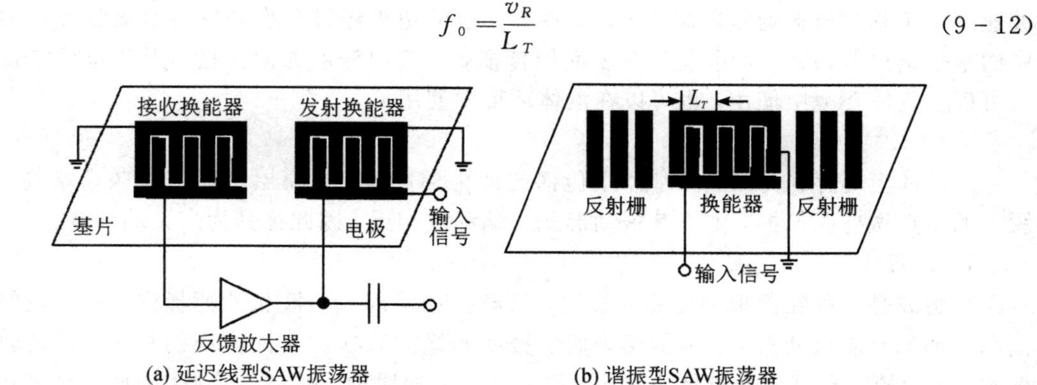

图 9-8　SAW 传感器的基本结构示意图

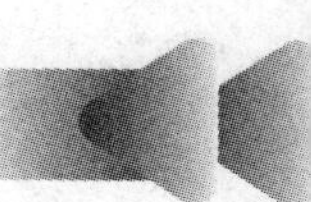

外界待测参量的变化会引起 L_T 及 V_R 的变化，从而引起振荡频率的变化，即

$$\frac{\Delta f}{f_0}=\frac{\Delta v_R}{v_R}-\frac{\Delta L_T}{L_T} \tag{9-13}$$

所以，测出振荡频率的改变量即可测出待测参量的变化。这是 SAW 传感器的基本工作原理。

9.4.2　表面声波传感器的应用

1. SAW 温度传感器

SAW 温度传感器是利用温度变化引起表面声波传播速度的改变，进而使得振荡器频率发生变化来实现传感的。由于外界温度变化所引起的基片材料尺寸变化量很小，因此式(9-11)、式(9-13)均可忽略尺寸变化量。若 T_0 为参考温度，选择适当的基片材料切型可使表面声波的速度 v_R 只与温度 T 的一次项有关，即

$$v_R(T)=v_R(T_0)\times\left[1+\frac{1}{v_R(T_0)}\cdot\frac{v_R}{T}\cdot(T-T_0)\right] \tag{9-14}$$

则振荡频率改变率为

$$\frac{\Delta f}{f_0}=\frac{v_R(T)-v_R(T_0)}{v_R(T_0)}=\frac{1}{v_R(T_0)}\cdot\frac{v_R}{T}\cdot(T-T_0) \tag{9-15}$$

由式(9-15)可知，振荡频率的变化量与温度变化量之间呈线性关系。如果预先测出频率-温度特性，则可以检测出温度变化量，从而得到待测温度 T。为获得较高的灵敏度，应选择延迟温度系数大、表面声波速度小的基片材料，如石英、铌酸锂、锗酸铋等单晶体。

2. SAW 气敏传感器

SAW 气敏传感器是以 SAW 延迟线振荡器为基础的。图 9-9 所示为典型 SAW 气敏传感器结构示意图。它以压电片为基底，在其上敷设一层气体选择性吸附敏感膜并配以外部电路而构成。当发射的 SAW 在压电基片上传播并经过基片上的气体选择性吸附敏感膜时，表面声波的振幅会降低，速度也将受到气体选择性吸附敏感膜性质(膜厚、质量密度、黏度、介电常数和弹性性质等)的影响，若敏感膜吸附气体分子，则会引起敏感膜性质变化，从而使得 SAW 速度发生变化而导致振荡频率改变。通过检测振荡频率的变化量就可以测出被吸附气体的浓度。目前常用的气体选择性吸附敏感膜主要有三乙醇胺薄膜(敏感 SO_2)、Pd 膜(敏感 H_2)、WO_3 膜(敏感 H_2S)、酞菁膜(敏感 NO_2)等。

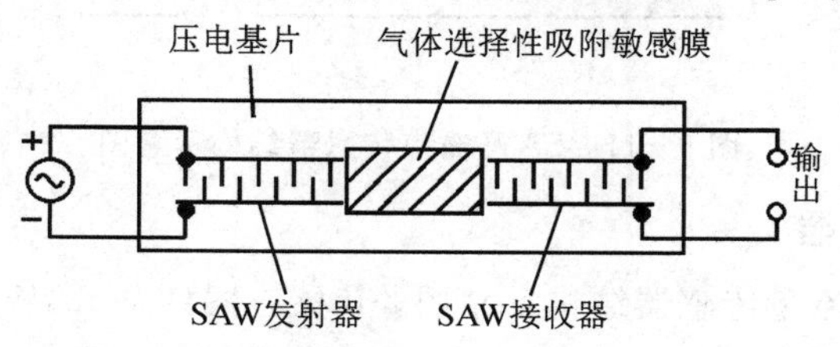

图 9-9　SAW 气敏传感器结构示意图

为了实现对环境温度变化的补偿，SAW 气敏传感器大多采用双通道延迟线结构。图 9-10 为双通道 SAW 气敏传感器结构示意图。两个相同的延迟线振荡器并列设置在同一基片上，其中一个延迟线振荡器的 SAW 传播路径中间被气体选择性吸附膜覆盖，吸附了气体的薄膜会导致 SAW 振荡器的振荡频率发生变化。未覆盖薄膜的振荡器用于参考，以实现对环境温度变化的补偿。两个振荡器的输出经混频后，得到的差频随气体含量的多少而变化。

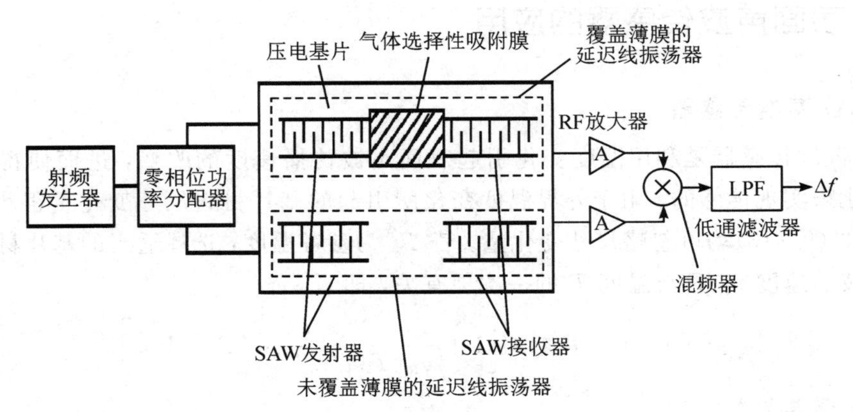

图 9-10　双通道 SAW 气敏传感器结构示意图

3. SAW 露点传感器

在具有温度控制的条件下，任意大气中的水汽在其露点温度时会冷凝在 SAW 露点传感器表面，传感器通过某种质量负载效应(敏感膜材料吸附水汽导致质量变化)或黏滞效应(聚合物敏感膜吸附水汽引起其机械模量参数变化)、电短路效应(水汽吸附引起电位短路)引起 SAW 速度变化，从而实现有效的露点检测。图 9-11 所示为一种采用 $LiNbO_3$ 基片的基于 50 MHz 双延迟线振荡器结构的 SAW 露点传感器结构示意图。其中一个延迟线检测凝结物，另一个作为参考以消除温度及振动等干扰效应。其吸附膜为聚合物 PVA，或经过非结晶与多孔渗水处理的 SiO_2 薄膜，又或者是一些纳米薄膜材料。该 SAW 露点传感器具有高精度、低成本、良好的稳定性，能避免一般污染物影响。

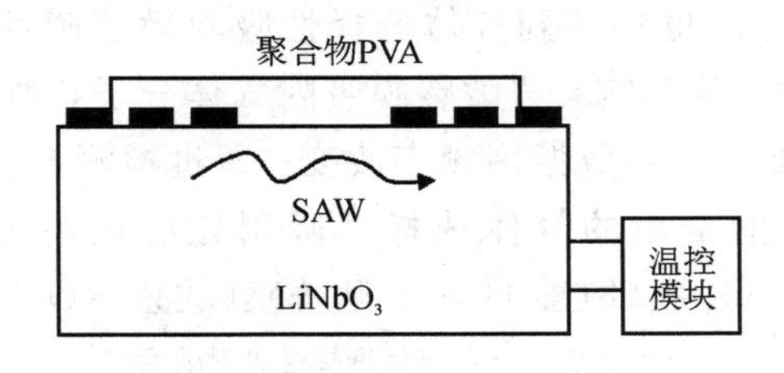

图 9-11　SAW 露点传感器结构示意图

4. SAW 流量传感器

图 9-12 是 SAW 流量传感器结构示意图，其核心器件是 SAW 延迟线型振荡器。在同一压电基片上有一对叉指换能器，其中一个为 SAW 发射器，另一个为 SAW 接收器，它们组成了 SAW 延迟线。延迟线的输出信号通过放大器正反馈到它的输入端，组成 SAW 延迟

线型振荡器。另外，在发射器和接收器之间设置有加热元件，将基片加热到高于环境温度的某一温度值。当有流体经过基片表面时，会带走一部分热量，从而降低基片的温度，使延迟器件的延迟时间发生变化，进而引起 SAW 振荡器的振荡频率发生偏移。通过检测 SAW 振荡器输出频率的变化来测量流体流速的大小，即可计算得出流量的大小。

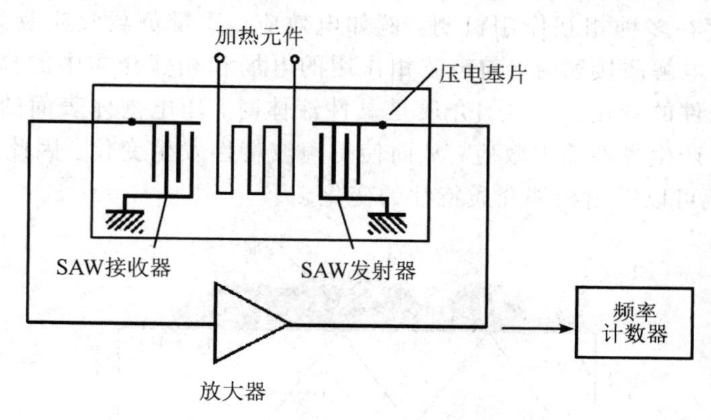

图 9 - 12　SAW 流量传感器结构示意图

9.5　体声波传感器

体声波(Bulk Acoustic Wave，BAW)是指通过基体传播的波。体声波传感器应用广泛，可以用于生化领域微小质量的检测，或应用于质量、压力、惯性加速度和温度等物理量的检测。

9.5.1　体声波传感器的工作原理

由于压电基片的厚度及压电基片上叉指电极的周期和所加信号频率的不同，压电基片上会激发出不同的声波，主要包括表面声波(SAW)和体声波(BAW)。体声波又主要分为浅表体波(Surface Skimming Bulk Wave，SSBW，也称 Lamb 波)和声板波(Acoustic Plate Mode Wave，APM)。当 APM 位移方向与声波传播方向一致时，称此波为纵向 APM (L-APM)；当 APM 位移方向垂直于声波传播方向时，称此波为剪切型 APM。在剪切型 APM 中，位移方向垂直于晶面的是垂直剪切 APM(SV-APM)，平行于晶面的是水平剪切 APM(SH-APM)。当用连续波激励叉指电极时，首先出现的是 SAW；当激励频率增加至高于 SAW 频率时，最先出现的是 SH-APM，紧接着才是准表面波、SV-APM 和 L-APM，这些都与压电基片的厚度有关。SAW 只在沉积叉指电极的基片表面传播，与基片背面的边界条件无关；APM 则在整个压电基体内传播，基片背面的边界条件将影响 APM 的激发特性。当压电基片的厚度与声波波长的比值大于 7 时，可以近似认为基片背面的边界条件不影响声波的激发，此时激发的声波为 SAW；而当基片厚度与声波波长的比值小于 7 时，激发的声波则为 APM。

在体声波传感器中，最常用的是 APM 传感器。图 9－13 为 APM 传感器的工作原理示意图，其中叉指电极(IDT)位于压电基体的底面，用于激励和接收声波，产生的 APM 在压电基体和外部介质的界面处发生反射，介质特性的微小变化会改变界面处的机械和电学性能，从而引起 APM 的传播特性发生变化(如速度、插入损耗、频率、相位等)。在界面处，声波和相邻介质存在多种相互作用机制，例如电效应、质量负载效应及黏性传输效应等。当 APM 传感器与电解质接触时，与声波相作用的电场和相邻介质中的离子或偶极子相互作用，引起边界条件的变化。当周围介质是黏性液体时，压电基体表面的振动会引起相邻介质的黏性运动，产生黏性输出效应，从而使得声波特性发生变化。因此，通过测量 APM 信号的特性变化就可以得出相邻介质特性的变化。

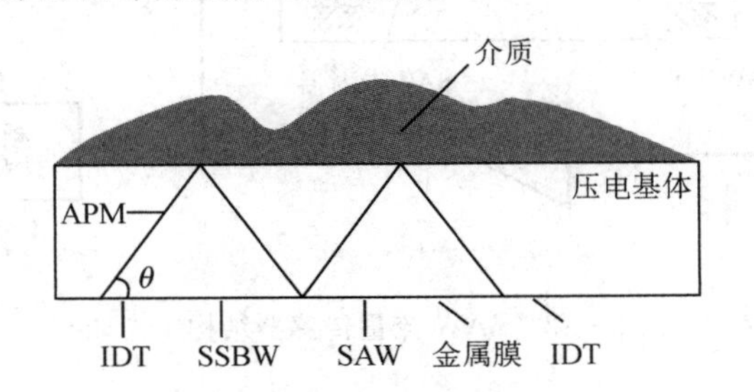

图 9－13　APM 传感器的工作原理示意图

另外，在 APM 传感器中，最常用的为 SH-APM 传感器，其使用的是薄的压电基板或平板，基板将声波能量限制在上、下表面之间，SH-APM 传感器原理示意图如图 9－14 所示，输入换能器和输出换能器位于石英板的表面，用来激励和接收声波。产生的 SH-APM 波在晶体和外部介质的界面处发生反射，介质特性的微小变化会改变界面处的机械和电学性能，引起 SH-APM 的反射特性或传播的相速度、群速度、群延时、插入损耗、频率、相位等发生变化。这种传感器的检测灵敏度依赖于石英板的厚度，灵敏度 $K_m = 1/\rho d$(d 为板厚)。石英板越薄，集中于表面的声波能量越大，SH-AMP 传感器的灵敏度越高。SH-AMP 传感器的独特优点是上、下表面均有切向水平位移，因此上、下表面都可用于传感。当某个

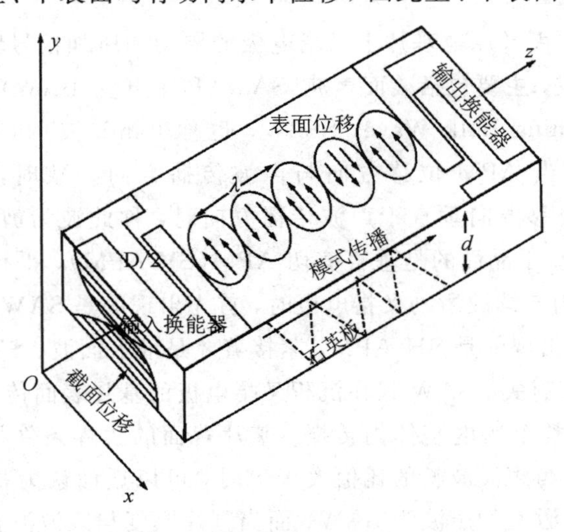

图 9－14　SH-APM 传感器原理示意图

表面存在必须与导电液体或气体绝缘的叉指换能器时，另一个表面就可用作传感器(其背面用于传感)。由于不存在与表面垂直的位移分量，SH-APM 传感器可与液体接触，因此可制成水污染传感器，用于检测饮用水中水银的含量。虽然 SH-APM 传感器对质量负载的灵敏度相对较高，但比 SAW 传感器要差一些。这是因为：① 对于质量负载和其他扰动，其灵敏度都与基板厚度有关，基板越薄，灵敏度越高。而器件的基板厚度又与它的制备工艺有关，表面声波器件由于采用的是表面加工技术，因此基板可以做得很薄；② 声波能量的最大值并不是位于表面处，这就造成了灵敏度的降低。

9.5.2 体声波传感器的应用

近年来，已经商品化的体声波传感器在一些领域得到了广泛的应用，其主要分为物理传感器、化学传感器和生物传感器。

(1) 物理传感器：主要用来测量液体物质的黏度、密度和相变等。如：用 Y 切割石英晶体 APM 传感器研究黏弹性液体介质的密度和黏度与 APM 特性之间的关系以及蒸馏水冷却过程中声波特性的变化等。

(2) 化学传感器：主要用来检测溶液中某些金属离子的浓度。化学传感器需要使用一些分子(配位体)对传感器与介质接触的一面进行修饰，这些分子可以与溶液中的金属离子结合，形成金属-配位体复合物，此复合物与基体表面结合，使得表面质量负载增加，从而引起传感器响应；另外，溶液中离子浓度变化会引起与声场相关的电场变化，从而引起传感器响应。

(3) 生物传感器：可以检测出抗体和抗原、ng 量级的特定 DNA 序列，可以测量均匀介质的密度和黏度，对于非均匀介质则很难测量；此外，还可以广泛应用于临床医学诊断中，如血型鉴定、快速检测病毒等。

9.6 微纳声波传感器

相比于传统的声波传感器，微纳声波传感器在结构和制备工艺上既有相似之处，又存在差别。对于微纳超声波传感器而言，其结构和制备工艺与传统的传感器差异较大，而对于微纳表面声波传感器和微纳体声波传感器来说，它们的结构与传统传感器基本一致，制备工艺有所差别。本节将分别对其进行介绍。

9.6.1 微纳声波传感器的结构和工艺

1. 微纳超声波传感器

微纳超声波传感器主要包括压电式微纳超声波传感器和电容式微纳超声波传感器。与电容式微纳超声波传感器相比，压电式微纳超声波传感器不需要大的电压偏置，并且具有较少的几何和设计约束，便于与低压电子设备进行集成，应用范围更为广泛。因此这里只介绍压电式微纳超声波传感器。压电式微纳超声波传感器大多利用特定方法在硅衬底上集成夹心式的结构，即上电极-压电层-下电极，再利用硅刻蚀的方法在底部刻蚀空腔，将其作为释放层。图 9-15 所示是压电式微纳超声波传感器横截面结构示意图。

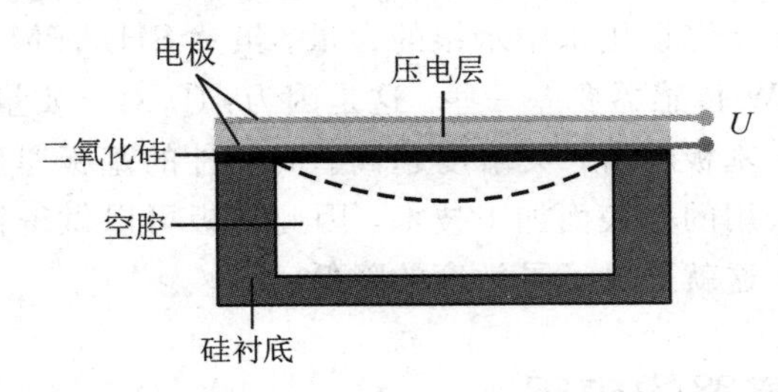

图 9-15　压电式微纳超声波传感器横截面结构示意图

大多数的微纳超声波传感器都是采用上述类似的技术制造的，具体的工艺会因所选择的基板和压电材料的不同而有所差异，下面简要介绍几种微纳超声波传感器的制备工艺。

1）牺牲层释放工艺

牺牲层释放工艺通常涉及基板上初始牺牲层的制备。一般地，在完成膜片所有层的制造和图案化之后，通过一个小开口刻蚀牺牲层，在膜片下方形成一个空腔，从而释放膜片。下面以低温氧化物为牺牲层、ZnO 为压电材料制备微纳超声波传感器为例，介绍具体制备工艺。

（1）在硅衬底上制备一层掺磷量为 8% 的致密低温氧化物，通过低压化学气相沉积(LPCVD)沉积一层薄层氮化硅并通过电子束蒸发沉积一层 Ti/Au 作为底部电极（见图 9-16(a)）。

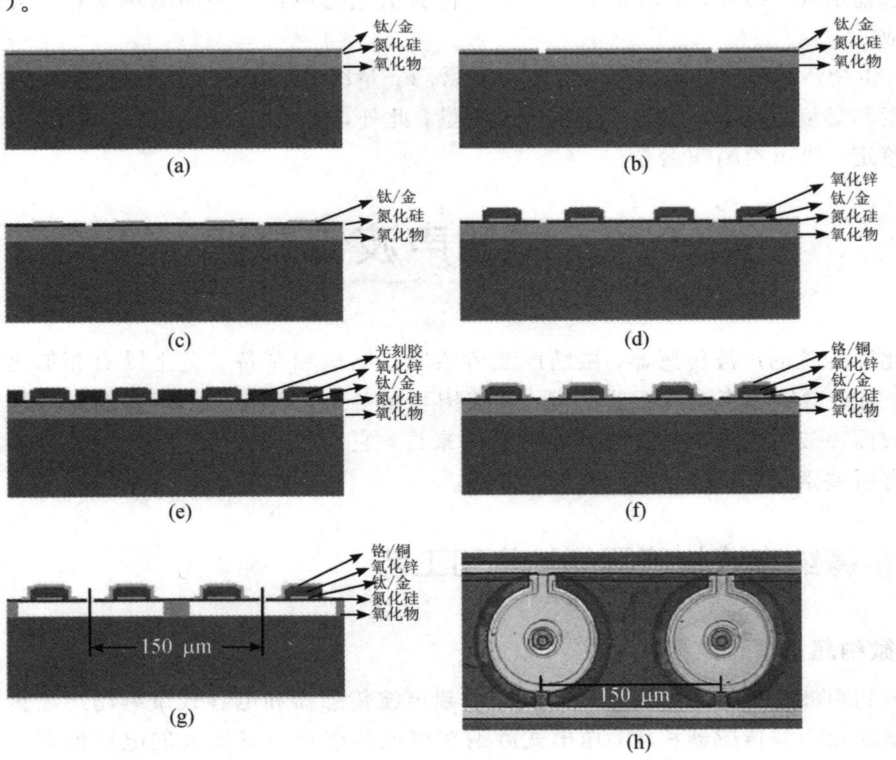

图 9-16　利用牺牲层释放工艺来制备压电式微纳超声波传感器的工艺流程图

(2) 通过对电极层进行湿法刻蚀和对氮化硅进行等离子刻蚀获得直径为 8 μm 的检修孔(见图 9－16(b)),用于最后释放隔膜。

(3) 对底部电极进行图案化(见图 9－16(c)),在其顶部溅射 0.3 μm 厚的 ZnO 层,并通过湿法刻蚀将其图案化形成内径为 30 μm、外径为 80 μm 的环形(见图 9－16(d))。

(4) 通过电子束蒸发沉积一层 Cr/Cu 作为顶部电极,并通过剥离工艺形成图案(见图 9－16(e)、(f))。

(5) 对低温氧化物牺牲层进行湿法刻蚀(见图 9－16(g))。

最终制备形成相邻的两个压电式微纳超声波传感器的俯视图如图 9－16(h)所示。

2) 背面释放工艺

图 9－17 所示为利用背面释放工艺制备压电式微纳超声波传感器的工艺流程图。该工艺从在硅上制备绝缘体(如二氧化硅或氮化硅)开始,接着从硅的一侧刻蚀,并进行硼掺杂;掺杂后清洁表面,涂上低温氧化物;然后使用标准光刻技术来形成背面刻蚀窗口的图案;随后,使用诸如乙二胺-邻苯二酚-水吡嗪等刻蚀剂刻蚀晶片;在背面刻蚀之后,通过电子束蒸发沉积 Ti/Pt 底电极、溶胶凝胶法沉积 PZT、溅射沉积 TiW-Au 顶电极;最后分别刻蚀顶电极和 PZT,以形成顶电极图案并访问底电极。

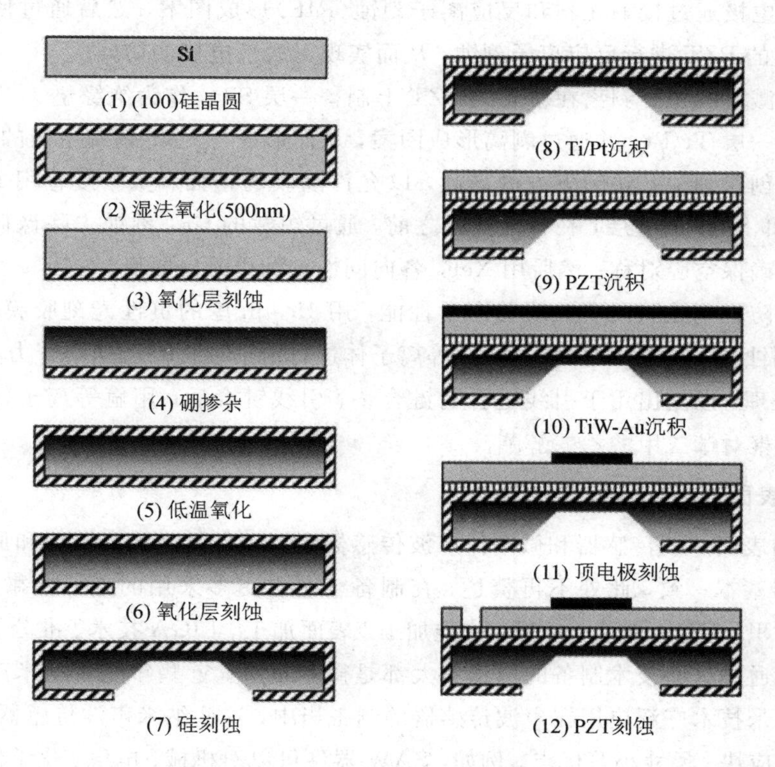

图 9－17　利用背面释放工艺制备压电式微纳超声波传感器的工艺流程图

3) 正面释放工艺

正面释放工艺是从正面通过隔膜刻蚀硅基板来制备隔膜腔的。下面以图 9－18 为例对该工艺流程进行介绍。

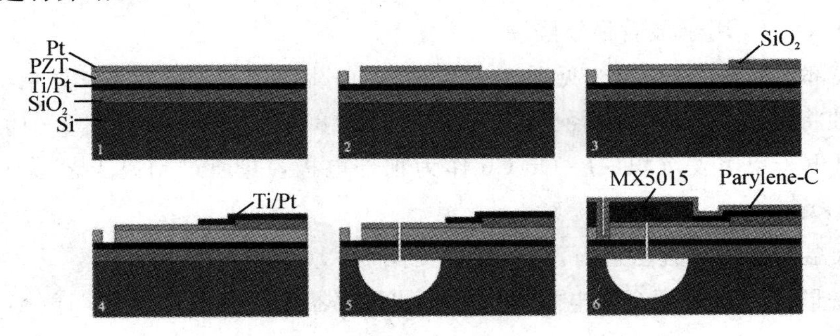

图 9-18 利用正面释放工艺制备压电式微纳超声波传感器的工艺流程图

(1) 选择商用铂化硅片并对其进行热清洗，该硅片具有 1 μm 厚的 SiO_2、20 nm 厚的 Ti 和 150 nm 厚的 Pt；然后采用射频溅射沉积法在该硅片上生长一层 1 μm 厚的 PZT 层，为了避免薄膜破裂，将 PZT 薄膜分为 3 层进行生长，厚度分别为 500 nm、250 nm 和 250 nm，每次生长后在 O_2 中退火；随后在 PZT 上溅射一层 Pt 作为顶电极，并在 500℃下退火以提高附着力。

(2) 顶部电极通过接触光刻和反应离子刻蚀(RIE)形成图案，然后通过使用厚的光刻胶掩模对暴露的 PZT 进行反应离子刻蚀，从而实现对底部电极的访问。

(3) 通过溅射沉积和剥离在暴露的 PZT 上制备一层 SiO_2 作为绝缘垫。

(4) 溅射一层 Ti/Pt，并通过剥离形成图案，从而形成与 PZT 顶部电极的共形连接。

(5) 通过创建刻蚀孔访问下方的裸硅，以允许隔膜的正面释放；接着用 RIE 刻蚀 Pt、PZT、Ti/Pt 和 SiO_2 的叠层，在释放隔膜之前，通过短暂的 CF_4 刻蚀去除裸硅上的任何天然氧化物，以确保空腔对称；然后用 XeF_2 各向同性刻蚀以确定隔膜。

(6) 为了防止刻蚀腔回填并改善声学性能，用 15 μm 厚的负性光刻胶膜(MX5015)层压膜片密封刻蚀孔。在层压之前，用 O_2 等离子体进行清洁以提高层压附着力，然后对层压板进行图案处理，以露出用于引线键合的键合垫；引线键合后，用氩等离子体清洁整个封装，最后涂上聚对苯二甲酸乙二醇酯。

2. 微纳表面声波、体声波传感器

对于微纳表面声波传感器和微纳体声波传感器来说，它们的基本结构和原理与宏观的超声波传感器基本一致，此处不再赘述，在制备工艺上更多采用的是一些微纳加工技术，包括光刻、沉积、腐蚀、键合、外延、体硅加工、表面加工、LIGA 技术、准分子激光工艺和封装技术，但通过这些技术制备的传感器大都是微米量级。近些年随着纳米声学技术的发展，更多的纳米技术广泛应用在声波传感器的制备当中，这些纳米声波传感器具有成本低、灵敏度高、响应快、尺寸小等优点。例如，SAW 器件可以对机械、电气、化学信号和其他扰动作出响应，这些响应特性使它们可以作为 SAW 传感器。基于 SAW 的纳米声波传感器还具有优异的稳定性、选择性和线性度。除了基于 SAW 的传感器，其他纳米声波传感器也在不断开发中。

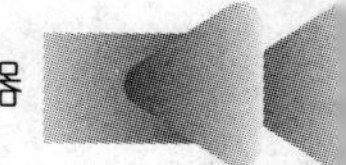

9.6.2　微纳声波传感器的应用

随着微纳技术的快速发展，微纳声波传感器应运而生，并且在汽车、航天、医疗等领域展现出巨大的应用前景。部分微纳声波传感器已经应用于实际生活中。本节列举几种比较重要的应用实例。

1. 微纳超声波传感器阵列

相较于传统宏观的超声波传感器，基于 MEMS 技术制备的微纳超声波传感器具有高集成度、高灵敏度、宽频带和低功耗等优点，在超声治疗和成像等方面具有广阔的应用前景。例如，2013 年，A. Hajati 等人使用掺杂了铌的锆钛酸铅(PZNT)薄膜开发了高性能声学芯片，在结构方面创新地提出了半球形微纳超声波传感器阵列(见图 9 - 19)，他们通过重叠多种振动模态，使器件同时具备至少 165%的超高频带响应和高达 300 W/cm^2 的优异灵敏度。利用其小尺寸、高灵敏度、低电压水平和低阻抗，可以将该微纳超声波传感器集成到各种高性能小型超声导管中。除体内成像外，该技术还可以实现高性能、低功耗、低电压和便携式 3D/4D 超声检查以及价格合理的 3D 超声听诊器。另外，利用 3D 晶圆级封装(WLP)技术，该微纳超声波传感器阵列还可以与其他功能器件(如低压 CMOS 电子器件、光学元件和其他 MEMS 传感器)等轻松集成，从而应用于更广泛的领域。

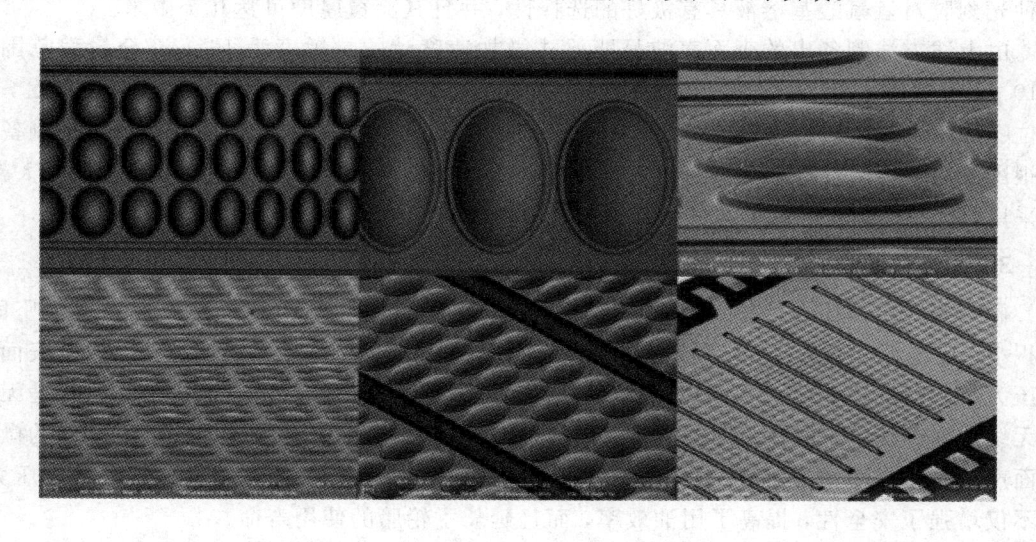

图 9 - 19　高性能半球形微纳超声波传感器阵列

2. 表面声波悬臂梁式微加速度计

声波传感器的一种典型应用是悬臂梁式微加速度计，它可以用来测量移动工具的加速度。这里主要介绍表面声波悬臂梁式微加速度计。表面声波悬臂梁式微加速度计结构示意图如图 9 - 20 所示，其包含一个作为传感单元的表面声波延迟线或谐振器。悬臂梁的一端是固定的，而另一端则克服了重力加速度是自由的。当存在加速度而引起臂的形变时，装在悬臂梁上的以压电材料为基板的表面声波延迟线或谐振器与反馈放大器相连而产生振

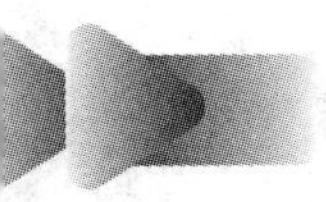

荡。由加速度引起臂的形变，造成了声波传播途径长度的变化，从而造成振荡频率的变化。

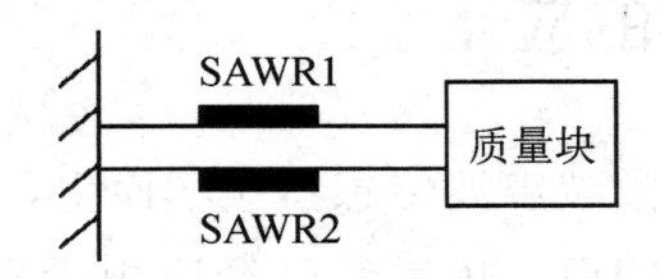

图 9-20　表面声波悬臂梁式微加速度计结构示意图

制备表面声波微加速度计需要利用单片集成技术。所需的传感元件是表面声波振荡器，因此应选择高温度稳定性以及高 Q 值的压电石英晶体作为基板。另外，当对频率稳定性要求较高时，应选择表面声波谐振器；当对频率稳定性要求不高时，则可以使用表面声波延迟线来代替表面声波谐振器。

制备方法如下：首先，使用双面抛光的石英圆片作为基板，并在双面都沉积 Cr-Au 薄膜；其次，利用标准的光刻工艺和双面光刻技术将 Cr-Au 薄膜制备成悬臂梁图案；然后，以图案化的 Cr-Au 薄膜作为掩模，采用化学腐蚀的方法对石英基板的双面进行刻蚀；刻蚀后，悬臂梁可能仍然存在一些很小的未刻蚀的部分互连着，这时只需要很小的力就可以将其分开。这种制备方法重复性好，但是应把握几个关键点：一是 Cr-Au 薄膜与石英的黏附力必须要好，才能作为化学刻蚀的掩模；二是要想实现有效的各向异性刻蚀抛光，石英圆片必须具有很高的光洁度。此外，也可以用 Shipley AZ-4620 正胶来代替 Cr-Au 掩模，因为这种光刻胶对氢氟酸基溶液具有极好的选择性，并且其涂覆厚度可达几个微米。

由上述方法制备出的表面声波悬臂梁式微加速度计的灵敏度为 10 μg，全量程范围为 $\pm$10 g，量程因子为 500 Hz/g，频率稳定性为 10^{-9} 数量级。但该加速度计也存在不足，如相位噪声较大导致难以满足频率稳定性要求；Q 值大于 20 000 的表面声波谐振器的制备依旧很困难。为此在制备悬臂梁加速度计的传感元件时，可使用蓝宝石上的硅单片放大器，并采用高 Q 值、ST 向切割的石英基板的表面声波谐振器作为反馈元件。

3. 微纳表面声波压力传感器

微纳表面声波压力传感器具有一系列优点，包括无源(不需要能源输入)、无线、坚固、体积小、成本低、重量轻，特别适合运动物体的压力测量，例如汽车的轮胎等。微纳表面声波压力传感器的这些优点都是以前电容式或压电式压力传感器所不能比拟的，尤其是无源和无线这两个优点。现在，质量小于 1 g、分辨率为 0.73 psi(1 psi$=6.894\times10^3$ Pa)的微纳表面声波压力传感器已经能集成到轿车的轮胎中，便于驾驶员随时监测汽车轮胎的压力，这不仅增强了安全性，提高了用油效率，而且延长了轮胎的使用寿命。

当在压电基板上施加压力时，表面声波的传播速度会受到强烈的影响，因此，利用表面声波技术可以比较容易地制备压力传感器。1975 年，第一个利用表面声波技术制备的压力传感器被报道。在过去，表面声波压力传感器的开发受到了补偿温度漂移问题的限制，而现在已经可以通过在靠近表面声波压力传感器的位置增加表面声波参考器件来使得这种温度漂移降到最低。如图 9-21 所示，在表面声波压力传感器附近增加了一个表面声波温度传感器，这两个传感器输出的信号频率经放大后分别为 f_P 和 f_T，然后经过混合器混合形成差分频率 f_D 输出。值得注意的是，表面声波温度传感器既要接近表面声波压力传感器，以保证二者工作在同一温度下，又要保持一定的距离，以确保表面声波温度传感器没

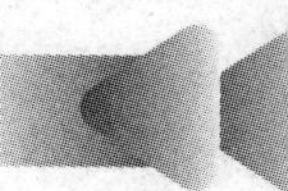

有受到表面声波压力传感器所受的应力。

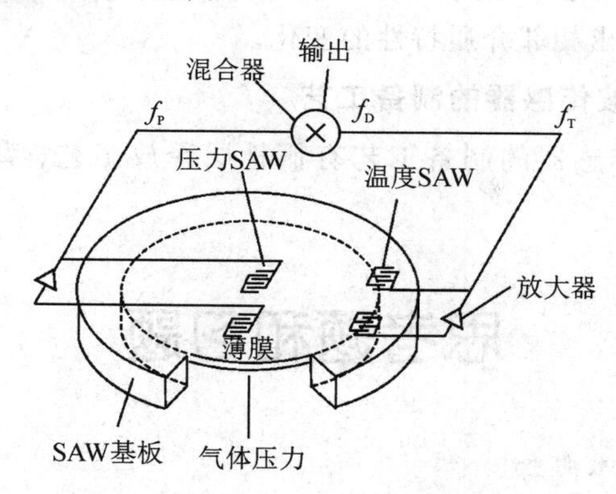

图 9 - 21　具有温度补偿的 SAW 压力传感器结构示意图

本章小结

1. 声波的定义

声波是发声体产生的振动在空气或其他介质中传播的一种物理现象。

2. 压电式超声波传感器的工作原理

压电式超声波传感器一般分为发射器和接收器。压电式超声波发射器是利用逆压电效应原理将高频电振动转换成高频机械振动，从而产生超声波的。压电式超声波接收器是利用正压电效应原理进行工作的。当超声波作用到压电晶片上时会引起晶片伸缩，从而在晶片的两个表面上产生极性相反的电荷，这些电荷被转换成电压并经放大后送到测量电路，最后被记录或显示出来。

3. 超声波传感器的特性

超声波传感器的特性包括工作频率、方向特性、温度特性、频率特性。

4. 延迟线型 SAW 振荡器的工作原理

延迟线型 SAW 振荡器由一组发射换能器、接收换能器和反馈放大器组成。当在发射换能器上施加适当频率的交流电信号时，因逆压电效应，产生与所施加信号相同频率的 SAW，并沿着压电基片的表面向外传播至接收换能器，通过正压电效应将 SAW 转换为电信号输出。外界被测参量的变化会引起振荡频率的改变，根据频率变化量的大小即可测出外界参量的变化。

5. 表面声波传感器的基本结构类型

表面声波传感器的基本结构类型有延迟线型 SAW 振荡器、谐振型 SAW 振荡器。

6. APM 传感器的工作原理

叉指电极(IDT)位于压电基体的底面，用于激励和接收声波，产生的 APM 在晶体和外部介质的界面处发生反射，介质特性的微小变化会改变界面处的机械和电学性能，从而引

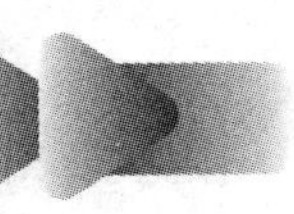

起 APM 的传播特性发生变化(如速度、插入损耗、频率、相位等)。因此，通过测量 APM 信号的特性变化就可以得出相邻介质特性的变化。

7. 常见的微纳超声波传感器的制备工艺

常见的微纳超声波传感器的制备工艺有牺牲层释放工艺、背面释放工艺、正面释放工艺。

思考题和习题

9-1　简述声波的基本概念。

9-2　什么是超声波传感器？它有哪些类型？

9-3　简述压电式超声波传感器的工作原理。

9-4　什么是表面声波？有哪几种类型？

9-5　简单介绍表面声波传感器的工作原理。

9-6　超声波传感器有哪些应用？

9-7　体声波传感器有哪些应用？

第10章

智能传感器

引导案例

无人机中的智能传感器

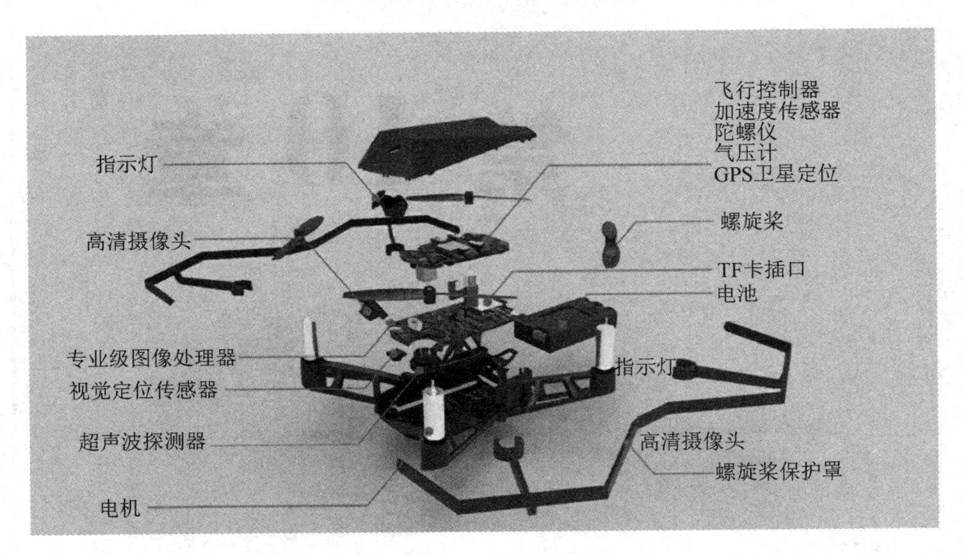

随着科学技术的进步，人类社会变得越来越智能化，这当然离不开智能传感器的发展。智能传感器目前已经广泛应用于航空、航天、军事国防、生产生活等各个领域，例如，无人机中的智能飞控系统用到各种智能传感器，包括惯性测量单元、MEMS加速度计、电流传感器、倾角传感器和发动机进气流量传感器等。惯性测量单元结合GPS是无人机维持方向和飞行路径的关键。随着无人机智能化的发展，其方向和路径控制是重要的空中交通管理规则。惯性测量单元采用的多轴磁传感器，在本质上都是精准度极高的小型指南针，通过感知方向并将数据传输至中央处理器，从而指示方向和速度；而MEMS加速度计用于确定无人机的位置和飞行姿态；电流传感器可用于监测和优化电能消耗，确保无人机内部电池充电和电机故障检测系统的安全；倾角传感器能够测量细微的运动变化，为移动程序提供数据；陀螺仪和加速度计能够为飞行控制系统提供保持水平飞行的数据；流量传感器可以有效地监测电力无人机燃气发动机的微小空气流速。

智能传感器作为电子元器件，处于电子信息制造产业的前端和上游，是支撑电子信息产业的基石，也是保障产业链、供应链安全稳定的关键。尤其是2018年中美贸易摩擦以来，多个行业的单位、企业及产品遭受“制裁”“断供”等，高端关键技术及产品面临“卡脖子”风险。特别是2019年新冠疫情引发的产业链、供应链危机直接深化了上述问题的严峻性。为了保障产业的快速崛起，突破智能传感器领域的“卡脖子”技术，自2006年以来，国务院、国家发改委、工信部等多部门都陆续印发了支持、规范智能传感器行业的发展政策，内容涉及智能传感器发展技术路线、智能传感器发展目标、智能传感器的应用推广等方面，不断加大对智能传感器产业发展的支持，加强关键共性技术攻关，积极推动创新成果商品化、产业化。相信在未来几年，在国家的大力支持下，我国的智能传感器产业将得到飞速的发展！

10.1 概　述

智能传感器是具有信息处理功能的传感器，是传感器集成化并与微处理机相结合的产物。

对于智能传感器而言，总体上的要求是“感”和“知”，不仅要“感觉到、测量到”，还要能“认知”，而“认知”的水平即智能化的水平，在不同的时期、不同的场合，其要求是不一样的，它是一个动态渐进的过程，相应的定义也会随之而发展变化。

与传统传感器相比，智能传感器具有高精度、高可靠性与高稳定性、高信噪比与高分辨率、自适应性强、性能价格比高等特点。智能传感器系统是一门现代综合技术，是当今世界正在迅速发展的高科技新技术，目前已广泛应用于航天、航空、国防、科技和工农业生产等各个领域中。本章从智能传感器的原理、特点、组成、应用等方面进行介绍。

10.2 智能传感器的工作原理

所谓智能传感器(Intelligent Sensor 或 Smart Sensor)是一种以微处理器为核心，具有检测、判断和信息处理等功能的传感器。智能传感器的概念最初是由美国宇航局(NASA)在1978年开发宇宙飞船的过程中提出来的。由于宇宙飞船本身的速度、位置、姿态以及宇航员生活的舱内温度、湿度、气压、空气成分等都需要相应的传感器检测，然而用一台大型计算机很难同时处理如此庞大而复杂的数据，因此提出了分散处理数据的思想，旨在通过赋予传感器智能处理的功能，以分担中央处理器集中处理的海量计算。智能传感器自20世纪70年代初出现以来，种类越来越多，功能也日趋完善，已经成为当今传感器技术发展的主要方向之一。

相比于传统的传感器而言，智能传感器需要具备以下功能：

(1) 由传感器本身消除异常值和例外值，提供比传统传感器更全面、更真实的信息。

(2) 具有信号处理(如温度补偿、线性化等)功能。

(3) 随机整定和自适应。

(4) 具有一定程度的存储、识别和自诊断功能。

(5) 内含特定算法并可根据需要改变。

概括地说，智能传感器就是将计算机技术与传感元件结合起来的、具有信息检测和信息处理功能的测量装置，其具有准确度高、可靠性高、稳定性好的优点，且具备一定的数据处理能力，功能强大。图10-1所示为智能传感器的原理框图，它主要包括传感器、信号处理电路、微控制器及数字信号接口。用于信号感知的传感器往往有主传感器和辅助传感器两种，主传感器用于测量被测参数，辅助传感器测量某些环境参数如温度、压力等，用于修正和补偿这些环境参数变化对测量的影响。

当传感器将被测非电量信号转换成电信号后，信号处理电路对该电信号进行处理并转换为数字信号送入微控制器，由微控制器处理后的测量结果经数字信号接口输出。智能传感器系统不仅有硬件作为实现测量的基础，还有强大的软件保证测量结果的准确性和高精度。

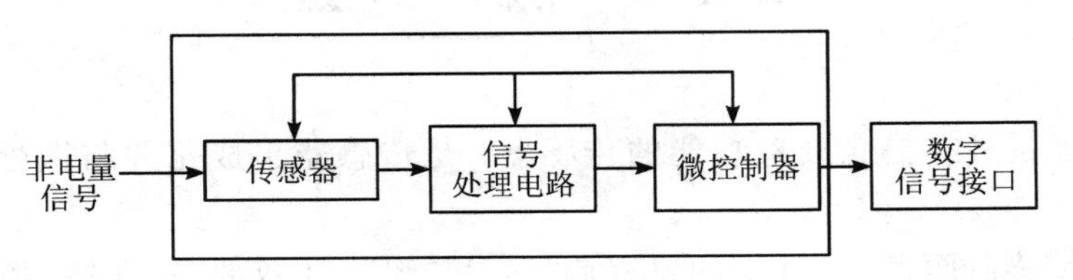

图 10－1 智能传感器的原理框图

10.3 智能传感器的功能与特点

1. 智能传感器的功能

智能传感器具有如下功能：

(1) 传感器功能。

智能传感器能够自动感知被测量的信息和检测各种被测量参数。

(2) 逻辑判断和信息处理功能。

智能传感器能对最初的感知信号进行放大、滤波、数字化、温度补偿、数字调零、系统校准、量程自动选择、标度变换等，还可以进行非线性校正、温度误差修正与补偿、数字滤波等处理。

(3) 自我诊断和自动校准功能。

利用智能传感器内置的校准功能程序，操作者只需要进行参数修改，或者只需在相应的通道接入标准信号量就可以完成自动校准功能。

智能传感器的自我诊断功能是通过自检软件对传感器和系统的工作状态进行定期或不定期的检测，实现故障诊断、故障分析和校正。

(4) 可配置和组态功能。

智能传感器通常可由用户根据需求进行重新设定和配置在不同的工作状态，完成不同的测量功能。利用智能传感器的组态功能，可使同一传感器在一定的范围内具有较广的适应性，减少了更换和研制传感器的工作量。

(5) 数据存储功能。

智能传感器具有数据存储功能，能随时存取检测数据。其主要存储两类数据：一是与传感器工作相关的校准信息、配置信息、历史信息等；二是一定时间内的测量数据。

(6) 具备通信接口。

智能传感器工作时会产生大量数据，有时也需要接收命令和数据进行配置和组态，因此需要具备双向通信功能，能通过各种标准总线接口、无线协议等直接与其他传感器及上位计算机通信。

2. 智能传感器的特点

与一般传感器相比，智能传感器具有如下特点：

(1) 精度高。

智能传感器具有数据存储、记忆与数据处理功能，可以通过软件修正非线性误差等系统误差，补偿温度误差和某些随机误差，进行数字滤波、去除噪声等，因此具有较高的精度。

(2) 可靠性高。

智能传感器能够根据工作条件的变化进行自适应调整，具有一定的可编程自动化能力，包括数据存储、自动调零、自检和自校准等。传感器一旦出现故障，能及时报警和自动排除。

(3) 微型化、集成化。

智能传感器的微型化是以集成化为基础的。随着微电子技术、MEMS技术的发展，智能传感器正朝着短、小、轻、薄的方向发展，以满足航天、航空、国防、物联网等领域的发展需要，也为便携式测量仪表的发展创造了有利条件。

(4) 自适应性强。

当智能传感器的外部条件和工作环境发生变化时，智能传感器通过相应的判断、分析来调整自身的工作状态以适应相应的变化，称为自适应。通过采用自适应技术，可以补偿传感器因部件老化引起的参数漂移，降低传感器的功耗，自动适应不同的环境条件等，从而延长器件或装置的寿命，扩大智能传感器的应用领域。

(5) 功耗低。

智能传感器多采用大规模或超大规模集成电路，其感知部分也更多采用MEMS技术制备，这大幅降低了智能传感器的综合功耗，从而使传感器的供电不再困难，为当前的无线传感器网络、物联网等技术的发展提供了便利。

10.4 智能传感器的组成与实现

1. 智能传感器的组成

如图10-2所示，智能传感器主要由传感器、微处理器(或计算机)和相关电路等组成。其输出方式多采用串行通信方式，从早期的RS-232、RS-422到现在的I^2C、CAN等总线协议。智能传感器类似于一个基于微处理器(或微控制器)的典型小系统，具有传感器、信号处理(预处理)电路、A/D转换、微处理器(或计算机)、串行通信接口等。智能传感器工作时，被测量被转换为电信号，然后经信号处理(预处理)电路处理后进行A/D转换，再由微处理器(或计算机)处理后发送至串行接口与系统中央控制器或其他单元进行数据和控制命

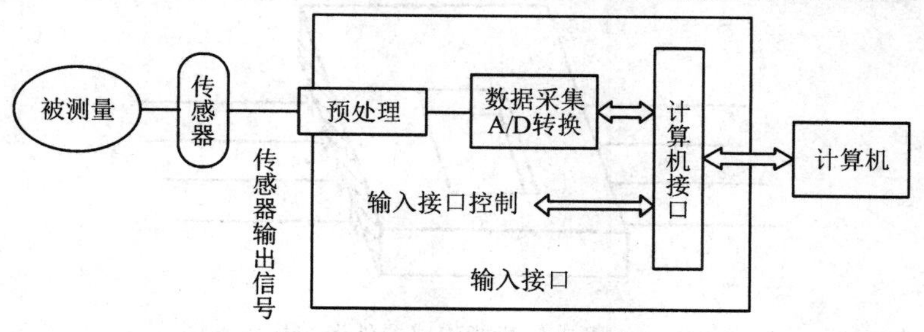

图10-2 智能传感器的结构框图

令的通信。

智能传感器除了硬件外，还需要强大的软件支持来保证测量结果的准确性和智能传感器的可配置性，智能传感器的程序通常由生产厂家固化在传感器中。

2. 智能传感器的实现

随着智能传感器制造工艺的发展，考虑应用场合、成本等因素，目前智能传感器主要有三条实现途径。

1）非集成化实现

非集成化智能传感器是将传统的传感器（采用非集成化工艺制作的传感器，仅具有获取信号的功能）、信号处理电路、带数字总线接口的微处理器组合为一个整体而构成的智能传感系统，其框图如图 10-3 所示。其中传感器的输出信号经信号处理电路转换成数字信号送至微处理器，再由微处理器通过数字总线接口与现场总线连接，传送至显示器或执行机构。这是一种实现智能传感器最快的途径与方式，对制造工艺等并无太高要求，相对传统的非智能化传感器，它在自动校准、自动补偿、接口便利性等方面具有明显的优势。

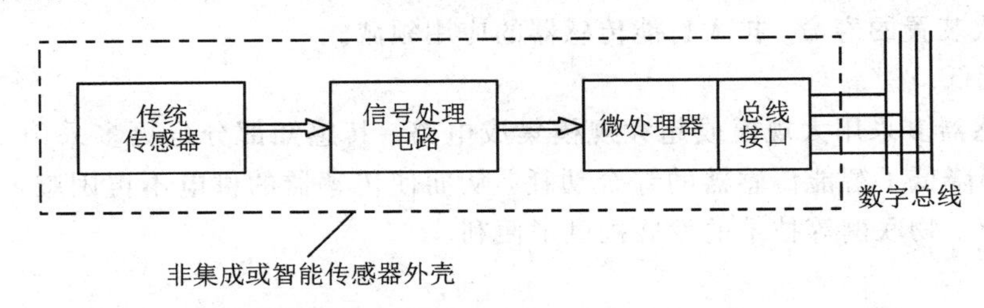

图 10-3 非集成化智能传感器框图

2）集成化实现

集成化智能传感器系统是采用微型计算机技术、微机械加工技术和大规模集成电路工艺技术等，把传感元件、信号处理电路、微处理器等制作在同一块硅芯片上，形成独立的智能传感器功能块，即集成化智能传感器。其外形结构如图 10-4 所示。随着集成度越来越高，相比于非集成化智能传感器而言，集成化智能传感器的体积越来越小，功耗越来越低，集成的传感单元也越来越多，可方便实现集多个参量传感功能于一体。相对传统传感器，集成化智能传感器不是简单地做小、做成一体，而是在材料科学、微加工技术以及相关理论的支撑下的一种革新，是未来传感器的发展方向之一。

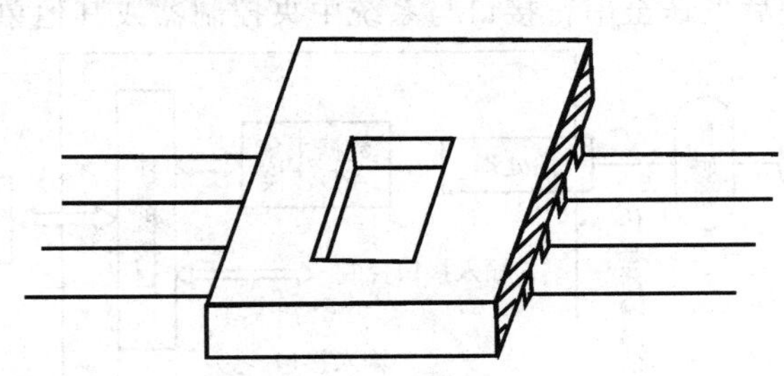

图 10-4 集成化智能传感器外形结构示意图

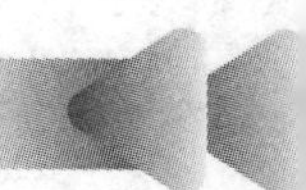

3）混合实现

根据需要和已经具备的条件，将系统各个环节，如敏感单元、信号处理电路、微处理器、数字总线接口等以不同的组合方式分别集成到几个芯片上，并封装在一个外壳里，从而实现混合集成。混合形式的智能传感器介于非集成化智能传感器和集成化智能传感器之间，有利于研发时在已有产品的基础之上，更快地研制出新品并推向市场。

10.5　智能传感器的应用

本小节简要介绍几种典型智能传感器的应用。

1. 智能压力传感器

压力测量是工业生产过程中常见的测量，近些年多种多样的压力传感器被开发出来。图 10-5 所示为美国 HoneyWell 公司研制的 ST3000/900 系列全智能压力传感器的外形图。该智能压力传感器将传感元件与信号处理电路集成在一个 0.147 cm^2 的硅片上，可以同时测量差压（Δp）、静压（p）和温度（T）3 个参数，并具有压力校准和温度补偿功能。

图 10-5　全智能压力传感器 ST3000/900

ST3000 系列智能压力传感器的工作原理框图如图 10-6 所示。当被测压力通过膜片作用于硅压敏电阻上时会引起阻值变化。压敏电阻在惠斯顿电桥中，电桥的输出代表被测压

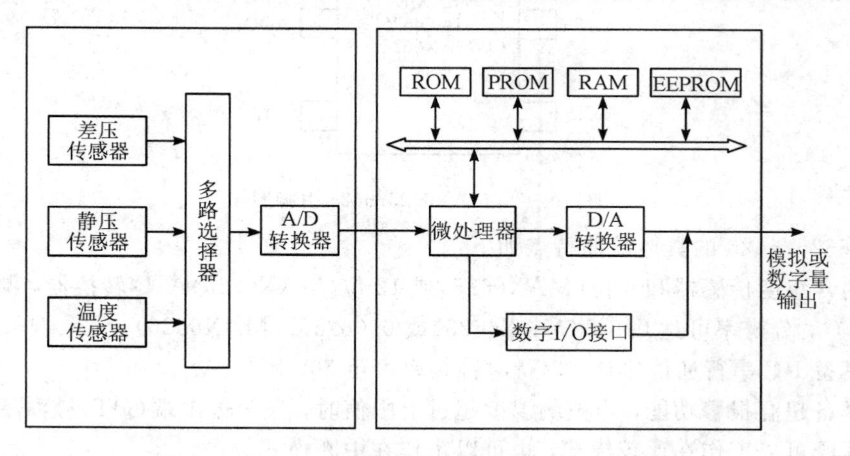

图 10-6　ST3000 系列智能压力传感器的工作原理框图

力的大小。芯片上另外两个传感器分别用于检测静压力和温度。在同一个芯片上检测出的差压、静压和温度信号，经多路选择器分时送到 A/D 转换器，在转化为数字量后传送到信号处理部分。信号处理部分的核心微处理器负责处理这些数字信号。存储在 ROM 中的主程序控制传感器工作的全过程。PROM 中分别存储着 3 个传感器的温度与静压特性参数、温度与压力补偿曲线，并负责进行温度补偿和静压校准。测量过程中的数据暂存在 RAM 中并可随时转存到 EEPROM 中，保证突然断电时数据不会丢失。微处理器利用预先存入 PROM 中的特性参数对 Δp、p 和 T 信号进行运算，得到不受环境因素影响的高精度压力测量数据，再经 D/A 转换为 4～20 mA 的标准信号输出，也可经过数字 I/O 口直接输出数字信号。

这种新型传感器采用了离子注入硅技术，在差压传感器上集成了静压和温度传感器，可随时修正工作过程中由温度和静压引起的误差，因此具有高可靠性(平均无故障时间 470 年)、高稳定性(±0.015%/年)、高精度(±0.075%)、宽量程比(550∶1)、宽测量范围(0～3.5 MPa)等优点。该类传感器普遍用于电力、冶金、石化、建筑、制药、造纸、食品和烟草等行业。

2. 智能温度传感器

目前，温度传感器正从模拟式向数字式、由集成化向智能化的方向飞速发展。MAX6625/6626 是美国 MAXIM 公司生产的智能温度传感器，其将温度传感器、9 位或 12 位 A/D 转换器、可编程温度越限报警器和 I^2C 串行通信接口集成在同一个芯片中。其中，MAX6625 内含 9 位 A/D 转换器，可替代 LM75，MAX6626 采用 12 位 A/D 转换器，能获得更高的温度分辨率，二者均适用于温度控制系统和电脑散热风扇控制等场合。MAX6625/6626 芯片的引脚如图 10－7 所示，SDA 为 I^2C 串行数据总线输入/输出端，SCL 为串行时钟输入端，OT 为温度报警输出端，GND、U_s 为电源引脚，ADD 为 I^2C 总线地址选择端，ADD 与 GND、U_s、SDA、SCL 并接，依次对应 I^2C 地址为 1001000、1001001、1001010、1001011(二进制)，因此，总线上最多可接 4 片 MAX6625/6626。

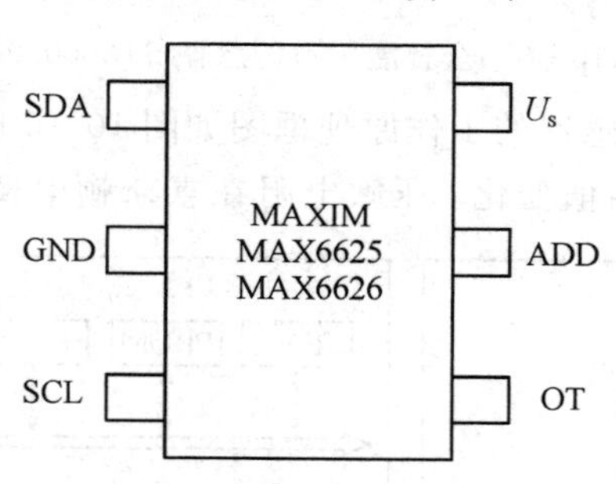

图 10－7　MAX6625/6626 引脚图

MAX6625/6626 的具体性能特点如下：

(1) 内含温度传感器和 9 位(MAX6625)或 12 位(MAX6626)A/D 转换器，测温范围为 －55～125℃，分辨率可达 0.5℃(MAX6625)或 0.0625℃(MAX6626)。

(2) 具备 I^2C 串行通信接口，串行时钟频率可至 500 kHz。

(3) 具备超温报警功能，当被测温度超过上限值时，报警输出端(OT)被激活并有相应输出；芯片既可以工作在比较模式，也可以工作在中断模式。

(4) 具有掉电模式，可通过配置进入此模式，此时除上电重启动电路和串行接口以外，

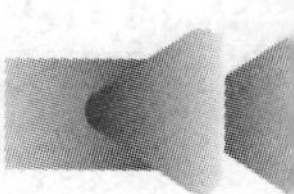

其余电路均不工作，电流可降至 1 μA，降低了功耗。

（5）可总线连接，最多可挂 4 片同类器件。

MAX6625/6626 的内部工作原理如图 10-8 所示。它采用 6 引脚的 SOT23 小型化封装：U_s、GND 分别接电源的正、负端，SDA 为串行数据总线的引出端，SCL 为串行时钟输入端，OT 为温度报警输出端，ADD 为 I^2C 总线地址选择端。芯片内部主要包括 6 个部分：带隙基准电压源与温度传感器；A/D 转换器；5 个寄存器（地址指针寄存器、温度数据寄存器、上限温度 T_H 寄存器、下限温度 T_L 寄存器和配置寄存器）；设定点比较器；故障排队计数器；I^2C 总线串行接口。其工作原理是首先由传感器产生一个与热力学温度成正比的电压信号 U_T，带隙基准电压源提供 A/D 转换所需的基准电压，然后通过 A/D 转换器将 U_T 转换成对应的数字量，存储到温度数据寄存器中，转换周期约需 133 ms。温度转换和 I^2C 接口之间为异步通信。

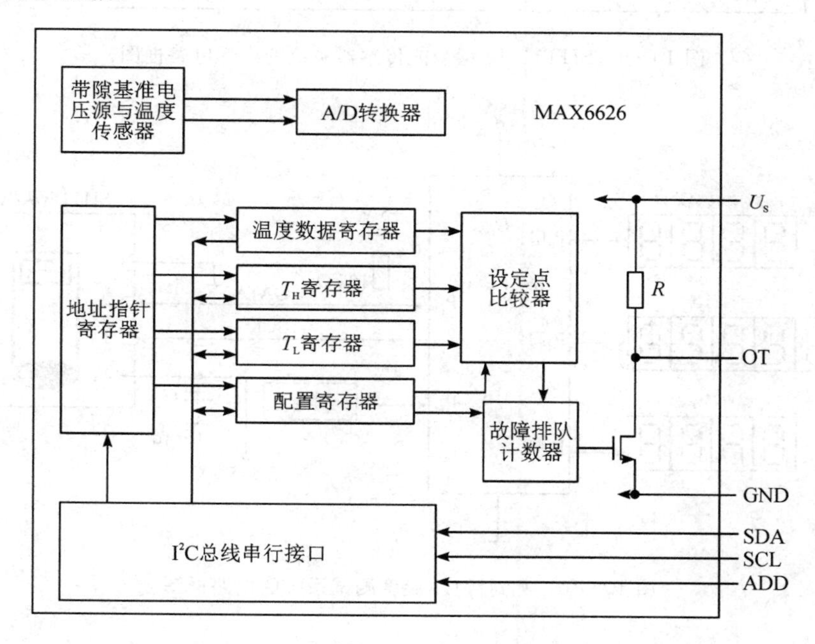

图 10-8　MAX6625/6626 内部工作原理框图

3. 多功能智能传感器

瑞士 Sensirion 公司推出的 SHT11/15 型高精度、自校准、多功能式智能传感器兼有数字湿度计、温度计和露点计这三种仪表的功能，可广泛应用于农业生产、环境监测、医疗仪器、通风及空调设备等领域。图 10-9 为 SHT11/15 型智能传感器系统的内部电路框图。其外形尺寸仅为 7.62 mm×5.08 mm×2.5 mm，体积与一个大火柴头相近，质量仅为 0.1 g。图 10-10 展示了其相对湿度/温度测试系统的电路框图，它能测量并显示相对湿度、温度和露点。在该智能传感器系统中，SHT15 为从机，89C51 单片机为主机，二者通过串行总线通信。Sensirion 公司推出的这款智能传感器，其相对湿度测量范围为 0～99.99%RH，测量精度为±2%RH，分辨率为 0.01%RH；温度测量范围为−40～123.8℃，测量精度为±1℃，分辨率为 0.01℃；露点测量精度<±1℃，分辨率为±0.01℃。

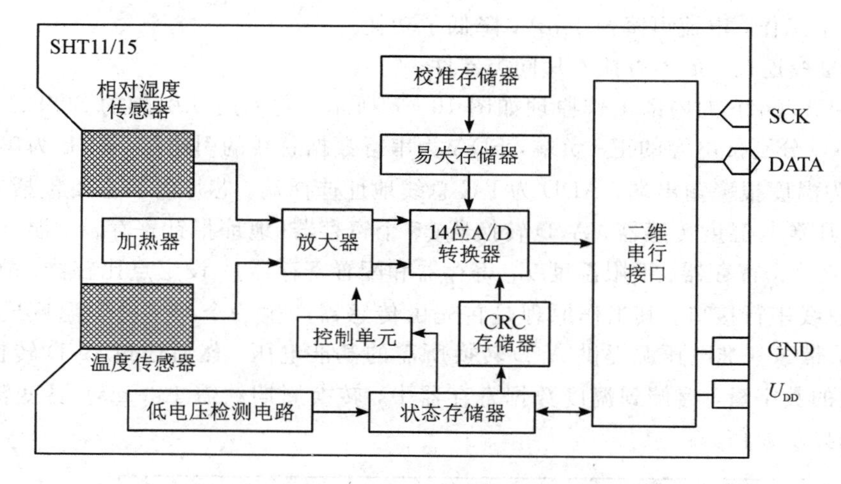

图 10-9　SHT11/15 型智能传感器系统的内部电路框图

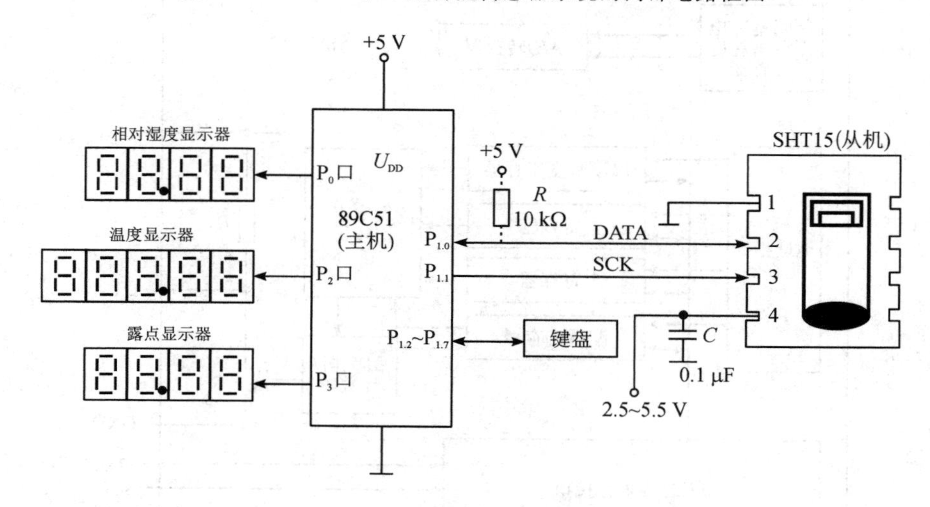

图 10-10　相对湿度/温度测试系统的电路框图

10.6　智能传感器未来的应用前景

随着物联网、移动互联网等新兴产业的快速发展，智能传感器的市场需求逐步扩大。2020—2027 年，全球智能传感器市场将以 18.6%的 CAGR 增长，2027 年将达到 1436.5 亿美元。其中，汽车行业是全球最大的智能传感器应用市场，占比约四分之一。在 2020－2027 年的预测期内，汽车智能传感器市场增长率预计将达到 21.7%。此外，可穿戴设备和医疗保健应用将为智能传感器带来近期的增长机会。有了智能传感器，人们的日常生活将会变得更加便捷、智能。智能传感器的未来应用场景如下：

(1) 智能交通。智能交通系统作为一种大范围、全方位覆盖的运输和管理系统，依托于近年来物联网和智能传感技术的迅猛发展，将先进的控制、传感、通信、信息技术与计算机技术高效结合，综合应用于整个交通管理体系。它通过提高交通信息的有效利用和管理来提高交通系统的效率，其中，信息采集子系统通过智能传感器采集车辆和道路信息，策略控制子系统利用计算方法根据设定目标计算最优解，并输出控制信号给执行子系统以引导和控制车辆通行，从而达到预设目标。智能交通系统的应用将极大地缓解交通拥堵，有效减少交通事故的发生，提高交通系统的安全性，减少环境污染。

(2) 智能穿戴。在许多可穿戴设备中，传感器是核心设备，也是设备的价值主张。虚拟增强和混合现实(VR/AR/MR)设备依靠全套传感器使用户能够与周围环境进行交互，而虚拟内容需要一组核心传感器来实现人与环境的交互。例如运动传感器、生物传感器和环境传感器。智能可穿戴设备包括五个模块：处理器及内存、电源、无线通信、传感器和执行器。其中，传感器是五个模块中的创新要素，是人与物通信的核心。由于传感器技术的进步，可穿戴设备未来可以实现更准确的数据监控。

(3) 智慧医疗。近年来，随着新一代信息技术的飞速发展和对医疗资源需求的不断增长，对智慧医疗市场的需求也不断增加，涌现了一系列新兴技术和产品。医疗工作者可以借助大量智能医疗传感元器件，特别是MEMS传感器，掌握患者的生理健康状态，辅以精准的治疗建议，为患者提供更加优质、智慧的医疗服务。特别是自2020年新冠疫情在全球暴发以来，对相关智能医疗设备的需求激增，例如，无接触测温推动了对热电堆和微热辐射测定仪的需求，核酸检测拉动了微流控产品的需求，呼吸机带动了智能压力传感器和流量计的需求等。

(4) 智能农业。智能农业也称为精准农业，即使用最少的资源，如水、肥料和种子，以最大限度提高产量。通过部署智能传感器和测绘领域，农民开始从微观角度了解农作物的生长过程，科学地节约资源并减少对环境的影响。精准农业中使用了许多智能传感技术，由此获得的数据有助于监测和优化作物生长并适应不断变化的环境因素。这些智能传感器主要包括位置传感器、光学传感器、电化学传感器、机械传感器、土壤湿度传感器和气流传感器等。

(5) 智能家居。智能家居以住宅为基础，集安防监控、家电控制、灯光控制、背景音乐、语音控制于一体，可联动集中管理，提供更加方便、舒适、安全、节能的家庭生活环境。智能家居系统中包含了很多种智能传感器，例如：红外线/移动传感器，这种传感器主要用于感知人的存在，从而实现人来灯亮、人去灯灭；温控器可根据室内温度变化自动调节温度，甚至可实现空调的自动开关；使用照明感应器，家里的灯光会根据外界的亮度自动调整灯光的亮度，从而使家里的灯光始终保持舒适的亮度，同时降低用电量。

本章小结

1. 智能传感器的概念

智能传感器是一种以微处理器为核心，具有检测、判断和信息处理等功能的传感器。

2. 智能传感器的功能

智能传感器的功能有传感器功能、逻辑判断和信息处理功能、自我诊断和自动校准功能、可配置和组态功能、数据存储功能、具备通信接口。

3. 智能传感器的特点

智能传感器的特点：精度高、可靠性高、微型化、集成化、自适应性强、功耗低。

4. 智能传感器的实现方式

智能传感器的实现方式有非集成化实现、集成化实现、混合实现。

思考题和习题

10－1　什么是智能传感器？

10－2　智能传感器有哪些特点？

10－3　智能传感器的基本组成是什么？

10－4　智能传感器如何实现？

第 11 章

传感器的发展趋势

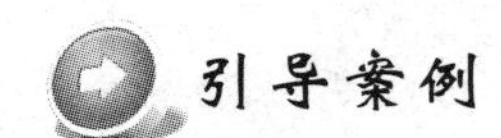

引导案例

“空天地一体化”监测系统

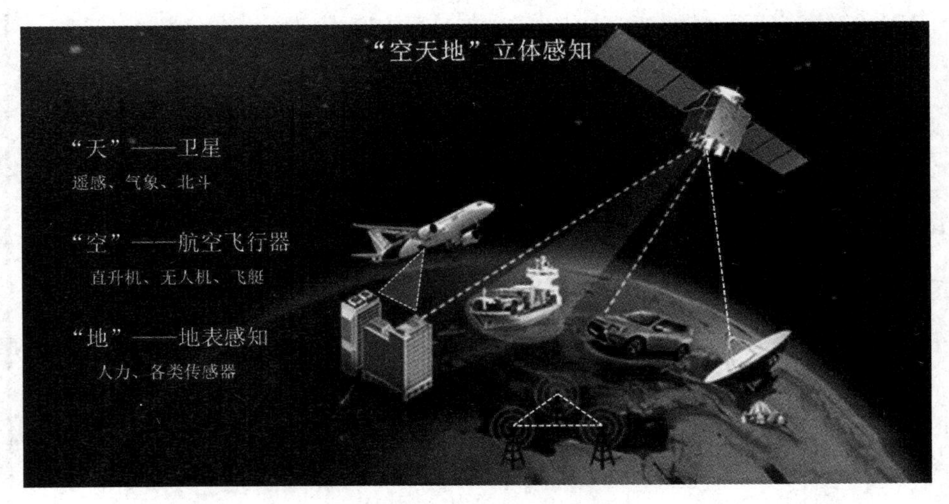

国家领导人在2018年10月提出自然灾害防治关系国计民生，我国自然灾害防治能力总体较弱，要建立高效可续的自然灾害防治体系，提高全社会自然灾害的防治能力，为保护人民群众生命财产安全和国家安全提供有力保障。然而复杂的监测对象，传统的自然灾害监测系统存在一些不足，例如全天候监测续航难、覆盖率低等。近年来，随着信息技术的发展，“空天地一体化”监测系统有望实现对自然灾害的精密测量、长期监测、实时预警。该项技术结合了航天遥感、航空遥感、地面监测与物联网等技术发展成果。“天”具有区域范围大和空间连续性的特点，是感知大区域尺度自然灾害的信息主体；“空”包括有人机和无人机遥感平台，具有高精度和时间连续性的特点，可以补充遥感信息的缺失，是遥感观测中小尺度自然灾害的重要信息来源；“地”是地面监测技术以及物联网和互联网结合的地面传感网，具有实时观测和快速传输的特点，提供地面真实信息，进行天空平台精度验证。除此之外，我国发射的一系列卫星将形成星际互联网，进一步扩大了对地面监测的范围，同时监测能力和效率也将大大提升，从而为自然灾害的监测提供更多数据支撑和赋能。在这些技术的支持下，有望实现各种自然灾害的三维集成可视化、基础信息检索、监测数据采集、应急决策支持等功能。

“空天地一体化”监测系统，将充分利用遥感网、物联网和互联网三网融合，并结合星际互联，实现自然灾害信息的快速感知、采集、传输、存储和可视化，从而解决传统监测系统监测范围与参数精度、预警时效性与系统能耗、性能与成本无法兼顾的难题，显著提高信息获取的保障率，实现对自然灾害信息全天时、全天候、大范围、动态和立体监测与管理。相信在不久的将来，“空天地一体化”监测系统以及星际互联的不断完善，会准确地提供自然灾害前的预警信息、灾害时的检测信息、灾害后的总结信息，进一步保障人民群众的生命财产安全。

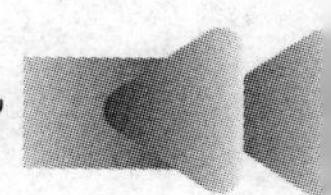

11.1 概　　述

随着传感器技术新原理、新材料和新方法的快速发展，传统传感器正处于向新型传感器转型的发展阶段。新型传感器的特点包括了多样化、集成化、网络化和微型化，它不仅促进了传统产业的改造，而且推动了新型工业的建立，是 21 世纪新的经济增长点。本章将对新型传感器的特点及其发展趋势与挑战进行介绍。

11.2 传感器的多样化

随着现代科学的发展，传感技术作为一种与现代科学密切相关的新兴学科得到了迅速的发展，MEMS 和高科技材料的进步，也让传感器的研发呈现多样化趋势，主要体现在传感器功能的多样化和应用场景的多样化。这一节介绍传感器多样化的特点及其发展趋势与挑战。

1. 传感器多样化的特点

1）传感器功能多样化

大部分的传统传感器只能提供单一参数的数据，而新型传感器可实现多参数综合测量，其特点主要包括：

(1) 具有功能可控性，可通过编程选择功能，并扩大测量和使用范围。

(2) 具有一定的自适应能力，可根据检测对象或条件的变化，相应地改变输出数据的范围和形式。

(3) 具有数字通信接口功能，可将数据直接发送到远程计算机进行处理。

(4) 具有多种数据输出形式，适用于各种应用系统。

(5) 具有归一化功能，通过放大器归一化模拟信号并通过微处理器进行数字归一化。

多功能化传感器的主要执行规则和结构模式如下：

(1) 多功能化传感器系统由若干种各不相同的敏感元件组成，可以用来同时测量多种参数，例如，可以将一个温度探测器和一个湿度探测器配置在一起制成一种新的传感器，这种新的传感器就能够同时测量温度和湿度。

(2) 将若干种不同的敏感元件制作在单独的一块硅片中，从而构成一种集成化和小型化的多功能化传感器。由于这些敏感元件是被封装在同一块硅片中的，它们无论何时都工作在同一种条件下，因此很容易对系统误差进行补偿和校正。

(3) 借助于同一个敏感元件的不同效应可以获得不同的信息。以线圈为例，它所表现出来的电容和电感是各不相同的，因此可以实现多参量的传感。

(4) 在不同的激励条件下，同一个敏感元件将表现出不同的特征。而在电压、电流或温度等激励条件均不相同的情况下，由若干种敏感元件组成的一个多功能化传感器，其特征也均不相同。

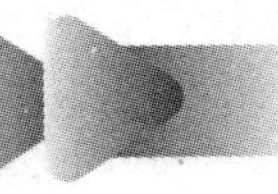

2）应用场景多样化

随着传感器技术的日益发展，它的应用场景已经渗透在军事、能源、机器人、自动控制、环境保护、交通运输、医疗化工、家用电器及遥感技术等领域中，扮演着人类感官、神经、大脑的角色。据不完全统计，目前传感器产品的种类已达到10个大类、42个小类、6000多个品种，它们在各个应用领域发挥着重要的作用。

(1) 在航空航天领域中的应用。宇宙飞船除使用传感器进行速度、加速度和飞行距离的测量外，飞行方向、飞行姿态、飞行环境、飞行器本身的状态及内部设备的监控，还有飞船内部环境(如湿度、温度、空气成分等)都要通过传感器进行检测。另外，也可以通过飞机、人造卫星、宇宙飞船及船舶上的传感器对远距离的广大区域被测物体及其状态进行大规模探测，也就是遥感技术。

(2) 在机器人中的应用。在劳动强度大或危险作业的场所以及一些要求高速度、高精度的工作中，已逐步使用机器人取代人的工作。但要使机器人的工作和人更为接近，就要给机器人安装视觉传感器和触觉传感器，使机器人通过视觉对物体进行识别和检测，通过触觉对物体产生压觉、力觉、滑动感觉和重量感觉。

(3) 在工业自动控制系统中的应用。传感器是自动检测与自动控制的首要环节，如果没有传感器对原始信息(信号或参数)进行精确、可靠的测量，就无法实现从信号的提取、转换、处理到生产或控制过程的自动化。可见，传感器在自动控制系统中是必不可少的。

(4) 在环境保护中的应用。利用传感器制成的各种环境监测仪器正在发挥着积极的作用。如用生物传感器监测水质，排污监控系统中排污量的检测、污水成分的鉴定等都使用传感器来监测。

(5) 在生物医学上的应用。传感器在医学上可以用来对人体的表面和内部温度、血压、腔内压力、血液及呼吸流量、肿瘤、脉搏及心音、心脑电波等进行高难度的诊断。如可穿戴新型传感器、生物发光传感器、人造毛发传感器、可贴皮肤传感器、智能手表传感器等。这些传感器在早期诊断、早期治疗、远距离诊断及人工器官的研制等方面发挥着不可替代的作用。

(6) 在交通运输中的应用。在车辆运输中传感器可用于检测车轴数及轴距、车速监控、车型分类、动态称重、收费站地磅、闯红灯拍照、停车区域监控、交通信息采集(道路监控)等。在车辆中也不只局限于对行驶速度、行驶距离和发动机旋转速度的监控，还用于安全监控，如汽车安全气囊系统、防盗装置、防滑控制系统、防抱死装置、电子变速控制装置、排气循环装置、电子燃料喷射装置及汽车“黑匣子”等。

(7) 在日常生活中的应用。传感器在我们的日常生活中也随处可见，如电冰箱、电饭煲中的温度传感器，空调中的温度和湿度传感器，洗衣机中的液位传感器，煤气灶中的煤气泄漏传感器，水表、电表、电视机和影碟机中的红外遥控器，照相机中的光传感器等。

2. 多样化传感器的发展趋势与挑战

随着传感技术的不断发展，传感器在灵敏度、分辨率、测量范围、精度、准确度等方面的前沿进展几乎每天都在扩大。一方面，通过使用单光子、纠缠光子或其他量子技术，光电传感器的精度和分辨率是传统传感器无法达到的；另一方面，新的纳米材料或在纳米尺度出现的效应也可以提高传感器的灵敏度，拓展传感器的功能。

然而，从技术角度来看，多样化传感器面临的挑战依旧是如何大幅降低其成本、尺寸

或能耗。例如，光纤传感器比电子传感器贵得多，为了降低光纤传感器的成本，研究设计这种传感器的新方法至关重要；而可穿戴设备由于电池充电时间短，使用范围有限，如何降低其功耗，又或者开发新的供电机制都是将来的研究方向；在智能工业中，必须在保证传感器高度可靠性和精确性的同时，降低其价格；在生物医学方面，必须进一步提高制造传感器材料的生物相容性，也要更加环保。

除此之外，对传感器产生的数据和信号的处理也是重要的挑战。目前，未来多功能化传感器将用于实时监测上百个物理参数，提供大量的数据，这些数据必须被高速收集、存储、处理和解释，以实时提供信息。在上述情况下，人工智能和深度学习中使用的概念和方法以及大数据中使用的技术将越来越多地与多功能化传感器相融合。

11.3 传感器的集成化

集成化传感器是指通过半导体工艺，将多个传感器与接口、信号处理电路制作在同一芯片上或封装于同一管壳内形成的兼有测量、判断与信息处理功能的传感器。与传统的由分立元件构成的传感器相比，集成化传感器具有功能强、精度高、响应速度快、体积小、微功耗、价格低、适合远距离信号传输等特点。这一节主要介绍集成化传感器的构成、集成化途径以及发展趋势与挑战。

1. 集成化传感器的构成

典型的集成化传感器可分为四个部分，如图 11－1 所示。各部分功能如下：

(1) 敏感元件：将所测的物理量转换为可处理信号。

(2) 信号处理：由于敏感元件本身产生的信号经常受噪声及其他因素的干扰，因此需要通过放大、线性化、补偿、滤波等电路，对信号进行处理来降低传感器的非理想特性。

(3) A/D 转换：将传感器得到的信号转化为计算机可读的串行或并行的数字格式。

(4) 传感器总线接口：协调处理全部的数据传输，将传感器数据通过适当的接口传输到计算机中。

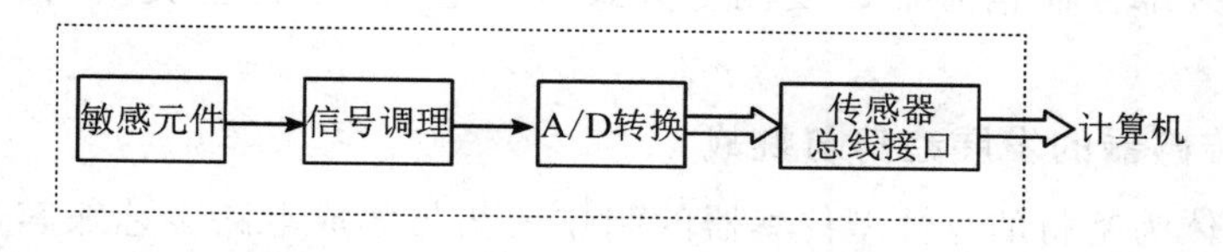

图 11－1　典型的集成化传感器的构成框图

2. 主要集成化途径

传感器的集成化是一个由低级到高级、由简到繁的发展过程，下面介绍几种典型的集成化传感器的集成化方式。

1) 各种调节和补偿电路的集成

把电源稳压电路和传感器集成在一起，不仅降低了传感器对外部电源的要求，方便使用，而且改善了输出信号的稳定性。由于传感器特别是半导体传感器对温度的灵敏性一般较高，因此良好的温度补偿更具有重要意义。对于分立元件组成的传感器，温度补偿通过外部感温元件构成的温度补偿电路实现，但由于传感器的实际温度和外部感温元件不完全一致，因此难以达到预期补偿效果。如果将温度补偿电路与传感元件集成在同一芯片上，补偿电路就能准确感知传感元件的温度，取得较好的补偿效果。

2）信号放大和阻抗变换电路的集成

把信号放大电路和阻抗变换电路与敏感元件集成在一起，可显著改善信号的信噪比，抑制外部干扰。对于集成化传感器，由于传感元件和放大器、阻抗变换电路集成在一起，传感元件产生的信号经放大和阻抗变换后再经传输线馈送到后续信息处理电路进一步处理，因此，传输线上的干扰影响被大大削弱。

3）信号数字化电路的集成

提高抗干扰能力的另一有效措施是将模拟信号转换成数字信号。常用方法是在芯片上先把模拟信号转换为相应的频率信号，再转换为数字信号。各种电流控制振荡器和电压控制放大器都可用于此目的。为适应控制系统的要求，常把传感器的输出转换成为开/关两种状态的输出。当被测信号强度高于某一阈值时，输出从一个状态转换到另一个状态。为了克服被测信号在阈值附近受干扰而影响输出状态，通常把施密特触发器和开关电路集成在一起。

4）多敏感元件或传感器的集成

利用集成技术可以把多个相同类型的敏感元件或多个不同类型的传感器集成在一起。将多个同类型敏感元件集成在一起，就可通过比较各自的测量结果去除性能异常或失效元件的测量结果。通过对正常工作器件的测量结果求平均值可以改善测量精度。将多个不同类型的传感器集成在一起，除了可同时测量多个参数，还可对这些参数的测量结果进行综合处理，得出一个反映被测系统整体状态的参数。

5）信号发送接收电路的集成

在一些应用中，需要将传感器安装在运动部件上或安放在有危险的封闭环境中，又或放置在被测试的生物体内，这时测得的信号需通过无线电波或光信号传送出来。在这种情况下，若将信号发送电路和传感器集成在一起，则可大大减轻测量系统的质量并减小尺寸，给测量带来很多方便。另外，把传感器与射频信号接收电路以及一些控制电路集成在一起，传感器可以接收外部控制信号而改变测量方式和测量周期，甚至关闭电源以减少功率消耗等。

3. 集成化传感器的发展趋势与挑战

由于以半导体为基材的物性型传感器的制作工艺与集成电路工艺兼容，因此，早期的集成化传感器多以物性型的居多。近年来，随着微机械加工技术的发展，一些适合以硅为基材并利用 MEMS 技术制作的微型敏感结构来实现的结构型集成化传感器已商用化，如三维加速度计、陀螺仪芯片等，这改变了集成化传感器以物性型为主的市场局面。随着集成电路技术和 MEMS 技术的快速发展，集成化传感器中的集成电路和敏感元件将越来越多，其功能也将越来越强，随之也带来了以下挑战：

（1）集成化制造技术欠缺。多传感器集成化在现阶段对于 MEMS 制造工艺依然是不小的挑战。这是因为集成模块的制作工艺很难，生产良率也会显著下降，必须确保每一步集成制作工艺的最优化，才能保证器件的可靠性和稳定性。

（2）计算能力有限。目前嵌入式处理器以及存储器虽然满足了集成化传感器的基本处

理需要，但是数据经过 A/D 转换后，只经过少许处理就输出，很容易产生大量的数据，而有些数据是不需要的，因此如何提升传感器的处理能力，并可以进行协作分布式信息处理是个挑战。

(3) 补偿和校正困难。不论补偿还是校正都需要额外的硬件或者软件，集成化传感器在设计过程中，更多考虑的是传感器的集成，而对于补偿和校正系统考虑较少。因此如何进一步简化补偿校正系统，优化系统结构，以实现高集成化传感器是个挑战。

11.4　传感器的网络化

传感器网络化是传感器领域发展的一项新兴技术，它利用 TCP/IP，将工作现场测控数据就近登录网络，并与网络上的节点直接进行通信，实现数据的实时发布与共享。传感器网络化的目标就是采用标准的网络协议，同时采用模块化结构将传感器和网络技术有机地结合起来。这一节主要介绍网络化传感器的特点、结构、类别、发展趋势与挑战。

1. 网络化传感器的特点

网络化传感器综合了传感器技术、嵌入式计算技术、现代网络通信技术及分布式信息处理技术等，能够通过多种集成化的微型传感器协作完成监测和采集各种环境或监测对象的信息，经嵌入式计算技术对信息进行处理，并由通信网络将所采集到的信息传送到用户终端。

计算机技术与通信技术的结合形成了计算机网络技术，计算机技术与传感器技术的结合形成了智能化传感器技术，而计算机技术、通信技术与传感器技术的结合形成了网络化传感器技术，如图 11－2 所示。

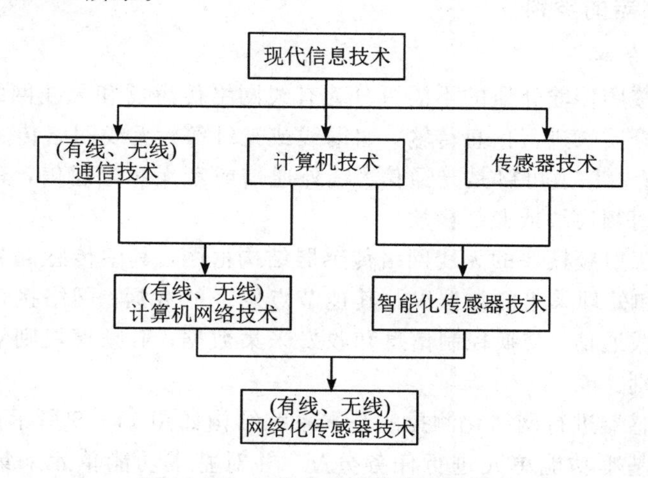

图 11－2　网络化传感器技术的构成

网络化传感器以嵌入式微处理器为核心，是集成了传感单元、信号处理单元和网络接口单元的新一代传感器。与传统的传感器相比，网络化传感器具有以下优点：

(1) 网络化传感器使传感器由单一功能、单一检测向多功能、多点检测方向发展，使信息处理由被动检测转向主动检测，由就地检测转向远距离实时在线检测。

(2) 网络化传感器使传感器可就近接入网络，传感器可通过总线串在一起，从而减少现场线缆，方便布线，节省投资，易于系统维护和系统扩展。

(3) 网络化传感器可实现资源共享，各传感器采集的数据可供多用户使用，从而降低了测量系统的成本。

(4) 网络化传感器的输出为数字信号，其传输过程无精度损失，可保证系统精度。

2. 网络化传感器的结构

网络化传感器是采用标准的网络协议并通过模块化的结构将智能传感器与网络技术有机地结合起来的，其基本结构框图如图 11-3 所示。敏感元件输出的模拟信号经信号处理和A/D 转换后，由微处理器根据程序的设定和网络协议将其封装成数据帧并加上目的地址，然后通过网络接口传输到网络上；反之，微处理器还能接收网络上其他节点传送来的数据和命令，以实现对本节点的操作。

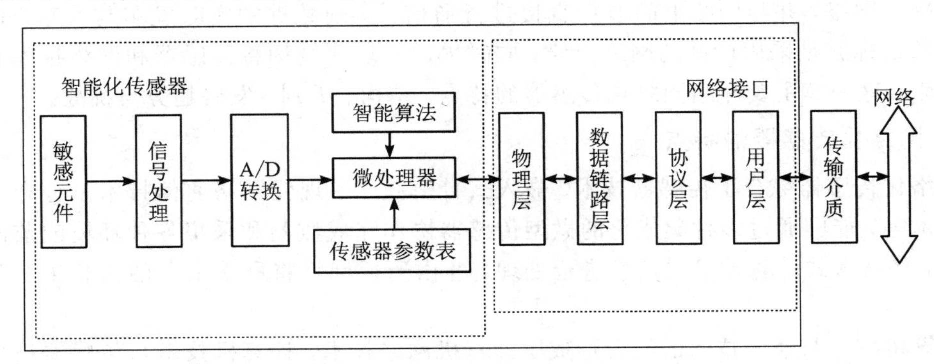

图 11-3　网络化传感器的基本结构框图

3. 网络化传感器的类别

1) 按传输介质分类

网络化传感器按照传输介质的不同可分为有线网络传感器和无线网络传感器。有线网络传感器采用固体介质来进行信息传输，如铜线或光纤等；无线网络传感器在自由空间中进行信息传输，其传输信道可以是光通信、红外通信或者无线电通信，其中应用较多的是基于无线电通信的射频模块或蓝牙模块。

图 11-4 是基于射频模块的无线网络传感器结构框图，其中传感部分主要是监测信息的采集、数据转换和处理采集的数据以及其他节点发来的数据；网络接口部分负责与其他传感器节点进行无线通信，交换控制信息和收发采集数据；射频模块则对采集的数据进行非接触式的自动识别。

利用网络化传感器进行网络化测控的基本系统结构如图 11-5 所示，其中测量服务器主要用于对各测量基本功能单元进行任务分配，并对基本功能单元采集来的数据进行计算、处理、综合、存储和打印等；测量浏览器主要作为 Web 浏览器或其他软件的接口，用于浏览现场海量节点测量、分析、处理的信息和测量服务器收集、产生的信息。系统中，传感器不仅可以和测量服务器进行信息交换，而且可以和执行器进行信息交换，以减少网络中传输的信息量，这有利于系统获得更好的实时性。

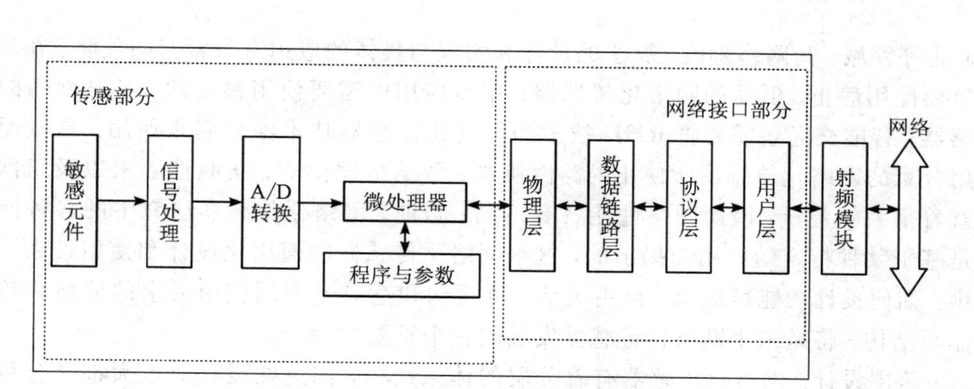

图 11-4　基于射频模块的无线网络传感器结构框图

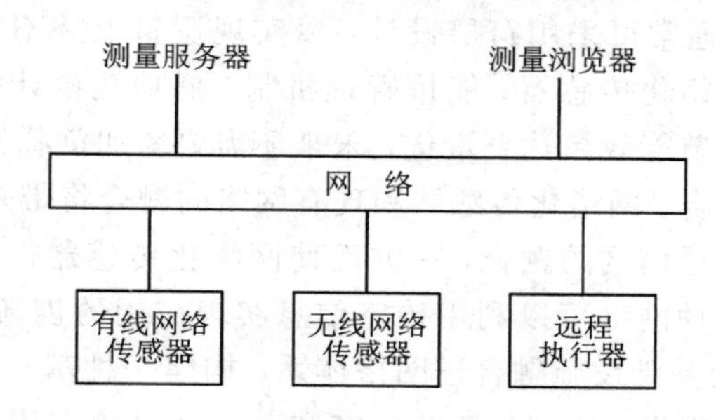

图 11-5　网络化测控的基本系统结构示意图

2）按网络接口分类

网络化传感器必须符合某种网络协议才能使现场监测的数据信息直接进入网络。目前工业现场存在许多网络标准，随之发展了多种网络化传感器，它们具有不同的网络接口单元类型。其中以下两类网络化传感器比较常用：

(1) 基于现场总线的网络化传感器。现场总线是指连接智能现场设备和自动化系统的数字式、双向传输及多分支结构的通信网，其关键标志是支持全数字通信，其主要特点是可靠性高。它可以把所有的智能现场设备(包括仪表、传感器和执行器)与控制器通过一根线缆相连，形成现场设备级的数字化通信网络，从而完成现场数据信息的监测、控制及远距离传输。

现场总线技术在国际上已成为热门研究开发的技术，各大公司都开发出了自己的现场总线产品，并形成了各自的标准。目前常见的标准有数十种，它们各具特色。基于不同的现场总线标准可开发不同的网络化传感器，以满足不同领域的应用需求。

(2) 基于以太网的网络化传感器。由于以太网具有通信速度高、技术开放性好和价格低廉等优点，人们已经开始研究基于以太网即基于 TCP/IP 的网络化传感器，即在传感器中嵌入 TCP/IP，使传感器具有 Internet/Intranet 功能，相当于 Internet 上的一个节点。这种网络化传感器不仅可以直接接入 Internet 或 Intranet，而且可以做到即插即用。由于采用了统一的网络协议，因此不同厂家的网络化传感器可以直接互换与兼容。

4. 网络化传感器的发展趋势与挑战

根据网络化传感器的研究现状，其未来的发展趋势主要有以下三个方面：

(1) 灵活、自适应的网络协议体系。网络化传感器广泛地应用于军事、环境、医疗、家

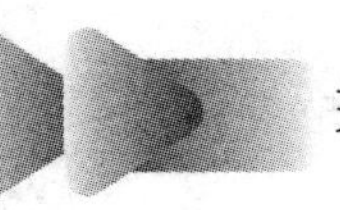

庭、工业等领域。其网络协议、算法的设计和实现与具体的应用有着紧密的关联。在环境监测中需要使用静止、低速的网络化传感器；军事应用中需要使用移动的、实时性强的网络化传感器；智能交通还需要将 RHD 技术和网络化传感器技术融合起来使用。这些面向不同应用背景的网络化传感器所使用的路由机制、数据传输模式、实时性要求以及组网机制等都有着很大的差异，因而网络性能各有不同。目前，网络化传感器研究中的各种网络协议都是基于某种特定的应用而提出的，这给网络化传感器的通用化设计和使用带来了巨大的困难。如何设计功能可裁减、自主灵活、可重构和适应于不同应用需求的网络化传感器协议体系结构，将是未来网络化传感器发展的一个重要方向。

(2) 跨层设计。网络化传感器有着分层的体系结构，因此在设计时也大都是分层进行的。各层的设计相互独立且具有一定局限性，因而各层的优化设计并不能保证整个网络的设计最优。针对此问题，通常可采用跨层设计，以实现逻辑上并不相邻的协议层之间的设计互动与性能平衡。对网络化传感器，能量管理机制、低功耗设计等在各层设计中都有所体现；但要使整个网络的节能效果达到最优，未来还需要增加负载的跨层设计方法。

(3) 与其他网络的融合。网络化传感器和现有网络的融合将带来新的应用。例如，网络化传感器与互联网、移动通信网的融合，一方面使网络化传感器得以借助这两种传统网络传送信息，另一方面这两种网络可以利用传感信息实现应用的创新。此外，将网络化传感器作为传感与信息采集的基础设施融合进网格体系，构建一种基于网络化传感器的全新网格体系，将能够为大型的军事、科研、工业生产和商业交易等应用领域提供一个集数据感知、密集处理和海量存储于一体的强大的操作平台。

相信随着传感技术、计算机技术和网络技术的快速发展，未来的网络化传感器将与智能传感器相辅相成，在智慧家居、智慧医疗、智慧城市、智慧农业等领域产生深远的影响，推动通信时代迈向智能感知时代，并实现“空天地一体化”及“星际互联”的终极目标，网络化传感器未来发展方向如图 11－6 所示。

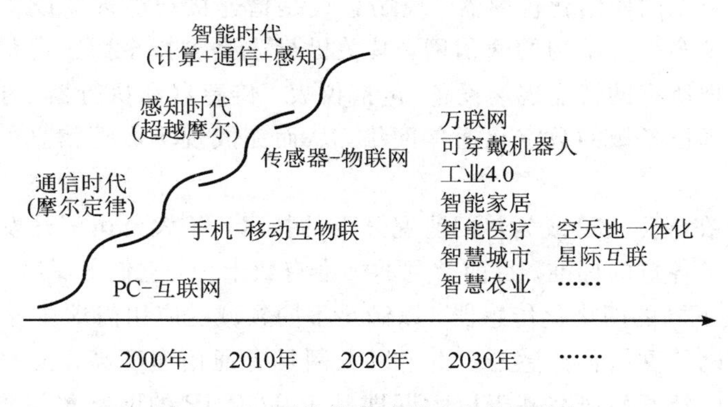

图 11－6　网络化传感器未来发展方向

为实现上述目标，目前的网络化传感器面临以下五个方面的挑战：

(1) 低能耗：传感器节点通常由电池供电，电池的容量一般不会很大。由于传感器长期工作在无人值守的环境中，通常无法给传感器节点充电或者更换电池，一旦电池用完，节点也就失去了作用，因此要求在网络化传感器运行的过程中，每个节点都要最小化自身的能量消耗，获得最长的工作时间；因而网络化传感器的各项技术使用一般都以节能为前提。

(2) 实时性。网络化传感器应用大多有实时性的要求。例如，目标在进入监测区域之

后，传感系统需要在一个很短的时间内对这一事件作出响应，其反应时间越短，系统的性能就越好。例如，车载监控系统需要每 10 ms 读一次加速度仪的测量值，否则无法正确估计速度，容易导致交通事故。这些应用都是网络化传感器的实时性设计面临的巨大挑战。

(3) 低成本。组成网络化传感器的节点数量众多，单个节点的价格会极大程度地影响系统的成本。为了达到降低单个节点成本的目的，需要设计对计算、通信和存储能力均要求较低的简单网络系统和通信协议。此外，还可以通过减少系统管理与维护的开销来降低系统的成本，这需要系统具有自配置和自修复的能力。

(4) 安全和抗干扰。网络化传感器系统具有严格的资源限制，需要设计低开销的通信协议，同时也会带来严重的安全问题。如何使用较少的能量完成数据加密、身份认证、入侵检测以及在被破坏或受干扰的情况下可靠地完成任务，也是网络化传感器研究与设计面临的一个重要挑战。

(5) 协作。单个的传感器节点往往不能完成对目标的测量、跟踪和识别，需要多个传感器节点采用一定的算法通过交换信息，对所获得的数据进行加工、汇总和过滤，并以事件的形式得到最终结果。数据的传递协作涉及网络协议的设计和能量的消耗，这也是目前研究面临的挑战之一。

11.5　传感器的微型化

微型化传感器是随着 MEMS 技术和纳米技术的发展而兴起的新型传感器，具有体积小、重量轻、反应快、灵敏度高以及成本低等优点。这一节主要介绍微型化传感器的特点及发展趋势与挑战。

1. 微型化传感器的特点

微型化传感器是指物理尺寸在亚毫米量级的传感器，主要包括两大类：微型传感器和微型执行器。微型传感器具有体积小、质量轻、响应快、灵敏度高和成本低的优点，目前开发的微型传感器可以测量各种物理量、化学量和生物量，例如位移、速度、加速度、压力、应力、应变、pH 值、离子浓度、生物分子浓度等以及声、光、电、磁、热相关参数；微型执行器用于实行各种运动和控制，是 MEMS 中的关键部分，目前开发的微型执行器主要有微型马达、微型镊子、微型泵、微型阀及微型光学器件、打印机喷头和硬盘磁头等。

相比传统的传感器，微型化传感器主要具有以下特点：

(1) 多样化。微型化传感器的多样化主要表现在其工艺、应用领域及材料等方面。

(2) 集成化。微型化传感器更易于实现将传感器集成阵列加工在一个小微型芯片上，从而具备多功能探测与分析能力以及强大的数据处理、存储与分析能力，使其拥有可观的发展前景和巨大的应用潜力。

(3) 尺度效应。微型化传感器尺度缩小至纳米级别后，会产生尺度效应，从而发生奇异或反常的物理、化学特性，如表面电荷效应、双电层重叠效应、宏观量子隧道效应等，这些效应极大地丰富了传感理论，拓宽了传感器的应用领域。

(4) 批量化。微型化传感器可进行大批量生产且生产成本不高，有利于产品工业化规模经济的实现。

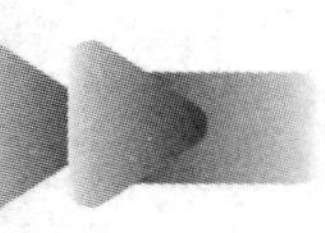

2. 微型化传感器的发展趋势与挑战

近年来，随着微纳技术的发展，微型化传感器的市场也在不断扩大。未来微型化传感器将向着以下五个方向发展：

(1) 多功能高度集成化和组合化。对于设计空间、成本和功耗预算日益紧缩的问题，在同一衬底上集成多种敏感元器件以制成能够检测多个参量的多功能组合微型化传感器成为重要解决方案。

(2) 微型化传感器智能化及边缘计算。软件正成为微型化传感器的重要组成部分，随着多种传感器的进一步集成，越来越多的数据需要处理，软件使得多种数据融合成为可能。

(3) 传感器低功耗及自供能需求。随着微型化传感器集成数目的成倍提升，能耗也将随之翻倍。进一步降低微型化传感器功耗，采用环境能量收集实现自供能以增强续航能力的需求日趋强烈。

(4) 微米级向纳米级演进。随着纳米加工技术的快速发展，微型化传感器向更小尺寸演进是大势所趋。

(5) 新敏感材料的兴起。微纳米材料拥有大比表面积、高导热率和导电率以及电荷转移能力，相比其他传感材料，这些优势具有更精确的传感机制。未来更多的功能性纳米材料将被发现，微型化传感器的性能将进一步提升。

近年来，微型化传感器的应用领域越来越广泛，由最早的工业、军用航空应用走向普通的民用和消费市场，而现有的技术仍旧无法满足微型化传感器的发展需求，主要挑战在于以下两个方面：

(1) 结构设计与加工技术。实现多功能高可靠性的微型化传感器需要进一步提升传感器材料的稳定性，因此需要进一步深入研究微纳材料的敏感机理，设计新的传感器微结构，开发高精度微纳加工技术，研制新型微型化传感器。

(2) 新机理和新效应的研究。由于微型化传感器的尺度变化，造成其存在非线性、模态耦合等诸多新机理和新效应，因此，需要进一步探索微纳尺度下的新现象与新效应，开发新的传感机制，为提高微型化传感器性能寻找新的途径。

本章小结

(1) 传感器多样化体现在传感器功能的多样化和应用场景的多样化。

(2) 集成化传感器是通过半导体工艺，将多个传感器与接口、信号处理电路制作在同一芯片上或封装于同一管壳内形成的兼有测量、判断与信息处理功能的传感器。

(3) 网络化传感器综合了传感器技术、嵌入式计算技术、现代网络通信技术及分布式信息处理技术等，能够通过多种集成化的微型传感器协作完成监测和采集各种环境或监测对象的信息，经嵌入式计算技术对信息进行处理，由通信网络将所采集到的信息传送到用户终端。

(4) 微型化传感器的特点：多样化、集成化、尺度效应、批量化。

思考题和习题

11 - 1　多样化传感器发展面临哪些挑战？

11 - 2　集成化传感器由哪些部分构成？作用是什么？

11 - 3　简述网络化传感器的发展趋势。

11 - 4　简述微型化传感器的发展趋势。

参 考 文 献

[1] ELWENSPOEK M, JANSEN H V. Silicon micromachining [M]. Cambridge: Cambridge University Press, 2004.

[2] ALEXE M, GSELE U. Wafer Bonding: Applications and Technology[M]. Berlin: Springer, 2011.

[3] BUREK M J, GREER J R. Fabrication and microstructure control of nanoscale mechanical testing specimens via electron beam lithography and electroplating[J]. Nano Letters, 2009, 10(1): 69 - 76.

[4] CHONG C Y, KUMAR S P. Sensor networks: evolution, opportunities, and challenges[J]. Proceedings of the IEEE, 2003, 91(8): 1247 - 1256.

[5] 王洪燕，李高杰，张崇军. 传感器的应用及发展研究[J]. 河南科技，2018(17): 22 - 23.

[6] 苑会娟. 传感器原理及应用[M]. 北京：机械工业出版社，2017.

[7] 潘雪涛，温秀兰，李洪海，等. 传感器原理与检测技术[M]. 北京：国防工业出版社，2011.

[8] 洪慧慧，叶勇，封明亮. 传感器技术与应用[M]. 重庆：重庆大学出版社，2021.

[9] 李东晶. 传感器技术与应用[M]. 北京：北京理工大学出版社，2020.

[10] 邓鹏，范盈圻，张玉伽，等. 传感器与检测技术[M]. 成都：电子科技大学出版社，2020.

[11] 梁福平. 传感器原理与检测技术[M]. 武汉：华中科技大学出版社，2010.

[12] ZHANG Q, LIU L H, ZHAO D, et al. Highly Sensitive and Stretchable Strain Sensor Based on Ag@CNTs [J]. Nanomaterials, 2017, 7(12): 424.

[13] 杨宇新，揣荣岩，张冰，等. 高固有频率压阻加速度敏感芯片的结构与特性分析[J]. 仪表技术与传感器，2022(03): 18 - 22.

[14] 常凯，李胜军，李振水. 电感式接近传感器在飞机上的应用及关键技术[J]. 航空制造技术，2015(20): 76 - 79.

[15] 白晨朝，张洪朋，曾霖，等. 应用磁性纳米材料的电感式油液金属磨粒检测传感器[J]. 光学精密工程，2019, 27(09): 1960 - 1967.

[16] 周帅，刘茜. 基于微结构提升柔性电容式压力传感器灵敏度的研究现状[J]. 微纳电子技术，2021, 58(12): 7.

[17] KANG S, LEE J, LEE S, et al. Highly sensitive pressure sensor based on bioinspired porous structure for real-time tactile sensing[J]. Advanced Electronic Materials, 2016, 2(12): 1600356.

[18] RUTH S R A, BEKER L, TRAN H, et al. Rational design of capacitive pressure

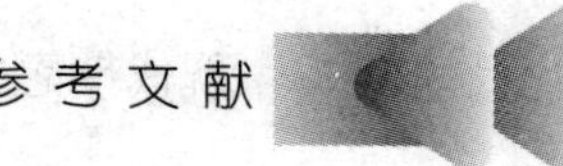

sensors based on pyramidal microstructures for specialized monitoring of biosignals[J]. Advanced Functional Materials, 2019, 30(29): 1903100.

[19] YANG J C, KIM J O, OH J, et al. Microstructured porous pyramid-based ultrahigh sensitive pressure sensor insensitive to strain and temperature[J]. ACS Applied Materials and Interfaces, 2019, 11(21): 19472－19480.

[20] RUTH S R A, FEIG V R, TRAN H, et al. Microengineering pressure sensor active layers for improvedperformance[J]. Advanced Functional Materials, 2020, 30(39): 2003491.

[21] 郁有文，常健，程继红，等. 传感器原理及工程应用[M]. 西安：西安电子科技大学出版社，2008.

[22] 赵海增，刘腾飞. 电容式触摸屏技术综述[J]. 河南科技，2018(19)：10－12.

[23] BOUTRY C M, NEGRE M, JORDA M, et al. A hierarchically patterned, bioinspired e-skin able to detectthe direction of applied pressure for robotics[J]. Science Robotics, 2018, 3(24): eaau6914.

[24] JIAN A, TANG X, FENG Q, et al. A PDMS surface stress biosensor with optimized micro-membrane: Fabrication and application[J]. Sensors and Actuators B: Chemical, 2017, 242: 969－976.

[25] MANNSFELD S C B, TEE B C K, STOLTENBERG R M, et al. Highly sensitive flexible pressure sensors with microstructured rubber dielectric layers[J]. Nature Materials, 2010, 9(10): 859－864.

[26] 王立乾，胡忠强，关蒙萌，等. 基于巨磁阻效应的磁场传感器研究进展[J]. 仪表技术与传感器，2021(12)：13.

[27] 李彦波，魏福林，杨正. 磁性隧道结的隧穿磁电阻效应及其研究进展[J]. 物理，2009(6)：7.

[28] 罗海天. 隧穿磁阻式 MEMS 重力敏感器结构设计与测控电路研究[D]. 南京：东南大学，2020.

[29] 周子童，闫韶华，赵巍胜，等. 隧穿磁阻传感器研究进展[J]. 物理学报，2022，71(05)：333－349.

[30] 陶仁婧. 磁多层膜各向异性磁电阻角度传感器研究[D]. 成都：电子科技大学，2021.

[31] 刘会聪，冯跃，孙立宁. 微纳传感系统与应用[M]. 北京：化学工业出版社，2019.

[32] 李新，魏广芬，吕品. 半导体传感器原理与应用[M]. 北京：清华大学出版社，2018.

[33] BROOKHUIS R A, SANDERS R G P, MA K, et al. Miniature large range multi-axis force-torque sensor for biomechanical applications [J]. Journal of Micromechanics and Microengineering, 2015, 25(2): 025012.

[34] MAYER F, BÜHLER J, STREIFF M, et al. Pressure sensor having a chamben and a method for fabricating the same: U S 7704774[P/OL]. 2010-4-27[2023-3-13].

[35] INOMATA N, SUWA W, TODA M, et al. Resonant magnetic sensor using

concentration of magnetic field gradient by asymmetric permalloy plates[J]. Microsystem Technologies, 2019, 25: 3983-3989.

[36] GUO W, TAN C, SHI K, et al. Wireless piezoelectric devices based on electrospun PVDF/BaTiO3 NW nanocomposite fibers for human motion monitoring [J]. Nanoscale, 2018, 10(37): 17751-17760.

[37] PERSANO L, DAGDEVIREN C, SU Y W, et al. High performance piezoelectric devices based on aligned arrays of nanofibers of poly (vinylidenefluoride-co-trifluoroethylene)[J]. Nature Communications, 2013, 4(1):1633.

[38] 孙蕾. 基于微结构光波导的传感技术及其应用研究[D]. 北京: 北京邮电大学, 2018.

[39] 马涛. 微纳结构光学谐振腔的生化传感技术研究[D]. 北京: 北京邮电大学, 2017.

[40] 章吉良, 周勇, 戴旭涵. 微传感器: 原理、技术及应用[M]. 上海: 上海交通大学出版社, 2005.

[41] 张志勇, 王雪文, 翟春雪, 等. 现代传感器原理及应用[M]. 北京: 电子工业出版社, 2014.

[42] 王化祥, 张淑英. 传感器原理及应用[M]. 天津: 天津大学出版社, 2016.

[43] 韩向可, 李军民. 传感器原理与应用[M]. 成都: 电子科技大学出版社, 2016.

[44] 戴焯. 传感器原理与应用[M]. 北京: 北京理工大学出版社, 2010.

[45] WANG Z, KIMURA M, INOMATA N, et al. Compact micro thermal sensor based on silicon thermocouple junction and suspended fluidic channel[J]. IEEE Sensors Journal, 2020, 20(19): 11122-11127.

[46] JOHNSON R G, HIGASHI R E. A highly sensitive silicon chip microtransducer for air flow and differential pressure sensing applications [J]. Sensors and Actuators, 1987, 11(1): 63-72.

[47] STEMME G N. A monolithic gas flow sensor with polyimide as thermal insulator [J]. IEEE Transactions on Electron Devices, 1986, 33(10): 1470-1474.

[48] OUDHEISEN B W, HUIJSING J H. An electronic wind meter based on a silicon flow sensor[J]. Sensors and Actuators A: Physical, 1990, 22(1-3): 420-424.

[49] PERCIN G, ATALAR A, LEVENT D F, et al. Micromachined two-dimensional array piezoelectrically actuated transducers[J]. Applied Physics Letters, 1998, 72(11): 1397-1399.

[50] AKASHEH F, MYERS T, FRASER J D, et al. Development of piezoelectric micromachined ultrasonic transducers[J]. Sensors and Actuators A, 2004, 111(2-3): 275-287.

[51] GRIGGIO F, DEMORE C E M, KIM H, et al. Micromachined diaphragm transducers for miniaturized ultrasound arrays[C]. In Proceedings of 2012 IEEE International Ultrasonics Symposium, Dresden, Germany, 7-10 October 2012: 1-4.

[52] QIU Y, GIGLIOTTI J V, WALLACE M, et al. Piezoelectric micromachined ultrasound transducer(PMUT)arrays for integrated sensing, actuation and imaging

[J]. Sensors, 2015, 15(4): 8020－8041.
[53] HAJATI A, LATEV D, GARDNER D, et al. Monolithic ultrasonic integrated circuits based on micromachined semi-ellipsoidal piezoelectric domes[J]. Applied Physics Letters, 2013, 103(20): 202906.
[54] 李志信，罗小兵，过增元. MEMS技术的现状及发展趋势[J]. 传感器技术，2001，20(9): 58－60.
[55] ZWAN R V D，禾沐. 浅谈传感器市场的发展趋势[J]. 单片机与嵌入式系统应用，2021，21(11): 1.
[56] KO W H. The future of sensor and actuator systems[J]. Sensors and Actuators A: Physical, 1996, 56: 193－197.
[57] BENOIT J. Micro and nano technologies: a challenge on the way forward to new space markets[J]. Materials Science and Engineering B, 1998, 51: 254－257.
[58] DAVID S E, DOUGLAS R S. Application of MEMS technology in automotive sensors and actuators[J]. Proceeding of the IEEE, 1988, 86(8): 1747－1755.